TURING 图灵程序设计丛书

程序员数学

用 Python 学透
线性代数和微积分

Math for Programmers
3D Graphics, Machine Learning,
and Simulations with Python

［美］保罗·奥兰德　　著
　　（Paul Orland）

　　百度KFive　　译

人民邮电出版社
北　京

图书在版编目（CIP）数据

程序员数学 ：用Python学透线性代数和微积分 /
（美）保罗·奥兰德（Paul Orland）著 ；百度KFive译.
-- 北京 ：人民邮电出版社，2021.12
　（图灵程序设计丛书）
　ISBN 978-7-115-57649-1

　Ⅰ. ①程… Ⅱ. ①保… ②百… Ⅲ. ①程序设计－基
本知识②线性代数③微积分 Ⅳ. ①TP311.1②O151
③O172

中国版本图书馆CIP数据核字(2021)第206592号

内 容 提 要

代码和数学是相知相惜的好伙伴，它们基于共同的理性思维，数学公式的推导可以自然地在编写代码的过程中展开。本书带领程序员使用自己熟知的工具，即代码，来理解机器学习和游戏设计中的数学知识。通过 Python 代码和 200 多个小项目，读者将掌握二维向量、三维向量、矩阵变换、线性方程、微积分、线性回归、logistic 回归、梯度下降等知识。

本书面向想加深数学功底的程序员，尤其是想进入机器学习领域却被数学"劝退"的程序员。机器学习工程师、数据分析师、量化金融分析师、算法工程师、3D 游戏开发工程师、3D 动画制作工程师都可以通过本书获益。

　　◆ 著　　　[美] 保罗·奥兰德（Paul Orland）

　　　译　　　百度KFive

　　　责任编辑　杨　琳

　　　责任印制　周昇亮

　　◆ 人民邮电出版社出版发行　　北京市丰台区成寿寺路 11 号

　　　邮编　100164　电子邮件　315@ptpress.com.cn

　　　网址　https://www.ptpress.com.cn

　　　固安县铭成印刷有限公司印刷

　　◆ 开本：800×1000　1/16

　　　印张：33.5　　　　　　　　　2021 年 12 月第 1 版

　　　字数：862千字　　　　　　　2025 年 2 月河北第 18 次印刷

　　　著作权合同登记号　图字：01-2021-1728号

定价：129.80元

读者服务热线：(010)84084456-6009　印装质量热线：(010)81055316

反盗版热线：(010)81055315

献给我的第一位数学老师和第一位编程老师——我的父亲。

译 者 序

程序员应不应该有一定的数学功底，这是一个老生常谈的问题。

比起循序渐进地学习数学知识，很多程序员是在遇到跟数学相关的问题时才去主动了解的。这可能是因为某些知识早就成了尘封的记忆，也可能是因为那些知识从来没有出现在他们的视野之中。

虽然这种"遇到问题解决问题"的学习方法会让人陷入短暂的自我否定之中，但是等到真正掌握了某个数学知识点，那种"久旱逢甘霖"的感觉会让人非常快乐。为了延续这种快乐，有的人从箱子里翻出了当年的高等数学、线性代数以及概率论与数理统计教材，但翻了几页之后又重归自我否定；还有的人会继续这种临时抱佛脚的学习模式，从而进入"盲人摸象"模式：了解了许多知识点，却始终不能形成完整的知识网络。

于是本书的出现就非常必要了——它让作为程序员的读者，从程序员的角度、以程序员易于理解的方式来学习数学。

我相信大部分读者看到书名，就会联想到结城浩的《程序员的数学》系列图书。从书名上来讲，本书少了一个"的"字并不是为了避嫌（毕竟《程序员的数学》中文译本也出自图灵公司），而是恰到好处地给予了一种隐喻——这本书对数学知识的讲解更为直接。

比起完全的启发式写作，本书作者更关注读者是否真正掌握了相关的数学知识，主要体现在以下三点。

❑ 本书作者规划了详细的学习路径——从基础的向量计算到最终的神经网络训练，基本涵盖了业务工程师和初级算法工程师所需了解的所有数学知识。

❑ 作者的写作基于大量的代码片段，且以 Jupyter Notebook 为载体，读者可以直接把学到的数学知识转化为代码。当然，作为读者的你也不必有太大的心理负担，本书中的代码完全遵循"够用就好"的原则，不会增加额外的学习开销。

❑ 作者为各章添加了大量的练习（事实上，很少见到一本书里有这么多练习）。这些练习既有开放式的提问，又有针对正文内容的扩展和提升。

综上所述，本书的阅读体验很棒，学习曲线十分平缓，并且章节之间环环相扣。最关键的是，就像作者在第 1 章中提到的，它能帮你通过代码来学习数学，并且用包含数学知识的代码来解决实际问题。

说到本书的翻译，首先要感谢把本书引入国内的图灵公司编辑谢婷婷，让译者和读者有机会跟着作者的思路重新梳理跟编程相关的数学知识。

当然，还要感谢参与本书翻译的工程师们。

他们来自百度 KFive，这是一个人数众多、负责手机百度等移动端产品开发的大前端技术团队。在平时的业务开发中，无论是日常产品功能的实现，还是涉及专业的端智能、前端智能化、视频图像处理和可视化等领域，都让团队中的同学或多或少感受到了数学知识不足的困扰。因此，这次翻译对于译者们来说也算是一次知识升级——诚如作者所言，通过代码重新发现了数学之美。

这里列出参与本书翻译的同学（按照章节顺序）：熊贤仁、范雨蓉、毕营帅、吴艳、樊中恺、梅旭光、岳双燕、杨珺（同时承担整体审校工作）、张静媛。

话不多说，让我们跟随代码的指引，开启美妙的数学之旅吧。

樊中恺@百度 KFive

2021 年 8 月

前　言

2017 年，担任 Tachyus 公司 CTO（首席技术官）的我开始了本书的写作。这家公司是我创立的，主要业务是为石油和天然气公司编写预测分析软件。当时，我们已经完成了核心产品的构建：一个基于物理学和机器学习的流体流动模拟器，以及一个优化引擎。这些工具能让我们的客户展望储油层的未来动态，并帮助他们发现价值数亿美元的优化机会。

随着一些大型跨国公司开始使用我们的软件，我作为 CTO 的任务是将这款软件产品化并进行推广。我们面临的挑战不仅是开发一个复杂的软件项目，还要编写很多与数学相关的代码。大概就在那个时候，公司设立了一个叫作"科学软件工程师"的职位。我们的想法是，专业的软件工程师既需要过硬的技术，还要有扎实的数学、物理学和机器学习背景。在寻找和招聘科学软件工程师的过程中，我意识到这种人才非常稀缺但需求量很大。我们的软件工程师也意识到了这一点，他们希望提升自己的数学技能，为公司技术栈中特定领域的后端部分贡献代码。除了团队中已经有很多渴望学习数学的人，我们在招聘过程中也发现了不少人愿意学习数学。这促使我开始思考，如何将一位优秀的软件工程师培训成能够出色利用数学知识的人。

我当时意识到，对于软件工程师来说，市面上还没有内容准确、难易适中的数学书。虽然可能有数百本书和数千篇免费的在线文章涉及线性代数和微积分等主题，但我发现它们并不能让一个专业的软件工程师在几个月内充分掌握这些数学知识。这么说并不是在贬低软件工程师，我的意思是，阅读和理解数学书是一项学习难度很高的技能。要做到这一点，往往需要弄清楚学习的具体主题是什么（如果你在学习之前对那些资料一无所知，这是很难的），阅读材料，然后找一些高质量的习题来练习应用这些主题。如果没有很好的辨别能力，即便你能读完一本教材，并且解答书里的**所有**习题，也需要几个月的全身心投入才能做到！

我希望通过本书为大家提供一个新的选项。相信你可以在合理的时间内从头到尾读完本书，并且完成所有的练习，从而掌握一些关键的数学概念。

本书的构思过程

2017 年秋，我与 Manning 取得了联系，得知他们有意出版本书。我由此开始将对本书的设想转化为具体的计划，这是一个漫长的过程。因为这是我第一次写书，所以写作过程比想象的困难得多。Manning 对我最初的目录提出了一些难以回答的问题。

❑ 谁会对这个话题感兴趣？

❑ 这里会不会太抽象？

❑ 你真的能用一章的篇幅让大家学会在学校里要用一个学期才能学完的微积分吗？

所有这些问题都迫使我更仔细地思考哪些计划是可以实现的。下面，我会分享一些关于这些问题的思考，帮助你理解应该如何阅读本书。

我决定把本书的重点放在一个核心技能上——用代码表达数学思想。我认为，即使你不是程序员出身，这也是一个学习数学的好方法。我上高中的时候，在 TI-84 图形计算器上学会了编程。我当时就产生了一个宏大的想法：可以编写程序来帮我完成数学作业和科学作业，给出正确的答案并输出答题步骤。正如你所预料的那样，这比只帮我做作业要困难得多，但让我产生了一些很有帮助的想法。对于任何一种想通过编程解决的问题，我都必须清楚地了解其输入和输出，以及在解决方案的每个步骤中发生了什么。最后，我确信自己真正地理解了相关的数学资料，并实现了一个程序来证明这一点。

这就是我在本书中想与你分享的经验。本书中的每一章都是围绕一个具体示例程序来组织的，想让它可以运行，就需要把所有的数学知识正确地组合在一起。一旦完成这个过程，你就会充分相信自己已经真正理解了这个概念，并且可以在未来的某个时候再次使用它解决问题。我在本书中加入了大量的练习，来帮助你检查自己对数学知识和代码的理解。我还添加了一些小项目，邀请你对所学知识做出新的尝试。

我和 Manning 讨论的另一个问题是，应该用什么编程语言来编写示例。最初，我想用函数式编程语言，因为数学本身就是一种函数式“语言”。毕竟，“函数”的概念起源于数学，比计算机诞生的时间早得多。在数学的各个分支里，都有返回其他函数的函数，比如微积分中的积分和导数。然而，要求读者在学习新数学概念的同时学习一门陌生的语言（如 LISP、Haskell 或 F#），会使本书更难读、更难理解。因此，我们最终选择了 Python 这门易于学习的流行语言。Python 不仅有很多优秀的数学库，而且恰好是学术界和工业界数学爱好者的最爱。

我和 Manning 一起探讨的最后一个关键问题是，本书将包含哪些数学主题、不包含哪些主题。这很难选择，但至少我们在书名上达成了一致——*Math for Programmers* 的宽泛性带来了内容上的一些灵活度。我的主要标准变成了：这是“程序员的数学”，而不是“计算机科学家的数学”。考虑到这一点，本书可以不包含离散数学、组合学、图表、逻辑、大 O 表示法等主题。这些是计算机科学课涉及的主题，大多用于程序研究。

即便如此，还是有很多数学主题可以选择。最终，我选择专注于线性代数和微积分。我对这两个主题有很多想法，而且其中有很多不错的示例应用可以进行可视化和互动。无论是线性代数还是微积分，都可以单独写成一本厚厚的教科书，所以我必须写得更有针对性。因此，我决定将本书建立在机器学习这个前沿领域的一些应用上。有了以上决定，本书的内容就逐渐清晰了起来。

本书涵盖的数学思想

本书涉及的数学主题很多，但有几个核心主题。你可以在开始阅读之前注意下面几点。

- **多维空间**：你可能对二维（2D）和三维（3D）这两个词的意思有一些直观的了解。我们生活在一个三维世界里，而二维世界是平面的，就像一张纸或一面计算机屏幕。二维世界中的一个具体位置可以用两个数（通常称为 x 坐标和 y 坐标）来描述，而在三维世界中则需要 3 个数来定位一个位置。我们无法想象一个 17 维的空间，但可以用包含 17 个数的列表来描述其中的点。像这样的数字列表被称为**向量**，向量数学有助于更好地阐述"维度"这一概念。

- **函数空间**：有时，一个数字列表可以指定一个函数。举个例子，有两个数 $a = 5$ 和 $b = 13$，就可以创建一个形式为 $f(x) = ax + b$ 的（线性）函数。在这种情况下，函数就是 $f(x) = 5x + 13$。对于二维空间中的每一个点（表示为坐标(a, b)），都有一个线性函数与之对应。所以可以把所有线性函数的集合看作一个二维空间。

- **导数和梯度**：测量函数变化率的微积分运算。**导数**可以反映当输入值 x 变大时，函数 $f(x)$ 增大或减小的速度。在三维空间中，函数可能看起来像 $f(x, y)$，当改变 x 或 y 的值时，它的值会增大或减小。把(x, y)对看作二维空间中的点，也许你会问，在这个二维空间中，朝哪个方向走能使 f 增大得最快。梯度给出了答案。

- **函数优化**：对于 $f(x)$ 或 $f(x, y)$ 这种形式的函数，有一个更宽泛的问题：函数的哪些输入会产生最大的输出？对于 $f(x)$，答案是某个值 x；而对于 $f(x, y)$，答案则是二维空间中的一个点。在二维的情况下，梯度可以帮助我们找到答案。如果梯度告诉我们 $f(x, y)$ 在某个方向上不断增大，那么朝这个方向前进，就可以找到 $f(x, y)$ 的最大值。同样，在寻找一个函数的最小值时，类似的策略也适用。

- **用函数预测数据**：假设你想预测某个数据，比如某一时刻的股票价格。可以创建一个函数 $p(t)$，其输入为时间 t，输出为价格 p。衡量函数预测质量的标准是它与实际数据的接近程度。从这个意义上说，寻找预测函数意味着将函数和实际数据之间的误差最小化。要做到这一点，需要探讨函数的一个空间，并找到一个最小值。这就是所谓的**回归**。

上面这些数学概念很有用，任何人都可以把它们纳入自己的知识储备。即使你对机器学习不感兴趣，这些概念（以及本书中的其他概念）也有很多其他应用。

本书中最让我感到头疼的主题是概率和统计学。概率和量化不确定性的通用概念在机器学习中也很重要。但本书的内容已经足够多了，实在没有空间对这些领域做出有意义的介绍。敬请期待本书的续篇吧。除了本书能够涵盖的内容，还有更多有趣和有用的数学知识，希望能够在未来与你分享。

电子书

扫描如下二维码，即可购买本书中文版电子书。

致 谢

本书从开始写到完成，花了大约 3 年时间。在这段时间里，我得到了很多帮助，所以要感谢不少人。

首先，要感谢 Manning 让本书得以出版。很感激他们敢让我这个初出茅庐的作者来写这部具有挑战性的大作，并在本书几度落后于计划时，对我保持极大的耐心。尤其感谢 Marjan Bace 和 Michael Stephens 推动这个项目的进展，并帮助我确定本书的具体内容。最初的开发编辑 Richard Wattenbarger 在对内容进行迭代的过程中，为保持本书的趣味性发挥了至关重要的作用。在确定本书的结构之前，他一共审阅了第 1 章和第 2 章的六份草稿。

2019 年，我在第二位编辑 Jennifer Stout 的专业指导下写出了本书的大部分内容。她让这个项目得以顺利完成，并教会了我很多技术写作的知识。技术编辑 Kris Athi 和技术审校 Mike Shepard 也陪我们一起走到了最后，多亏他们阅读了每一个字和每一行代码，让我们发现并修正了许多错误。在 Manning 公司之外，我得到了 Michaela Leung 的大量帮助，他也对全书的语法和技术准确性进行了审核。我还要感谢 Manning 的营销团队。通过 MEAP 项目，我们确定这会是一本大家非常感兴趣的书。在出版前最后的烦琐工作中，我们提前了解到本书会在商业上取得一定的成功，这对我们来说是一个很大的鼓舞。

我现在和以前在 Tachyus 的同事们教会了我很多编程知识，其中很多被写进了本书。感谢 Jack Fox 让我开始思考函数式编程和数学之间的联系，第 4 章和第 5 章中会有所提及。Will Smith 教会了我视频游戏设计，我们对用于三维渲染的向量几何知识进行了很多深入的讨论。最值得一提的是，我大部分的优化算法知识是从 Stelios Kyriacou 那里学来的。他不仅帮助我跑通了本书中的一些代码，还向我传授了"一切都是优化问题"这一哲学理念，本书的后半部分会进行介绍。

感谢所有审校人员：Adhir Ramjiawan、Anto Aravinth、Christopher Haupt、Clive Harber、Dan Sheikh、David Ong、David Trimm、Emanuele Piccinelli、Federico Bertolucci、Frances Buontempo、German Gonzalez-Morris、James Nyika、Jens Christian B. Madsen、Johannes Van Nimwegen、Johnny Hopkins、Joshua Horwitz、Juan Rufes、Kenneth Fricklas、Laurence Giglio、Nathan Mische、Philip Best、Reka Horvath、Robert Walsh、Sébastien Portebois、Stefano Paluello 和 Vincent Zhu。你们的建议让本书的质量更加精良。

我不是机器学习专家，所以查阅了许多资料，以确保可以正确、有效地介绍这方面的知识。我受吴恩达在 Coursera 上的"机器学习"课程和 3Blue1Brown 的"深度学习"系列视频影响最大。这些都是很不错的资源，如果你也看过，就会注意到本书的第三部分受到了其影响。我还要感谢

Dan Rathbone，他的网站 CarGraph 是许多示例的数据来源。

我还要感谢妻子 Margaret。她是一位天文学家，向我介绍了 Jupyter Notebook。把本书的代码放在 Jupyter Notebook 中，可以使读者更容易地掌握其中的知识点。在我写作本书的过程中，我的父母也非常支持我的工作。有几次，当我在假期去看望他们的时候，还在争分夺秒地想把一章写完。他们向我保证，我的书至少能卖出一本。（谢谢你，妈妈！）

最后，要将本书献给我的爸爸。在我五年级的时候，他教我如何用 APL 编程，让我第一次知道了如何用代码解决数学问题。如果本书有第 2 版的话，我可能会请他帮忙把所有的 Python 代码分别改写成一行 APL 代码！

关于本书

本书教你如何使用 Python 编程语言编写代码来解决数学问题。数学技能对于专业软件开发人员来说越来越重要，尤其是在公司为数据科学和机器学习搭建团队的时候。数学在其他现代应用中也扮演着不可或缺的角色，如游戏开发、计算机图形学和动画、图像和信号处理、定价引擎以及股票市场分析等。

本书第一部分介绍二维和三维向量、向量空间、线性变换和矩阵，这些都是线性代数的基础。第二部分介绍微积分，并重点讲解几个对程序员特别实用的知识点：导数、梯度、欧拉方法和符号求值。最后，第三部分介绍一些重要的机器学习算法的工作原理。读完最后一章，你会学到足够的数学知识，可以从头开始编写自己的神经网络代码。

这不是一本教科书！它旨在友好地介绍那些看起来令人生畏、深奥且无聊的数学知识。每一章都对一个数学概念进行完整、实际的应用，并辅以练习来检验你的理解程度，还有一些小项目来帮助你继续深入研究。

读者对象

本书适合具备扎实的编程基础、想提升数学技能或想了解数学在软件中的应用的所有人。你不需要事先接触过微积分或线性代数，只需要了解高中水平的代数和几何学知识就足够了（即使那是很久以前所学的）。阅读本书的时候最好坐在计算机前面，如果你能跟随示例敲出代码并做完所有的练习，会收获很多。

本书结构

第 1 章带你进入数学的世界。它涵盖数学在计算机编程中的一些重要应用，介绍本书中的一些主题，并解释编程如何成为一个数学学习者的宝贵工具。之后，本书分为三个部分。

❏ 第一部分关注向量和线性代数。

- 第 2 章讲解二维向量数学，主要介绍使用坐标来定义二维图形，还包含对一些基本三角学知识的回顾。

- 第 3 章将前一章的知识扩展到三维，用三个（而不是两个）坐标来标注点的位置。这一章介绍点积（dot product）和向量积（cross product），它们对测量角度和渲染三维模型很有帮助。

- 第 4 章介绍线性变换，也就是把向量作为输入和输出并实现旋转或镜像等几何效果的函数。
- 第 5 章介绍矩阵，也就是可以编码线性向量变换的数字数组。
- 第 6 章泛化二维和三维中的概念，让你可以处理任何维度的向量集合。这就是所谓的向量空间。这一章还将通过一个主要示例介绍如何使用向量数学处理图像。
- 第 7 章重点讨论线性代数中最重要的计算问题：求解线性方程组。这一章将通过在一个简单的视频游戏中实现碰撞检测系统来说明这一概念。
- 第二部分介绍微积分及其在物理学中的应用。
  - 第 8 章介绍函数变化率的概念，包括计算函数变化率的导数以及从函数变化率还原函数的积分。
  - 第 9 章介绍一种近似积分的重要技术，叫作欧拉方法。它将扩展第 7 章的视频游戏，使其包含会移动和加速的对象。
  - 第 10 章介绍如何在代码中使用代数表达式，包括自动寻找函数的导数公式。这一章还将介绍符号编程，不同于本书中的其他内容，这是一种在代码中进行数学运算的方法。
  - 第 11 章将微积分主题扩展到二维，定义梯度运算，并展示如何使用梯度运算来定义力场。
  - 第 12 章介绍如何使用导数来求函数的最大值或最小值。
  - 第 13 章展示如何将声波当作函数来处理，以及如何将其分解为其他更简单的函数之和，即所谓的傅里叶级数。这一章还演示如何编写 Python 代码来演奏音符与和弦。
- 第三部分结合前两部分的思想，介绍机器学习中的一些重要思想。
  - 第 14 章介绍如何将二维数据拟合到一条线上，这一过程被称为线性回归。我们探讨的示例是找到一个根据里程数预测二手车价格的最佳函数。
  - 第 15 章解决的是一个不同的机器学习问题：根据汽车的一些相关数据，找出汽车的型号。找出一个数据点代表的对象类型就是所谓的分类。
  - 第 16 章介绍如何设计和实现神经网络（一种特殊的数学函数），并用它对图像进行分类。这一章结合了前几章的几乎所有知识点。

如果你在阅读每一章的时候都掌握了前面章节中的知识，那么不会遇到任何障碍。将所有概念按顺序排列的缺点是，应用程序代码看起来很繁杂。希望各种示例能让本书读起来更有趣，帮你了解本书所涉及的数学知识以及对这些知识的广泛应用。

关于代码

本书（希望）按照逻辑顺序来介绍知识点。你在第 2 章学到的思想适用于第 3 章，第 2 章和第 3 章的思想也会出现在第 4 章，以此类推。然而代码并不总是按照这样的“顺序”来写的。也就是说，在一个完成了的程序中，最简单的思想并不总是出现在源代码中第一个文件的第一行。这种差异让我很难以一种明了的方式呈现全书的源代码。

　　我的解决方案是，为每一章搭配一个 Jupyter Notebook 形式的代码文件。Jupyter Notebook 就像录制好的 Python 交互式会话一样，内置了图表和图像等视觉效果。在 Jupyter Notebook 中写代码非常自由，你可以随着想法的成熟而在会话中不断重写。每一章的 notebook 都包含各节的代码，按照书中出现的顺序运行。最重要的是，这意味着你可以在阅读过程中运行书中的代码，不需要读完一章再运行完整的代码。附录 A 会告诉你如何配置 Python 和 Jupyter Notebook，附录 B 包括一些实用的 Python 特性。

　　本书包含许多源代码示例，都使用等宽字体与普通文本区分开来。如果在正文中有解释，代码注释将被删除。许多代码清单带有注释，用来强调重要的概念。

　　在一些情况下，示例的代码由一个独立的 Python 脚本组成，既可以单独运行（例如，`python script.py`），也可以在 Jupyter Notebook 的代码框中执行（例如 `! python script.py`）。我在一些 notebook 中加入了对独立脚本的引用，所以你可以逐节查找相关的源文件。

　　整本书中的一个约定是，用 Python 交互式会话中的 `>>>` 提示符来表示运行单行 Python 命令。我建议使用 Jupyter Notebook 而不是交互式 Python，但无论在哪种情况下，带 `>>>` 的行都代表输入，不带 `>>>` 的行代表输出。下面是一个代码块的例子，代表运行 Python 代码 `2 + 2`。

```
>>> 2 + 2
4
```

　　相比之下，下面这个代码块没有 `>>>` 提示符，所以只是普通的 Python 代码，而不是输入和输出的序列。

```
def square(x):
    return x * x
```

　　本书有上百个练习，是对已讲过知识的直接应用；还有一些小项目，涉及的内容更多，需要更多创造力或新的概念。本书中的大多数练习和小项目希望你用 Python 代码来解决一些数学问题。除了一些开放式的小项目外，本书几乎包含了所有问题的解决方案。你可以在相应章节的 notebook 中找到解决方案的代码。

　　本书中的示例代码和彩色图片可以从 ituring.cn/book/2864 上下载。

在线论坛

　　购买本书后可以免费访问由 Manning 运营的私有网络论坛，在此对本书发表评论，提出技术问题，并得到作者和其他用户的帮助。要访问该论坛，请访问 https://livebook.manning.com/#!/book/math-for-programmers/discussion。你还可以在 https://livebook.manning.com/#!/discussion 了解更多关于 Manning 论坛和行为规则的信息。

　　Manning 承诺提供一个让读者之间以及读者与作者之间进行有意义对话的场所。这不会对作者的工作量有任何强制要求，作者对论坛的贡献仍然是自愿的（而且是无偿的）。我们建议你尝试向作者提出一些具有挑战性的问题，帮他保持兴趣。只要本书还在售，就可以访问本书的论坛和相关讨论。

关于封面

本书封面插图名为 *Femme Laponne*，意思是一位来自拉普（Lapp）的妇女。该区域现在名为萨米（Sapmi），包括挪威北部、瑞典、芬兰和俄罗斯的部分地区。这幅插图摘自 Jacques Grasset de Saint-Sauveur（1757—1810 年）于 1797 年在法国出版的各国服饰集 *Costumes de Différents Pays*。每幅插图都是手工精心绘制和上色的。Saint-Sauveur 的插图种类丰富，生动地提醒我们，就在 200 多年前，世界各地在文化上是多么丰富多彩。人们彼此隔绝，使用不同的方言和语言。无论在街头还是乡间，仅从衣着打扮，就很容易辨别他们居住的地方，以及他们所在的行业或生活状况。

从那时起，我们的穿衣方式发生了变化，地区之间如此丰富的多样性也逐渐消失了。现在已经很难区分不同大陆的居民，更不用说不同的国家、地区或城镇的居民了。也许我们用文化的多样性换取了更多样的个人生活——当然还有更多样、更快节奏的科技生活。

在这个图书同质化的年代，Manning 将 Jacques Grasset de Saint-Sauveur 的图片作为图书封面，将两个世纪前各个地区生活的丰富多样性还原出来，让人们重新认识到计算机产业的创造性和主动性。

目　　录

第1章 通过代码学数学

1

本章内容

❑ 将数学知识和软件开发结合起来解决商业问题
❑ 绕开学习数学时的常见陷阱
❑ 从编程角度来思考数学问题
❑ 将 Python 作为一个强大、可扩展的计算器

数学就像棒球、诗歌或者美酒。一些人为之着迷，以至于为它奉献终生；另一些人却难以领会其妙处。接受过十余年的数学教育，你应该已经属于这两个阵营之一了。

如果我们在学校里像学习数学一样学习关于美酒的知识呢？要是一周五天、每天听一小时的葡萄品类和发酵技术课程，我想我绝不会喜欢葡萄酒。也许在这样的世界里，我需要按照老师布置的作业每天喝上三四杯。这种体验听起来很美妙，但有时我可能并不愿意在放学后喝得醉醺醺的。我在数学课上的经历就是这样，这让我一度对这门学科望而却步。学习数学就像品葡萄酒一样，是后天才能培养的爱好，但是天天听课和写作业没办法让你长出一根善于品尝美酒的舌头。

判断自己是否具有学习数学的天赋似乎很容易。如果你相信自己，并且对开始学习数学感到兴奋，那就太好了！如果你不那么乐观，那么本章就是为你设计的。被数学吓退的现象很普遍，它有一个名字：**数学焦虑症**。我希望能消除你可能有的任何焦虑，并告诉你学习数学可以是一场激动人心的经历，并不可怕。你需要的只是合适的工具和端正的态度。

本书的主要学习工具是 Python 编程语言。我猜你在高中学习时，数学知识是写在黑板上而不是计算机代码里的。这真是太可惜了，因为高级编程语言远比黑板或任何昂贵的计算器更强大、用途更多。用代码学习数学的一个好处是，设计必须精确，以便计算机理解，而且永远不会让新符号产生歧义。

就像学习其他东西一样，成功的关键是你有学习的**动机**。动机多种多样：你可能被数学概念的美感所吸引，或者喜欢数学问题那种像"脑筋急转弯"一样的感觉，抑或有一个梦寐以求的应用程序或游戏，需要写一些数学相关的代码来使它工作。现在，我将专注于一种更实际的动机——用软件解决数学问题可以赚很多钱。

1.1   使用数学和软件解决商业问题

经常有人诟病高中数学课："我什么时候才能在现实生活中用到这些知识？"老师告诉我们，数学会帮助我们在事业上取得成功并赚钱。我觉得他们说得没错，尽管举的例子并不准确。例如，我不会手动计算银行复利（银行也不会）。也许，如果我像三角学老师建议的那样成为建筑工地的测量员，就会每天用正弦公式和余弦公式来赚取工资。

看起来高中课本里所谓的"实际"应用并没那么有用，但是对数学的真实应用还是有的，而且有些应用带来的商业利润令人瞠目结舌。许多问题是通过将正确的数学思想转化为可用的软件来解决的。这里将分享一些我最喜欢的例子。

1.1.1   预测金融市场走势

我们都听说过股票交易员通过在正确的时间买入和卖出正确的股票而赚取数百万美元的传奇故事。受所看电影的影响，我总是把他们想象成穿着西装的中年男子，一边开着跑车，一边用手机对着经纪人大喊大叫。也许这种刻板印象在某一时期是正确的，但今天的情况已经不同了。

在曼哈顿的摩天大楼里，隐藏着成千上万被称为**量化金融分析师**（quant）的人。量化金融分析师又称定量分析师，负责设计数学算法来自动交易股票并赚取利润。他们不穿西装，也不花时间对着手机大喊大叫，但我相信他们中的很多人拥有非常漂亮的跑车。

那么，量化金融分析师是如何写出自动赚钱的程序的呢？这个问题的最佳答案是被严密保护的商业秘密，但肯定涉及大量数学知识。我们可以看一个简单的例子来了解自动交易策略的工作原理。

股票是代表公司所有权的金融资产类型。当市场认为一家公司经营良好时，其股票价格就会上涨：买入股票的成本增加，卖出股票的回报也会增加。股票价格的变化是不稳定的、实时的。图 1-1 显示了在一天交易中的股票价格图。

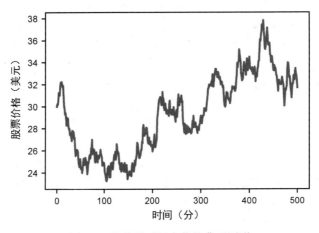

图 1-1   股价随时间变化的典型图形

对于这只股票，如果你在第 100 分钟左右以 24 美元买入 1000 股，并在第 430 分钟左右以 38 美元全部卖出，当天就可以赚 14 000 美元。这很棒！挑战在于，你必须提前知道这只股票会上涨，而且清楚第 100 分钟和第 430 分钟分别是买入和卖出的最佳时机。虽然你可能无法准确预测最低或最高价格，但也许能找到一天中相对较好的买卖时机。让我们来看看如何用数学方法来实现这个目标。

我们可以通过找到一条"最佳拟合"线来衡量股票价格会涨还是会跌，这条线大致遵循价格的变动方向。这个过程称为**线性回归**，本书的第三部分会介绍。因为数据是不断变化的，所以可以在"最佳拟合"线上下再计算出两条线，以显示价格上下浮动的区域。把它们叠加在价格图表上，可以看出这些线和趋势相符，如图 1-2 所示。

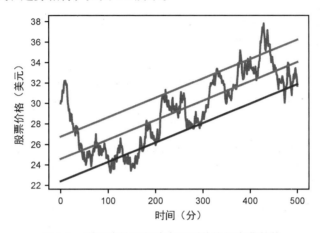

图 1-2　利用线性回归确定股票价格的变化趋势

有了对股票价格走势的数学理解，我们就可以编写代码，在股票价格相对于其趋势开始低位波动时自动买入，并在价格回升时自动卖出。具体来说，我们的程序可以通过网络连接到证券交易所，在价格低于底线时买入 100 股，并在价格越过顶线时卖出 100 股。图 1-3 展示了一次这样的盈利交易：以 27.80 美元左右的价格买入，以 32.60 美元左右的价格卖出，在一小时内可以赚到约 480 美元。

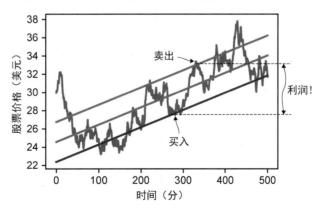

图 1-3　使用我们基于规则的交易软件进行买卖，赚取利润

我不敢说这是一个完备的可执行策略，但重点是，只要有正确的数学模型，你就可以自动获利。此刻，不知有多少程序正在构建和更新对股票等金融工具进行趋势预测的模型。如果你编写出这样的程序，就能在享受闲暇时光的同时赚钱了！

1.1.2　寻找优质交易

或许你的本钱不够多，无法参与高风险的股票交易。尽管如此，数学仍然可以帮助你在其他交易中赚钱和省钱，比如在买二手车时。新车交易比较简单透明：如果两个经销商在卖同一款车，你显然想从成本最低的经销商那里买。但二手车有更多需要考虑的参数：除了价格，还有里程数和出厂日期。你甚至可以利用某辆二手车在市场上的停留时间来评估它的质量：停留时间越长，其质量可能就越值得怀疑。

在数学里，用有序的数字列表来描述的对象被称为**向量**（vector），有一个领域专门研究它，称为**线性代数**。例如，一辆二手车可能对应的是一个**四维**向量，也就是一个包含四个数的元组。例如：

$$(2015, 41\ 429, 22.27, 16\ 980)$$

这些数分别代表出厂日期、里程数、停留天数和价格。我的一个朋友经营着一个叫作 CarGraph 的网站，上面汇总了二手车销售的数据。在写作本书时，这个网站提供了 101 辆丰田普锐斯的销售数据，包含每辆车的这四项数据（部分或全部）。该网站名副其实，将数据以图表的形式直观地呈现出来（见图 1-4）。四维对象很难可视化，但如果选择其中的两个维度，比如价格和里程数，就可以把描述它们关系的散点图绘制出来。

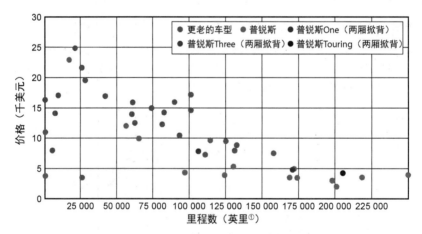

图 1-4　来自 CarGraph 的二手普锐斯价格与里程数关系图

我们也想在这里画一条趋势线。图中的每个点都代表了某个人心中的合理价格，趋势线会把

---

① 1 英里 ≈ 1.6 千米。——编者注

这些心理预期价格汇总到一起，形成在任何里程数下都比较可靠的价格。在图 1-5 中，我决定拟合一条**指数**下降曲线，而不是一条直线，并且忽略了一些以低于零售价销售的次新车。

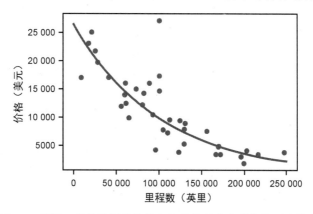

图 1-5　根据二手普锐斯的价格与里程数拟合出的指数下降曲线

为了更容易管理数据，我在计算时将里程数单位换成了万英里，所以里程数为 5 代表 5 万英里。令 p 为价格，m 为里程数，最佳拟合曲线的公式如下：

$$p = \$26\ 500 \cdot (0.905)^m \tag{1.1}$$

根据式(1.1)，最合适的价格是 26 500 美元乘以 0.905 的 m 次幂。将这些数值代入方程，我们发现，如果预算是 10 000 美元，那么就应该购买一辆行驶里程约为 97 000 英里的普锐斯（见图 1-6）。如果曲线表示的是**合理**的价格，那么低于该线的汽车通常应该是划算的。

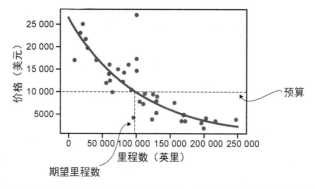

图 1-6　以 10 000 美元的预算为例，找出一辆二手普锐斯的预期里程数

除了可以寻找性价比最高的交易，我们还能从式(1.1)中学到更多东西。它讲述了一个关于汽车如何贬值的故事。式中的第一个数是\$26 500，是指数函数对里程为零时价格的理解。这与一辆新普锐斯的零售价非常接近。如果我们使用最佳拟合线，它意味着普锐斯每行驶一英里就会损失固定的价值。这个指数函数则表示，每行驶一英里，普锐斯的价值就会损失一个固定的**百分比**。

在行驶 10 000 英里后，根据这个公式，一辆普锐斯的价格会跌到原价的 0.905（90.5%）。在行驶 50 000 英里后，我们将其价格乘以系数$(0.905)^5 \approx 0.607$。这告诉我们，它的价格约为新车的 61%。

我用 Python 实现了一个 price(mileage) 函数，用来制作像图 1-6 那样的图。它将里程数作为输入（单位为万英里），并输出最适合的价格。通过计算 price(0) - price(5) 和 price(5) - price(10)，我知道了第一个和第二个 50 000 英里的行驶成本分别为 10 000 美元和 6300 美元。

如果使用最佳拟合直线而不是指数曲线，这意味着汽车的固定折旧率为每英里 0.10 美元。换言之，每行驶 50 000 英里，就一定会损失 5000 美元。传统观念认为，新车行驶的头几英里掉价最快，因此指数函数（式(1.1)）与此相符，而线性模型则不够准确。

请记住，这只是一个**二维**分析。我们只建立了一个数学模型，将描述每辆车的四个数值维度中的两个维度联系起来。在本书第一部分中，你将详细学习各种维度的向量以及如何使用高维数据。第二部分将介绍不同类型的函数，如线性函数和指数函数，并通过分析其变化率来进行比较。最后，第三部分将探讨如何建立数学模型，将数据集的所有维度纳入其中，从而获得更准确的图形。

1.1.3 构建三维图形和动画

许多在商业上大获成功的著名软件项目与多维数据打交道，特别是**三维**数据。这里我想到的是三维动画电影和三维视频游戏，它们的总收入高达数十亿美元。例如，皮克斯的三维动画软件帮助其获得了超过 130 亿美元的票房收入，Activision 的《使命召唤》系列三维动作游戏赚了 160 多亿美元，而 Rockstar 仅凭《侠盗猎车手 5》就赚了 60 多亿美元。

所有这些成功的项目都基于三维向量（形式为 $v = (x, y, z)$）运算。通过三个数就可以在三维空间中相对于参考点定位一个点，这个参考点就是所谓的**原点**。由图 1-7 可知，这三个数表示在各个方向上到原点的垂直距离。

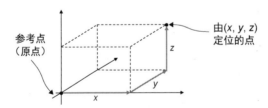

图 1-7　用三个数 x、y 和 z 组成的向量在三维空间中定位一个点

从《海底总动员》中的小丑鱼到《使命召唤》中的航空母舰，任何三维对象都可以在计算机中用三维向量的集合来定义。在代码中，每个对象看起来都像由 float 值组成的三元数对（triple）列表。有三个三元浮点数对，我们就有了空间中的三个点，这样就可以定义一个三角形（见图 1-8）。例如：

```
triangle = [(2.3,1.1,0.9), (4.5,3.3,2.0), (1.0,3.5,3.9)]
```

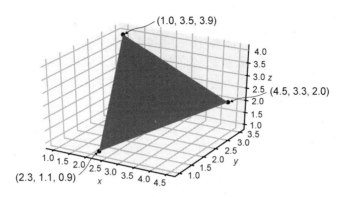

图 1-8　使用由三元数对定义的三个顶点构建一个三维三角形

组合多个三角形，就可以生成一个三维对象的表面。使用更多、更小的三角形，还可以让结果看起来很平滑。图 1-9 显示了使用越来越多的更小三角形对一个三维球体进行的六次渲染。

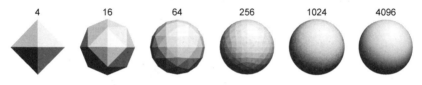

图 1-9　由指定数量的三角形构建的三维球体

在第 3 章和第 4 章里，你将学习使用三维向量数学将三维模型转换成类似于图 1-9 中的带阴影的二维图像。你还需要使三维模型更为平滑，让它们在游戏或电影中显得更加逼真，并且让它们逼真地移动和变化。这意味着你设计的对象应该遵守物理定律，而这些定律也可以用三维向量来表示。

假设你是《侠盗猎车手 5》的程序员，想实现一个基础用例，比如向直升机发射火箭炮。从主角的位置开始发射炮弹后，炮弹的位置会随着时间的推移而改变。可以使用数值下标来标注炮弹在飞行过程中的各个位置，从 $v_0 = (x_0, y_0, z_0)$ 开始。随着时间的推移，炮弹到达新的位置，用向量 $v_1 = (x_1, y_1, z_1)$ 和 $v_2 = (x_2, y_2, z_2)$ 等来标记。x、y 和 z 值的变化率是由火箭炮的方向和炮弹速度决定的。此外，由于重力作用，随着炮弹 z 值的增加，变化率会随着时间的推移而减小（见图 1-10）。

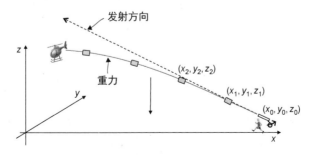

图 1-10　炮弹的位置向量因其初始速度和重力的影响而随时间变化

有经验的动作游戏玩家都知道，想击中直升机，需要瞄准稍微高于直升机的位置！要模拟物理学，必须知道力是如何影响物体并随着时间的推移引起物体连续变化的。研究连续变化的数学被称为**微积分**，物理定律通常用微积分中的**微分方程**来表示。在第 4 章和第 5 章中，你会学到如何制作三维物体的动画，然后在第二部分中学习如何利用微积分的思想模拟物理世界。

1.1.4   对物理世界建模

之前"数学软件能产生真正的商业价值"的说法并非虚言，我在自己的职业生涯中已经看到了这种价值。2013 年，我成立了一家名为 Tachyus 的公司，编写软件以优化石油和天然气的生产。我们的软件利用数学模型来了解地下油气的流动情况，帮助生产商更高效地开采同时获利更多。在软件的帮助下，我们的客户每年节约了数百万美元的成本并提高了产量。

为了解释软件的工作原理，这里介绍一些石油术语。将称为**井**的钻孔钻到地下，直到到达含有石油的多孔（海绵状）岩石。这层富含石油的岩石称为**储油层**。石油被抽到地面并卖给炼油厂，然后炼油厂将石油转化为我们日常使用的产品。图 1-11 为油田示意图（未按比例显示）。

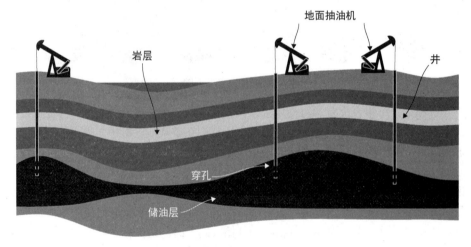

图 1-11   油田示意图

过去几年中，石油价格变化很大，但我们假设它的价值是每桶 50 美元，其中桶是一个容积单位，相当于 42 加仑或约 159 升。如果通过钻井和有效地抽油，一家公司每天能够开采 1000 桶石油（相当于几个后院游泳池的容积），那么它的年收入将达到数千万美元。即使效率只提高几个百分点，也是一笔可观的收入。

根本的问题是地下的情况：石油现在在哪里，如何流动？这是一个复杂的问题，但是可以通过解微分方程来回答。这里的变量不是炮弹的位置，而是地下流体的位置、压力和流速。流体流速用一种特殊的函数来表示，这种函数返回一个向量，称为**向量场**。这意味着流体可以在任意三维方向上以任意速度流动，而且这个方向和速度在储油层内的不同位置各不相同。

有了对一些参数的最佳预测，我们可以用一个叫作**达西定律**（Darcy's law）的微分方程来预测流体通过多孔岩石介质（如砂岩）的流速。图 1-12 说明了达西定律，即使有些符号不熟悉也不要担心！代表流速的函数名为 **q**，用粗体表示它返回的是一个向量值。

这个方程中最重要的部分是一个看起来像倒三角形的符号，它代表了向量微积分中的**梯度算子**（gradient operator）。压力函数 $p(x, y, z)$ 在给定空间点 (x, y, z) 的梯度是三维向量 $q(x, y, z)$，表示该点压力增加的方向和速度。这里的负号表明，流速的三维向量指向**相反**的方向。这个方程用数学术语说明了，流体从高压区流向低压区。

负梯度在物理定律中很常见。可以这样理解，自然界倾向于向低势能状态变化。一个球在山丘上的势能取决于山丘在任何横向点 x 的高度 h。如果山丘的高度由函数 $h(x)$ 给出，则梯度指向上坡的方向，而球的滚动方向正好相反（见图 1-13）。

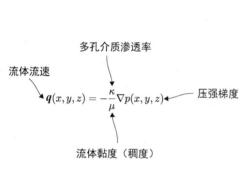

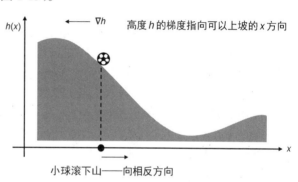

图 1-12　达西定律对应的物理方程，决定流体　　　图 1-13　正梯度指向上坡，而负梯度指向下坡
　　　　　在多孔岩石中的流动方式

在第 11 章里，你将学习如何计算梯度。我会介绍如何应用梯度来模拟物理世界，以及解决其他数学问题。梯度恰好也是机器学习中最重要的数学概念之一。

希望这些例子比你在高中数学课上听到的实际应用更有说服力和现实意义。也许此刻你已经愿意去学习这些数学概念了，但是又担心太难。学习数学的确很难，尤其是自学。为了让你尽可能顺利地学习，我们来谈谈作为数学学生可能面临的一些陷阱，以及本书如何帮助你避免踏入这些陷阱。

1.2　如何高效学习数学

数学书很多，但不是所有的书都有用。我有不少程序员朋友，出于求知欲或者上进心，尝试着学习像上一节中那样的数学概念。当使用传统的数学课本时，他们往往会因为在某一处卡住而不得不放弃。以下是一个典型的**失败**的数学学习故事。

1.2.1　Jane 想学习数学

我的（虚构的）朋友 Jane 是一名全栈 Web 开发者，在旧金山的一家中型科技公司工作。大学期间，Jane 并没有深入学习计算机科学或任何与数学相关的科目，她的职业生涯是从产品经理开始的。在过去的十年里，她学会了 Python 和 JavaScript 编程，并得以转型到软件工程领域。现在，在新的工作岗位上，她是团队中能力最强的程序员之一，能够搭建数据库、Web 服务和用户界面，为客户提供重要的新功能。显然，她非常聪明！

Jane 意识到，学习数据科学可以帮助她在工作中设计和实现更好的功能，利用数据来改善客户的体验。Jane 在上班的地铁上，经常会阅读一些关于新技术的博客和文章。最近，她着迷于几篇关于"深度学习"的文章。一篇文章谈到谷歌的 AlphaGo，它在深度学习的支持下，在一场棋局中击败了世界排名第一的人类棋手。另一篇文章则展示了由普通图像生成的令人惊叹的印象派画作，它同样使用了深度学习系统。

看完这些文章后，Jane 在无意中得知，她的朋友的朋友 Marcus 在一家大型科技公司找到了一份深度学习的研究工作。据称，Marcus 的年薪和年股票收入总共超过了 40 万美元。考虑到自己职业生涯的下一步，Jane 还有什么理由不去研究这些令人着迷又赚钱的问题呢？

Jane 做了一些研究，在网上找到了一个权威（而且免费）的资源：Goodfellow 等人所著的《深度学习》一书。这本书读起来很像她习惯的技术博客，让她对学习这个主题更加兴奋。但随着她不断阅读，书中的内容越来越难。第 1 章涵盖了需要学习的数学概念，并介绍了很多 Jane 从未见过的术语和符号。她浏览了一下，想直接进入书中的精华部分，但书中的内容依旧越来越难。

Jane 决定暂停对人工智能和深度学习的研究，先去补充一些数学知识。《深度学习》的数学章节列出了一本关于线性代数的参考书，供从未接触过这个领域的学生参考。她找到了这本由 Georgi Shilov 所著的教科书，名为《线性代数》。但是她发现这本教科书有 400 页之多，和《深度学习》同样晦涩难懂。

在花了一个下午的时间阅读关于数域、行列式和余子式等深奥概念的定理之后，她停下来了。她不知道这些概念如何能让她实现一个帮助棋手取得胜利或生成艺术品的程序，也不打算再花几十个小时从这些枯燥的资料中寻找答案。

我和 Jane 见了面，边喝咖啡边叙旧。她告诉我，因为不懂线性代数，所以在阅读真正的人工智能书时很吃力。最近，我听到了很多类似的感叹。

> 我想读一读关于［新技术］的书，但似乎需要先学一学［数学主题］。

她的做法是值得赞扬的：为想学习的科目和缺失的预备知识寻找最佳资源。虽然动机很合理，但是她发现自己陷入了令人厌恶的"深度优先"技术文献搜索中。

1.2.2　在数学课本中苦苦挣扎

大学水平的数学书，比如 Jane 选择的那本线性代数书，往往是非常公式化的。每一节都是一样的套路：先定义一些新的术语，再用这些术语陈述一些事实（即**定理**），然后证明这些定理为真。

这听起来是一个很好的、符合逻辑的顺序：介绍所讲的概念，陈述一些可以得出的结论，然后证明这些结论。那为什么读高数课本这么难呢？

问题是，数学知识实际上并不是这样创造出来的。当提出新的数学思想时，在找到正确的定义之前，可能会经过很长一段时间的实验。我想大多数专业数学家会这样描述他们经历的步骤。

(1) 发明一个**游戏**。例如，从"玩"一些数学对象开始。尝试列出所有这些数学对象，在这些对象中找到模式，或者找到具有特定属性的对象。

(2) 形成一些**猜想**。推测一些可以陈述出来的、关于游戏的一般事实，并至少让自己相信它们一定是真的。

(3) 创造一些**精确的语言**来描述游戏和你的猜想。毕竟，在你能表达它们之前，你的猜想不会有任何意义。

(4) 最后，凭着决心和一些运气，为你的猜想找到一个**证明**，说明它**需要**为真的原因。

我们要从这个过程中吸取的主要经验是，应该从全局思考开始，不要拘泥于形式。一旦对数学的工作原理有了大致的了解，词汇和符号就会成为有用的工具，而不会分散你的注意力。数学课本通常按相反的顺序排列，所以我建议把课本作为参考，而不是入门材料。

学习数学的最好方法并不是阅读传统课本，而是探索一些想法，并得出自己的结论。然而，你没有足够的时间重新发明一切。怎样才能达到平衡状态呢？这里给出我的拙见，它指导我编写出了这本新颖的数学书。

1.3　用上你训练有素的左脑

本书是为有经验的程序员或在工作中热衷于学习编程的人设计的。为程序员读者写关于数学的内容是极好的，因为如果你会写代码，就已经训练了你的分析性左脑。我认为学习数学的最好方法是借助高级编程语言，并且预测在不远的将来，这将是数学课堂的常态。

对于像你这样的程序员，可以用几种具体的方法来很好地学习数学。我在这里将其列举出来不仅是为了奉承你，也是为了提醒你已经具备了哪些技能，可以在数学学习中利用起来。

1.3.1　使用正式的语言

当学习编程时，第一个痛苦的教训就是，不能像写简单的英文一样编写代码。如果你给朋友写的纸条有少许拼写或语法错误，他们可能还能理解你想说的内容，但代码中的任何语法错误或拼写错误都会导致程序运行失败。在某些语言中，即使在原本正确的语句末尾漏掉一个分号，也会导致程序无法运行。作为另一个例子，看一下下面这两个语句。

```
x = 5
5 = x
```

可以把二者都解读为符号 x 的值是 5。但这在 Python 中并不**准确**，事实上，只有第一条可以如此解读。Python 语句 x = 5 是一个指令，会把变量 x 的值设置为 5。但是，不能将数字 5 设置为具有 x 的值。这可能看起来有些咬文嚼字，但你需要知道这一点才能写出正确的程序。

另一个困扰新手程序员（有经验的程序员也一样）的问题是引用相等。如果定义了一个新的 Python 类，并创建了它的两个相同的实例，那么它们是不相等的。

```
>>> class A(): pass
...
>>> A() == A()
False
```

你可能希望两个相同的表达式是相等的，但这显然不符合 Python 的规则。因为这两个表达式是 A 类的不同实例，所以它们是不相等的。

留意新的数学对象，它们看起来像你所熟知的对象，但行为方式却不一样。例如，如果字母 *A* 和 *B* 代表数，那么 $A \cdot B = B \cdot A$。但是，正如你将在第 5 章中学到的，如果 *A* 和 *B* 不是数，情况就不一定是这样。如果 *A* 和 *B* 是矩阵，那么积 $A \cdot B$ 和 $B \cdot A$ 就是不同的。事实上，它们之中甚至有可能只有一个是合法的，或者两者都不正确。

写代码的时候，仅仅写出语法正确的语句是不够的。语句所代表的思想需要是有意义的、合法的。如果写数学语句时也同样谨慎，你会更快发现错误。更棒的是，如果用代码写数学语句，计算机会帮你做辅助检查。

1.3.2　构建你自己的计算器

计算器在数学课上很常见，因为可以用来检查计算结果。虽然你需要知道在不借助计算器的情况下如何计算 6 乘以 7，但能通过计算器来确认你的答案正确也挺好。一旦掌握了数学概念，计算器还能帮你节省时间。比如在计算三角函数时，你想知道 3.141 59 / 6 是多少，这可以用计算器很容易地算出来，于是你可以把精力花在思考结果的意义上。计算器能做的事情越多，理论上应该越有帮助。

图 1-14　帮学生学习计数的
计算器

但计算器有时太复杂了，很难用。当我上高中的时候，老师要求买一个图形计算器。我买了一个 TI-84，它有大约 40 个按钮，每个按钮有两三种不同的模式。我只知道如何使用其中的 20 个左右。总之，这个工具使用起来相当烦琐。当我在小学一年级拿到第一台计算器时，情况也是一样的。虽然它只有大约 15 个按钮，但我不知道其中一些是干什么的。如果让我为学生们发明第一台计算器，我会把它做成如图 1-14 所示的样子。

这个计算器只有两个按钮：一个按钮可以将数值重置为 1，另一个按钮可以前进到下一个数。这样"只满足最基本需要"的工具，非常适合帮助孩子学习计数。（这个例子可能看起来很傻，但你确实可以买到这样的计算器！它们通常是机械式的，被当作计数器售卖。）

掌握了如何计数，你就会想练习写整数和做加法了。在这个学习阶段，需要给计算器再加几个按钮（见图 1-15）。

图 1-15　能写整数和做加法
的计算器

在这个阶段，不需要−、×或÷这样的按钮来妨碍你。当你做减法问题（如 5 − 2）时，仍然可以通过这个计算器检查答案（确认 3 + 2 = 5）。同样，你也可以通过累加来解决乘法问题。摸索完这个计算器后，就可以升级到一个能完成所有算术运算的计算器了。

我认为理想的计算器应该是可扩展的，这意味着可以按需添加更多的功能。例如，可以为你学习的每一个新的数学运算在计算器上添加一个新按钮。当学到代数的时候，也许除了数，还可以让它理解 x 或 y 等符号。当你学了微积分时，可以更进一步，使其理解和处理数学函数。

可以处理多种类型数据的可扩展计算器似乎遥不可及，但这正是高级编程语言提供的能力。Python 不仅自带算术运算、math 模块，还有众多可以随时引入的第三方数学库，让编程环境更加强大。因为 Python 是**图灵完备的**，所以你（原则上）可以计算任何可以计算的东西，需要的只是一台足够强大的计算机、一个足够巧妙的程序实现，或者两者兼备。

本书用可复用的 Python 代码来实现每个新的数学概念。自己动手实现可以很好地加深你对一个新概念的理解。最终，你的工具箱里会多出一个新工具。在自己尝试之后，如果愿意，也可以随时换上一个经过打磨的主流库。无论采用哪种方式，你构建或导入的新工具都为探索更复杂的概念奠定了基础。

1.3.3　用函数建立抽象概念

我刚才所说的过程在编程里叫作**抽象**。例如，当你厌倦了重复计数时，就可以创建针对加法的抽象；当你厌倦了做重复的加法时，就可以创建针对乘法的抽象；以此类推。

在编程里的所有抽象方式中，可以延续到数学中的最重要的一种方式是**函数**。在 Python 中，函数是一种重复执行任务的方法，可以接收一个或多个输入，产生一个输出。例如：

```
def greet(name):
    print("Hello %s!" % name)
```

这段代码可以让人用有表现力的简短代码发出多个问候语，比如：

```
>>> for name in ["John","Paul","George","Ringo"]:
...     greet(name)
...
Hello John!
Hello Paul!
Hello George!
Hello Ringo!
```

这个函数很实用，但它不像数学函数。数学函数总是接收输入值，并总是返回没有副作用的输出值。

在编程中，我们把行为像数学函数的函数称为**纯函数**。例如，平方函数 $f(x) = x^2$ 接收一个数并返回这个数与自己的乘积。执行 $f(3)$ 时，结果是 9。这并不意味着数 3 现在已经变成了 9，而是意味着 9 是函数 f 在输入为 3 时的相应输出。可以把这个平方函数想象成一台机器，它在输入槽中接收数，在输出槽中产生结果（数），如图 1-16 所示。

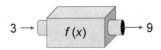

图 1-16　函数就像一台有输入槽和输出槽的机器

这是一个简单实用的心智模型，整本书中都会用到它。我最喜欢它的一点是，你可以把函数当成一个对象来处理。在数学中，就像在 Python 中一样，函数是可以独立处理的数据，甚至可以将其传递给其他函数。

数学的抽象性会让人望而生畏。但是，就像在任何优秀软件中一样，引入抽象是有原因的：它可以帮助你组织和交流更宏大、更强有力的思想。当你掌握了这些思想并将其转化为代码时，就会开启更多令人兴奋的可能性。

如果你还没有做到这一点，我希望你已经相信，软件开发中有许多令人兴奋的数学应用。作为一名程序员，你已经有了正确的思维方式和工具来学习一些新的数学思想。本书中的思想丰富了我的职业生涯、提升了我的个人素养，希望对你也有所帮助。让我们开始吧！

1.4　小结

- ❑ 数学在许多软件工程领域都有着趣味盎然和收益颇丰的应用。
- ❑ 数学可以量化随时间变化的数据的趋势，如预测股票价格的走势。
- ❑ 不同类型的函数表示不同性质的行为。例如，指数折旧函数意味着汽车每行驶一英里就会损失其转售价的一个百分比，而不是一个固定数额。
- ❑ 数字元组（称为**向量**）代表多维数据。具体来说，三维向量是三元数对，可以表示空间中的点。可以通过组合向量指定的三角形来构建复杂的三维图形。
- ❑ **微积分**是研究连续变化的数学。许多物理定律是用微积分方程来写的，这些方程称为**微分方程**。
- ❑ 传统课本中的数学很难学好！应该通过逐步探索来学习数学，而不是直接在定义和定理中挣扎前进。
- ❑ 作为一名程序员，你已经训练了自己精确思考和沟通的能力，这种技能也会帮助你学习数学。

Part 1

向量和图形

第一部分将深入研究称为**线性代数**的数学分支。线性代数能够在非常高的层次上处理多维度的计算，这里的"维度"是一个几何概念，当我说"正方形是二维的"或者"立方体是三维的"时，你应该能直观地了解我的意思。线性代数让我们把关于维度的几何概念变成可以具体计算的东西。

线性代数中最基本的概念是**向量**（vector），可以把它看作某个多维空间中的一个数据点。举个例子，你在高中学习代数和几何时一定听说过二维坐标平面。正如第 2 章将介绍的那样，二维空间中的向量对应于平面上的点，这些点可以用形式为(x, y)的有序数对来表示。第 3 章将考虑三维空间，其中的向量（点）可以用形式为(x, y, z)的三元数对来表示。基于这两种情况，我们可以使用向量的集合来定义几何形状，而这些形状又可以被转换成有趣的图形。

线性代数中的另一个关键概念是**线性变换**（linear transformation），将在第 4 章中介绍。线性变换是一种函数，将一个向量作为输入并返回一个向量作为输出，同时保持所操作向量（在特殊意义上）的几何形状。例如，如果一个向量（点）的集合位于二维平面的一条直线上，在应用线性变换后，它们仍然会位于一条直线上。第 5 章会介绍**矩阵**（matrix），这是一种可以表示线性变换的矩形数组。我们对线性变换的最终应用是，在一个 Python 程序中，随着时间的推移将其应用到图形之上，从而得到三维动画。

虽然只能对二维和三维空间中的向量和线性变换进行可视化处理，但我们其实可以定义任意维数的向量。在 n 维空间中，向量是一个包含 n 个元素的元组，形式为$(x_1, x_2, \cdots, x_n)$。第 6 章会对二维和三维空间的概念进行逆向研究，得到**向量空间**（vector space）的一般概念，并更具体地定义**维度**的概念。值得注意的是，由像素构成的数字图像可以被看作高维向量空间中的向量，可以通过线性变换来进行图像处理。

最后，第 7 章会研究线性代数中最普遍的计算工具：**解线性方程组**（system of linear equations）。你可能还记得高中代数课上的内容：两个线性方程的解 x 和 y 可以告诉我们两条直线在平面上的交点的位置。一般来说，线性方程能帮助我们求得线、平面或高维空间在向量空间中的相交位置。通过使用 Python 处理线性方程组，我们将构建视频游戏引擎的第一个版本。

二维向量绘图

2

你也许已经对二维或三维的概念有了一些直观认识。二维（2D）对象就像一页纸或者屏幕上的图像，是扁平的。它只有长和宽两个维度。然而，物理世界中的三维（3D）对象不仅有长度和宽度，还有高度。

二维模型和三维模型在编程中非常重要。手机、平板计算机或者 PC 上呈现的所有物体都是二维对象，具有一定像素的长和宽。物理世界的仿真模拟、游戏或者动画都会把三维数据映射到二维屏幕上。在 VR 和 AR 应用中，三维模型必须经过真实的测量，以匹配用户的位置和视角。

尽管我们日常生活在三维世界中，但处理更高维度的数据也很有用。物理学上通常把时间看作第四维，事件会发生在特定的时间和地点。数据科学中的数据集通常也包含更多维度。举例来说，网站跟踪的用户可以有数百个可测量的属性，这些属性描述了用户的使用习惯。要解决这些和图形学、物理学以及数据分析相关的问题，需要一个能够处理高维数据的框架，即**向量数学**。

向量就是多维空间中的对象，有自己特定的算法规则（加法、乘法等）。我们先从易于计算和可视化的二维向量开始学习。本书中使用了大量的二维向量，是我们用于推理高维问题的跳板。

2.1   二维向量绘图

二维世界如同一页纸或者计算机屏幕一样扁平。在数学语言中，这种扁平的二维空间称为**平面**。二维平面中的物体有长度和宽度两个维度，但没有第三个维度——高度。同样，可以用两个信息来描述二维世界中的具体位置：垂直位置和水平位置。为了描述点在平面中的位置，你需要一个参考点。这个特殊的点称为**原点**。图 2-1 展示了这种关系。

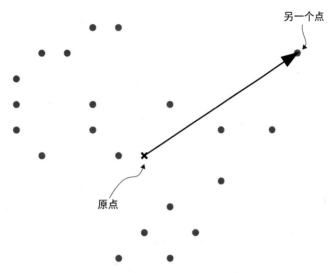

图 2-1 参照原点定位一个具体的点

虽然有很多点可供选择，但必须确定其中一个作为原点。为便于区分，我们选择×点作为原点（如图 2-1 所示）。可以从原点开始画一个箭头（像图 2-1 中的那条实线）表示它和另一个点的相对位置。

二维向量（two-dimensional vector）是平面上相对于原点的一个点。换言之，可以把一个向量想象成平面上的一个直线箭头，从原点指向一个具体的点（见图 2-2）。

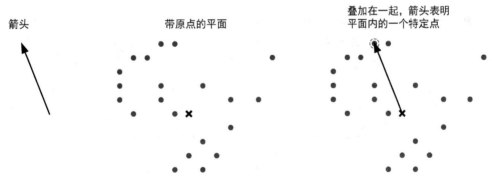

图 2-2 箭头指向相对于原点的一个具体的点

从本章开始，我们将用箭头和点来表示向量，因为可以用它们画出更多有意思的图。如果将图 2-2 中的点连接起来，会得到一只恐龙，如图 2-3 所示。

计算机中呈现的二维或三维图形，无论是这只简单的恐龙还是皮克斯动画长片，都通过连接一些点或者向量来显示期望的形状。要想创建图形，就需要把向量放在正确的位置上，因而需要精准地测量。接下来看看如何测量平面中的向量。

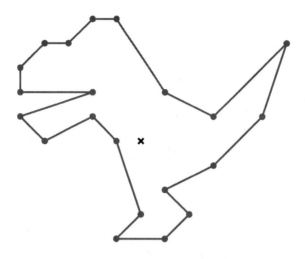

图 2-3   连接平面中的点来绘图

2.1.1   如何表示二维向量

可以使用尺子测量一维世界中的对象，比如一个物体的长度。要测量二维对象，我们需要两把尺子。这些尺子就是**坐标轴**，它们彼此垂直，相交于原点。借助坐标轴来绘图，恐龙就有了上下左右之分。如图 2-4 所示，水平的轴称为 x 轴，垂直的轴称为 y 轴。

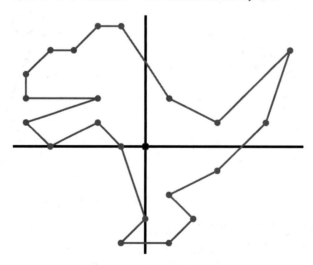

图 2-4   基于 x 轴和 y 轴绘制的恐龙

借助坐标轴确定方向，我们可以说："有 4 个点在原点的右上方。"但这还不够，还需要进一步量化数据。在尺子上，有刻度来展示测量到多少单位。与之类似，在二维平面中，可以添加垂直于轴线的网格线，以展示点相对于轴线的位置。按惯例，我们把原点放在 x 轴和 y 轴的刻度 0 处（见图 2-5）。

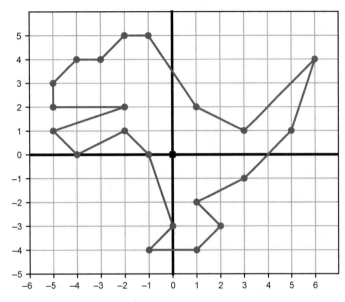

图 2-5 网格线让我们可以测量点与坐标轴的相对位置

通过网格线，可以精准测量平面中的向量。举个例子，在图 2-5 中，恐龙的尾巴尖对应 x 轴上的+6、y 轴上的+4。目前你可以认为这些数值代表厘米、英寸、像素或者其他任何长度单位。除非有特定的场景，一般情况下我们不使用单位。

数 6 和 4 分别是点的 **x 坐标** 和 **y 坐标**，帮助我们定位具体的点。一般将二维坐标写成 x 坐标和 y 坐标的 **有序数对**（或者叫**元组**），比如(6, 4)。图 2-6 展示了如何通过 3 种方式来描述同一个向量。

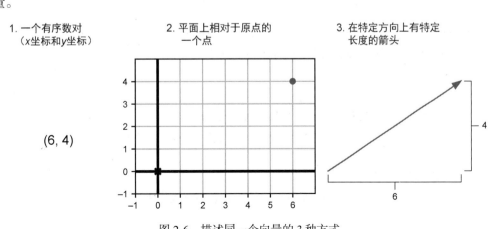

图 2-6 描述同一个向量的 3 种方式

通过形如(-3, 4.5)的坐标，可以在平面中定位表示它们的点或者箭头。到达该坐标在平面上对应点的路径是：从原点开始，向左移动 3 个网格（因为 x 坐标是-3）的距离，然后向上移动 4 个半网格（y 坐标是 4.5）的距离。这个点并不在两条网格线的交点上，但这无关紧要，因为任何实数组成的坐标都能确定平面中的一个点。相应地，箭头是从原点到该位置的直线路径，指向左上方（或者说西北方）。尝试自己练习一下这个例子吧！

2.1.2 用 Python 绘制二维图形

当你在屏幕上绘制图形时，是在二维平面上工作的。屏幕上的像素就是二维平面上的可用点，其坐标用整数（而非实数）表示，而且像素相互独立。尽管如此，大多数图形库允许使用浮点数作为坐标值，并会将图形上的点自动转换为屏幕上的像素。

要在屏幕上绘制图形，我们有大量的语言和库可供选择：OpenGL、CSS、SVG，等等。具体到 Python 中，有 Pillow 和 Turtle 这样的库，非常适合用向量来进行绘图。本章会使用一些自定义函数来辅助绘图，这些函数是基于一个名为 Matplotlib 的 Python 库之上构建的。这些工具函数可以让我们专注于绘图本身。在掌握了这些工具函数后，就可以推此及彼，很容易地学会任何其他相关的 Python 库。

这里最重要的函数是 draw，它的输入是几何图形类的实例，以及其他影响绘制效果的关键字参数。表 2-1 列出了用于绘制各种几何对象的 Python 类。

表 2-1　一些表示几何图形的 Python 类，可用于 draw 函数

类	构造示例	说　　明
Polygon	Polygon(*vectors)	用于绘制一个多边形，其顶点（顶角）坐标用一组向量表示
Points	Points(*vectors)	用于绘制多个点，每个点对应一个输入向量
Arrow	Arrow(tip) Arrow(tip, tail)	从原点向 tip 绘制一个箭头。如果指定了第二个参数 tail，则从 tip 向 tail 绘制一个箭头
Segment	Segment(start, end)	从 start 到 end 绘制一条线段

你可以在源代码文件 vector_drawing.py 里找到这些函数。本章最后会对它们的具体实现进行说明。

注意　从本章开始，源代码目录下有对应的 notebook 来记录如何顺次运行所有代码，其中包括如何从 vector_drawing 模块导入所需的方法。如果你对此并不了解，可以参考附录 A 来配置 Python 和 Jupyter。

使用这些绘图函数，可以把图 2-5 中表示恐龙轮廓的点画出来。

```
from vector_drawing import *
    dino_vectors = [(6,4), (3,1), (1,2), (-1,5), (-2,5), (-3,4), (-4,4),
    # 这里插入剩余的 16 个向量
]

draw(
    Points(*dino_vectors)
)
```

这里没有给出完整的 dino_vectors 列表，但只要提供完整的向量集合，这段代码就可以绘制出如图 2-7 所示的点（也与图 2-5 相符）。

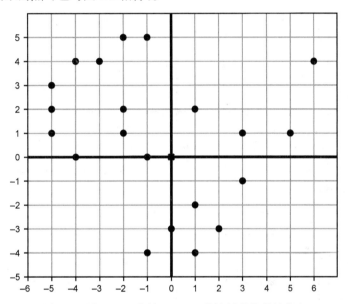

图 2-7　用 Python 中的 draw 函数绘制恐龙的轮廓点

下一步，可以把点连接起来。先来尝试连接恐龙尾巴上的点(6, 4)和点(3, 1)，通过如下方式调用 draw 函数来实现图 2-8 中的效果。

```
draw(
    Points(*dino_vectors),
    Segment((6,4),(3,1))
)
```

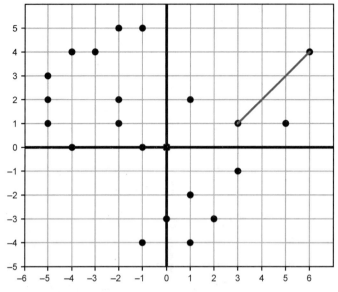

图 2-8   将恐龙轮廓点中的(6, 4)和(3, 1)连接而成的线段

这条线段实际上是由点(6, 4)和点(3, 1)以及位于它们之间的所有点组成的集合。draw 函数会将线段上的所有像素设置为蓝色。Segment 类提供的抽象能力很实用,使用它再绘制 20 条线段,就得到了恐龙的完整轮廓(见图 2-9)。

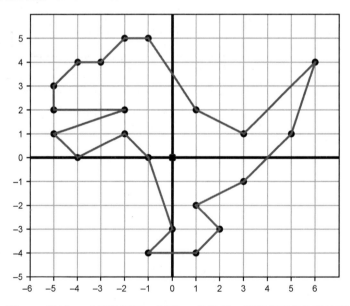

图 2-9   通过 21 次函数调用,得到 21 条线段,就形成了恐龙的轮廓

只要提供所有向量，就可以勾勒出想要绘制的二维图形。手动计算所有的坐标是很乏味的，所以接下来研究如何通过向量运算来自动计算坐标值。

2.1.3 练习

练习 2.1：恐龙脚趾尖上的点的 x 坐标和 y 坐标是什么？

解：$(-1, -4)$

练习 2.2：在平面上画出点 $(2, -2)$ 和与之对应的箭头。

解：用平面上的点和箭头表示 $(2, -2)$ 如图 2-10 所示。

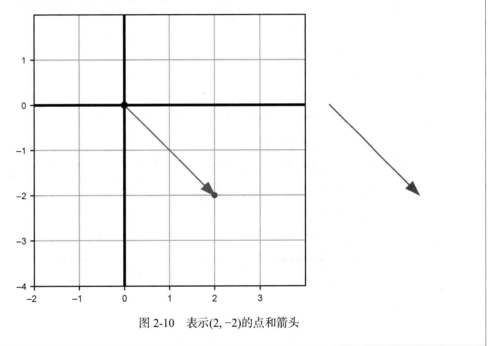

图 2-10 表示 $(2, -2)$ 的点和箭头

练习 2.3：通过观察恐龙各点的位置，推断 `dino_vectors` 列表未包含的其余向量。例如，列表已经包含了恐龙尾巴尖上的点(6, 4)，但不包含恐龙鼻子上的点(-5, 3)。完成后，`dino_vectors` 列表中应该有由 21 个坐标对表示的向量。

解：恐龙轮廓的完整向量列表如下。

```
dino_vectors = [(6,4), (3,1), (1,2), (-1,5), (-2,5), (-3,4), (-4,4),
    (-5,3), (-5,2), (-2,2), (-5,1), (-4,0), (-2,1), (-1,0), (0,-3),
    (-1,-4), (1,-4), (2,-3), (1,-2), (3,-1), (5,1)
]
```

练习 2.4：构建一个以 `dino_vectors` 为顶点的 Polygon 对象，画出将每个点相连的恐龙图像（见图 2-11）。

解：

```
draw(
    Points(*dino_vectors),
    Polygon(*dino_vectors)
)
```

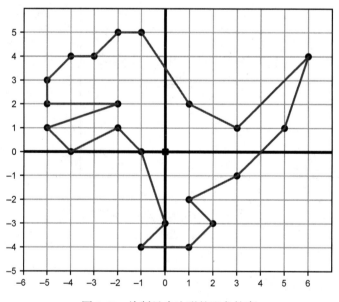

图 2-11　绘制呈多边形的恐龙轮廓

练习 2.5：当 x 坐标在−10 到 10 的范围内时，使用 `draw` 函数绘制表示向量 `(x, x**2)` 的点。

解：当 x 坐标为−10 到 10 的整数时，为函数 $y = x^2$ 绘制出的图表如图 2-12 所示。

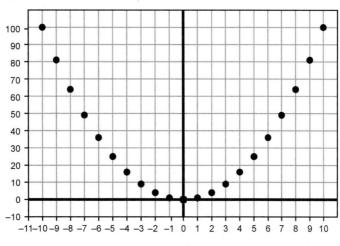

图 2-12　$y = x^2$ 上的点

为了绘制这个图表，我给 `draw` 函数传递了两个额外的关键字参数。`grid` 参数为 (1, 10)，表示每隔 1 个单位绘制垂直网格线，以及每隔 10 个单位绘制水平网格线。`nice_aspect_ratio` 参数设置为 `False`，表示 x 轴和 y 轴的比例不必相同。

```
draw(
    Points(*[(x,x**2) for x in range(-10,11)]),
    grid=(1,10),
    nice_aspect_ratio=False
)
```

2.2　平面向量运算

和数一样，向量也有自己的运算方式。对向量进行运算可以生成新的向量，而且可以将结果可视化。向量运算除了包含代数变换，还有几何变换。我们从最基本的运算开始：**向量加法**。

向量加法很简单：给定两个输入向量，将它们的 x 坐标相加，得到新的 x 坐标，然后将它们的 y 坐标相加，得到新的 y 坐标。用这些新的坐标创建一个新的向量，就得到了原始向量的**向量和**。举个例子，因为 $4 + (−1) = 3$ 以及 $3 + 1 = 4$，所以 $(4, 3) + (−1, 1) = (3, 4)$。用 Python 实现向量加法非常简单，如下所示。

```
def add(v1,v2):
    return (v1[0] + v2[0], v1[1] + v2[1])
```

因为可以用平面上的箭头或者点来表示向量，所以能用这两种方式直观地看到加法的结果（见图 2-13）。从原点$(0,0)$开始，向左移动 1 个单位再向上移动 1 个单位，就可以到达点$(-1,1)$。转换一下起点，要想到达$(4,3)+(-1,1)$所表示的点，则要从$(4,3)$开始，向左移动 1 个单位，再向上移动 1 个单位。也可以将这种方式描述为逐一沿着箭头移动。

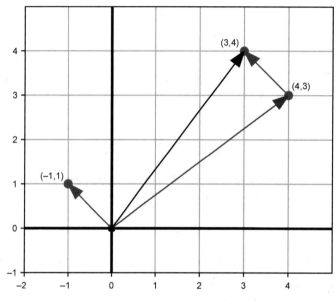

图 2-13   绘制出$(4,3)$和$(-1,1)$的向量和

箭头形式的向量加法有时被称为**首尾加法**。这是因为如果把第二个箭头的尾部移到第一个箭头的头部（不改变其长度或方向），最终的向量和就是一个从第一个箭头起点到第二个箭头终点的箭头（见图 2-14）。

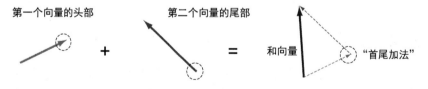

图 2-14   向量的首尾加法

当我们提到箭头这种向量的表示方式时，其实际含义是"特定方向上的一段特定距离"。如果你在一个方向上移动一段距离，在另一个方向上又移动了一段距离，那么向量和可以表示移动的整体距离和方向（见图 2-15）。

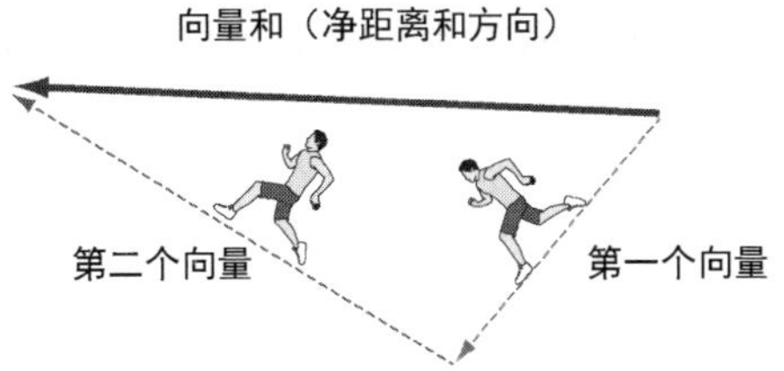

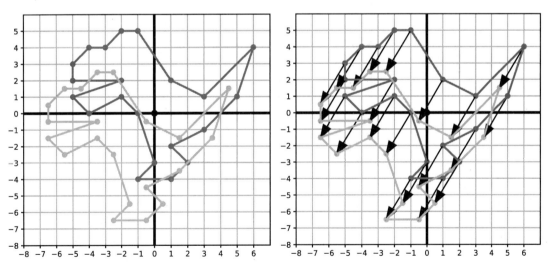

图 2-15 向量和表示在平面上移动的整体距离和方向

添加一个向量意味着移动或**平移**一个现有的点或点的集合。如果将向量(−1.5, −2.5)和 dino_vectors 中的每一个向量相加，就会得到一个新的向量列表，其中的每个向量都相对于原始向量左移 1.5 个单位、下移 2.5 个单位。代码如下所示。

```
dino_vectors2 = [add((-1.5,-2.5), v) for v in dino_vectors]
```

结果就是，同一个恐龙形状被向量(−1.5, −2.5)向左下方进行了移动。为了更好地说明，我们用 Polygon 将两只恐龙画出来（见图 2-16 ）。

```
draw(
    Points(*dino_vectors, color=blue),
    Polygon(*dino_vectors, color=blue),
    Points(*dino_vectors2, color=red),
    Polygon(*dino_vectors2, color=red)
)
```

图 2-16 原始恐龙（蓝色，书中为深灰色）和平移后的副本（红色，书中为浅灰色）。将每一个点和向量(−1.5, −2.5)相加，让恐龙向左下方移动

右图中的那些箭头显示每个点通过和向量(−1.5, −2.5)相加，移动了相同的方向和距离。想象一下，如果恐龙是二维计算机游戏中的一个角色，这样的平移变换就会派上用场。用户按下方向

键，恐龙就可以在屏幕上向着相应的方向移动。我们将在第 7 章和第 9 章中对相关内容做具体介绍。

2.2.1 向量的分量和长度

把一个已有的向量分解成更小的多个向量之和是一种非常有用的操作。举个例子，如果你在纽约问路，听到"往东走 4 个街区，再往北走 3 个街区"比"往东北走 800 米"更有意义。同样，把某个向量看作指向 *x* 方向的向量与指向 *y* 方向的向量之和也更有意义。

例如，图 2-17 显示了将向量(4, 3)改写为(4, 0)与(0, 3)之和。如果把向量(4, 3)看作平面上的导航路径，(4, 0)与(0, 3)之和就可以让我们顺次通过两条路径，抵达一个点。

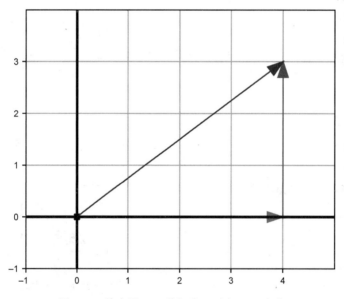

图 2-17　将向量(4, 3)分解为(4, 0)与(0, 3)之和

(4, 0)和(0, 3)这两个向量分别称为 **x 分量**和 **y 分量**。有时候你无法沿着对角线行进（纽约市的建筑会阻挡你前进的步伐），那么向右走 4 个单位、再向上走 3 个单位，才能到达同一个点，一共走了 7 个单位。

向量的**长度**（length）就是代表它的箭头的长度，等价于从原点到它表示的点的距离。在纽约市，乌鸦可以做到沿着箭头飞行（不会被建筑物阻隔）。*x* 或 *y* 方向上的向量长度一目了然，就是相应坐标轴上的刻度数：虽然方向不同，但(4, 0)和(0, 4)都是长度为 4 的向量。因为向量(4, 3)其实在(4, 0)和(0, 3)所形成平行四边形的对角线上，所以还要花点儿功夫来计算其长度。

你应该想起了一个公式：**勾股定理**。该定理描述：对于一个直角三角形（两边夹角为 90°的三角形），最长边长度的平方是其余两条边长度的平方之和。最长边叫作直角三角形的**斜边**，长度用 *c* 表示，其计算公式为 $a^2 + b^2 = c^2$，其中 *a* 和 *b* 代表另外两条边的长度。如果 $a = 4$，$b = 3$，

c 就是 $4^2 + 3^2$ 的平方根（见图 2-18）。

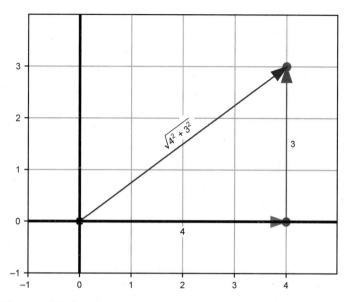

图 2-18　利用勾股定理，根据 x 分量和 y 分量的长度求出向量的长度

　　将一个向量分解成两个分量是很容易的，因为总能找到一个对应的直角三角形。如果知道各分量的长度，就可以计算出斜边的长度，也就是向量的长度。向量(4, 3)等于(4, 0) + (0, 3)，是两个边长分别为 4 和 3、相互垂直的向量之和。向量(4, 3)的长度是 $4^2 + 3^2$ 的平方根，即 25 的平方根，也就是 5。在每个街区都是正方形的城市里，向东行驶 4 个街区、再向北行驶 3 个街区，就相当于向东北行驶 5 个街区。

　　整数长度是一种特殊情况，使用勾股定理得出的长度通常不是整数。(–3, 7)的长度可以通过用它的分量长度 3 和 7 来计算。

$$\sqrt{3^2 + 7^2} = \sqrt{9 + 49} = \sqrt{58} = 7.615\ 77...$$

　　可以将这个公式转化为 Python 中的 length 函数，它接收一个二维向量并返回其浮点数形式的长度。

```
from math import sqrt
def length(v):
    return sqrt(v[0]**2 + v[1]**2)
```

2.2.2　向量与数相乘

　　向量的重复相加很简单，只要把箭头一直不断地首尾连接起来即可。如果向量 v 的坐标是(2, 1)，那么对 5 个这样的向量求和，就是 $v + v + v + v + v$，如图 2-19 所示。

　　如果 *v* 是一个数，就不用写出像 *v* + *v* + *v* + *v* + *v* 这么冗余的表达式，直接用 5 · *v* 表示即可。向量当然也可以这样写。将 *v* 相加 5 次的结果是一个方向相同但长度为其 5 倍的向量。如此一来，我们就可以用任意整数或小数与一个向量相乘。

　　将向量乘以数的运算称为**标量乘法**。处理向量时，普通的数通常被称为**标量**（scalar）。scalar 这个名字非常贴切，因为运算的效果是将目标向量按给定的系数进行**缩放**（scale）。标量是否是整数并不重要，我们可以很容易地画出一个长度是另一个向量 2.5 倍的向量（见图 2-20）。

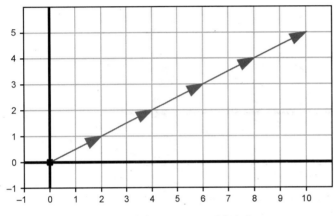

图 2-19　将向量 *v* = (2, 1) 重复相加　　　　图 2-20　向量 *v* 乘以 2.5 的标量乘法

　　对应到向量分量上，每个分量都按相同的系数进行缩放。可以把标量乘法想象成改变了一个由向量及其分量所定义的直角三角形的大小，但不影响其长宽比。图 2-21 将向量 *v* 和它的标量乘积 1.5 · *v* 叠加在一起显示，无论是向量自身的长度还是其分量的长度，都是原先的 1.5 倍。

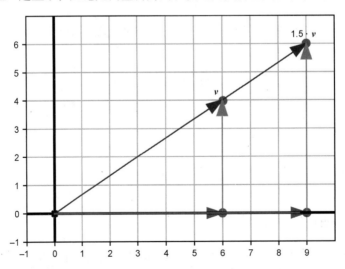

图 2-21　标量乘法就是将向量的两个分量按同一系数缩放

在坐标系中，用标量 1.5 和 $v = (6, 4)$ 相乘，可以得到一个新的向量 $(9, 6)$，其中每个分量都是其原始值的 1.5 倍。从计算方面讲，我们通过将向量的每个坐标乘以标量来执行向量的标量乘法。再举一个例子，将向量 $w = (1.2, -3.1)$ 乘以系数 6.5 可以写作：

$$6.5 \cdot w = 6.5 \cdot (1.2, -3.1) = (6.5 \cdot 1.2, 6.5 \cdot -3.1) = (7.8, -20.15)$$

这里测试了可以使用分数作为标量，还可以使用负数。如果原始向量是 $(6, 4)$，那么该向量的 $-1/2$ 倍是多少？答案是 $(-3, -2)$。图 2-22 显示，这个向量的长度是原向量的一半，而且指向相反的方向。

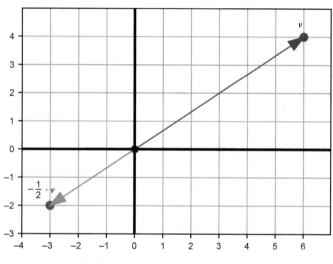

图 2-22 用-1/2 乘以向量的标量乘法

2.2.3 减法、位移和距离

向量的标量乘法和数的乘法一致：一个数的整数倍数与将这个数重复相加是一样的。这同样适用于向量，负向量和向量减法也如出一辙。

给定一个向量 v，其**负**向量 $-v$ 与标量乘积 $-1 \cdot v$ 相同。若 v 是 $(-4, 3)$，那么它的负值 $-v$ 就是 $(4, -3)$，如图 2-23 所示。我们通过将每个坐标乘以 -1（或者说，改变每个坐标的符号）来得到负向量。

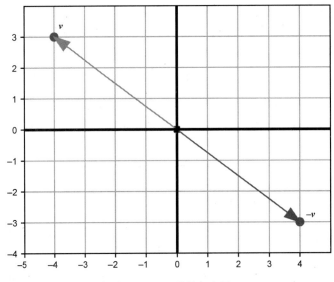

图 2-23   向量 $v = (-4, 3)$ 及其负向量 $-v = (4, -3)$

在一条线上，从零开始只有两个方向：正和负。然而在平面上，有很多（实际上是无限多）方向，所以不能说 v 和 $-v$ 中一个是正的、另一个是负的。可以说，对于任一向量 v，负向量 $-v$ 具有相同的长度，但指向相反的方向。

有了负向量的概念，就可以定义**向量减法**了。对于数，$x - y$ 与 $x + (-y)$ 相同。我们给向量设定同样的约定。要想从向量 v 减去一个向量 w，需要把向量 $-w$ 加到 v 上。把向量 v 和 w 看作两个点，$v - w$ 就是 v 相对于 w 的位置。如果把 v 和 w 看作从原点开始的箭头，由图 2-24 可知，$v - w$ 是从 w 头部到 v 头部的箭头。

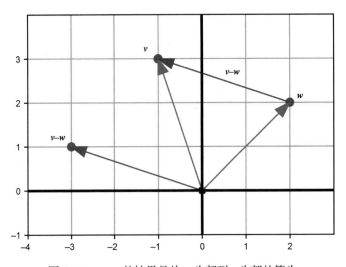

图 2-24 $v - w$ 的结果是从 w 头部到 v 头部的箭头

2

$v-w$ 的坐标是 v 和 w 的坐标差。在图 2-24 中，$v=(-1,3)$，$w=(2,2)$。因此，$v-w$ 的坐标为 $(-1-2, 3-2)=(-3, 1)$。

再来看看向量 $v=(-1,3)$ 和 $w=(2,2)$ 的区别。可以使用 draw 函数来绘制 v 和 w 这两个点，并在它们之间画一条线段。代码如下所示。

```
draw(
    Points((2,2), (-1,3)),
    Segment((2,2), (-1,3), color=red)
)
```

$v-w=(-3,1)$ 表示从 w 点开始，需要向左走 3 个单位、再向上走 1 个单位，才能到达 v 点。这个向量有时被称为从 w 到 v 的**位移**（displacement）。图 2-25 中从 w 到 v 的直线段是由上面的 Python 代码绘制出的，显示了两点之间的**距离**。

该线段的长度用勾股定理计算，如下所示。

$$\sqrt{(-3)^2+1^2}=\sqrt{9+1}=\sqrt{10}=3.162...$$

位移是一个向量，而距离是一个标量（一个数）。距离不足以说明如何从 w 到达 v，因为有很多点到 w 的距离相同。图 2-26 显示了其他几个距离相同的整数坐标点。

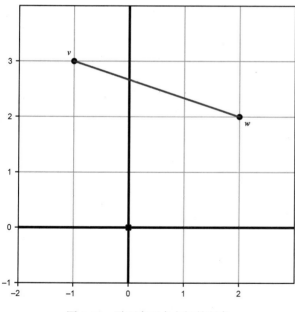

图 2-25　平面内两点之间的距离

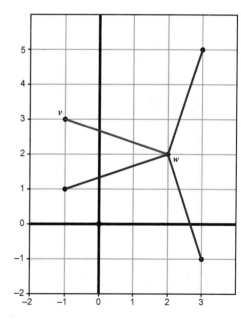

图 2-26　距 $w=(2,2)$ 等距离的几个点

2.2.4 练习

练习 2.6：对于向量 $u = (-2, 0)$、向量 $v = (1.5, 1.5)$ 和向量 $w = (4, 1)$，$u + v$、$v + w$ 和 $u + w$ 的结果是什么？$u + v + w$ 的结果又是什么？

解：对于向量 $u = (-2, 0)$、向量 $v = (1.5, 1.5)$ 和向量 $w = (4, 1)$，结果如下所示。

$u + v = (-0.5, 1.5)$

$v + w = (5.5, 2.5)$

$u + w = (2, 1)$

$u + v + w = (3.5, 2.5)$

练习 2.7（小项目）：通过将所有向量各自的 x 坐标和 y 坐标相加，可以实现任意数量的向量相加。例如，向量和 $(1, 2) + (2, 4) + (3, 6) + (4, 8)$ 有 x 分量 $1 + 2 + 3 + 4 = 10$ 与 y 分量 $2 + 4 + 6 + 8 = 20$，结果为 $(10, 20)$。实现新的 add 函数，接收任意多个向量作为参数。

解：

```
def add(*vectors):
    return (sum([v[0] for v in vectors]), sum([v[1] for v in vectors]))
```

练习 2.8：实现函数 translate(translation, vectors)，接收一个平移向量和一个向量列表，返回一个根据平移向量平移后的向量列表。例如，对于 translate ((1,1), [(0,0), (0,1,), (-3,-3)])，它应该返回 [(1,1), (1,2), (-2, -2)]。

解：

```
def translate(translation, vectors):
    return [add(translation, v) for v in vectors]
```

练习 2.9（小项目）：向量之和 $v + w$ 与 $w + v$ 结果相同。用坐标形式的向量和的定义来解释其原因。同时，用图像来说明为什么这在几何上是成立的。

解：如果把两个向量 $z = (a, b)$ 和 $v = (c, d)$ 相加，其中坐标 a, b, c, d 都是实数，那么向量 $z + v$ 的结果是 $(a + c, b + d)$，而 $v + z$ 的结果是 $(c + a, d + b)$。这两对坐标相同，因为实数相加时的顺序并不重要。对于首尾加法，无论哪种顺序都能得到相同的向量和。为了更形象地解释这一点，图 2-27 展示了将一对向量首尾相加的示例。

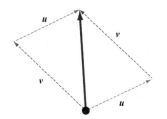

图 2-27　任意顺序的首尾相加都会得到相同的向量

不管是 $z + v$ 还是 $v + z$（虚线），得到的向量都是一样的（实线）。在几何学中，两组 u 和 v 形成了一个平行四边形，而向量和就是对角线。

练习 2.10：在如图 2-28 所示的三个箭头向量（标为 u、v 和 w）中，哪一对的和对应的箭头**最长**？哪一对的和对应的箭头**最短**？

图 2-28　哪一对的和对应的箭头最长，哪一对的和对应的箭头最短

解：可以通过首尾加法测量每一对向量和，如图 2-29 所示。

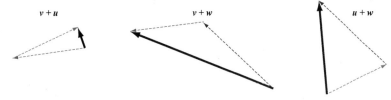

图 2-29　将题目中的向量两两首尾相加

检查结果，可以看到 $v+u$ 最短（u 和 v 的方向几乎相反，接近于互相抵消），最长的是 $v+w$。

练习 2.11（小项目）：实现一个处理向量加法的 Python 函数，显示 100 个相互不重叠的恐龙图像。这体现了计算机图形学的威力。想象一下，手绘 2100 个坐标对是一件多么乏味的事情！

解：可以在垂直和水平方向上平移恐龙，设置合适的间距，使它们不重叠。这里省去网格线、坐标轴、原点和坐标点，让图像更清晰一些。代码如下所示。

```
def hundred_dinos():
    translations = [(12*x,10*y)
                        for x in range(-5,5)
                        for y in range(-5,5)]
    dinos = [Polygon(*translate(t, dino_vectors),color=blue)
                for t in translations]
    draw(*dinos, grid=None, axes=None, origin=None)

hundred_dinos()
```

结果如图 2-30 所示。

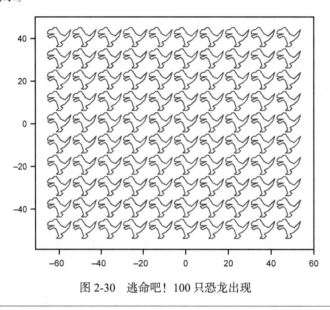

图 2-30 逃命吧！100 只恐龙出现

练习 2.12：对于(3, −2) + (1, 1) + (−2, −2)，是 *x* 分量还是 *y* 分量更长？

解：向量和(3, −2) + (1, 1) + (−2, −2)的结果是(2, −3)，其中 *x* 分量为(2, 0)，*y* 分量为(0, −3)。*x* 分量的长度为 2 个单位（向右），而 *y* 分量的长度为 3 个单位（向下，因为它是负数）。所以 *y* 分量更长。

练习 2.13：向量(−6, −6)和(5, −12)的分量和长度分别是多少？

解：(−6, −6)的分量是(−6, 0)和(0, −6)，长度都是 6。(−6, −6)的长度是 $6^2 + 6^2$ 的平方根，大约是 8.485。

(5, −12)的分量是(5, 0)和(0, −12)，长度分别为 5 和 12。(5, −12)的长度是 $5^2 + 12^2 = 25 + 144 = 169$ 的平方根，即 13。

练习 2.14：假设有一个长为 6 的向量 v 和它的 x 分量 $(1, 0)$。v 的坐标可能是什么？

解：因为 $(1, 0)$ 的长度为 6，其 x 分量的长度为 1，所以 y 分量的长度 b 必须满足 $1^2 + b^2 = 6^2$，即 $1 + b^2 = 36$。那么 $b^2 = 35$，y 分量的长度约为 5.916。但无法确定 y 分量的方向。向量 v 可能是 $(1, 5.916)$ 或 $(1, -5.916)$。

练习 2.15：dino_vectors 列表中哪个向量的长度最长？用我们实现的 length 函数快速计算出答案。

解：

```
>>> max(dino_vectors, key=length)
(6, 4)
```

练习 2.16：假设向量 w 的坐标是 $(\sqrt{2}, \sqrt{3})$。那么 $\pi \cdot w$ 的坐标近似值是多少？画出原向量和新向量。

解：$(\sqrt{2}, \sqrt{3})$ 的近似值如下。

$$(1.414\ 213\ 562\ 373\ 095\ 1,\ 1.732\ 050\ 807\ 568\ 877\ 2)$$

将每个坐标按照 π 倍进行放大，可以得到如下值。

$$(4.442\ 882\ 938\ 158\ 366,\ 5.441\ 398\ 092\ 702\ 653)$$

放大后的向量比原来的长，如图 2-31 所示。

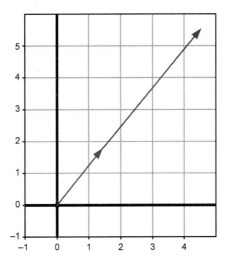

图 2-31　原始向量（短）和放大后的向量（长）

练习 2.17：写一个 Python 函数 scale(s,v)，将输入向量 v 和输入标量 s 相乘。

解：

```
def scale(scalar,v):
        return (scalar * v[0], scalar * v[1])
```

练习 2.18（小项目）：用代数方法证明，将坐标按照一个系数缩放，会将向量的长度以同等系数缩放。假设一个长度为 c 的向量坐标为 (a, b)。证明，对于任意非负实数 s，$(s \cdot a, s \cdot b)$ 的长度是 $s \cdot c$。（s 不能是负值，因为向量的长度不可能为负。）

解：用符号 $|(a, b)|$ 来表示向量 (a, b) 的长度。从题目可得到如下公式。

$$c = \sqrt{a^2 + b^2} = |(a, b)|$$

从而算出 (sa, sb) 的长度。

$$
\begin{aligned}
|(sa, sb)| &= \sqrt{(sa)^2 + (sb)^2} \\
&= \sqrt{s^2 a^2 + s^2 b^2} \\
&= \sqrt{s^2 \cdot (a^2 + b^2)} \\
&= |s| \cdot \sqrt{a^2 + b^2} \\
&= |s| \cdot c
\end{aligned}
$$

如果 s 不是负值，那么 $s = |s|$，缩放以后向量的长度就是 sc。

练习 2.19（小项目）：假定 $z = (-1, 1)$ 和 $v = (1, 1)$，而 r 和 s 是实数，并且假设 $-3 < r < 3$ 且 $-1 < s < 1$。在平面上，向量 $r \cdot z + s \cdot v$ 可能的终点是哪里？

请注意，向量的运算顺序和数的运算顺序一致。我们假设先进行标量乘法，然后进行向量加法（除非有括号）。

解：若 r 为 0，可能的值位于线段 $(-1, -1)$ 到 $(1, 1)$ 上。若 r 不为 0，则在方向 $(-1, 1)$ 或 $-(-1, 1)$ 上离开该线段最多 3 个单位。结果所在的区域是平行四边形，顶点分别为 $(-2, 4)$、$(-4, 2)$、$(2, -4)$ 和 $(4, -2)$。可以用多个随机的 r 和 s 进行测试和验证。

```
from random import uniform
u = (-1,1)
v = (1,1)
def random_r():
    return uniform(-3,3)
def random_s():
    return uniform(-1,1)
```

```
possibilities = [add(scale(random_r(), u), scale(random_s(), v))
                for i in range(0,500)]
draw(
    Points(*possibilities)
)
```

运行这段代码，会得到图 2-32，显示了给定约束条件下 $r \cdot z + s \cdot v$ 可能的终点。

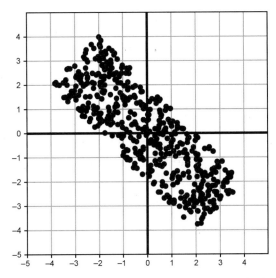

图 2-32 在给定约束条件下 $r \cdot z + s \cdot v$ 可能出现的位置

练习 2.20：用代数法证明为什么一个向量和其负向量具有相同的长度。

提示：将向量坐标及其负向量坐标代入勾股定理的公式。

解：(a, b) 的负向量的坐标为 $(-a, -b)$，但并不影响长度（二者长度相等）。

$$\sqrt{(-a)^2 + (-b)^2} = \sqrt{(-a) \cdot (-a) + (-b) \cdot (-b)} = \sqrt{a^2 + b^2}$$

练习 2.21：在如图 2-33 所示的七个用箭头表示的向量中，哪两个是一对相反的向量？

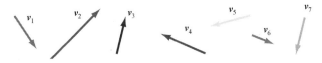

图 2-33

解：向量 v_3 和 v_7 是一对相反的向量。

练习 2.22：假定 *u* 是任意二维向量。*u* + (−*u*)的坐标是什么？

解：二维向量 *u* 的坐标为(*a*, *b*)，其负向量的坐标为(−*a*, −*b*)，因此可以得到如下等式。

$$u + (-u) = (a, b) + (-a, -b) = (a - a, b - b) = (0, 0)$$

答案是(0, 0)。在几何意义上，这意味着如果你沿着一个向量走到头、再折返回来，最终还是会回到原点(0, 0)。

练习 2.23：对于向量 *u* = (−2, 0)、*v* = (1.5, 1.5)和 *w* = (4, 1)，*v* − *w*、*z* − *v* 和 *w* − *v* 的结果分别是什么？

解：由 *z* = (−2, 0)、*v* = (1.5, 1.5)和 *w* = (4, 1)，可以得到如下等式。

$$v - w = (-2.5, 0.5)$$
$$u - v = (-3.5, -1.5)$$
$$w - v = (2.5, -0.5)$$

练习 2.24：实现 Python 函数 subtract(v1,v2)，返回 v1 − v2 的结果。该函数接收两个二维向量作为输入，返回一个二维向量作为输出。

解：

```
def subtract(v1,v2):
    return (v1[0] - v2[0], v1[1] - v2[1])
```

练习 2.25：实现 Python 函数 distance(v1,v2)，返回两个输入向量之间的距离。（注意：上一个练习中的 subtract 函数已经返回了两个向量之间的位移。）

实现另一个 Python 函数 perimeter(vectors)，它接收一个向量列表作为参数，并返回每个向量到下一个向量的距离之和（包含末位向量与首位向量之间的距离），以此来获取向量集合 dino_vectors 所定义的恐龙的周长。

解：距离就是两个输入向量之差的长度。

```
def distance(v1,v2):
    return length(subtract(v1,v2))
```

要算出恐龙的周长，需要将列表中每一对相邻向量的距离以及首末位向量之间的距离相加。

```
def perimeter(vectors):
    distances = [distance(vectors[i], vectors[(i+1)%len(vectors)])
                for i in range(0,len(vectors))]
    return sum(distances)
```

先用边长为 1 的正方形进行测试。

```
>>> perimeter([(1,0),(1,1),(0,1),(0,0)])
4.0
```

然后可以算出恐龙的周长。

```
>>> perimeter(dino_vectors)
44.77115093694563
```

练习 2.26（小项目）：令 *u* 为向量(1, −1)。假定有另一个正整数坐标为(*n, m*)（*n* > *m*）的向量 *v*，且它与 *u* 的距离为 13，那么从 *u* 到 *v* 的位移是多少？

提示：可以使用 Python，通过穷举的方式搜索向量 *v*。

解：我们只需要搜索可能的整数对(*n, m*)，其中 *n* 在 1 的前后 13 个单位内，*m* 在 −1 的前后 13 个单位内。

```
for n in range(-12,15):
    for m in range(-14, 13):
        if distance((n,m), (1,-1)) == 13 and n > m > 0:
            print((n,m))
```

只找到了一个结果：(13, 4)。它相对于(1, −1)右移了 12 个单位、上移了 5 个单位，所以位移是(12, 5)。

仅仅有长度还不足以描述向量，两个向量之间的距离也不足以给出从一个向量得到另一个向量的完整信息。在这两种情况下，缺少的信息都是**方向**。如果你知道一个向量的长度，以及它指向的方向，就可以找到它对应的坐标。这就是**三角学**的内容，我们将在下一节中回顾这些知识。

2.3 平面上的角度和三角学

到目前为止，我们已经使用了两把"尺子"（称为 *x* 轴和 *y* 轴）来测量平面上的向量。从原点出发的箭头包含了水平和垂直方向上的可测量位移。实际上，与其使用两把尺子，还不如使用一把尺子和一把量角器。以向量(4, 3)为例，我们可以测量出它的长度为 5 个单位，然后用量角器确定方向，如图 2-34 所示。

这个向量的长度为 5 个单位，方向为从 *x* 轴正半轴逆时针旋转约 37°。像原始坐标对一样，可以用一个新的数对(5, 37°)唯一地确定该向量。这种形式的坐标称为**极坐标**（polar coordinates），和我们到现在为止所使用的**笛卡儿坐标**（Cartesian coordinates）一样，能很好地描述平面上的点。

有时候，比如做向量加法时，使用笛卡儿坐标更简单；而其他时候，极坐标更实用，特别是进行向量旋转时。在写代码时，因为没有所谓的刻度尺或量角器，所以只能依赖三角函数。

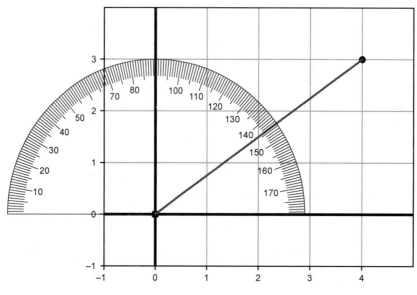

图 2-34   使用量角器测量方向

2.3.1   从角度到分量

反过来思考一下：想象我们已经有了一个角度和一个距离，比如 116.57° 和 3。这两者定义了一对极坐标 $(3, 116.57°)$，那么，这个向量的笛卡儿坐标是什么呢？

首先，可以将量角器放在 x 轴上并将刻度 0 对准原点，以确定向量的方向。从 x 轴正半轴逆时针旋转 116.57°，并在这个方向上画一条线（见图 2-35）。向量 $(3, 116.57°)$ 就在这条线上的某处。

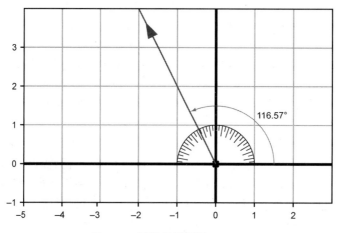

图 2-35   用量角器测量 116.57°

　　然后用一把尺子，在这个方向上测量出一个距离原点 3 个单位的点。如图 2-36 所示，一旦找到这个点，就可以测量出向量的分量，得到近似坐标(-1.34, 2.68)。

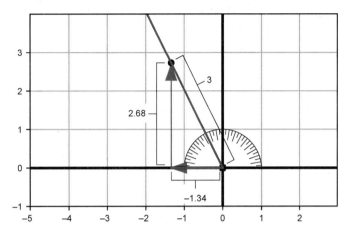

图 2-36　用尺子测量距离原点 3 个单位的点的坐标

　　116.57°这个角度并不是随机选择的，从原点开始沿着这个方向移动，每向左走 1 个单位，就会上升 2 个单位。大致位于这条线上的向量包括(-1, 2)和(-3, 6)，当然还有(-1.34, 2.68)，这些向量的 y 坐标长度是 x 坐标长度的 2 倍（见图 2-37）。

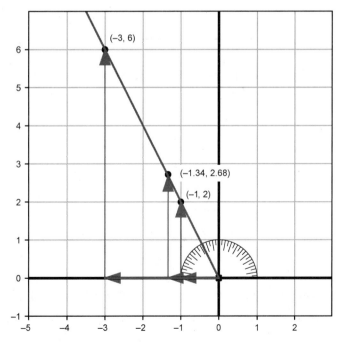

图 2-37　向 116.57°所表示的方向移动，每向左移动 1 个单位，就向上移动 2 个单位

在 116.57°这个方向上，纵横坐标的比值恰好约等于-2。我们不可能总是幸运地得到一个整数的比值，但每个角度都对应一个**固定**的比值。图 2-38 展示了另一个角度，200°。它给出的固定比值为 0.36，即每-1 个水平单位对应-0.36 个垂直单位。

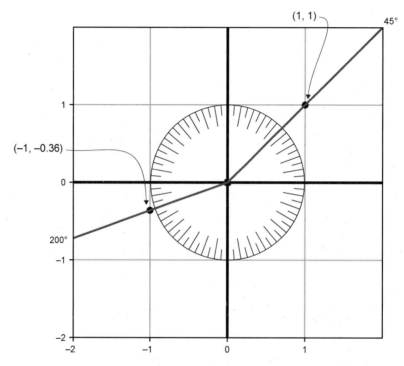

图 2-38   在不同角度下，每单位水平距离对应多少垂直距离

给定一个角度，该角度上向量的坐标将有一个固定的比值。这个比值叫作角的**正切**，正切函数写作 tan。到目前为止，你已经看到了正切的几个近似值。

$$\tan(37°) \approx 3/4$$
$$\tan(116.57°) \approx -2$$
$$\tan(45°) = 1$$
$$\tan(200°) \approx 0.36$$

在这里，为表示**近似相等**，用符号≈而不是=。正切函数是一个**三角**（trigonometric[①]）函数，因为它可以用来测量三角形。目前我们还没有告诉你**如何**计算正切，只指出了几个值。不过 Python 内置了正切函数，很快就会介绍到，请不用担心。

正切函数显然与我们最初的问题有关，即为给定角度和距离的向量寻找笛卡儿坐标。但它实际上并不给出坐标，只给出其比值。在这一点上，另两个三角函数很有帮助：**正弦**（sin）和**余弦**（cos）。

---

① trigonometric 中的 trigon 指三角形，metric 指测量。

从角度和距离的关系来看，角的正切等于垂直距离除以水平距离（见图 2-39）。

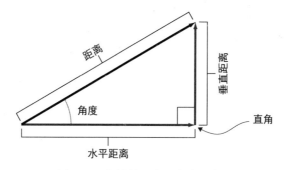

图 2-39　向量的距离和角度示意图

相比之下，正弦函数和余弦函数给出了向量的垂直距离、水平距离和整体距离之间的关系，其定义如下面的公式所示。

$$\sin(\text{角度}) = \frac{\text{垂直距离}}{\text{距离}} \qquad \cos(\text{角度}) = \frac{\text{水平距离}}{\text{距离}}$$

来看一个具体的示例（见图 2-40）。对于一个 37° 的角，上面的点(4, 3)距离原点 5 个单位。

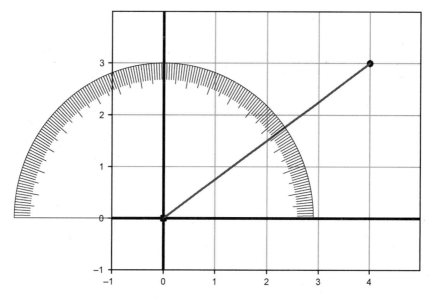

图 2-40　用量角器测量(4, 3)和 x 轴的夹角

在 37° 角的方向上每移动 5 个单位，就会垂直移动大约 3 个单位，所以：

$$\sin(37°) \approx 3/5$$

在 37° 角的方向上每移动 5 个单位，就会水平移动大约 4 个单位，所以：

$$\cos(37°) \approx 4/5$$

这是将极坐标转换为对应的笛卡儿坐标的一般方法。如果知道一个角 θ（希腊字母 theta，常用来表示角）的正弦和余弦，以及在该方向上的距离 r，则笛卡儿坐标为 $(r \cdot \cos(\theta), r \cdot \sin(\theta))$，如图 2-41 所示。

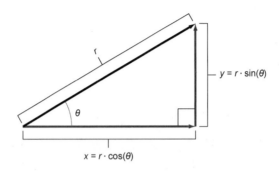

图 2-41　图解直角三角形中极坐标到笛卡儿坐标的转换

2.3.2　Python 中的三角学和弧度

让我们把三角学知识转化为 Python 代码：实现一个函数，接收一对极坐标（长度值和角度值）并输出一对笛卡儿坐标（x 分量和 y 分量的长度）。

主要的问题是 Python 内置的三角函数与我们使用的单位不同。例如，我们期望 $\tan(45°) = 1$，但 Python 给出结果却大不相同。

```
>>> from math import tan
>>> tan(45)
1.6197751905438615
```

Python 不使用角度，事实上大多数数学家也不使用角度。他们使用**弧度**（radian）来替代角度，换算系数是：

$$1 \text{ 弧度} \approx 57.296°$$

之所以这样，是因为一个特殊的数 π，它的值约为 3.141 59。正是它搭建了角度和弧度之间的桥梁。

$$\pi \text{ 弧度} = 180°$$
$$2\pi \text{ 弧度} = 360°$$

绕圆半圈的弧度为 π，整圈的弧度是 2π，分别与半径为 1 的圆的半周长和周长一致（见图 2-42）。

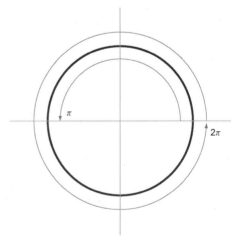

图 2-42　半周长的弧度是 π，周长的弧度是 2π

可以把弧度看作另一种比值：对于一个给定的角度，它的弧度值表明你已经绕过的半径数。正因为这种特性，弧度本身并没有单位。注意到45° = π/4（弧度），所以正确的处理方式应该如下所示。

```
>>> from math import tan, pi
>>> tan(pi/4)
0.9999999999999999
```

现在我们可以用 Python 提供的三角函数实现一个 `to_cartesian` 函数，接收一对极坐标并返回相应的笛卡儿坐标。

```
from math import sin, cos
def to_cartesian(polar_vector):
    length, angle = polar_vector[0], polar_vector[1]
    return (length*cos(angle), length*sin(angle))
```

利用这一点，可以验证沿着37°角的方向移动 5 个单位可以接近点(4, 3)。

```
>>> from math import pi
>>> angle = 37*pi/180
>>> to_cartesian((5,angle))
(3.993177550236464, 3.00907511557602416)
```

现在可以将极坐标转换为笛卡儿坐标了，下面来看看如何将笛卡儿坐标转换为极坐标。

2.3.3 从分量到角度

给定一对笛卡儿坐标，如(-2, 3)，可以使用勾股定理计算向量的长度，即 $\sqrt{13}$。这是我们要找的极坐标对中的第一个坐标。第二个坐标是角度，可以用 θ 表示，指出这个向量的方向（见图 2-43）。

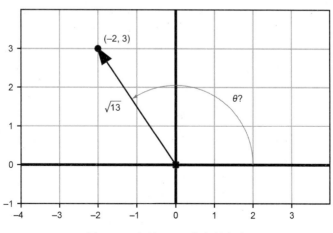

图 2-43 向量(-2, 3)指向的角度

为了得到 θ，这里提供一些已知条件：$\tan(\theta) = 3/2$，$\sin(\theta) = 3/\sqrt{13}$，$\cos(\theta) = -2/\sqrt{13}$。剩下的就是找到一个满足这些条件的 θ 值。你可以暂停一下，试试估算这个角度值。

理想情况下，我们希望有一种更有效的方法。如果有一个函数可以接收 $\sin(\theta)$ 的值并返回 θ，那就太好了。说起来容易做起来难，但 Python 的 `math.asin` 函数帮助我们实现了这一点。这是一个名为**反正弦**（asin）的**反三角函数**实现，能返回符合要求的 θ 值。

```
>>> from math import asin
>>> sin(1)
0.8414709848078965
>>> asin(0.8414709848078965)
1.0
```

到目前为止，没有什么问题。但角 $3/\sqrt{13}$ 的正弦呢？

```
>>> from math import sqrt
>>> asin(3/sqrt(13))
0.9827937232473292
```

这个弧度对应的角度大概是 56.3°，如图 2-44 所示，这个方向是错误的！

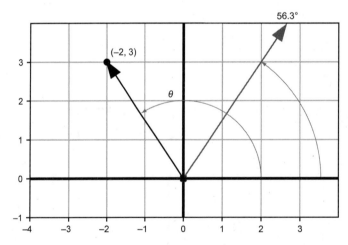

图 2-44   Python 的 `math.asin` 函数看起来返回了错误的角度

`math.asin` 给出的答案并没有错，另一个点 (2, 3) **确实**位于这个方向。它距离原点的长度是 $\sqrt{13}$，所以这个角的正弦值也是 $3/\sqrt{13}$。这就是为什么 `math.asin` 并不完美，因为不同角度可以有相同的正弦。

反余弦（acos）在 Python 中被实现为 `math.acos`，可以用来求出正确的值。

```
>>> from math import acos
>>> acos(-2/sqrt(13))
2.1587989303424644
```

这个弧度对应的角度大约为 123.7°，可以使用量角器确认是正确的。但这只是偶然，因为还有其他的角度可以给出相同的余弦。例如，(−2, −3)离原点距离也为 $\sqrt{13}$，所以它所在的角度与 θ 的余弦同为 $-2/\sqrt{13}$。为了找到我们真正想要的 θ 的值，必须确保它的正弦和余弦与我们的期望值一致。Python 返回的弧度约为 2.159，满足这个要求。

```
>> cos(2.1587989303424644)
-0.5547001962252293
>>> -2/sqrt(13)
-0.5547001962252291
>>> sin(2.1587989303424644)
0.8320502943378435
>>> 3/sqrt(13)
0.8320502943378437
```

反正弦、反余弦或反正切函数都不足以找到平面内某个点与 x 轴正半轴的夹角。你在上中学的时候肯定学过如何找到正确的点，这里按下不表，直接切入正题——Python 可以帮你完成这个工作。math.atan2 函数接收平面上一个点的笛卡儿坐标（按相反的顺序）作为参数，返回对应的弧度。例如：

```
>>> from math import atan2
>>> atan2(3,-2)
2.158798930342464
```

抱歉之前卖了个关子，但这样做是为了让你了解使用反三角函数的潜在陷阱。总而言之，三角函数是很难反解的。多个不同的输入可以产生相同的输出，所以一个输出并不能对应唯一的输入。让我们完成一开始要写的函数：一个从笛卡儿坐标到极坐标的转换器。

```
def to_polar(vector):
    x, y = vector[0], vector[1]
    angle = atan2(y,x)
    return (length(vector), angle)
```

可以通过一些简单的示例来验证。to_polar((1,0)) 应该是 x 轴正半轴上的 1 个单位，角度为 0。事实上，该函数返回的弧度为 0，长度为 1。

```
>>> to_polar((1,0))
(1.0, 0.0)
```

（这里的输入和输出相同是巧合，它们的几何意义不同。）同样，我们也可以得到(−2, 3)的答案。

```
>>> to_polar((-2,3))
(3.605551275463989, 2.158798930342464)
```

2.3.4 练习

练习 2.27：确认笛卡儿坐标(-1.34, 2.68)对应的向量的长度约为 3。

解：

```
>>> length((-1.34,2.68))
2.9963310898497184
```

十分近似了!

练习 2.28：图 2-45 中是一条从 x 正半轴开始按逆时针方向旋转 22°角的直线。根据图 2-45，$\tan(22°)$的近似值是多少?

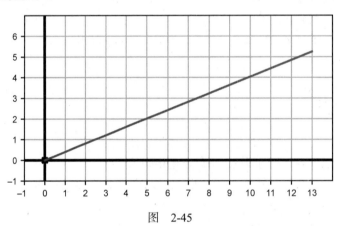

图 2-45

解： 直线经过点(10, 4)附近，所以 $4/10 = 0.4$ 是 $\tan(22°)$的合理近似值，如图 2-46 所示。

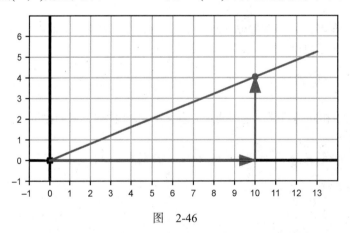

图 2-46

练习 2.29：转换问题的角度，假设我们知道了一个向量的长度和方向，想找到它的分量该如何做呢？一个长度为 15 的向量指向 37°角，其 x 分量和 y 分量是多少？

解：37°的正弦值大约是 3/5，表示沿这个角度每移动 5 个单位，就会垂直向上移动 3 个单位。所以，长度为 15 的向量的垂直分量为 3/5 · 15，即 9。

37°的余弦约等于 4/5，表示在这个方向上每移动 5 个单位，就会水平向右移动 4 个单位，所以水平分量是 4/5 · 15，即 12。综上所述，极坐标(15, 37°)与笛卡儿坐标(12, 9)大致对应。

练习 2.30：假设从原点出发，沿着从 x 轴正半轴逆时针旋转 125°的方向移动 8.5 个单位，那么最终坐标是什么？已知 $\sin(125°) = 0.819$、$\cos(125°) = -0.574$，请画图来表示走过的角度和路径。

解：

$$x = r \cdot \cos(\theta) = 8.5 \cdot (-0.574) = -4.879$$
$$y = r \cdot \sin(\theta) = 8.5 \cdot 0.819 \approx 6.962$$

图 2-47 显示了最终坐标为 (−4.879, 6.962)。

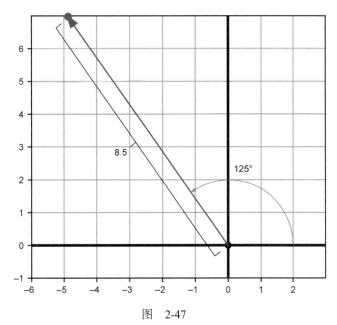

图 2-47

练习 2.31：0°、90°和180°的正弦和余弦各是多少？换句话说，在这些方向上，每单位距离经过多少个垂直和水平单位？

解：对于 0°，没有垂直距离，所以 $\sin(0°) = 0$；而每移动 1 个单位的距离就经过 x 轴正半轴方向上的 1 个单位，所以 $\cos(0°) = 1$。

对于 90°（逆时针转 1/4 圈），每移动 1 个单位的距离就经过 y 轴正半轴方向上的 1 个单位，所以 $\sin(90°) = 1$，而 $\cos(90°) = 0$。

最后，对于 180°，每移动 1 个单位的距离都经过 x 轴负半轴方向上的 1 个单位，所以 $\cos(180°) = -1$，而 $\sin(180°) = 0$。

练习 2.32：图 2-48 对于一个直角三角形给出了一些精确的测量数据。首先，确认这些长度在直角三角形中的有效性，因为它们必须满足勾股定理。然后，用图中的数据计算 $\sin(30°)$、$\cos(30°)$和 $\tan(30°)$ 的值，精确到小数点后三位。

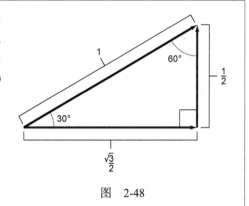

图 2-48

解：代入公式，证实这些边长确实满足勾股定理。

$$\sqrt{\left(\frac{1}{2}\right)^2 + \left(\frac{\sqrt{3}}{2}\right)^2} = \sqrt{\frac{1}{4} + \frac{3}{4}} = \sqrt{\frac{4}{4}} = 1$$

根据正弦、余弦和正切的定义，由边长的比例得出近似的三角函数值。

$$\sin(30°) = \frac{\left(\frac{1}{2}\right)}{1} = 0.500$$

$$\cos(30°) = \frac{\left(\frac{\sqrt{3}}{2}\right)}{1} \approx 0.866$$

$$\tan(30°) = \frac{\left(\frac{1}{2}\right)}{\left(\frac{\sqrt{3}}{2}\right)} \approx 0.577$$

练习 2.33：从另一个角度观察上一个练习中的三角形，用它计算 sin(60°)、cos(60°)和 tan(60°)的值，精确到小数点后三位。

解：旋转并镜像上一个练习中的三角形，这对它的边长和角度没有影响（见图 2-49）。

调换水平和垂直分量后重新计算，通过边长的比值得出 60°角对应的三角函数值。

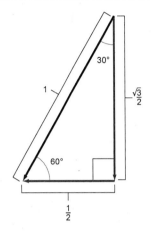

$$\sin(60°) = \frac{\left(\frac{\sqrt{3}}{2}\right)}{1} \approx 0.866$$

$$\cos(60°) = \frac{\left(\frac{1}{2}\right)}{1} = 0.500$$

图 2-49 变换上一个练习中的三角形后得到的三角形

$$\tan(60°) = \frac{\left(\frac{\sqrt{3}}{2}\right)}{\left(\frac{1}{2}\right)} \approx 1.732$$

练习 2.34：已知 50°的余弦值是 0.643。sin(50°)的值是多少，tan(50°)的值又是多少？通过画图来计算。

解：已知 50°的余弦值是 0.643，可以画出如图 2-50 所示的三角形。

也就是说，已知两个边长的比值：0.643/1 = 0.643。要找到未知边长，可以使用勾股定理。

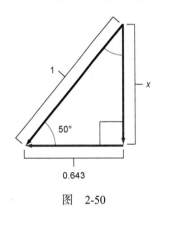

$$\sqrt{0.643^2 + x^2} = 1$$
$$0.643^2 + x^2 = 1$$
$$0.413 + x^2 = 1$$
$$x^2 = 0.587$$
$$x \approx 0.766$$

图 2-50

在已知边长的情况下，sin(50°) ≈ 0.766/1 = 0.766，则 tan(50°) ≈ 0.766/0.643 ≈ 1.191。

练习 2.35：116.57°对应的弧度是多少？用 Python 计算这个角的正切值，并确认它约等于–2。

解：116.57° · (1 弧度/57.296°) ≈ 2.035 弧度。

```
>>> from math import tan
>>> tan(2.035)
-1.9972227673316139
```

练习 2.36：cos(10π/6)和 sin(10π/6)的值为正还是为负？使用 Python 计算它们的值并确认。

解：一个完整的圆的弧度是 2π，所以 $\pi/6$ 是一个圆的 1/12。可以想象成把一张比萨切成 12 块，从 x 正半轴开始逆时针数，角 10π/6 表示只差两块就转完了。这说明它指向右下方，所以余弦应该是正值，而正弦应该是负值，因为这个方向的水平分量和垂直分量分别是正的和负的。

```
>>> from math import pi, cos, sin
>>> sin(10*pi/6)
-0.8660254037844386
>>> cos(10*pi/6)
0.5000000000000001
```

练习 2.37：用下面的列表推导式创建 1000 个极坐标对应的点。

```
[(cos(5*x*pi/500.0), 2*pi*x/1000.0) for x in range(0,1000)]
```

在 Python 代码中，将这些点转换为笛卡儿坐标，并用线段依次将其连接起来，从而画出一幅画。

解：代码如下所示。

```
polar_coords = [(cos(x*pi/100.0), 2*pi*x/1000.0) for x in range(0,1000)]
vectors = [to_cartesian(p) for p in polar_coords]
draw(Polygon(*vectors, color=green))
```

结果是一朵五瓣的花，如图 2-51 所示。

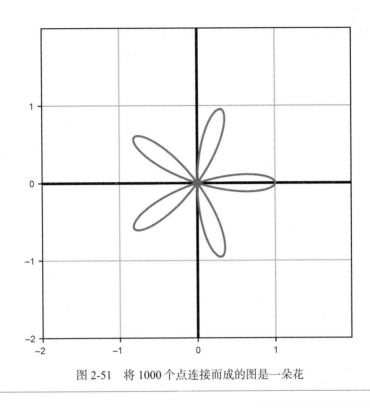

图 2-51 将 1000 个点连接而成的图是一朵花

练习 2.38：通过"猜测检查法"（guess-and-check）找出(−2, 3)对应的弧度（见图 2-52）。

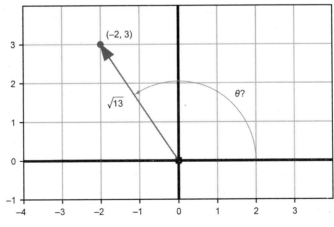

图 2-52 点(−2, 3)对应的弧度是多少

提示：显然答案在 π/2 和 π 之间。在这个区间内，正切的绝对值总是随着弧度的增大而减小。

解：这是一个在 π/2 和 π 之间进行猜测和检查的示例，找一个正切值接近−3/2 = −1.5 的角。

```
>>> from math import tan, pi
>>> pi, pi/2
(3.141592653589793, 1.5707963267948966)
>>> tan(1.8)
-4.286261674628062
>>> tan(2.5)
-0.7470222972386603
>>> tan(2.2)
-1.3738230567687946
>>> tan(2.1)
-1.7098465429045073
>>> tan(2.15)
-1.5289797578045665
>>> tan(2.16)
-1.496103541616277
>>> tan(2.155)
-1.5124173422757465
>>> tan(2.156)
-1.5091348993879299
>>> tan(2.157)
-1.5058623488727219
>>> tan(2.158)
-1.5025996395625054
>>> tan(2.159)
-1.4993467206361923
```

结果肯定在 2.158 和 2.159 之间。

练习 2.39：在平面上找到另一个与 θ 有相同正切值（即−3/2）的点。使用 Python 的反正切函数 `math.atan` 来求这个点的弧度值。

解：另一个正切值为−3/2 的点是(3, −2)。Python 的 `math.atan` 函数返回了这个点对应的弧度。

```
>>> from math import atan
>>> atan(-3/2)
-0.982793723247329
```

也就是顺时针方向转动不到 1/4 圈。

练习 2.40：不使用 Python，算出笛卡儿坐标(1, 1)和(1, −1)对应的极坐标。找到答案之后，使用 `to_polar` 来检查一下。

解：极坐标中，(1, 1)变成了($\sqrt{2}$, $\pi/4$)，(1, −1)变成了($\sqrt{2}$, −$\pi/4$)。

两个向量之间的夹角是它们与 x 轴所成角度的和或差。在下一个小项目中，会提高一些难度。

练习 2.41（小项目）：如图 2-53 所示，恐龙嘴巴的夹角是多少？脚趾的夹角是多少？尾巴的夹角是多少？

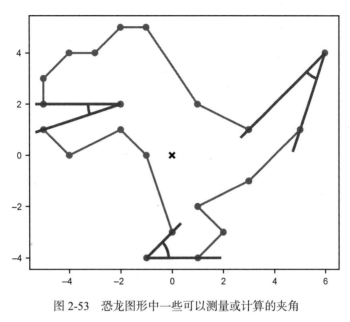

图 2-53 恐龙图形中一些可以测量或计算的夹角

2.4　向量集合的变换

　　无论使用极坐标系还是笛卡儿坐标系，向量集合都会存储一些数据，参见前面画的那只恐龙。

事实证明，当处理向量时，某种坐标系可能比另一种坐标系更好。我们已经看到，用笛卡儿坐标移动（或平移）向量集合很容易，而在极坐标中就不那么自然了。不过，由于极坐标包含角度信息，会使得旋转向量更为方便。

　　在极坐标中，角度的相加会使向量逆时针旋转，角度的相减会使向量顺时针旋转。极坐标 $(1, 2)$ 的距离是 1，角度是 2 弧度。（注意：如果没有角度符号，单位就是弧度。）从 2 弧度开始，加减 1 分别使向量逆时针或顺时针旋转 1 弧度（见图 2-54）。

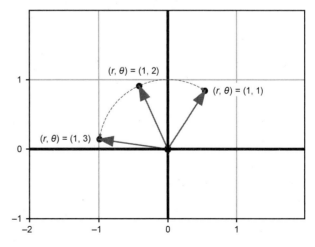

图 2-54　加减弧度使向量绕原点旋转

同时旋转多个向量的效果是使这些向量代表的图形围绕原点旋转。draw 函数只接收笛卡儿坐标，所以需要在使用它之前将极坐标转换为笛卡儿坐标。类似地，因为在极坐标中可以旋转向量，所以需要在执行旋转之前将笛卡儿坐标转换为极坐标。可以使用下面这个方法来旋转恐龙。

```
rotation_angle = pi/4
dino_polar = [to_polar(v) for v in dino_vectors]
dino_rotated_polar = [(l,angle + rotation_angle) for l,angle in dino_polar]
dino_rotated = [to_cartesian(p) for p in dino_rotated_polar]
draw(
    Polygon(*dino_vectors, color=gray),
    Polygon(*dino_rotated, color=red)
)
```

上面的代码让原来的灰色恐龙逆时针旋转 $\pi/4$，得到了一只红色（书中为深灰色）的恐龙（见图 2-55）。

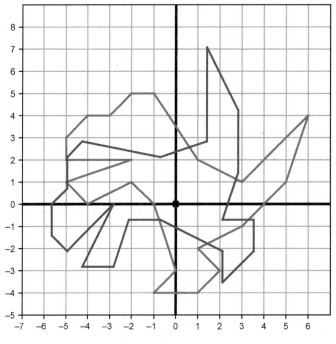

图 2-55   原始恐龙和旋转后的恐龙

作为本节结尾的练习，你可以写一个通用的 rotate 函数，将向量列表旋转相同的角度。我将在接下来的几个示例中使用这个函数，既可以参考我在源代码中提供的实现，也可以自己实现一个。

2.4.1 组合向量变换

到目前为止，我们已经学习了如何平移、缩放和旋转向量。将这些变换应用于向量的集合，会对这些向量在平面上定义的形状产生同样的效果。当依次应用这些向量变换时，效果会非常惊人。

例如，我们可以先旋转恐龙，**然后**平移。使用 2.2.4 节练习中的 translate 函数和 rotate 函数，可以很方便地实现（见图 2-56 中的结果）。

```
new_dino = translate((8,8), rotate(5 * pi/3, dino_vectors))
```

首先旋转，将恐龙逆时针旋转 $5\pi/3$，也就是逆时针旋转大半圈。然后将恐龙向上和向右各平移 8 个单位。想象一下，适当地结合旋转和平移，可以将恐龙（或任何图形）移动到平面中任意需要的位置和方向。无论是在电影中还是在游戏中制作恐龙的动画，都可以通过向量变换灵活地移动恐龙。如此一来，就以编程的方式赋予了它生命。

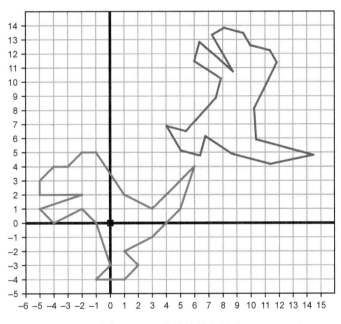

图 2-56 恐龙的旋转和平移

我们不会只停留在画恐龙阶段，还有很多其他关于向量的操作等待我们去探索，比如泛化到更高维的操作。现实世界中的数据集通常有几十或几百个维度，所以我们也会对这些数据集应用类似的转换。对数据集进行平移和旋转，使其重要特征更加清晰，是非常有用的。虽然无法想象对 100 维的数据进行旋转操作，但可以先思考如何旋转二维数据。

2.4.2 练习

练习 2.42: 实现 rotate(angle, vectors) 函数，接收笛卡儿坐标向量数组，并将这些向量旋转指定的角度（根据角度的正负来确定是逆时针还是顺时针）。

解:

```
def rotate(angle, vectors):
    polars = [to_polar(v) for v in vectors]
    return [to_cartesian((l, a+angle)) for l,a in polars]
```

练习 2.43: 实现函数 regular_polygon(n)，返回一个规则 n 边形（即所有角和边长都相等）各顶点的笛卡儿坐标。例如，polygon(7) 返回如图 2-57 所定义七边形的顶点向量。

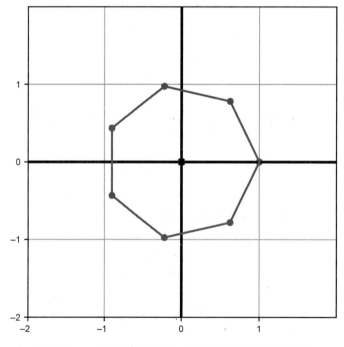

图 2-57 一个规则的七边形，其顶点围绕原点均匀分布

提示: 在图 2-57 中，基于原点对向量(1, 0)进行 6 次均匀的旋转，从而得到了各个顶点。

解:

```
def regular_polygon(n):
    return [to_cartesian((1, 2*pi*k/n)) for k in range(0,n)]
```

练习 2.44：先将恐龙按向量(8, 8)平移，再将其旋转 5π/3（见图 2-58），结果是什么？和先旋转再平移的结果一样吗？

解：

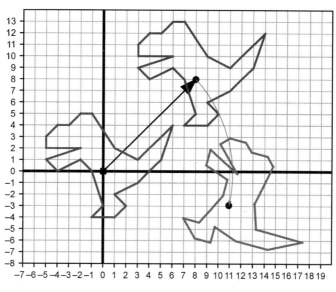

图 2-58　先平移再旋转恐龙

结果并不一样。通常，以不同的顺序应用旋转和平移，会产生不同的结果。

2.5　用 Matplotlib 绘图

按照先前的承诺，最后向你展示如何使用 Matplotlib"从头开始"编写本章中使用的绘图函数。用 pip 安装 Matplotlib 后，就可以导入它（以及它的一些子模块）了。

```
import matplotlib
from matplotlib.patches import Polygon
from matplotlib.collections import PatchCollection
```

Polygon、Points、Arrow 和 Segment 类并无特别之处，只是保存了为其构造函数传递的数据。例如，Points 类只包含一个构造函数，它接收并存储一个向量列表和一个 color 关键字参数。

```
class Points():
    def __init__(self, vectors, color=black):
        self.vectors = list(vectors)
        self.color = color
```

draw 函数首先计算出图形的大小，然后逐一绘制传给它的每个对象。例如，要在 Points 对象所代表的平面上画点，draw 函数会使用 Matplotlib 的散点绘制功能。

```
def draw(*objects, ...        ←─── 这里省略了一些                              ┌─── 遍历传入的
    # ...                          初始化设置                                 对象
    for object in objects:                                      ←─────────────┘
    # ...
        elif type(object) == Points:           ←─── 如果当前对象是 Points 类的实例，
            xs = [v[0] for v in object.vectors]     则使用 Matplotlib 的散点函数为其
            ys = [v[1] for v in object.vectors]     包含的所有向量绘制对应的点
            plt.scatter(xs, ys, color=object.color)
    # ...
```

箭头、线段和多边形的处理方式大致相同，使用不同的 Matplotlib 函数绘制几何图像。可以在源代码文件 vector/drawing.py 中找到所有这些函数的实现。本书将全程使用 Matplotlib 来绘制数据和数学函数，在使用过程中，我会定期帮你复习它的功能。

现在你已经掌握了二维向量的相关知识，可以探索更高的维度了。有了第三个维度，就可以完整描述我们生活的世界了。在下一章中，你将学习如何用代码对三维对象进行建模。

2.6　小结

- ❑ 向量是多维空间中的数学对象。这些空间可以是几何空间，如屏幕上的二维平面或我们所在的三维世界。
- ❑ 可以把向量视为具有指定长度和方向的箭头，或者平面上相对于称为**原点**的参考点的点。给定一个点，就有一个相应的箭头，表示如何从原点到达该点。
- ❑ 可以将平面上的点连接起来，形成像恐龙这样有趣的形状。
- ❑ 在二维平面中，坐标是一个数对，用于测量平面上各点的位置。可以将其写成一个元组 (x, y)，其中 x 和 y 的值告诉我们（从原点出发）要在水平和垂直方向上走多远才能到达该点。
- ❑ Python 中可以把点存储为坐标元组，并使用库把点绘制在屏幕上。
- ❑ 向量加法的作用是让第一个向量向第二个向量的方向移动。可以把向量的集合看作移动的路径，其向量和给出了移动的整体方向和距离。
- ❑ 向量的标量乘法是将一个向量乘以一个标量系数 a，得到的向量长度是原长度的 a 倍，且与原向量的方向相同。
- ❑ 从一个向量减去另一个向量，可以得到第二个向量相对于第一个向量的位置。
- ❑ 向量可以通过其长度和方向（角度）来确定，这两个数定义了给定二维向量的极坐标。
- ❑ 正弦、余弦和正切等三角函数可用于普通（笛卡儿）坐标和极坐标之间的转换。
- ❑ 对极坐标形式的向量集合进行旋转是非常轻松的事情，只需要将每个向量的角度加上或减去给定的旋转角度即可。通过旋转和平移，可以将平面上的图形调整到任意的位置和方向。

第 3 章

上升到三维世界

本章内容
- ❏ 建立三维向量的心智模型
- ❏ 进行三维向量运算
- ❏ 使用点积和向量积测量长度和方向
- ❏ 在二维平面上渲染三维对象

二维世界很容易可视化，但真实的世界是拥有三个维度的。无论是使用软件设计建筑、制作动画电影，还是运行动作游戏，软件都需要考虑到我们生活在三维空间里。

二维平面就像本书里的一页纸，存在垂直方向和水平方向。增加第三个维度之后，就可以讨论页面外的点和垂直于页面的箭头了。但即使程序模拟了三维空间，大多数计算机屏幕只能显示二维画面。本章的任务是构建一些工具，用于把三维向量测量的三维对象转换成二维的，来把这些对象显示在屏幕上。

球体是三维形状的一个例子。一个绘制好的三维球体如图 3-1 所示。但如果没有阴影，它看起来只是一个圆形。

阴影能够表现出光线照射球体的角度，球体就有了层次感。一般的策略不是绘制完美的球体，而是用多个多边形来组成近似的球体，其中每个多边形都可以根据与光源形成的具体角度进行着色。不管你信不信，图 3-1 里并不是圆球，而是 8000 个颜色深浅不一的三角形。图 3-2 展示了三角形较少时的一个例子。

图 3-1　二维圆形上的阴影使它看起来像三维球体　　图 3-2　用许多纯色小三角形绘制有阴影的球体

可以通过数学工具来定义二维屏幕上的三角形：只需要三个二维向量来定义每个顶点。但是，必须在三维空间里表示它们，否则无法决定如何为其着色。为此，我们需要学会使用三维向量。

当然，这个问题已经得到了解决。我们将首先用一个预置的库来绘制三维图形。一旦对三维向量有了一定的认识，就可以构建自己的渲染器，并展示如何绘制球体。

3.1　在三维空间中绘制向量

在二维平面上，向量拥有三种可互换的心智模型：坐标对、有固定长度和方向的箭头以及相对于原点的点。由于本书篇幅有限，我们只专注于平面的一小部分——如图 3-3 所示的长宽固定的矩形。

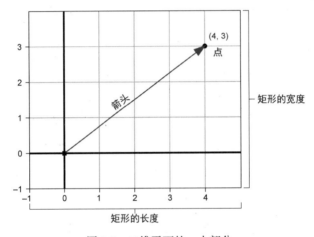

图 3-3　二维平面的一小部分

也能以类似的方式解释三维向量。我们从三维空间中的一个小方框开始，而不是观察平面中的矩形。这样的三维框（如图 3-4 所示）具有有限的长度、宽度和高度。三维空间中仍然保留了 x 方向和 y 方向的概念，并增加了 z 方向来测量高度。

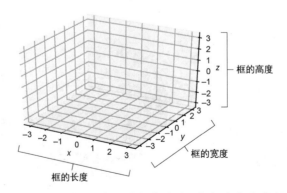

图 3-4　三维空间中的小框具有长度（x）、宽度（y）和高度（z）

可以说，所有二维向量也都存在于三维空间中，它们的大小和方向不变，但被固定在一个高度 z 为零的平面上。图 3-5 显示了被嵌入三维空间的向量(4, 3)的二维图形，它的特征与之前相同。右图对所有仍然保持不变的特征添加了注释。

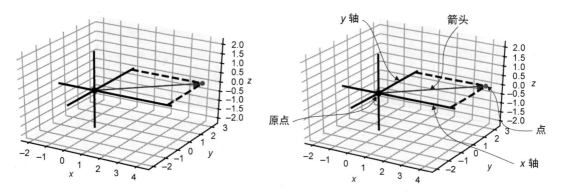

图 3-5 三维世界包含的二维世界和其中的向量(4, 3)

虚线在没有深度的二维平面中形成了一个矩形。画出垂直相交的虚线有助于定位三维空间中的点。否则，我们可能会受到视觉的误导，点其实不在我们认为的位置上。

可见，向量不仅存在于平面中，也存在于更大的三维空间中。我们可以画出另一个三维向量（新的箭头和新的点），它位于原来的平面之外，向更大的高度值延伸（见图 3-6）。

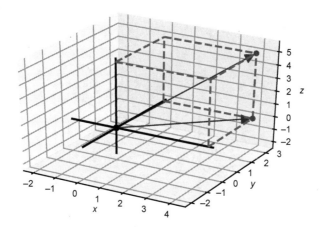

图 3-6 与图 3-5 中的二维世界和其中的向量(4, 3)相比，延伸到三维的向量

通过绘制虚线框而不是图 3-5 中的虚线矩形，可以明确第二个向量的位置。在图 3-6 中，这个虚线框显示了向量在三维空间中覆盖的长度、宽度和高度。就像在二维平面上一样，箭头和点在三维空间中充当向量的心智模型，同样可以用坐标来测量。

3.1.1　用坐标表示三维向量

在二维平面上，(4,3)这个数对足以指定一个点或箭头，但在三维空间中，存在许多 x 坐标为
4、y 坐标为 3 的点。事实上，在三维空间中，有一整条线上的点都有这个坐标（如图 3-7 所示），
每个点在 z（高度）方向上都有不同的位置。

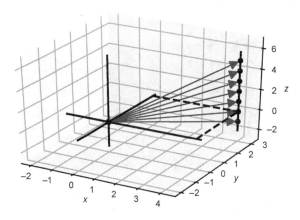

图 3-7　x 坐标和 y 坐标相同但 z 坐标不同的几个向量

要在三维空间中指定唯一的点，总共需要三个数。像(4, 3, 5)这样的三元数对在三维空间中称
为向量的 x 坐标、y 坐标和 z 坐标。和以前一样，可以将这些数理解为找到所需点的指令。如图 3-8
所示，要找到(4, 3, 5)这个点，首先在 x 方向上移动+4 个单位，然后在 y 方向上移动+3 个单位，
最后在 z 方向上移动+5 个单位。

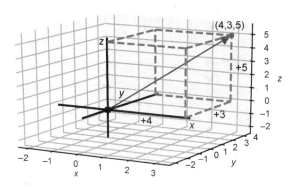

图 3-8　坐标(4, 3, 5)指定三维空间中该点的方向

3.1.2　用 Python 进行三维绘图

和第 2 章中一样，我们使用 Python 的 Matplotlib 库的包装器来绘制三维空间中的向量。你可
以在本书的源代码中找到实现方法，但我将坚持使用一些包装器来专注于绘图的概念性过程，而

不是 Matplotlib 的细节。

我的包装器使用了诸如 `Points3D` 和 `Arrow3D` 这些新的类来将三维对象和二维对象区分开来。新函数 `draw3d` 负责解释和渲染三维对象，让它们看起来是三维的。`draw3d()` 会默认显示轴、原点以及三维空间中的小框（见图 3-9），即使没有指定要绘制的对象时也是如此。

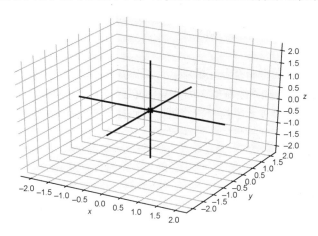

图 3-9　用 Matplotlib 的 `draw3d()` 绘制一个空的三维区域

尽管看上去有所偏斜，但绘制出的 x 轴、y 轴和 z 轴在空间中是垂直的。为清晰起见，Matplotlib 会在框外显示单位，但将原点和轴本身显示在框内。原点的坐标是 $(0, 0, 0)$，坐标轴从它出发并分别在 x、y 和 z 正负方向上延伸。

`Points3D` 类存储了我们希望以点来呈现的向量集合，因此会在三维空间中将其绘制为点。例如，下面的代码可以绘制出向量 $(2, 2, 2)$ 和 $(1, -2, -2)$，生成图 3-10。

```
draw3d(
    Points3D((2,2,2),(1,-2,-2))
)
```

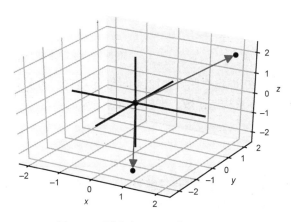

图 3-10　画出点 $(2, 2, 2)$ 和 $(1, -2, -2)$

为了将这些向量可视化为箭头，可以将向量表示为 Arrow3D 对象。此外，也可以用 Segment3D 对象连接箭头的头部，如图 3-11 所示。

```
draw3d(
    Points3D((2,2,2),(1,-2,-2)),
    Arrow3D((2,2,2)),
    Arrow3D((1,-2,-2)),
    Segment3D((2,2,2), (1,-2,-2))
)
```

要看出图 3-11 中箭头的指向有点儿困难。为了让方向更清晰，可以在箭头周围画上虚线框，使其看起来更立体。由于会频繁绘制框，因此我创建了 Box3D 类来表示一个角位于原点、其对角位于给定点的框。图 3-12 展示了这个三维框，代码如下所示。

```
draw3d(
    Points3D((2,2,2),(1,-2,-2)),
    Arrow3D((2,2,2)),
    Arrow3D((1,-2,-2)),
    Segment3D((2,2,2), (1,-2,-2)),
    Box3D(2,2,2),
    Box3D(1,-2,-2)
)
```

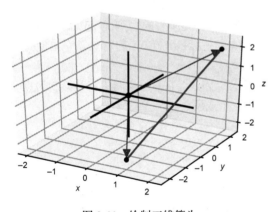

图 3-11　绘制三维箭头

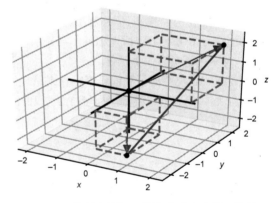

图 3-12　绘制虚线框，使箭头看起来是三维的

本章用了许多关键字参数，但没有明确地加以介绍（希望它们的含义不言自明）。例如，color 关键字参数可以被传递给大多数构造函数，来控制所绘对象的颜色。

3.1.3　练习

练习 3.1：绘制表示坐标 $(-1, -2, 2)$ 的点和三维箭头，以及使箭头更立体的虚线框。可以手动绘制来进行练习，不过从现在开始，我们将使用 Python 来绘图。

解：答案如图 3-13 所示。

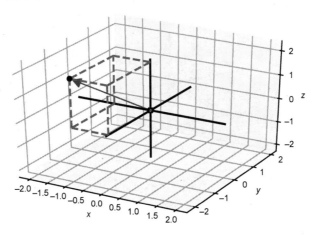

图 3-13 向量(−1, −2, 2)和使箭头更立体的虚线框

练习 3.2（小项目）：有 8 个三维向量的坐标都是+1 或−1。例如，(1, −1, 1)就是其中之一。将这 8 个向量绘制成点。然后想办法通过 Segment3D 对象用线段将它们连接到一起，以形成立方体的轮廓。

提示：总共需要 12 条线段。

解：因为只有 8 个顶点和 12 条边，所以要把它们全部列出来并不太烦琐，不过这里使用列表推导式来枚举它们。对于顶点，让 x、y 和 z 分布在两个可能值组成的列表[1,-1]上，并收集 8 个结果。对于边，把它们分成 3 组、每组 4 条，分别指向每个坐标方向。例如，有 4 条边从 x = −1 指向 x = 1，它们的 y 坐标和 z 坐标在两个端点处都是相同的。结果如图 3-14 所示。

```
pm1 = [1,-1]
vertices = [(x,y,z) for x in pm1 for y in pm1 for z in pm1]
edges = [((-1,y,z),(1,y,z)) for y in pm1 for z in pm1] +\
        [((x,-1,z),(x,1,z)) for x in pm1 for z in pm1] +\
        [((x,y,-1),(x,y,1)) for x in pm1 for y in pm1]
draw3d(
    Points3D(*vertices,color=blue),
    *[Segment3D(*edge) for edge in edges]
)
```

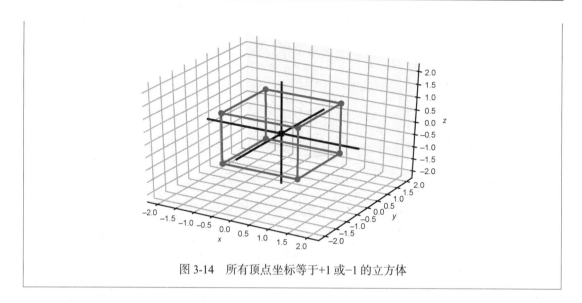

图 3-14   所有顶点坐标等于+1 或−1 的立方体

3.2   三维空间中的向量运算

有了这些 Python 函数，在三个维度上对向量运算的结果进行可视化就变得很简单了。二维平面上的所有算术运算在三维空间中都有对应的运算，而且其几何效果是类似的。

3.2.1   添加三维向量

在三维空间中，向量加法仍可以通过将坐标相加来完成。向量(2, 1, 1)和(1, 2, 2)相加为(2+1, 1+2, 1+2) = (3, 3, 3)。从原点开始，将两个输入向量首尾相接，就可以得到求和之后的点(3, 3, 3)（见图 3-15）。

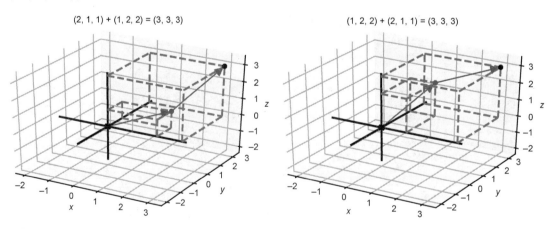

图 3-15   三维向量加法的两种可视化示例

与在二维平面上一样，要想把任意数量的三维向量相加，可以将它们的所有 x 坐标、所有 y 坐标和所有 z 坐标分别相加。有了这三个和，就能得到新向量的坐标。例如，对 $(1, 1, 3)$、$(2, 4, -4)$ 和 $(4, 2, -2)$ 求和。因为它们各自的 x 坐标是 1、2、4，相加为 7，y 坐标的和也是 7，而 z 坐标的和是 -3，所以向量的和是 $(7, 7, -3)$。这三个向量首尾相接看起来如图 3-16 所示。

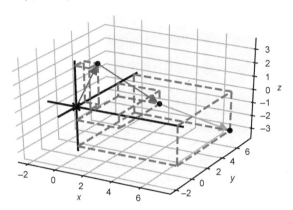

图 3-16   在三维空间中添加三个首尾相接的向量

在 Python 中，可以编写一个简洁的函数来对任意数量的输入向量求和，并在二维或三维（或之后更高的维度）空间中使用，如下所示。

```
def add(*vectors):
    by_coordinate = zip(*vectors)
    coordinate_sums = [sum(coords) for coords in by_coordinate]
    return tuple(coordinate_sums)
```

下面来分析一下。在输入向量上调用 Python 的 zip 函数，可以提取它们的 x 坐标、y 坐标和 z 坐标。例如：

```
>>> list(zip(*[(1,1,3),(2,4,-4),(4,2,-2)]))
[(1, 2, 4), (1, 4, 2), (3, -4, -2)]
```

（需要将 zip 结果转换为列表来显示它的值。）如果将 Python 的 sum 函数应用到每个分组坐标上，将会获得 x、y 和 z 值的和，分别为：

```
[sum(coords) for coords in [(1, 2, 4), (1, 4, 2), (3, -4, -2)]]
[7, 7, -3]
```

最后，为了保持一致，需要将这个列表转换为元组，因为到目前为止，所有的向量都以元组的形式表示。结果就是元组 $(7, 7, 3)$。add 函数也可以写成下面的单行代码（这可能不那么有 Python 风格）。

```
def add(*vectors):
    return tuple(map(sum,zip(*vectors)))
```

3.2.2   三维空间中的标量乘法

将三维向量乘以标量，就是把其所有分量乘以标量系数。例如，向量(1, 2, 3)乘以标量 2，会得到(2, 4, 6)。由此产生的向量长度是二维情况下的两倍，但两者指向相同的方向。图 3-17 显示了 v = (1, 2, 3)和它的标量乘积 2 · v = (2, 4, 6)。

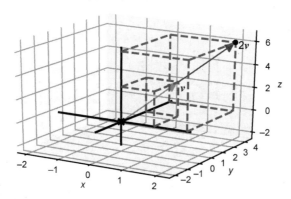

图 3-17   乘以标量 2 之后返回指向同一方向的向量，该向量的长度是原向量的 2 倍

3.2.3   三维向量减法

在二维平面上，两个向量 v 和 w 的差值就是"从 w 到 v"的向量，称为**位移**。在三维空间中也是一样的，换句话说，$v - w$ 就是从 w 到 v 的位移，把这个向量与 w 相加即可得到 v。将 v 和 w 看作从原点出发的箭头，那么 $v - w$ 的差值也是一个箭头，它的头部位于 v 的头部，尾部位于 w 的头部。图 3-18 显示了 v = (−1, −3, 3)和 w = (3, 2, 4)的差值，它既是从 w 到 v 的箭头，本身也是一个点。

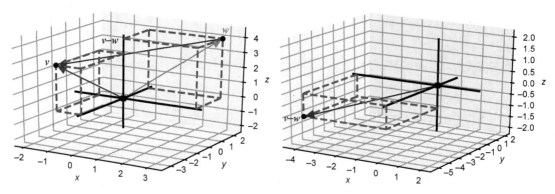

图 3-18   从向量 v 中减去向量 w，得到从 w 到 v 的位移

从向量 v 中减去向量 w，在坐标上是通过取 v 和 w 的坐标之差来完成的。例如，$v - w$ 的结

果是(−1 − 3, −3 − 2, 3 − 4) = (−4, −5, −1)，这些坐标与图 3-18 中的 $v − w$ 一致，表明它是一个指向负 x、负 y 和负 z 方向的向量。

　　在说乘以标量 2 让向量变成"2 倍长"时，我是出于对几何相似性的考虑。如果将 v 向量的 3 个分量分别翻倍，相当于框的长度、宽度和深度都翻倍，那么从一个角到其对角的距离也应该翻倍。为了实际测量和确认这一点，需要知道如何计算三维空间中的距离。

3.2.4　计算长度和距离

　　在二维平面上，我们通过勾股定理来计算向量的长度，因为箭头向量和它的分量构成了一个直角三角形。同样，平面内两点之间的距离也只是它们作为向量的差的长度。

　　计算三维空间中向量的长度需要更仔细地观察，不过仍然存在合适的直角三角形作为辅助。首先试着算出向量(4, 3, 12)的长度。x 分量和 y 分量仍然构成了一个直角三角形的两条边，位于 $z = 0$ 的平面中。这个三角形的斜边（对角线）长度为 $\sqrt{4^2 + 3^2} = \sqrt{25} = 5$。如果这是二维向量，就已经计算完成了，但长度为 12 的 z 分量拉长了这个向量（见图 3-19）。

　　到目前为止，我们研究的所有向量都位于 xy 平面内，其中 $z = 0$。x 分量是(4, 0, 0)，y 分量是 (0, 3, 0)，它们的向量和是(4, 3, 0)。z 分量(0, 0, 12)垂直于这三个向量。这很有用，因为有了它就有了图中的第二个直角三角形：由(4, 3, 0)和(0, 0, 12)两个向量首尾相连构成的三角形。这个三角形的斜边就是开始时想要计算长度的向量 (4, 3, 12)。接下来看第二个直角三角形，并再次使用勾股定理来算出斜边的长度（如图 3-20 所示）。

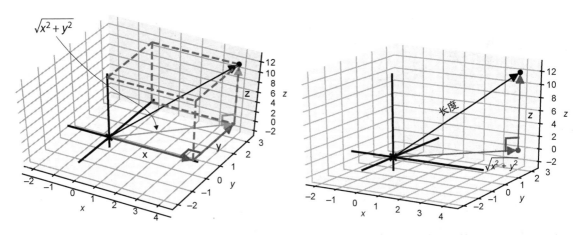

图 3-19　应用勾股定理求 xy 平面内的斜边长度　　　图 3-20　再次使用勾股定理，算出三维向量的长度

　　计算两条已知边的平方，然后取平方根，就可以得到长度。这里两条边的长度是 5 和 12，所以结果是 $\sqrt{5^2 + 12^2} = 13$。总而言之，下面是三维向量的长度公式。

$$长度 = \sqrt{\left(\sqrt{x^2 + y^2}\right)^2 + z^2} = \sqrt{x^2 + y^2 + z^2}$$

它恰好和二维长度公式很相似。无论对于二维还是三维，向量的长度都是其分量平方和的平方根。因为下面的 length 函数并没有用到输入元组的长度，所以它对二维和三维向量都适用。

```
from math import sqrt
    def length(v):
        return sqrt(sum([coord ** 2 for coord in v]))
```

例如，length((3,4,12)) 返回 13。

3.2.5   计算角度和方向

像二维向量一样，三维向量可以被看作箭头或者沿一定方向发生的一定长度的位移。在二维平面上，这意味着两个数（一个长度和一个角度，构成一对极坐标）足以指定任何二维向量。在三维空间中，一个角度不足以确定方向，但两个可以。

对于第一个角度，可以再次考虑没有 z 坐标的向量，就好像它仍然在 xy 平面上一样。另一种思考方式是，该角度是由来自非常高的 z 位置的光投射在向量上形成的阴影。这个阴影与 x 轴正方向形成一定的角度，类似于极坐标中的角度，并使用希腊字母 ϕ 来表示。第二个角度是向量与 z 轴正方向的夹角，用希腊字母 θ 来表示。图 3-21 显示了这些角度。

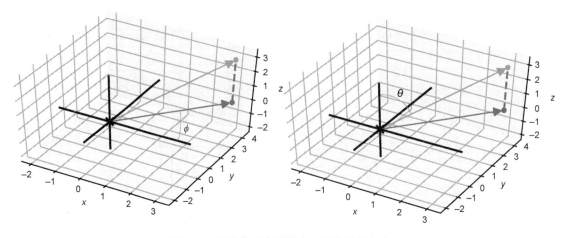

图 3-21   两个角度共同指定三维向量的方向

向量的长度用 r 来表示，它与角度 ϕ 和 θ 一起可以描述三维空间中的任何向量。r、ϕ 和 θ 这三个数组成了**球坐标系**，与笛卡儿坐标系 x、y 和 z 完全不同。仅使用之前讲过的三角学知识，根据笛卡儿坐标系计算球坐标是可行的，但这里不会深入讨论。事实上，本书不会再使用球坐标了，但我想简单地将其与极坐标比较一下。

对于极坐标，可以通过简单的角度加减来执行平面向量集合的任意旋转。对于极坐标，也能通过对两个向量的角度取差，来获取它们的夹角。在三维空间中，单凭角 ϕ 或 θ 都不能立即确定两个向量之间的角度。虽然通过加减角 ϕ 可以轻松地绕 z 轴旋转向量，但在球坐标系中绕任何其他的轴旋转都不方便。

我们需要一些更通用的工具来处理三维空间中的角度和三角学。下一节会介绍两种这样的工具，称为**向量积**。

3.2.6 练习

练习 3.3：将 $(4, 0, 3)$ 和 $(-1, 0, 1)$ 绘制为 `Arrow3D` 对象，使它们在三维空间中以两种顺序首尾相接。它们的向量和是多少？

解：可以用我们的 `add` 函数找到向量和。

```
>>> add((4,0,3),(-1,0,1))
(3, 0, 4)
```

为了绘制首尾相接的箭头，首先画出从原点到每个点的箭头，再画出从每个点到向量和 $(3, 0, 4)$ 的箭头（见图 3-22）。和二维的 `Arrow` 对象一样，`Arrow3D` 也先取箭头的头部向量，然后可选地取尾部向量（如果它不是原点）。

```
draw3d(
    Arrow3D((4,0,3),color=red),
    Arrow3D((-1,0,1),color=blue),
    Arrow3D((3,0,4),(4,0,3),color=blue),
    Arrow3D((-1,0,1),(3,0,4),color=red),
    Arrow3D((3,0,4),color=purple)
)
```

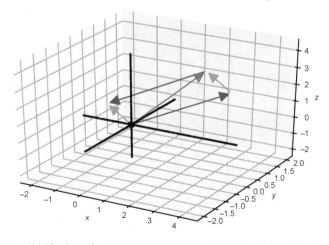

图 3-22　首尾加法显示，$(4, 0, 3) + (-1, 0, 1) = (-1, 0, 1) + (4, 0, 3) = (3, 0, 4)$

练习 3.4：假设设置 vectors1=[(1,2,3,4,5),(6,7,8,9,10)]和 vectors2=[(1,2), (3,4),(5,6)]。在不使用 Python 求值的情况下，zip(*vectors1)和 zip(*vectors2) 的长度分别是多少？

解：第一个 zip 的长度为 5。因为两个输入向量中各有 5 个坐标，所以 zip(vectors1)包含 5 个元组，每个元组有两个元素。同样，zip(vectors2)的长度为 2。zip(vectors2) 的两个条目分别是包含所有 x 分量和所有 y 分量的元组。

练习 3.5（小项目）：下面的代码创建了一个包含 24 个 Python 向量的列表。

```
from math import sin, cos, pi
vs = [(sin(pi*t/6), cos(pi*t/6), 1.0/3) for t in range(0,24)]
```

这 24 个向量的和是多少？把这 24 个向量绘制成首尾相接的 Arrow3D 对象。

解：首尾相接地依次绘制这些向量，最终会形成螺旋状（见图 3-23）。

```
from math import sin, cos, pi
vs = [(sin(pi*t/6), cos(pi*t/6), 1.0/3) for t in range(0,24)]

running_sum = (0,0,0)        ◁┌─ 在(0, 0, 0)处初始化动态和，
arrows = []                    │  从这里开始从头到尾相加
for v in vs:
    next_sum = add(running_sum, v)    ◁┌─ 绘制后续首尾相接的向量时，
    arrows.append(Arrow3D(next_sum, running_sum))    │  把它加到动态和上。最新的箭
    running_sum = next_sum         │  头把前一个动态和与下一个
print(running_sum)                 │  连接起来
draw3d(*arrows)
```

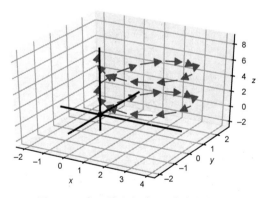

图 3-23   求三维空间中 24 个向量的和

得到的和为：

```
(-4.440892098500626e-16, -7.771561172376096e-16, 7.9999999999999964)
```

大约是(0, 0, 8)。

练习 3.6：编写函数 scale(scalar,vector)，返回输入标量乘以输入向量的结果。具体地说，这个函数要同时适用于二维和三维向量，以及有任意多坐标的向量。

解：通过推导运算，将向量中的每个坐标乘以标量。这是一个被转换成元组的生成器推导式。

```
def scale(scalar,v):
    return tuple(scalar * coord for coord in v)
```

3

练习 3.7：设 $u = (1, -1, -1)$ 和 $v = (0, 0, 2)$。$u + 1/2(v - u)$ 的结果是什么？

解：已知 $u = (1, -1, -1)$ 和 $v = (0, 0, 2)$，首先计算 $(v - u) = (0 - 1, 0 - (-1), 2 - (-1)) = (-1, 1, 3)$。那么 $1/2(v - u)$ 就是 $(-1/2, 1/2, 3/2)$。最终得到结果 $u + 1/2(v - u) = (1/2, -1/2, 1/2)$。顺便说一下，这正好是点 u 和点 v 的中点。

练习 3.8：试着在不使用代码的情况下找到这个练习的答案，然后检查你的答案是否正确。二维向量 $(1, 1)$ 的长度是多少？三维向量 $(1, 1, 1)$ 的长度是多少？我们还没有讨论到四维向量，但是它们有四个坐标，而不是两个或三个。猜一下，坐标为 $(1, 1, 1, 1)$ 的四维向量的长度是多少？

解：$(1, 1)$ 的长度为 $\sqrt{1^2 + 1^2} = \sqrt{2}$。$(1, 1, 1)$ 的长度是 $\sqrt{1^2 + 1^2 + 1^2} = \sqrt{3}$。正如你可能猜到的，同样的距离公式对高维向量也适用。$(1, 1, 1, 1)$ 的长度遵循同样的规律：它的长度是 $\sqrt{1^2 + 1^2 + 1^2 + 1^2} = \sqrt{4}$，也就是 2。

练习 3.9（小项目）：坐标 3、4 和 12 能以任意顺序创建一个向量，其长度是整数 13。这很不寻常，因为大多数数不是完全平方数，所以长度公式中的平方根通常返回无理数。找出另一组三个整数，以它们为坐标定义的向量也有整数长度。

解：下面的代码搜索满足条件的三元组，由小于 100（可任意选择）的整数组成，并且整数按降序排列。

```
def vectors_with_whole_number_length(max_coord=100):
    for x in range(1,max_coord):
        for y in range(1,x+1):
            for z in range(1,y+1):
                if length((x,y,z)).is_integer():
                    yield (x,y,z)
```

它找到了 869 个具有整数坐标和整数长度的向量。最短的是 $(2, 2, 1)$，长度正好是 3；最长的是 $(99, 90, 70)$，长度是 150。

练习 3.10：找到一个与(-1, -1, 2)方向相同但长度为 1 的向量。

提示：找到合适的标量与原向量相乘，以适当地改变其长度。

解：(-1, -1, 2)的长度大约是 2.45，所以需要把这个向量乘以 1/2.45，使其长度为 1。

```
>>> length((-1,-1,2))
2.449489742783178
>>> s = 1/length((-1,-1,2))
>>> scale(s,(-1,-1,2))
(-0.4082482904638631, -0.4082482904638631, 0.8164965809277261)
>>> length(scale(s,(-1,-1,2)))
1.0
```

将每个坐标四舍五入到最接近的百分位，所求向量为(-0.41, -0.41, 0.82)。

3.3 点积：测量向量对齐

我们已经见过的一种向量乘法是标量乘法，将一个标量（实数）和一个向量结合起来，得到一个新的向量。不过还没有讨论过任何将向量相乘的方法。实际上，有两种重要的方法可以做到这一点，二者都提供了重要的几何学见解。一种叫作**点积**，使用点运算符书写（例如，$u \cdot v$）；另一种叫作**向量积**（例如，$u \times v$）。对于数来说，这些符号的意思是一样的，如 $3 \cdot 4 = 3 \times 4$。对于两个向量来说，运算 $u \cdot v$ 和 $u \times v$ 不仅仅有不同的符号，而且代表的意义完全不同。

点积取两个向量并返回一个标量（数），而向量积取两个向量并返回另一个向量。然而，使用这两种运算都可以推断出三维空间中向量的长度和方向。我们首先从点积开始介绍。

3.3.1 绘制点积

点积（也叫**内积**）是对两个向量的运算，返回一个标量。换句话说，给定两个向量 u 和 v，那么 $u \cdot v$ 的结果是实数。点积适用于二维、三维等任意维度的向量。它可以被看作测量输入向量对的"对齐程度"。首先来看看 xy 平面上的一些向量，以及它们的点积，以便对这个运算有一些直观的认识。

向量 u 和 v 的长度分别为 4 和 5，而且方向几乎相同。它们的点积为正，意味着它们是对齐的（见图 3-24）。

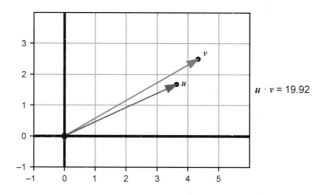

图 3-24 大致对齐的两个向量给出一个大的正点积

指向相似方向的两个向量的点积为正，并且向量越大，乘积就越大。对于同样对齐的较短向量，点积较小但仍然是正的。新向量 u 和 v 的长度都是 2（见图 3-25）。

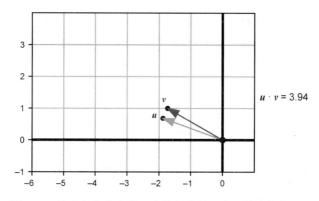

图 3-25 指向相似方向的两个较短向量，点积较小但仍为正

相反，如果两个向量指向相反或大致相反的方向，则其点积为负（见图 3-26 和图 3-27）。向量越长，则点积的负值越小。

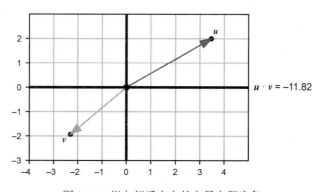

图 3-26 指向相反方向的向量点积为负

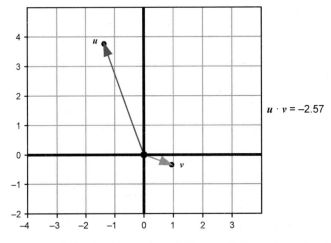

图 3-27   指向相反方向的较短向量，点积较大但仍为负数

并非所有的向量对都明确地指向相似或相反的方向，点积可以检测这一点。如图 3-28 所示，如果两个向量的方向完全垂直，那么无论它们的长度如何，点积都是零。

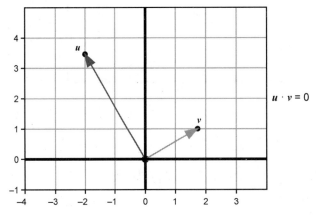

图 3-28   垂直向量的点积总是为零

这就是点积最重要的应用之一：在不做任何三角运算的情况下，计算两个向量是否垂直。这种垂直的情况也可以用来区分其他情况：如果两个向量的夹角小于 90°，则向量的点积为正；如果夹角大于 90°，则向量的点积为负。虽然还没有讲到计算点积的方法，但你现在知道如何解释这个值了。接下来介绍如何计算它。

3.3.2   计算点积

给定两个向量的坐标，有一个计算点积的简单公式：将相应的坐标相乘，然后将乘积相加。例如，在点积 $(1, 2, -1) \cdot (3, 0, 3)$ 中，x 坐标的乘积为 3，y 坐标的乘积为 0，z 坐标的乘积为 -3，

因为相加为 $3 + 0 + (-3) = 0$，所以点积为零。如果我说得没错，这两个向量应该是垂直的。如果绘制它们并从正确的角度去看，就能证明这一点（见图 3-29）。

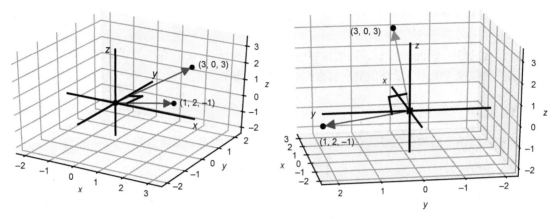

图 3-29   点积为零的两个向量在三维空间中确实是垂直的

在三维空间中，我们的视角可能有误导性，这使得**计算**出向量的相对方向比目测更有价值。再看一个示例，图 3-30 显示了二维向量 $(2, 3)$ 和 $(4, 5)$ 在 xy 平面上具有相似的方向。x 坐标的乘积是 $2 \cdot 4 = 8$，而 y 坐标的乘积是 $3 \cdot 5 = 15$。$8 + 15 = 23$ 就是点积的结果。这个结果是一个正数，证实了向量的夹角小于 90°。它们在三维空间中可以表示为恰好位于 $z = 0$ 平面内的向量 $(2, 3, 0)$ 和 $(4, 5, 0)$。但是无论在二维平面还是三维空间中，它们的相对几何性质是不变的。

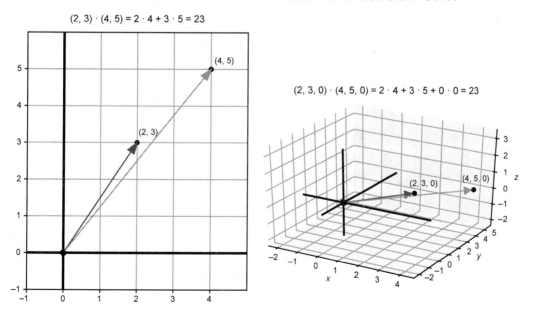

图 3-30   计算点积的另一个示例

在 Python 中，可以实现一个点积函数来处理任意一对（只要它们的坐标数目相同即可）输入向量。例如：

```
def dot(u,v):
    return sum([coord1 * coord2 for coord1,coord2 in zip(u,v)])
```

这段代码使用 Python 的 zip 函数对相应的坐标进行配对，然后在推导式中将每对坐标相乘，并添加到结果列表中。下面就借助它，进一步探索点积的行为。

3.3.3   点积的示例

位于不同轴上的两个向量的点积为零并不奇怪。这说明它们是垂直的。

```
>>> dot((1,0),(0,2))
0
>>> dot((0,3,0),(0,0,-5))
0
```

我们还可以证实，向量越长，其点积的绝对值越大。例如，将任意一个输入向量乘以 2，点积的输出就会翻倍。

```
>>> dot((3,4),(2,3))
18
>>> dot(scale(2,(3,4)),(2,3))
36
>>> dot((3,4),scale(2,(2,3)))
36
```

这说明，点积的绝对值与其输入向量的长度成正比。如果取同方向两个向量的点积，那么点积就等于两个向量长度的乘积。例如，(4, 3)的长度为 5，(8, 6)的长度为 10，所以二者的点积等于 $5 \cdot 10$。

```
>>> dot((4,3),(8,6))
50
```

当然，点积并不总是等于其输入向量长度的乘积。如图 3-31 所示，向量(5, 0)、(−3, 4)、(0, −5)和(−4, −3)的长度都是 5，但它们与原始向量(4, 3)的点积是不同的。

两个长度为 5 的向量的点积范围是−25 ~ 25：当它们指向相反方向时，点积为−25；当它们对齐时，点积为 $5 \cdot 5 = 25$。在 3.3.5 节的练习中你会发现，两个向量的点积范围是长度乘积到长度乘积的负值。

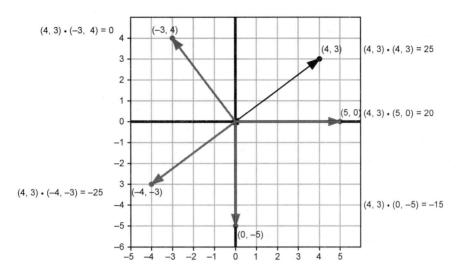

图 3-31　由于方向不同，相同长度的向量与向量 (4, 3)有不同的点积

3.3.4　用点积测量角度

我们已经知道，点积是根据两个向量的夹角而变化的。具体来说，当夹角角度为 0 到 180°时，点积 $u \cdot v$ 的取值范围是 u 和 v 长度乘积的 1 到−1 倍。我们已经见过具有这样特征的函数，即余弦函数。其实点积还有另一个公式。如果$|u|$和$|v|$分别表示向量 u 和 v 的长度，那么点积的计算公式为：

$$u \cdot v = |u| \cdot |v| \cdot \cos(\theta)$$

θ 是向量 u 和 v 之间的角度。原则上，这提供了一种计算点积的新方法。通过测量两个向量的长度和它们之间的角度，就可以得到点积的结果。如图 3-32 所示，假设已知有两个长度分别为 3 和 2 的向量，并使用量角器测量出它们的夹角是 75°。

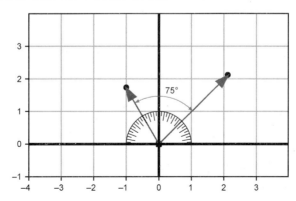

图 3-32　长度分别为 3 和 2 的两个向量，夹角为 75°

图 3-32 中两个向量的点积为 $3 \cdot 2 \cdot \cos(75°)$。通过适当的弧度转换，我们可以使用 Python 计算出这个值约为 1.55。

```
>>> from math import cos,pi
>>> 3 * 2 * cos(75 * pi / 180)
1.5529142706151244
```

在使用向量进行计算时，更常见的是基于坐标来计算角度。我们可以结合这两个公式来算出一个角：首先使用坐标计算向量的点积和长度，然后求解角度。

让我们找出向量(3, 4)和(4, 3)之间的角度。它们的点积是 24，向量长度都是 5。从新的点积公式可以得出：

$$(3, 4) \cdot (4, 3) = 24 = 5 \cdot 5 \cdot \cos(\theta) = 25 \cdot \cos(\theta)$$

可以将 $24 = 25 \cdot \cos(\theta)$ 简化成 $\cos(\theta) = 24/25$。使用 Python 的 `math.acos` 库，可以得到 θ 值约为 0.284 弧度或 16.3°，其余弦值为 24/25。

这个练习提醒了我们，为什么在二维平面上不需要点积。第 2 章展示了如何得到向量与 x 轴正方向之间的角度。创造性地使用那个公式，可以在平面上找到我们想要的任意角度。点积在三维空间中才真正开始发挥作用，因为三维空间中的坐标变换对测量角度的帮助并不大。

例如，我们可以用同样的公式来求(1, 2, 2)和(2, 2, 1)之间的角度。它们的点积是 $1 \cdot 2 + 2 \cdot 2 + 2 \cdot 1 = 8$，向量长度都是 3。这意味着 $8 = 3 \cdot 3 \cdot \cos(\theta)$，所以 $\cos(\theta) = 8/9$，θ 约为 0.476 弧度或 27.3°。

这个过程在二维平面或三维空间中是一样的，将被反复使用。通过实现 Python 函数来求两个向量之间的角度可以节省一些精力。因为 `dot` 函数和 `length` 函数中都没有硬编码维数，所以这个新函数也不会。利用 $\boldsymbol{u} \cdot \boldsymbol{v} = |\boldsymbol{u}| \cdot |\boldsymbol{v}| \cdot \cos(\theta)$ 这个公式可得：

$$\cos(\theta) = \frac{\boldsymbol{u} \cdot \boldsymbol{v}}{|\boldsymbol{u}| \cdot |\boldsymbol{v}|}$$

以及

$$\theta = \arccos = \left(\frac{\boldsymbol{u} \cdot \boldsymbol{v}}{|\boldsymbol{u}| \cdot |\boldsymbol{v}|} \right)$$

第二个公式可以被直接翻译成如下 Python 代码。

```
def angle_between(v1,v2):
    return acos(
                dot(v1,v2) /
                (length(v1) * length(v2))
           )
```

这段 Python 代码没有依赖向量 v_1 和 v_2 的维数。它们既可以是包含 2 个坐标的元组，也可以是包含 3 个坐标的元组（实际上，还可以是包含 4 个或更多坐标的元组，我们将在后面的章节中讨论）。相比之下，接下来要说的向量积（外积、叉积）只在三维空间中有效。

3.3.5 练习

练习 3.11：根据图 3-33，将 $u \cdot v$、$u \cdot w$ 和 $v \cdot w$ 从大到小排列。

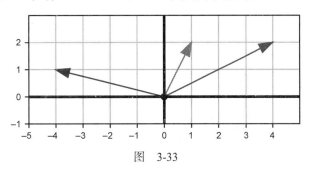

图 3-33

解：乘积 $u \cdot v$ 是唯一正的点积，因为 u 和 v 是唯一一对夹角小于直角的向量对。此外，$u \cdot w$ 比 $v \cdot w$ 更小（更负），因为 u 既大又离 w 更远，所以 $u \cdot v > v \cdot w > u \cdot w$。

练习 3.12：$(-1, -1, 1)$ 和 $(1, 2, 1)$ 的点积是多少？这两个三维向量的夹角是大于 90°、小于 90°，还是正好等于 90°？

解：$(-1, -1, 1)$ 和 $(1, 2, 1)$ 的点积为 $-1 \cdot 1 + -1 \cdot 2 + 1 \cdot 1 = -2$。因为结果是负数，所以两个向量之间的角度超过 90°。

练习 3.13（小项目）：对于两个三维向量 u 和 v，$(2u) \cdot v$ 和 $u \cdot (2v)$ 的值都等于 $2(u \cdot v)$。在这种情况下，$u \cdot v = 18$，而 $(2u) \cdot v$ 和 $u \cdot (2v)$ 都是 36，是原结果的 2 倍。请证明这个规则对于任意实数 s 都适用，而不仅仅是 2。换句话说，请证明对于任意 s，$(su) \cdot v$ 和 $u \cdot (sv)$ 的值都等于 $s(u \cdot v)$。

解：设 u 和 v 的坐标为 $u = (a, b, c)$ 和 $v = (d, e, f)$，那么 $u \cdot v = ad + be + cf$。因为 $su = (sa, sb, sc)$，$sv = (sd, se, sf)$，我们可以通过展开点积来计算。

$$
\begin{aligned}
(su) \cdot v &= (sa,\ sb,\ sc) \cdot (d,\ e,\ f) \quad \text{写出坐标} \\
&= sad + sbe + scf \quad \text{计算点积} \\
&= s(ad + be + cf) \quad \text{提取公因数 } s\text{，可以看到最初的点积} \\
&= s(u \cdot v)
\end{aligned}
$$

上式证明了标量乘法会对点积的结果进行相应的缩放处理。

另一个点积同理，以下公式证明了同样的事实。

$$
\begin{aligned}
\boldsymbol{u} \cdot (s\boldsymbol{v}) &= (a, b, c) \cdot (sd, se, sf) \\
&= asd + bse + csf \\
&= s(ad + be + cf) \\
&= s \cdot (\boldsymbol{u} \cdot \boldsymbol{v})
\end{aligned}
$$

练习 3.14（小项目）：用代数证明向量与其自身的点积是其长度的平方。

解：如果一个向量的坐标是 (a, b, c)，那么它与自身的点积是 $a \cdot a + b \cdot b + c \cdot c$，确实是其长度 $\sqrt{a \cdot a + b \cdot b + c \cdot c}$ 的平方。

练习 3.15（小项目）：找出长度为 3 的向量 $\boldsymbol{u}$ 和长度为 7 的向量 $\boldsymbol{v}$，使 $\boldsymbol{u} \cdot \boldsymbol{v} = 21$。再找出一对向量 $\boldsymbol{u}$ 和 $\boldsymbol{v}$，使 $\boldsymbol{u} \cdot \boldsymbol{v} = -21$。最后，再找出三对长度分别为 3 和 7 的向量，并证明它们的长度都在 -21 和 21 之间。

解：两个方向相同的向量（例如，沿 x 轴正方向）具有最高的点积。

```
>>> dot((3,0),(7,0))
21
```

两个方向相反的向量（例如，分别沿 y 轴正负方向）具有最低的点积。

```
>>> dot((0,3),(0,-7))
-21
```

利用极坐标，可以很容易地再生成一些长度为 3 和 7 的任意角度的向量。

```
from vectors import to_cartesian
from random import random
from math import pi

def random_vector_of_length(l):
    return to_cartesian((l, 2 *pi*random()))

pairs = [(random_vector_of_length(3), random_vector_of_length(7))
            for i in range(0,3)]
for u,v in pairs:
    print("u = %s, v  = %s" % (u,v))
    print("length of u: %f, length of v: %f, dot product :%f" %
                (length(u), length(v), dot(u,v)))
```

3

练习 3.16：设 u 和 v 是向量，其中 $|u| = 3.61$，$|v| = 1.44$。如果 u 和 v 的夹角是 $101.3°$，那么 $u \cdot v$ 是什么？

(a) 5.198

(b) 5.098

(c) −1.019

(d) 1.019

解：同样可以将这些值代入新的点积公式，并通过适当的弧度转换，使用 Python 计算结果。

```
>>> 3.61 * 1.44 * cos(101.3 * pi / 180)
-1.0186064362303022
```

四舍五入到小数点后三位，答案与(c)一致。

练习 3.17（小项目）：通过把(3, 4)和(4, 3)转换为极坐标并取角的差值，来求出它们之间的角度。答案是以下哪一个？

(a) 1.569

(b) 0.927

(c) 0.643

(d) 0.284

提示：结果应与点积公式求得的值一致。

解：因为从 x 轴正半轴开始沿逆时针方向看，向量(3, 4)比(4, 3)距离更远，所以用(3, 4)的角度减去(4, 3)的角度就能得到答案。结果与答案(d)完全吻合。

```
>>> from vectors import to_polar
>>> r1,t1 = to_polar((4,3))
>>> r2,t2 = to_polar((3,4))
>>> t1-t2
-0.2837941092083278
>>> t2-t1
0.2837941092083278
```

练习 3.18：$(1, 1, 1)$ 与 $(-1, -1, 1)$ 之间的角是多少度？

(a) 180°

(b) 120°

(c) 109.5°

(d) 90°

解：两个向量的长度都是 $\sqrt{3}$，约等于 1.732。它们的点积是 $1 \cdot (-1) + 1 \cdot (-1) + 1 \cdot 1 = -1$，即 $-1 = \sqrt{3} \cdot \sqrt{3} \cdot \cos(\theta)$。所以，$\cos(\theta) = -1/3$。由此可求得这个角约为 1.911 弧度或 109.5°（答案是(c)）。

3.4   向量积：测量定向区域

如前所述，向量积以两个三维向量 **u** 和 **v** 作为输入，其输出 **u** × **v** 是另一个三维向量。它与点积的相似之处在于，输入向量的长度和相对方向决定了输出；但不同之处在于，它的输出不仅有大小，还有方向。我们需要仔细思考三维空间中方向的概念，以理解向量积的作用。

3.4.1   在三维空间中确定自己的朝向

在本章开头介绍 x 轴、y 轴和 z 轴时，我提出了两点：第一，我承诺常见的 xy 平面存在于三维世界中；第二，我设定了垂直于 xy 平面的 z 方向，且 xy 平面在 $z = 0$ 的地方。我没有明确指出的是，z 轴的正方向是向上的而不是向下的。

换句话说，如果我们从通常的角度来看 xy 平面，可以看到 z 轴正半轴从平面上向我们延伸。另一种选择是让 z 轴正半轴远离我们（见图 3-34）。

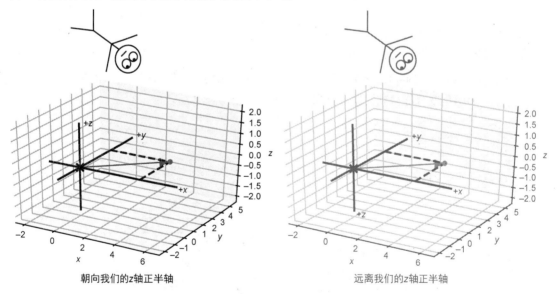

朝向我们的z轴正半轴   远离我们的z轴正半轴

图 3-34   像在第 2 章中那样，在三维空间中定位自己以观察 xy 平面。当观察 xy 平面时，我们选择正 z 轴指向我们，而不是远离我们

这里的区别并不是角度的问题。这两种选择代表了三维空间的不同方向，从任何角度看都是可以区分的。假设我们漂浮在 z 轴的某个正坐标上，比如图 3-34 中的上图。可以看到 y 轴的正方向是从 x 轴的正方向逆时针旋转了 1/4 圈；否则，轴的朝向就是错误的。

现实世界中的很多事物都有方向性，与它们的镜像看起来并不完全相同。例如，鞋的左右脚大小和形状相同，但方向不同。普通的咖啡杯没有方向，没有标记的咖啡杯是没法通过照片来区分的。但如图 3-35 所示，如果两个咖啡杯在相反的两面上有相同的图案，是可以区分的。

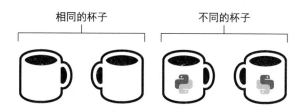

图 3-35　没有图案的杯子与其镜像是同一对象，一面有图案的杯子则与其镜像不同

大多数数学家用手作为检测方向的现成工具。我们的手是定向的，所以即使右手或左手不幸脱离身体，我们也能分辨出它们。你能分辨出图 3-36 中的手是右手还是左手吗？

很明显，这是右手：如果是左手，指尖上不可能有指甲！数学家可以用手来区分坐标轴的两种可能方向，称为右手方向和左手方向。右手方向的规则如图 3-37 所示：如果右手食指指向 x 轴正方向，中指、无名指和小指向 y 轴正方向弯曲，那么你的拇指就会指明 z 轴的正方向。

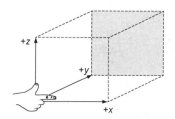

图 3-36　这是右手还是左手　　　　　图 3-37　右手规则帮助我们记住选择的方向

这就是**右手规则**，如果它与你的坐标轴一致，那么你就（正确地）使用了右手方向。方向很重要！如果你正在实现程序来控制无人机或腹腔镜手术机器人，就需要保持上、下、左、右、前、后是一致的。向量积作为定向机器，可以帮助我们在所有的计算中跟踪方向。

3.4.2　找到向量积的方向

在告诉你如何计算向量积之前，我想向你展示它的样子。已知两个输入向量，向量积的结果垂直于这两个向量。例如，如果 $u = (1, 0, 0)$，$v = (0, 1, 0)$，那么向量积 $u \times v$ 恰好是 $(0, 0, 1)$，如图 3-38 所示。

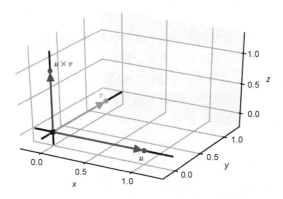

图 3-38 $u = (1, 0, 0)$ 和 $v = (0, 1, 0)$ 的向量积

事实上，如图 3-39 所示，xy 平面内任意两个向量的向量积都位于 z 轴上。

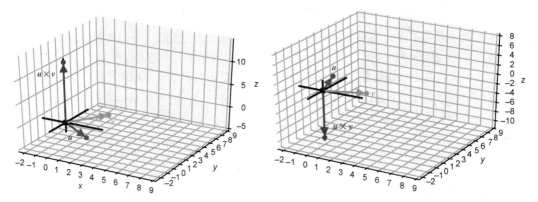

图 3-39 xy 平面内任意两个向量的向量积都位于 z 轴上

这清楚地说明了为什么向量积在二维中不起作用：它返回的向量位于包含两个输入向量的平面之外。我们可以看到，向量积的输出总是垂直于两个输入，即使输入并不在 xy 平面内也是一样（见图 3-40）。

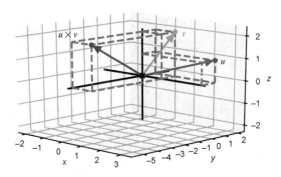

图 3-40   向量积总是返回垂直于两个输入的向量

但是有两个可能的垂直方向，向量积只能在其中之一上。例如，$(1, 0, 0) \times (0, 1, 0)$的结果正好是$(0, 0, 1)$，指向$z$轴正方向。$z$轴上的任何向量，不管是正还是负，都垂直于这两个输入。为什么结果会指向正方向？

这就是方向的作用：向量积也遵循右手规则。一旦你找到了垂直于两个输入向量 u 和 v 的方向，向量积 $u \times v$ 的方向就将三个向量 u、v 和 $u \times v$ 置于了右手系中。也就是说，我们可以将右手食指指向 u 的方向，将三指弯向 v，拇指指向的就是 $u \times v$ 的方向（见图 3-41）。

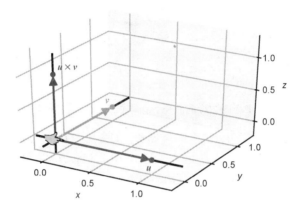

图 3-41　右手规则告诉我们向量积指向哪个垂直方向

当输入向量位于两个坐标轴上时，不难找到它们的向量积指向的确切方向：它指向剩余坐标轴的一个方向。一般来说，如果不计算它们的向量积，就很难描述垂直于两个向量的方向。我们一旦知道如何计算它，就掌握了一个非常有用的特征。但是向量并不仅仅指定方向，还指定了长度。向量积的长度也蕴含有用的信息。

3.4.3　求向量积的长度

和点积一样，向量积的长度也是一个数，它提供了关于输入向量的相对位置的信息。它测量的并不是两个向量的对齐程度，而更像是"它们的垂直程度"。更准确地说，它告诉我们两个输入之间的面积有多大（见图 3-42）。

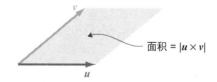

图 3-42　向量积的长度等于一个平行四边形的面积

如图 3-42 所示，以 u 和 v 为边的平行四边形的面积等于向量积 $u \times v$ 的长度。对于给定长度的两个向量，在它们垂直时张成的面积最大。如果 u 和 v 在同一方向上，则张不成任何面积，向量积的长度为零。这是显而易见的：如果两个输入向量平行，则不存在唯一的垂直方向。

与结果的方向搭配，结果的长度能给我们一个精确的向量。平面上的两个向量保证有指向 z 轴正方向或负方向的向量积。从图 3-43 中可以看到，平面向量张成的平行四边形越大，向量积越长。

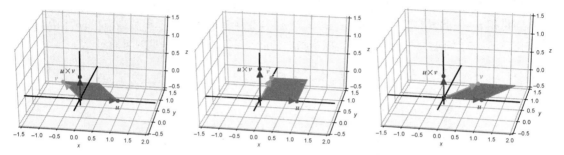

图 3-43　根据张成的平行四边形的面积，xy 平面上的向量对具有不同大小的向量积

平行四边形的面积有一个三角公式：如果 u 和 v 的夹角为 θ，面积就是 $|u| \cdot |v| \cdot \sin(\theta)$。我们可以结合长度和方向来求一些简单的向量积。例如，$(0, 2, 0)$ 和 $(0, 0, -2)$ 的向量积是多少？这两个向量分别位于 y 轴和 z 轴上，所以要想与它们垂直，向量积必须位于 x 轴上。我们用右手定则来求出结果的方向。

用食指指向第一个向量的方向（y 轴正方向），再把三根手指弯向第二个向量的方向（z 轴负方向），我们发现大拇指指向 x 轴负方向。向量积的大小是 $2 \cdot 2 \cdot \sin(90°)$，因为 y 轴和 z 轴相交成 90°角。（在这种情况下，平行四边形恰好是一个边长为 2 的正方形。）求得向量积的大小是 4，所以结果是 $(-4, 0, 0)$：在 x 轴负方向上长度为 4 的向量。

看起来，通过几何方法计算向量积是一种有良好定义的运算，但是这并不实用。一般来说，当向量并不总在坐标轴上时，要找到垂直结果所需的坐标并不容易。幸运的是，有一个明确的公式可以用输入坐标来计算向量积的坐标。

3.4.4　计算三维向量的向量积

向量积的公式乍一看很复杂，但我们可以用 Python 函数快速把它包装起来，然后毫不费力地进行计算。首先从 u 和 v 的坐标开始。虽然可以将其坐标设置成 $u = (a, b, c)$ 和 $v = (d, e, f)$，但是使用更好的符号会更清楚：$u = (u_x, u_y, u_z)$ 和 $v = (v_x, v_y, v_z)$。比起用 d 这样的任意字母来称呼它，记住 v_x 是 v 的 x 坐标更加容易。根据这些坐标，向量积的公式为：

$$u \times v = (u_y v_z - u_z v_y, u_z v_x - u_x v_z, u_x v_y - u_y v_x)$$

如果使用 Python，则如下所示。

```
def cross(u, v):
    ux,uy,uz = u
    vx,vy,vz = v
    return (uy*vz - uz*vy, uz*vx - ux*vz, ux*vy - uy*vx)
```

你可以在练习中试着使用这个公式。注意，与我们目前使用的大多数公式相比，这个公式似乎不能很好地推广到其他维度。它要求输入向量必须有三个分量。

这个代数程序与本章中的几何描述一致。因为它能给出面积和方向，所以向量积可以帮助我们判断，能否在三维空间中看到同样浮在空间中的多边形。例如，如图 3-44 所示，站在 x 轴上的观察者是看不到 $u = (1, 1, 0)$ 和 $v = (-2, 1, 0)$ 张成的平行四边形的。

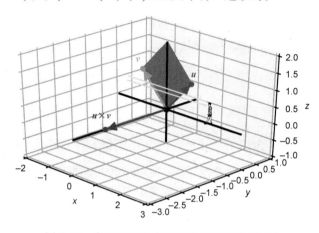

图 3-44 向量积指出多边形对观察者是否可见

换句话说，图 3-44 中的多边形与观察者的视线平行。利用向量积，我们不用画图也能知道这一点。因为向量积与人的视线垂直，所以多边形是不可见的。

现在是时候开始我们的终极项目了：用多边形构建一个三维对象，并在二维画布上绘制它。你会使用到目前为止见过的所有向量操作。特别是，向量积将帮你判断哪些多边形是可见的。

3.4.5 练习

练习 3.19：如图 3-45 所示，各图中都存在三个相互垂直的箭头，分别表示 x 轴、y 轴和 z 轴的正方向。在这些显示为三维框的透视图中，框的背面是灰色的。四幅图中的哪一个与我们选择的相符？也就是说，哪张图显示了我们所画的 x 轴、y 轴和 z 轴，即使从不同的角度来看也是如此？

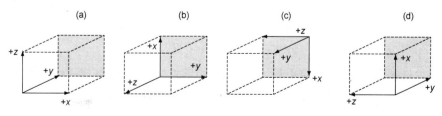

图 3-45 以上哪些轴线与我们约定的方向一致

解：从上向下看图 3-45a，我们会像往常一样看到 x 轴和 y 轴，且 z 轴指向我们。与我们约定的方向一致的是图 3-45a。

在图 3-45b 中，z 轴指向我们，而 y 轴正方向与 x 轴正方向顺时针成 90°角。这与我们的方向不一致。

如果我们从 z 轴正方向上的某点看图 3-45c（从框的左侧），会看到 y 轴正方向与 x 轴正方向逆时针成 90°角。图 3-45c 也与我们的方向一致。

从框左侧看图 3-45d，z 轴正方向应该是朝向我们的，y 轴正方向仍位于 x 轴正方向的逆时针方向。这与我们的方向也是一致的。

练习 3.20：如果把三条坐标轴立在镜子前，镜子里图像的方向是相同的还是不同的呢？

解：镜像的方向是相反的。从这个角度看，z 轴和 y 轴仍然指向相同的方向。在原图中，x 轴正半轴在 y 轴正半轴的顺时针方向，但在镜像中变成了逆时针方向（见图 3-46）。

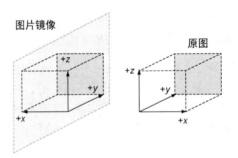

图 3-46　x 轴、y 轴和 z 轴及其镜像

练习 3.21：$(0, 0, 3) \times (0, -2, 0)$ 的结果指向什么方向？

解：如果我们把右手食指指向 $(0, 0, 3)$，也就是 z 轴正方向，然后弯曲三指指向 $(0, -2, 0)$，即 y 轴负方向，则大拇指会指向 x 轴正方向。因此，$(0, 0, 3) \times (0, -2, 0)$ 指向 x 轴正方向。

练习 3.22：$(1, -2, 1)$ 和 $(-6, 12, -6)$ 向量积的坐标是多少？

解：这些向量互为彼此的负标量乘积，它们指向相反的方向且不会张成任何面积。因此，向量积的长度为零。唯一一个长度为零的向量是 $(0, 0, 0)$，这就是答案。

练习 3.23（小项目）：如图 3-47 所示，平行四边形的面积等于它的底边长乘以它的高。

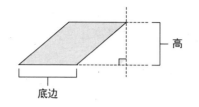

图 3-47

基于此，请解释公式 $|\boldsymbol{u}| \cdot |\boldsymbol{v}| \cdot \sin(\phi)$ 是有意义的。

解：在图 3-48 中，向量 $\boldsymbol{u}$ 定义了底边，所以底边长度为 $|\boldsymbol{u}|$。可以从 $\boldsymbol{v}$ 的头部到底边画一个直角三角形。$\boldsymbol{v}$ 的长度就是斜边，而三角形的高就是我们要找的高。根据正弦函数的定义，高为 $|\boldsymbol{v}| \cdot \sin(\phi)$。

因为底长为 $|\boldsymbol{u}|$，高是 $|\boldsymbol{v}| \cdot \sin(\phi)$，所以平行四边形的面积确实是 $|\boldsymbol{u}| \cdot |\boldsymbol{v}| \cdot \sin(\phi)$。

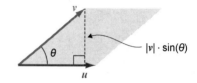

图 3-48 平行四边形的面积公式使用其一个角的正弦来表示

练习 3.24：向量积 $(1, 0, 1) \times (-1, 0, 0)$ 的结果是什么？

(a) $(0, 1, 0)$

(b) $(0, -1, 0)$

(c) $(0, -1, -1)$

(d) $(0, 1, -1)$

解：这些向量位于 xz 平面，所以它们的向量积在 y 轴上。将右手食指指向 $(1, 0, 1)$ 的方向，并将三指向 $(-1, 0, 0)$ 方向弯曲，则拇指会指向 y 轴负方向（见图 3-49）。

可以求出向量的长度和它们之间的夹角，从而得到向量积的大小，但我们已经从坐标中得到了底长和高。因为它们都是 1，所以长度也是 1。因此，向量积为 $(0, -1, 0)$，它是 y 轴负方向上长度为 1 的向量，答案是 (b)。

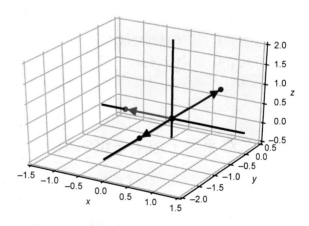

图 3-49 通过几何方法来计算 $(1, 0, 1)$ 和 $(-1, 0, 0)$ 的向量积

练习 3.25：使用 Python 的 cross 函数计算 $(0, 0, 1) \times v$，其中第二个向量 v 是几个不同的值。每个结果的 z 坐标是多少，为什么？

解：无论选择哪个向量 v，结果的 z 坐标都是零。

```
>>> cross((0,0,1),(1,2,3))
(-2, 1, 0)
>>> cross((0,0,1),(-1,-1,0))
(1, -1, 0)
>>> cross((0,0,1),(1,-1,5))
(1, 1, 0)
```

因为 $u = (0, 0, 1)$，所以 u_x 和 u_y 都是零。这意味着不管 v_x 和 v_y 的值是多少，向量积公式中的 $u_x v_y - u_y v_x$ 都是零。从几何学上讲，这是有意义的：向量积应该垂直于两个输入，并且垂直于 $(0, 0, 1)$，z 分量必须为零。

练习 3.26（小项目）：用代数法证明 $u \times v$ 垂直于 u 和 v，不管 u 和 v 的坐标是多少。

提示：将 $(u \times v) \cdot u$ 和 $(u \times v) \cdot v$ 展开成坐标用于证明。

解：在下面的方程中，设 $u = (u_x, u_y, u_z)$，$v = (v_x, v_y, v_z)$。我们可以将 $(u \times v) \cdot u$ 用如下的坐标方式表示，把向量积展开成坐标，并进行点积运算。

$$u \times v = (u_y v_z - u_z v_y, u_z v_x - u_x v_z, u_x v_y - u_y v_x) \cdot (u_x, u_y, u_z)$$

在继续展开点积后，我们看到共有 6 项。每一项都能与另一项抵消。

$$= (u_y v_z - u_z v_y)u_x + (u_z v_x - u_x v_z)u_y + (u_x v_y - u_y v_x)u_z$$
$$= u_y v_z u_x - u_z v_y u_x + u_z v_x u_y - u_x v_z u_y + u_x v_y u_z - u_y v_x u_z$$

因为完全展开后，所有项都被抵消了，所以结果是零。为了节省"墨水"，这里不再展示 $(u \times v) \cdot v$ 的结果，但情况仍不变：出现了 6 个项并相互抵消，结果为零。这意味着 $(u \times v)$ 垂直于 u 和 v。

3.5 在二维平面上渲染三维对象

让我们尝试使用所学的知识来渲染一个简单的三维形状，称为八面体。立方体有 6 个面，所有面都是正方形；而八面体有 8 个面，所有面都是三角形。你可以把八面体看成两个互相叠加的四边金字塔。图 3-50 显示了一个八面体的"骨架"。

如果它是一个实体，我们就看不到对面的边了，只能看到 8 个三角形面中的 4 个，如图 3-51 所示。

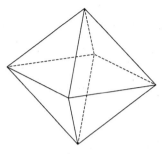

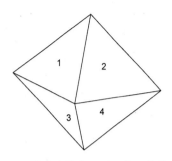

图 3-50　八面体的骨架拥有 8 个面和 6 个顶点。　图 3-51　八面体在当前位置可见的 4 个带编号的面
　　　　　虚线显示了八面体在我们对面的边

　　渲染八面体归根结底就是确定我们需要显示的 4 个三角形，并进行适当的着色。让我们看看应该怎么做吧。

3.5.1　使用向量定义三维对象

　　八面体是一个简单的例子，因为它只有 6 个角（顶点）。我们可以为其设置简单的坐标：$(1, 0, 0)$、$(0, 1, 0)$和$(0, 0, 1)$以及与它们相反的三个向量，如图 3-52 所示。

　　这 6 个向量定义了八面体形状的边界，但是没有提供绘制八面体所需的全部信息。我们还需要决定连接哪些点作为图形的边。例如，图 3-52 中的顶点是$(0, 0, 1)$，它通过边与 xy 平面上的所有 4 个点相连（见图 3-53）。

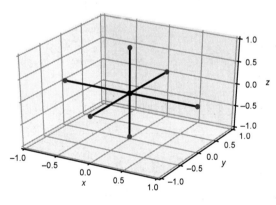

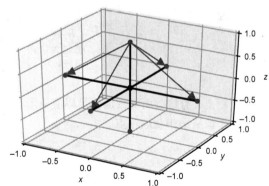

图 3-52　八面体的顶点　　　　　　　　　　　图 3-53　用箭头表示八面体的 4 条边

　　这些边勾勒出了八面体顶部金字塔的轮廓。注意，$(0, 0, 1)$和$(0, 0, -1)$之间没有边，因为这条线段位于八面体内部，而不是外部。每条边由一对向量定义：将边看作线段，两个向量分别表示其起点和终点。例如，$(0, 0, 1)$和$(1, 0, 0)$定义了其中一条边。

　　只有边还不足以完成绘图，还需要知道哪三个顶点和哪三条边能组成三角形，我们要用明暗不同的纯色填充这些三角形面。这就是方向的作用：我们不仅要知道哪些线段定义了各个面，还要知道它们是面向我们还是背向我们的。

　　策略如下：将一个三角形面建模为三个向量 v_1、v_2 和 v_3，用来定义它的边。（注意，这里我用下标 1、2 和 3 来区分三个不同的向量，而不是同一个向量的分量。）具体来说，我们会将 v_1、v_2 和 v_3 排序，使 $(v_2 - v_1) \times (v_3 - v_1)$ 指向八面体之外（见图 3-54）。如果一个向外的向量是指向我们的，就意味着从我们的视角可以看到这个面。否则，这个面就是被遮挡的，不需要绘制。

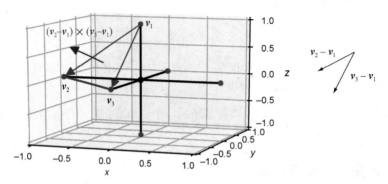

图 3-54　八面体的一个面。对定义面的三个点进行排序，使 $(v_2 - v_1) \times (v_3 - v_1)$ 指向八面体外

我们可以将这 8 个三角形面都定义为三个向量 v_1、v_2 和 v_3 的三元组，如下所示。

```
octahedron = [
    [(1,0,0), (0,1,0), (0,0,1)],
    [(1,0,0), (0,0,-1), (0,1,0)],
    [(1,0,0), (0,0,1), (0,-1,0)],
    [(1,0,0), (0,-1,0), (0,0,-1)],
    [(-1,0,0), (0,0,1), (0,1,0)],
    [(-1,0,0), (0,1,0), (0,0,-1)],
    [(-1,0,0), (0,-1,0), (0,0,1)],
    [(-1,0,0), (0,0,-1), (0,-1,0)],
]
```

　　实际上，有这些面的数据就足以渲染形状了，因为它们包含了边和顶点。例如，我们可以通过以下函数从面中获取顶点。

```
def vertices(faces):
    return list(set([vertex for face in faces for vertex in face]))
```

3.5.2　二维投影

　　要把三维点变成二维点，必须选择我们的三维观察方向。一旦从我们的视角确定了定义“上”和“右”的两个三维向量，就可以将任意三维向量**投射**到它们上面，得到两个分量而不是三个分量。`component` 函数利用点积提取三维向量在给定方向上的分量。

```
def component(v,direction):
    return (dot(v,direction) / length(direction))
```

通过对两个方向硬编码（在本例中是(1, 0, 0)和(0, 1, 0)），我们可以建立一种从三个坐标向下投影到两个坐标的方法。这个函数接收一个三维向量或三个数组成的元组，并返回一个二维向量或两个数组成的元组。

```
def vector_to_2d(v):
    return (component(v,(1,0,0)), component(v,(0,1,0)))
```

我们可以将其描绘成把三维向量"压平"到平面上。删除 z 分量会使向量的深度消失（见图 3-55）。

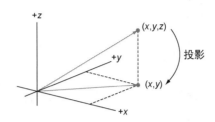

图 3-55 删除三维向量的 z 分量，将其转换到 xy 平面上

最后，要把三角形从三维转换成二维的，我们只需要把这个函数应用到定义面的所有顶点上。

```
def face_to_2d(face):
    return [vector_to_2d(vertex) for vertex in face]
```

3.5.3 确定面的朝向和阴影

为了给二维绘图着色，我们根据每个三角形面对给定光源的角度大小，为其选择一个固定的颜色。假设光源在基于原点的坐标(1, 2, 3)向量处，那么三角形面的亮度取决于它与光线的垂直度。另一种测量方法是借助垂直于面的向量与光源的对齐程度。我们不必担心颜色的计算，Matplotlib 有一个内置的库来做这些工作。例如：

```
blues = matplotlib.cm.get_cmap('Blues')
```

提供了一个叫作 blues 的函数，它将从 0 到 1 的数映射到由暗到亮的蓝色光谱上。我们的任务是找出一个 0 和 1 之间的数，表示一个面的明亮程度。

给定一个垂直于每个面的向量（**法线**）和一个指向光源的向量，它们的点积就说明了其对齐程度。此外，由于我们只考虑方向，可以选择长度为 1 的向量。那么，如果该面完全朝向光源，点积介于 0 和 1 之间。如果它与光源的角度超过 90°，将完全不能被照亮。这个辅助函数接收一个向量，并返回另一个相同方向但长度为 1 的向量。

```
def unit(v):
    return scale(1./length(v), v)
```

第二个辅助函数接收一个面，并返回一个垂直于它的向量。

```
def normal(face):
    return(cross(subtract(face[1], face[0]), subtract(face[2], face[0])))
```

把它们结合起来，就得到了一个绘制三角形的函数。它调用 draw 函数（我把 draw 重命名为 draw2d，并相应地重命名了这些类，以区别于它们的三维版本）来渲染三维模型。

```
def render(faces, light=(1,2,3), color_map=blues, lines=None):
    polygons = []
    for face in faces:
        unit_normal = unit(normal(face))          对于每个面，计算一个长度
        if unit_normal[2 ] > 0 :                   为 1、垂直于它的向量
            c = color_map(1 - dot(unit(normal(face)),
                              unit(light)))        只有当向量的 z 分量为正时
            p = Polygon2D(*face_to_2d(face),      （换句话说，当它指向观察
                                                   者时），才会继续执行
                          fill=c, color=lines)
            polygons.append(p)
    draw2d(*polygons,axes=False, origin=False, grid=None)
```

法线向量和光源向量的点积越大，阴影越少

为每个三角形的边指定一个可选的 **lines** 参数，显示正在绘制的形状骨架

使用下面的 render 函数，只需要几行代码就可以生成一个八面体。图 3-56 显示了结果。

```
render(octahedron, color_map=matplotlib.cm.get_cmap('Blues'), lines=black)
```

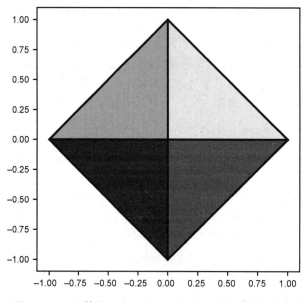

图 3-56　八面体的四个可见面，呈现出明暗不同的蓝色

　　这样看，带阴影的八面体并没有什么特别的地方，但是随着增加更多的面，阴影的作用就会显现出来（见图 3-57）。你可以在本书的源代码中找到拥有更多面的预建形状。

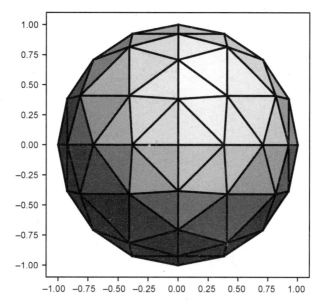

图 3-57　具有许多三角形边的三维形状，阴影的效果更加明显

3.5.4　练习

练习 3.27（小项目）：找到定义八面体 12 条边的向量对，并用 Python 绘制出所有的边。

解： 八面体的顶部是(0, 0, 1)。它通过 4 条边与 xy 平面上的全部 4 个点相连。同样，八面体的底部是(0, 0, −1)，它也连接到 xy 平面上的全部 4 个点。最后，xy 平面上的 4 个点相互连接形成正方形（见图 3-58）。

```
top = (0,0,1)
bottom = (0,0,-1)
xy_plane = [(1,0,0),(0,1,0),(-1,0,0),(0,-1,0)]
edges = [Segment3D(top,p) for p in xy_plane] +\
        [Segment3D(bottom, p) for p in xy_plane] +\
        [Segment3D(xy_plane[i],xy_plane[(i+1)%4 ]) for i in
range(0,4)]
draw3d(*edges)
```

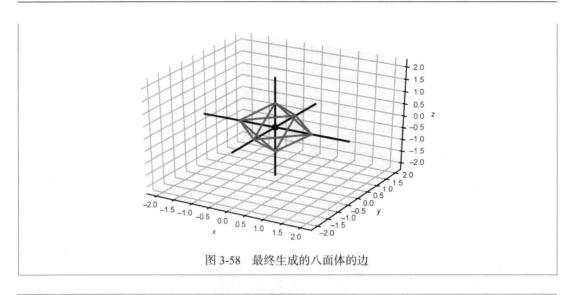

图 3-58　最终生成的八面体的边

练习 3.28：八面体的第一个面是[(1, 0, 0), (0, 1, 0), (0, 0, 1)]。这是定义该面顶点的唯一有效顺序吗?

解：不是，比如[(0, 1, 0), (0, 0, 1), (1, 0, 0)]是相同的三个点，按这个顺序，向量积仍然指向同一个方向。

3.6　小结

❑ 二维中的向量有长度和宽度，而三维空间中的向量还有高度。

❑ 三维向量是由称为 x 坐标、y 坐标和 z 坐标的三元数对定义的。这些坐标说明了三维空间中的某个点在每个方向上距离原点有多远。

❑ 和二维向量一样，三维向量也可以与标量进行加法、减法和乘法运算。我们可以用勾股定理的三维版本来求它们的长度。

❑ 点积是将两个向量相乘并得到一个标量的方法。它衡量了两个向量的对齐程度，其值也可以用来计算两个向量的夹角。

❑ 向量积是将两个向量相乘得到第三个向量的方法，这个向量与两个输入向量垂直。向量积的输出大小就是两个输入向量张成的平行四边形的面积。

❑ 任何三维对象的表面都可以表示成三角形的集合，其中每个三角形分别由代表其顶点的三个向量定义。

❑ 使用向量积，我们可以确定三角形在三维空间中可见的方向。由此可知三角形对观察者是否可见，或者它在给定光源下被照亮的程度。通过绘制和定义对象表面的所有三角形并进行着色，可以让其看起来立体感十足。

第 4 章

变换向量和图形

4

本章内容
- ❑ 运用数学函数变换和绘制三维对象
- ❑ 变换向量图形来创建计算机动画
- ❑ 识别不改变直线和多边形形状的线性变换
- ❑ 计算线性变换对向量和三维模型的影响

有了前两章的技术再加上一点儿创造力，你就可以渲染你能想到的任何二维或三维图形。所有物体、角色乃至整个世界都可以通过由向量定义的线段和多边形来构建。但是，要基于此做一部长篇计算机动画电影或生动的动作视频游戏，还需要能够绘制随时间**变化**的对象。

动画在计算机图形学中的工作方式和在电影中一样：每秒显示几十幅静态渲染的图像。显示移动对象的大量快照会使图像看起来是连续不断地变化的。第 2 章和第 3 章涉及的一些数学运算可以接收现有向量，对其进行几何变换，并输出新的向量。将连续的小变换链接在一起，就可以创造出连续运动的假象。

可以将旋转二维向量的示例记在心里，作为一个心智模型。你可以写一个 Python 函数 `rotate`，它接收一个二维向量并将其逆时针旋转 45°。如图 4-1 所示，`rotate` 函数可被看作一台接收向量并对其变换后输出新向量的机器。

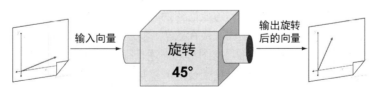

图 4-1　把向量函数想象成一台有输入槽和输出槽的机器

如果将这个函数类推至三维，应用到定义了一个三维形状的每个多边形中的每个向量上，就可以得到整个形状旋转后的结果。这个三维形状可以是上一章中的八面体，甚至可以是一个茶壶。在图 4-2 中，旋转机器将茶壶作为输入，并输出旋转后的副本。

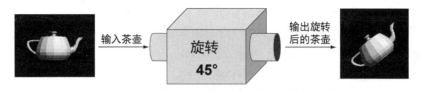

图 4-2　可以将同一个变换应用于构成三维模型的每一个向量，从而以相同的几何变换
　　　　方法变换整个模型

如果不是一次旋转 45°，而是旋转 45 次 1°，可以生成显示旋转茶壶的电影帧（见图 4-3）。

图 4-3　从左上角开始，茶壶每次旋转 1°，连续旋转 45 次

　　旋转是一个很好的示例，因为将线段上的每一个点都相对于原点旋转相同的角度，仍然会得到相同长度的线段。这使得旋转构成二维或三维对象轮廓的所有向量后，仍可识别该对象。

　　本书将介绍一类通用的向量变换，称为**线性变换**。与旋转一样，线性变换将位于直线上的向量转换为同样位于直线上的新向量。线性变换在数学、物理学和数据分析中有众多应用。在这些应用场景中再次遇到它时，知道如何用几何图形来描述是很有帮助的。

　　为了实现旋转、线性变换以及其他向量变换的可视化，本章将使用更强大的绘图工具。我们将把 Matplotlib 换成用于高性能图形绘制的行业标准库 OpenGL。大多数 OpenGL 编程使用 C 或 C++完成，但本章将使用更加易用的 Python 库 PyOpenGL。除此之外，我们还将使用 Python 的 PyGame 视频游戏开发库。具体地说，是使用 PyGame 中将连续图像渲染成动画的功能。附录 C 包含所有新工具的配置方式，这样我们可以快速上手并专注于数学向量变换。如果你想跟着本章的代码一起学习（强烈推荐！），那么应该跳到附录 C，让代码能够运行后再返回这里阅读。

4.1 变换三维对象

本章的主要目标是对三维对象（如茶壶）进行改变，以创建在视觉上有所不同的新三维对象。在第 2 章中，平移或缩放构成二维恐龙的每个向量，整个恐龙形状也会相应地移动或改变大小。这里采取同样的方法。我们看到的每一种变换都以一个向量作为输入，并返回一个向量作为输出，如下面的伪代码所示。

```python
def transform(v):
    old_x, old_y, old_z = v
    # 此处做一些计算
    return (new_x, new_y, new_z)
```

我们首先把熟悉的平移和缩放示例从二维改成三维的。

4.1.1 绘制变换后的对象

在初始化附录 C 中描述的依赖关系后，第 4 章源代码中的文件 draw_teapot.py 即可运行（参见附录 A 中关于从命令行运行 Python 脚本的说明）。如果运行成功，就可以看到如图 4-4 所示的 PyGame 窗口。

图 4-4　运行 draw_teapot.py 的结果

接下来的几个示例会修改构成茶壶的向量，然后重新渲染，以查看几何效果。作为第一个示例，我们可以用相同的系数缩放所有向量。下面的函数 scale2 将一个输入向量乘以标量 2.0 并返回结果。

```
from vectors import scale
def scale2(v):
    return scale(2.0, v)
```

scale2(v) 函数与本节开头给出的 transform(v) 函数形式相同：当传递一个三维向量作为输入时，scale2 返回一个新的三维向量作为输出。对茶壶整体执行此变换需要变换每个顶点。对于用来构建茶壶的每个三角形，先将 scale2 应用到每个原始顶点，再用结果创建新的三角形。

```
original_triangles = load_triangles()    ◄─── 使用附录 C 中的
scaled_triangles = [                          代码加载三角形
    [scale2(vertex) for vertex in triangle]
    for triangle in original_triangles   ◄─── 将 scale2 应用于给定三角形
]                                             的每个顶点来获得新顶点

对原始三角形列表中的每个
三角形执行同样的操作
```

有了新的一组三角形，调用 draw_model(scaled_triangles) 就可以绘制它们。图 4-5 显示了执行调用后的茶壶，运行源代码中的 scale_teapot.py 文件即可重现。

图 4-5　将 scale2 应用于每个三角形的每个顶点，可得到一个 2 倍大的茶壶

因为每个向量被乘以 2，所以这个茶壶看起来比原来的大，准确地说是原来的 2 倍大。让我们对每个向量应用另一种变换：通过向量(-1, 0, 0)进行平移。

回想一下，"通过向量平移"是"加上这个向量"的另一种说法，其实就是为茶壶的每个顶点加上(-1, 0, 0)。这将使整个茶壶向 x 轴负方向移动 1 个单位，从我们的角度看是向左移动。下面这个函数完成了对单个顶点的变换。

```
from vectors import add
def translate1left(v):
    return add((-1,0,0), v)
```

从原始三角形开始，现在要像以前一样缩放它们的每个顶点，然后应用平移。图 4-6 显示了结果。运行源文件 scale_translate_teapot.py 可重现这一过程。

```
scaled_translated_triangles = [
    [translate1left(scale2(vertex)) for vertex in triangle]
    for triangle in original_triangles
]
draw_model(scaled_translated_triangles)
```

图 4-6 茶壶变大了并且按预期移动到了左边

不同的标量乘积会以不同的系数（标量倍数）改变茶壶的大小，而不同的平移向量会将茶壶移动到空间中的不同位置。在接下来的练习中，你将有机会尝试不同的标量乘积和平移向量，但现在，让我们专注于组合并应用更多的变换。

4.1.2 组合向量变换

依次应用任意数量的变换可以定义新的变换。例如，上一节中的缩放和平移可以变换茶壶，我们将这个新变换打包成自己的 Python 函数。

```
def scale2_then_translate1left(v):
    return translate1left(scale2(v))
```

这个原则很重要！因为向量变换以向量为输入和输出，所以可以通过**函数组合**来组合任意多的向量，即通过按照指定顺序应用两个或更多现有函数来定义新的函数。如果把函数 `scale2` 和 `translate1left` 想象成接收三维模型并输出新模型的机器（见图 4-7），那么将第一台机器的输出作为第二台机器的输入可把它们组合起来。

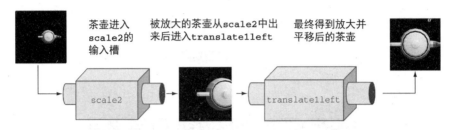

茶壶进入　　被放大的茶壶从scale2中出　最终得到放大并
scale2的　　来后进入translate1left　　平移后的茶壶
输入槽

图 4-7　对茶壶先调用 `scale2`，然后调用 `translate1left` 来输出转换后的版本

我们可以想象，将第一台机器的输出槽与第二台机器的输入槽焊接起来，可以隐藏中间步骤（见图 4-8）。

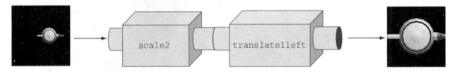

图 4-8　将两台函数机器焊接在一起，得到一台新的机器，从而一步完成两种转换

可以将结果看作一台新机器一步完成了原来两个函数的工作。这种函数的"焊接"也可以在代码中完成。我们可以实现一个通用的 compose 函数，接收两个 Python 函数（比如用于向量变换），然后返回一个新的函数，也就是它们的组合。

```
def compose(f1,f2):
    def new_function(input):
        return f1(f2(input))
    return new_function
```

我们不直接定义 `scale2_then_translate1left` 函数，而是像下面这样写。

```
scale2_then_translate1left = compose(translate1left, scale2)
```

你可能听说过这样一种思想：Python 把函数当作"一等对象"。这句话的意思是：Python 函数可以被赋给变量并作为输入传递给其他函数，或者被即时创建并作为输出值返回。这些都是**函数式编程**技术，也就是说，函数式编程可以通过组合现有函数来创建新函数，进而构建复杂的程序。

关于函数式编程在 Python 中是否合法（或者像 Python 爱好者所说的那样，函数式编程是否符合 Python 风格）存在一些争论。本章不会就编码风格发表意见，但是之所以使用函数式编程，是因为函数（即向量变换）是本章研究的核心。在介绍了 compose 函数之后，本章还会展示一些函数式编程的示例，让我们的这次"跑题"看起来更有价值。你可以在本书提供的源代码文件

transforms.py 中找到每一个示例。

接下来，我们会反复地取一种向量变换，并把它应用到定义一个三维模型的每个三角形的每个顶点上。为此，可以实现一个可复用的函数，而不是每次都实现新的列表推导式。下面的 polygon_map 函数接收一个向量变换和一个多边形（通常是三角形）列表，并将变换应用于每个多边形的每个顶点，产生一个新的多边形列表。

```
def polygon_map(transformation, polygons):
    return [
        [transformation(vertex) for vertex in triangle]
        for triangle in polygons
    ]
```

有了这个辅助函数，即可用一行代码把 scale2 应用到原来的茶壶上。

```
draw_model(polygon_map(scale2, load_triangles()))
```

函数 compose 和 polygon_map 都将向量变换作为参数，但有时候也需要将向量变换作为函数的返回值。例如，前面叫作 scale2 的函数在实现里硬编码了数 2，我们也可以定义一个叫作 scale_by 的函数，并返回一个缩放向量的函数。

```
def scale_by(scalar):
    def new_function(v):
        return scale(scalar, v)
    return new_function
```

有了这个函数，就可以通过 scale_by(2) 得到一个与 scale2 行为完全一样的函数。如图 4-9 所示，如果把函数当作有输入槽和输出槽的机器，那么可以把 scale_by 当作输入槽接收数并在输出槽输出新的函数机器。

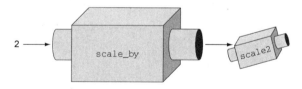

图 4-9　将数作为输入并产生新函数机器作为输出的函数机器

作为练习，你可以写一个类似的 translate_by 函数，将平移向量作为输入，并返回平移函数作为输出。在函数式编程的术语中，这个过程被称为**柯里化**（currying）。柯里化将接收多个输入的函数重构为返回另一个函数的函数。

这样做的结果是，得到一个行为相同但调用方式不同的程序机器。例如，对于任意输入 s 和 v，scale_by(s)(v) 的结果与 scale(s,v) 的结果相同。优点是，scale(...) 和 add(...) 接收不同类型的参数，由此产生的函数 scale_by(s) 和 translate_by(w) 是可以互换的。接下来，本书将以类似的方式思考旋转问题：对于给定的任意角度，生成一个使模型以该角度旋转的向量变换。

4.1.3　绕轴旋转对象

第 2 章已经演示了如何旋转二维对象：将笛卡儿坐标转换为极坐标，按旋转系数增加或减少角度，然后再转换回来。尽管这是二维的技巧，但也适用于三维，因为从某种意义上说，所有的三维向量旋转在平面上都是孤立的。例如，试想三维点绕 z 轴旋转，其 x 坐标和 y 坐标会改变，但 z 坐标不变。如果一个给定的点绕 z 轴旋转，无论旋转角度如何，其 z 坐标都不会改变，该点保持在一个圆内（见图 4-10）。

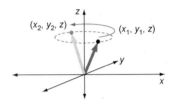

图 4-10　绕 z 轴旋转一个点

这意味着保持 z 坐标不变，只对 x 坐标和 y 坐标应用二维旋转函数，可以使三维点围绕 z 轴旋转。这里会浏览一遍代码，源代码中的 rotate_teapot.py 文件中有其实现。首先，根据第 2 章中的策略实现一个二维旋转函数。

```
def rotate2d(angle, vector):
    l,a = to_polar(vector)
    return to_cartesian((l, a+angle))
```

该函数接收一个角度和一个二维向量，并返回一个旋转的二维向量。现在，实现一个 rotate_z 函数，只对三维向量的 x 坐标和 y 坐标应用该函数。

```
def rotate_z(angle, vector):
    x,y,z = vector
    new_x, new_y = rotate2d(angle, (x,y))
    return new_x, new_y, z
```

继续用函数式编程范式思考并柯里化这个函数。给定任意角度，柯里化版的函数产生一个做相应旋转的向量变换。

```
def rotate_z_by(angle):
    def new_function(v):
        return rotate_z(angle,v)
    return new_function
```

接着看一下实际情况，下面这行代码生成了图 4-11 中旋转角度为 π/4 弧度或 45°的茶壶。

```
draw_model(polygon_map(rotate_z_by(pi/4.), load_triangles()))
```

可以实现一个类似的函数使茶壶绕 x 轴旋转，这意味着旋转只影响向量的 y 分量和 z 分量。

```
def rotate_x(angle, vector):
    x,y,z = vector
    new_y, new_z = rotate2d(angle, (y,z))
    return x, new_y, new_z
def rotate_x_by(angle):
    def new_function(v):
        return rotate_x(angle,v)
    return new_function
```

在函数 `rotate_x_by` 中，固定 x 坐标并在 yz 平面上执行二维旋转可以实现绕 x 轴的旋转。下面的代码进行了一次绕 x 轴 90° 或 $\pi/2$ 弧度的逆时针旋转，结果是如图 4-12 所示的茶壶俯视图。

```
draw_model(polygon_map(rotate_x_by(pi/2.), load_triangles()))
```

 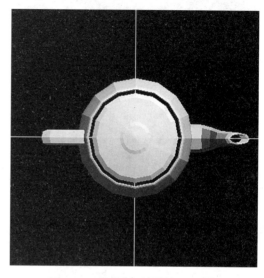

图 4-11 茶壶绕 z 轴逆时针旋转 45°   图 4-12 茶壶绕 x 轴旋转 $\pi/2$ 弧度

源文件 rotate_teapot_x.py 可用来重现图 4-12。旋转后，茶壶的阴影是一致的。最亮的多边形在图的右上角，这在预料之中，因为光源在 (1, 2, 3)。这是一个很好的迹象，表明我们成功地移动了茶壶，而不是像之前那样只改变了我们的 OpenGL 视角。

事实证明，通过在 x 和 z 方向上的旋转组合，可以完成任意想要的旋转。在 4.1.5 节的练习中，你可以尝试更多的旋转，但现在我们将继续学习其他类型的向量变换。

4.1.4 创造属于你自己的几何变换

让我们跳出前面章节提及的向量变换，看一下能否想出其他有趣的变换方法。需要记住，三维向量变换的唯一要求是，接收一个单独的三维向量作为输入，并返回一个新的三维向量作为输出。下面来看一些不属于我们所见任何类别的变换。

对于我们的茶壶，每次修改一个坐标。这个函数只在 x 方向上将向量拉伸为原来的 4 倍（硬编码）。

```
def stretch_x(vector):
    x,y,z = vector
    return (4.*x, y, z)
```

结果是一个沿 x 轴（壶嘴和把手所在的方向）拉伸的细长茶壶（见图 4-13）。stretch_teapot.py 完整地实现了这个变换。

类似的 `stretch_y` 函数可以将茶壶上下拉伸。你可以自行实现 `stretch_y` 并将其应用于茶壶，应该得到图 4-14 中的图像。否则，可以参考源代码中 stretch_teapot_y.py 的实现。

图 4-13　一个沿 *x* 轴拉伸的茶壶

图 4-14　将茶壶沿 *y* 方向拉伸

还可以发挥创意，通过 *y* 坐标的三次方而不是简单地乘以一个数来拉伸茶壶。就像 cube_teapot.py 实现的那样，这种变换使茶壶的盖子被不成比例地拉长了，如图 4-15 所示。

```python
def cube_stretch_z(vector):
    x,y,z = vector
    return (x, y*y*y, z)
```

图 4-15　将茶壶的垂直尺寸按三次方拉伸

如果在变换公式中选择性地将三个坐标中的两个相加，如将 x 坐标和 y 坐标相加，茶壶会倾斜。这在 slant_teapot.py 中进行了实现，如图 4-16 所示。

```
def slant_xy(vector):
    x,y,z = vector
    return (x+y, y, z)
```

图 4-16 为现有的 x 坐标加上 y 坐标，使茶壶向 x 方向倾斜

我们的重点并不是判断哪一种变换最重要或最有用，对构成一个三维模型的所有向量进行任意数学变换，都会使模型的外观产生几何上的影响。这些变换可能导致模型变得太过扭曲以至于无法辨认，甚至无法成功绘制。确实，一些向量变换有更好的表现，我们将在下一节中对它们进行分类。

4.1.5 练习

练习 4.1：实现一个 `translate_by` 函数（4.1.2 节中有所提及），以一个平移向量作为输入并返回一个平移函数作为输出。

解：

```
def translate_by(translation):
    def new_function(v):
        return add(translation,v)
    return new_function
```

练习 4.2：渲染沿 z 轴负方向平移了 20 个单位的茶壶，产生的图像是什么样的？

解：可以用 `polgyon_map` 通过对每个多边形中的向量应用 `translate_by((0,0,-20))` 来实现。

```
draw_model(polygon_map(translate_by((0,0,-20)), load_triangles()))
```

请记住，我们是从 z 轴上方 5 个单位看茶壶的。这个变换使茶壶离我们远了 20 个单位，所以它看起来小了很多（见图 4-17）。源代码 translate_teapot_down_z.py 中有完整的实现。

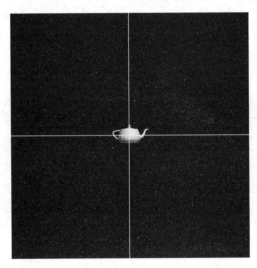

图 4-17 茶壶沿 z 轴向下平移了 20 个单位。因为它离我们更远，所以显得更小

练习 4.3（小项目）：当按 0 和 1 之间的标量缩放每一个向量时，茶壶会发生什么变化？按系数 −1 缩放，又会发生什么变化？

解：可以应用 `scale_by(0.5)` 和 `scale_by(-1)` 来查看结果（见图 4-18）。

```
draw_model(polygon_map(scale_by(0.5), load_triangles()))
draw_model(polygon_map(scale_by(-1), load_triangles()))
```

图 4-18 从左到右分别是原茶壶以及按系数 0.5 和 −1 缩放的茶壶

如图 4-19 所示，`scale_by(0.5)` 将茶壶缩小到原来大小的一半。`scale_by(-1)` 似乎将茶壶旋转了 180°，但情况更复杂。它实际上把茶壶里外对调了！每个三角形都变成了原来的镜像，所以每个法向量现在都指向茶壶里而不是茶壶外。

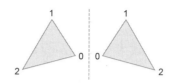

图 4-19　镜像操作会改变三角形的方向。左侧三角形的顶点按逆时针排列，而右侧镜像的顶点按顺时针排列。它们的法向量指向相反的方向

旋转茶壶，可以看到结果渲染得不太正确（见图 4-20）。我们应该谨慎地对图形进行镜像操作！

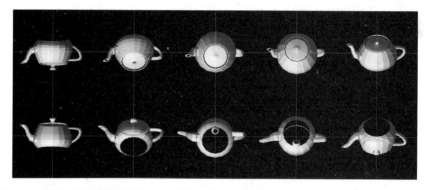

图 4-20　旋转后的镜像茶壶看起来很怪，其中一些关键特征发生了反转，比如在右下角的那一帧里，可以同时看到盖子和中空的底部

练习 4.4：对茶壶首先应用 `translate1left`，然后应用 `scale2`。结果与相反的组合顺序有什么不同？为什么会这样？

解：将这两个函数按照指定的顺序组合，然后通过 `polygon_map` 应用它们。

```
draw_model(polygon_map(compose(scale2, translate1left), load_triangles()))
```

结果是，茶壶仍然是原来的 2 倍大。但如图 4-21 所示，右图中的茶壶比左图中的平移了更远的距离。这是因为在平移后应用了一个系数为 2 的缩放，平移的距离也翻倍了。你可以运行源文件 scale_translate_teapot.py 和 translate_scale_teapot.py 比较结果，验证我们的判断。

图 4-21　对比缩放后平移的茶壶（左）和平移后缩放的茶壶（右）

练习 4.5：`compose(scale_by(0.4), scale_by(1.5))`变换的效果是什么？

解：把一个向量依次按系数 1.5 和 0.4 进行缩放，净缩放系数为 0.6。得到的图像将是原始大小的 60%。

练习 4.6：将 `compose(f,g)` 函数修改为 `compose(*args)`，它将几个函数作为参数，并返回一个新的函数，即它们的组合。

解：

```
def compose(*args):
    def new_function(input):
        state = input
        for f in reversed(args):
            state = f(state)
        return state
    return new_function
```

开始定义 compose
返回的函数

设置当前的 state
等于 input

因为组合函数的内部函数先被执行，所以逆序迭代输入函数。例如，compose(f,g,h)(x)应该等于 f(g(h(x)))，所以第一个应用的函数是 h

在每一步，通过执行下一个函数更新 state。最终的 state 使得所有的函数以正确的顺序执行

为了检查上述工作，我们可以实现一些函数，并将它们组合起来。

```
def prepend(string):
    def new_function(input):
        return string + input
    return new_function

f = compose(prepend("P"), prepend("y"), prepend("t"))
```

然后运行 `f("hon")`返回字符串`"Python"`。函数 `f` 会将字符串`"Pyt"`附加到任何给定的字符串上。

练习 4.7：实现函数 `curry2(f)`，接收一个有两个参数的 **Python** 函数 `f(x,y)`，并返回一个柯里化版本。例如，对于 `g = curry2(f)`，`f(x,y)` 和 `g(x)(y)` 应该返回相同的结果。

解：返回值应该是一个新函数，而这个新函数在被调用时又会产生一个新函数。

```
def curry2(f):
    def g(x):
        def new_function(y):
            return f(x,y)
        return new_function
    return g
```

举个例子，`scale_by` 函数可以这样实现。

```
>>> scale_by = curry2(scale)
>>> scale_by(2)((1,2,3))

(2, 4, 6)
```

练习 4.8：在不执行代码的情况下，说出变换 `compose(rotate_z_by(pi/2),rotate_x_by(pi/2))` 的结果是什么。如果换一下组合的顺序呢？

解：这个组合相当于绕 y 轴顺时针旋转 $\pi/2$ 弧度。颠倒顺序，则是绕 y 轴逆时针旋转 $\pi/2$ 弧度。

练习 4.9：实现函数 `stretch_x(scalar,vector)`，只在 x 方向上将目标向量按给定系数缩放。同时实现 `stretch_x_by` 的柯里化版本，使 `stretch_x_by(scalar)(vector)` 返回同样的结果。

解：

```
def stretch_x(scalar,vector):
    x,y,z = vector
    return (scalar*x, y, z)

def stretch_x_by(scalar):
    def new_function(vector):
        return stretch_x(scalar,vector)
    return new_function
```

4.2 线性变换

下面要重点介绍一种良态（well-behaved）的向量变换，称为**线性变换**。除了向量，线性变换也是线性代数的一个主要研究对象。线性变换是一种向量运算在变换前后看起来一样的特殊变换。下面通过一些图例来说明其含义。

4.2.1 向量运算的不变性

向量加法和标量乘法是向量算术运算中最重要的两个。回到能够反映这些运算的二维图片，看看对它们应用变换前后的样子。

把两个向量的和想象成将它们头尾相接放置时得出的新向量，或者指向它们所张成平行四边形顶点的向量。例如，图 4-22 展示了向量和 $\boldsymbol{u} + \boldsymbol{v} = \boldsymbol{w}$。

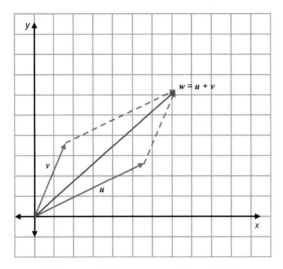

图 4-22   向量和 $u + v = w$ 的几何表示

我们想问的问题是：如果对图中的三个向量应用同样的向量变换，三个向量的关系是否会保持不变？下面尝试一种关于原点做逆时针旋转的向量变换 R。图 4-23 显示 u、v 和 w 通过变换 R 旋转了相同的角度。

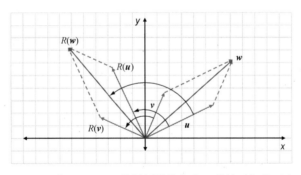

图 4-23   将 u、v 和 w 旋转同样的角度，其关系仍然不变

旋转后的图例表示向量 $R(u) + R(v) = R(w)$。只要 $u + v = w$，那么对三个向量 u、v 和 w 中的每个向量应用同样的旋转变换 R，$R(u) + R(v) = R(w)$ 依然成立。为了描述这个特性，我们说旋转**保持**（preserve）了向量和。

同样，旋转也会保持标量乘积。如果 v 是一个向量，sv 是 v 乘以标量 s，那么 sv 指向与 v 相同的方向，只是被按照系数 s 进行了缩放。如果对 v 和 sv 做同样的旋转 R，$R(sv)$ 就是 $R(v)$ 与相同系数 s 的标量乘积（见图 4-24）。

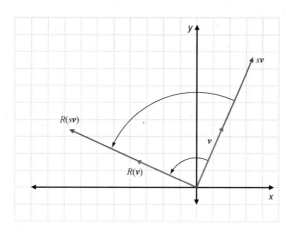

图 4-24 旋转保持了标量乘积

同样，这只是一个直观的示例而不是证明，但对于任意向量 v、标量 s 和旋转 R，图中都保持了相同的特性。旋转或其他任意保持向量和与标量乘积的向量变换被称为**线性变换**。

线性变换

    线性变换是保持向量和与标量乘积的向量变换 T。也就是说，对于任意输入向量 u 和 v，有：

$$T(u) + T(v) = T(u + v)$$

而对于任意一对标量 s 和向量 v，有：

$$T(sv) = sT(v)$$

请务必停下来消化并理解这个定义。线性变换非常重要，以至于整个线性代数学科都以它命名。为了帮助你在看到线性变换时认出它们，我们再看几个示例。

4.2.2 图解线性变换

首先看一个反例：一个**非线性**的向量变换。示例变换 $S(v)$ 接收向量 $v = (x, y)$ 并输出一个坐标被平方后的向量：$S(v) = (x^2, y^2)$。举一个例子，$u = (2, 3)$ 和 $v = (1, -1)$ 的和是 $(2, 3) + (1, -1) = (3, 2)$。这个向量加法如图 4-25 所示。

现在把 S 应用到每个向量上：$S(u) = (4, 9)$，$S(v) = (1, 1)$，$S(u + v) = (9, 4)$。图 4-26 明显表明，$S(u) + S(v)$ 和 $S(u + v)$ 不一致。

作为练习，你可以试着找到一个反例来证

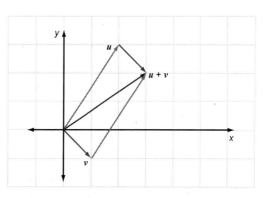

图 4-25 图解向量 $u = (2, 3)$ 和 $v = (1, -1)$ 的和 $u + v = (3, 2)$

明 S 也不保持标量乘积。现在，我们来研究另一个变换。D(v)是按系数 2 对输入向量进行缩放的向量变换，换句话说，D(v) = 2v。它确实保持了向量和：如果 u +v = w，那么 2u + 2v = 2w 也成立。图 4-27 提供了一个直观的示例。

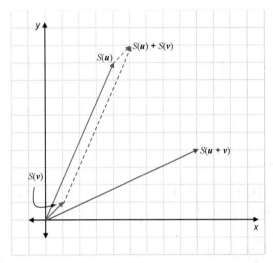

图 4-26　S 没有保持向量和，S(u) + S(v)和 S(u + v) 相差甚远

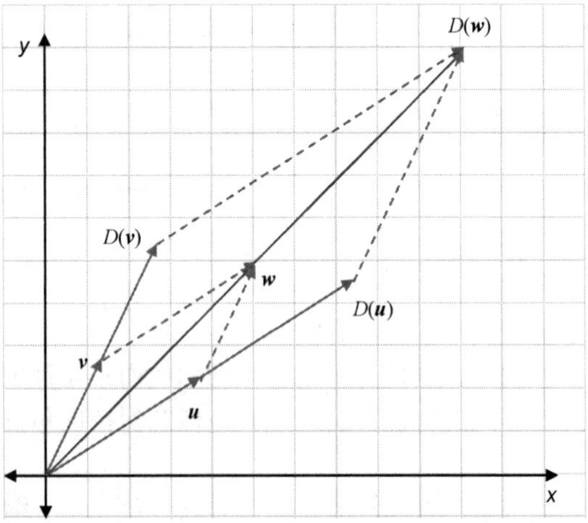

图 4-27　将向量的长度增加 1 倍，可以保持它们的和：如果 u + v = w，那么 D(u) + D(v) = D(w)

同样，D(v)也保持了标量乘积。这有些难画，但可以从代数上看出，对于任意标量 s，D(sv) = 2(sv) = s(2v) = sD(v)。

那么平移呢？假设 B(v)将任意输入向量 v 按照(7, 0)平移。令人惊讶的是，这不是线性变换。图 4-28 提供了一个直观的反例，其中 u + v = w，但 B(v) + B(w)和 B(v + w)不同。

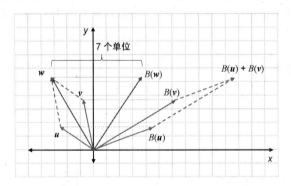

图 4-28　因为 B(u) + B(v)不等于 B(u + v)，所以平移变换 B 不保持向量和

事实证明，只有不移动原点的变换才能是线性的（在后面的练习中可以看到原因）。任何使用非零向量的平移都会将原点变换到不同的点上，所以它不可能是线性的。

其他线性变换的例子包括镜像、投影、剪切以及前面这些线性变换的任何三维类推。练习部分定义了这些变换，你应该通过几个示例来让自己相信，这些变换中的每一种都保持了向量和与标量乘积。通过练习，你可以识别哪些变换是线性的、哪些不是。接下来将介绍线性变换的特殊性质有什么用。

4.2.3 为什么要做线性变换

因为线性变换保持了向量和与标量乘积，所以也保持了一类更广泛的向量算术运算。最常规的运算称为**线性组合**。一个向量集合的线性组合是它们的标量乘积之和。例如，$3u - 2v$ 是向量 u 和 v 的线性组合。给定三个向量 u、v 和 w，表达式 $0.5u - v + 6w$ 是它们的线性组合。因为线性变换保持了向量和与标量乘积，所以也保持了线性组合。

用代数方式重新描述：如果有一个包含 n 个向量（$v_1, v_2, \cdots, v_n$）的集合，以及任意 n 个标量（$s_1, s_2, s_3, \cdots, s_n$），则线性变换 T 可以保持线性组合。

$$T(s_1v_1 + s_2v_2 + s_3v_3 + \cdots + s_nv_n) = s_1T(v_1) + s_2T(v_2) + s_3T(v_3) + \cdots + s_nT(v_n)$$

我们之前见过一个很容易绘制的线性组合：u 和 v 的组合 $1/2u + 1/2v$，它相当于 $1/2(u + v)$。图 4-29 显示，两个向量的这种线性组合可以让我们得到连接它们的线段的中点。

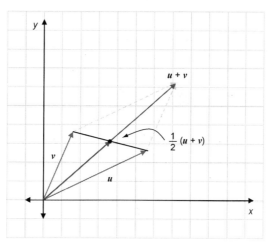

图 4-29 两个向量 u 和 v 的头部之间的中点可以用线性组合 $1/2u + 1/2v = 1/2(u + v)$ 求得

这意味着线性变换能将一些中点变换为其他中点。例如，如图 4-30 所示，$T(1/2u + 1/2v) = 1/2T(u) + 1/2T(v)$ 就是连接 $T(u)$ 和 $T(v)$ 的线段的中点。

虽然不太明显，但像 $0.25u + 0.75v$ 这样的线性组合也位于 u 和 v 之间的线段上（见图 4-31）。具体来说，是从 u 到 v 路径上 75% 处的点，同样，$0.6u + 0.4v$ 是 u 到 v 路径上 40% 处的点，以此类推。

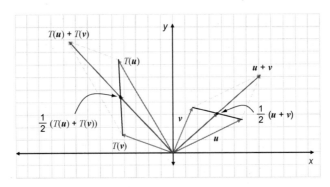

图 4-30　因为两个向量之间的中点是向量的线性组合，所以线性变换 T 将 $\boldsymbol{u}$ 和 $\boldsymbol{v}$ 之间的中点设为 $T(\boldsymbol{u})$ 和 $T(\boldsymbol{v})$ 的中点

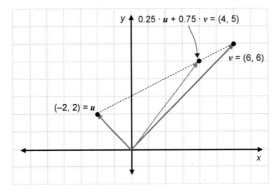

图 4-31　点 $0.25\boldsymbol{u} + 0.75\boldsymbol{v}$ 位于连接 $\boldsymbol{u}$ 和 $\boldsymbol{v}$ 的线段上 $\boldsymbol{u}$ 到 $\boldsymbol{v}$ 的 75%处。你可以用具体的示例观察，比如当 $\boldsymbol{u} = (-2, 2)$ 和 $\boldsymbol{v} = (6, 6)$ 时的情况

　　事实上，两个向量之间线段上的每个点都是形如 $s\boldsymbol{u} + (1-s)\boldsymbol{v}$ 的"加权平均值"，其中 s 介于 0 和 1 之间。为了证明这一点，图 4-32 显示了对于 $\boldsymbol{u} = (-1, 1)$ 和 $\boldsymbol{v} = (3, 4)$ 的向量组合 $s\boldsymbol{u} + (1-s)\boldsymbol{v}$，分别展示了 10 个和 100 个介于 0 和 1 之间的 s 值。

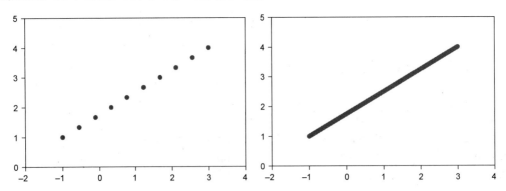

图 4-32　用 0 和 1 之间的 10 个 s 值（左）和 100 个 s 值（右）绘制 $(-1, 1)$ 和 $(3, 4)$ 的各种加权平均值

　　这里的关键思想是，连接两个向量 **u** 和 **v** 的线段上的每一个点都是加权平均值，因此也是点 **u** 和 **v** 的线性组合。考虑到这一点，我们可以思考线性变换对整个线段的作用。

　　因为连接 **u** 和 **v** 的线段上的任意点都是 **u** 和 **v** 的加权平均值，所以对于某个值 s，点的形式是 $s \cdot \boldsymbol{u} + (1-s) \cdot \boldsymbol{v}$。线性变换 T 将 **u** 和 **v** 变换成新的向量 $T(\boldsymbol{u})$ 和 $T(\boldsymbol{v})$。线段上的点被转化为某个新的点 $T(s \cdot \boldsymbol{u} + (1-s) \cdot \boldsymbol{v})$ 或 $s \cdot T(\boldsymbol{u}) + (1-s) \cdot T(\boldsymbol{v})$。这又是 $T(\boldsymbol{u})$ 和 $T(\boldsymbol{v})$ 的加权平均值，所以如图 4-33 所示，它是位于连接 $T(\boldsymbol{u})$ 和 $T(\boldsymbol{v})$ 的线段上的一点。

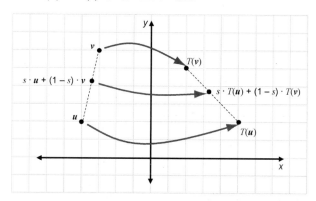

图 4-33　线性变换 T 将 **u** 和 **v** 的加权平均值转化为 $T(\boldsymbol{u})$ 和 $T(\boldsymbol{v})$ 的加权平均值。原加权平均值位于连接 **u** 和 **v** 的线段上，而变换后的加权平均值位于连接 $T(\boldsymbol{u})$ 和 $T(\boldsymbol{v})$ 的线段上

　　正因如此，线性变换 T 把连接 **u** 和 **v** 的线段上的每一个点都转移到连接 $T(\boldsymbol{u})$ 和 $T(\boldsymbol{v})$ 的线段上的一个点。这是线性变换的一个关键性质：它们将每一条现有的线段都转移到一条新的线段上。因为我们的三维模型是由多边形组成的，而多边形是由线段勾勒出来的，所以可以预期线性变换会在一定程度上保持三维模型的结构（见图 4-34）。

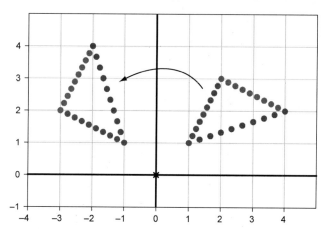

图 4-34　对构成三角形的点进行线性变换（旋转 60°），结果是一个（向左）旋转的三角形

相反，如果使用非线性变换 $S(\mathbf{v})$ 将 $\mathbf{v} = (x, y)$ 转移到 (x^2, y^2)，可以看到线段是扭曲的。这意味着由向量 $\mathbf{u}$、$\mathbf{v}$ 和 $\mathbf{w}$ 定义的三角形并没有真正被转移到另一个由 $S(\mathbf{u})$、$S(\mathbf{v})$ 和 $S(\mathbf{w})$ 定义的三角形，如图 4-35 所示。

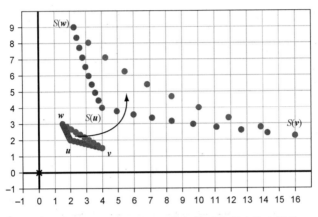

图 4-35 应用非线性变换 S 不能保持三角形边的直线性

总而言之，线性变换遵循向量的代数性质，保持了向量和、标量乘积和线性组合。它们还遵循向量集合的几何性质，将向量定义的线段和多边形转移到由变换后的向量定义的新线段和多边形上。接下来，我们将看到线性变换不仅从几何学的角度看特殊，还很容易计算。

4.2.4 计算线性变换

第 2 章和第 3 章介绍了如何将二维和三维向量分解为分量。例如，向量 (4, 3, 5) 可以分解为 (4, 0, 0) + (0, 3, 0) + (0, 0, 5)。这样就很容易想象出向量在三维空间中每一个维度上延伸的距离。这可以进一步分解为线性组合（见图 4-36）。

$$(4, 3, 5) = 4 \cdot (1, 0, 0) + 3 \cdot (0, 1, 0) + 5 \cdot (0, 0, 1)$$

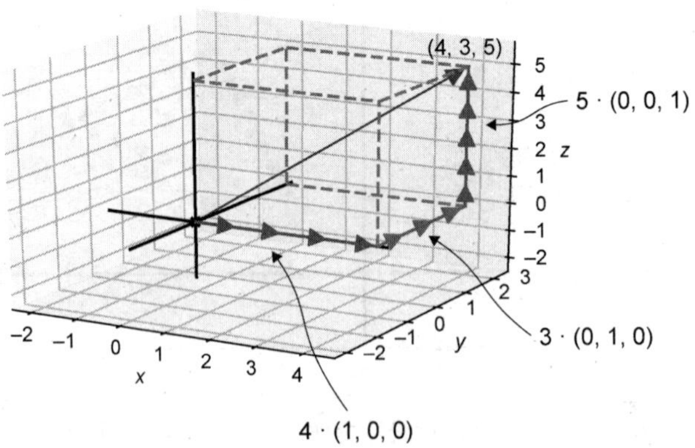

图 4-36 三维向量 (4, 3, 5) 为 (1, 0, 0)、(0, 1, 0) 和 (0, 0, 1) 的线性组合

　　这似乎是一个简单的事实，但又是能从线性代数中得到的深刻见解之一：任何三维向量都可以被分解为$(1, 0, 0)$、$(0, 1, 0)$和$(0, 0, 1)$这三个向量的线性组合。这种分解中出现的向量 v 的标量正是 v 的坐标。

　　$(1, 0, 0)$、$(0, 1, 0)$和$(0, 0, 1)$这三个向量被称为三维空间的**标准基**（standard basis），分别表示为 e_1、e_2 和 e_3。因此，前面的线性组合可以写成$(3, 4, 5) = 3e_1 + 4e_2 + 5e_3$。在二维空间中，$e_1 = (1, 0)$，$e_2 = (0, 1)$。例如，$(7, -4) = 7e_1 - 4e_2$（见图 4-37）。（当我们说 e_1 时，可能是指$(1, 0)$或$(1, 0, 0)$，但一旦确定了是在二维还是三维空间中，通常就可以清楚地知道指的是哪一个。）

　　这里只是用稍微不同的方式表示了相同的向量，但事实证明，这种视角的改变使得计算线性变换变得很容易。因为线性变换保持了线性组合，所以在计算线性变换时只需知道它如何影响标准基向量即可。

　　来看一个直观的示例，如图 4-38 所示。假设已知二维向量变换 T 是线性的，并且知道 $T(e_1)$ 和 $T(e_2)$ 是什么，其他未知。

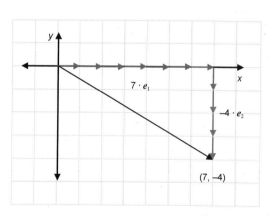

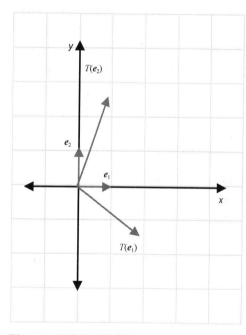

图 4-37　标准基向量 e_1 和 e_2 线性组合成的二维向量$(7, -4)$

图 4-38　当线性变换作用于两个二维标准基向量时，会得到两个新的向量作为结果

　　对于其他任意向量 v，我们都会自动知道 $T(v)$ 的终点。假如 $v = (3, 2)$，那么可以做如下断言。

$$T(v) = T(3e_1 + 2e_2) = 3T(e_1) + 2T(e_2)$$

　　如图 4-39 所示，因为 $T(e_1)$ 和 $T(e_2)$ 的位置已知，所以可以找到 $T(v)$。

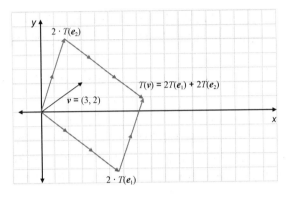

图 4-39   对于任意向量 v，可以将 $T(v)$ 计算为 $T(e_1)$ 和 $T(e_2)$ 的线性组合

为了更具体地说明这个问题，我们来完成一个完整的三维示例。假设 A 是一个线性变换，我们只知道 $A(e_1) = (1, 1, 1)$，$A(e_2) = (1, 0, -1)$，$A(e_3) = (0, 1, 1)$。如果 $v = (-1, 2, 2)$，那么 $A(v)$ 是什么？首先，可以把 v 展开为三个标准基向量的线性组合。因为 $v = (-1, 2, 2) = -e_1 + 2e_2 + 2e_3$，可以代入得到：

$$A(v) = A(-e_1 + 2e_2 + 2e_3)$$

接下来，利用 A 是线性的并且保持线性组合的事实：

$$= -A(e_1) + 2A(e_2) + 2A(e_3)$$

最后，将已知的 $A(e_1)$、$A(e_2)$ 和 $A(e_3)$ 的值代入，化简得到：

$$= -(1, 1, 1) + 2 \cdot (1, 0, -1) + 2 \cdot (0, 1, 1)$$
$$= (1, 1, -1)$$

为了证明我们真的知道 A 如何运作，把它应用到茶壶上。

```
Ae1 = (1,1,1)          ←── 将 A 应用于标准基
Ae2 = (1,0,-1)             向量的结果已知
Ae3 = (0,1,1)
                               构建函数 apply_A(v)，返回
def apply_A(v):           ←── 将 A 作用于输入向量 v 的结果
    return add(
        scale(v[0], Ae1),    ←── 结果应该是这些向量的
        scale(v[1], Ae2),        线性组合，其中标量是目
        scale(v[2], Ae3)         标向量 v 的坐标
    )
                                     使用 polygon_map 将 A
draw_model(polygon_map(apply_A, load_triangles()))  ←── 应用到茶壶中每个三角
                                     形的每个向量上
```

图 4-40 显示了转换的结果。

图 4-40　在旋转、扭曲下，可以看到茶壶是没有底的

　　这里的启示是，二维线性变换 T 完全由 $T(e_1)$ 和 $T(e_2)$ 的值来定义，也就是总共 2 个向量或 4 个数。同样，三维线性变换 T 完全由 $T(e_1)$、$T(e_2)$ 和 $T(e_3)$ 的值来定义，也就是总共 3 个向量或 9 个数。在任意维中，线性变换的行为由一个向量列表或数组阵列来规定。这类包含数组的阵列称 为**矩阵**，我们将在下一章中看到如何使用矩阵。

4.2.5　练习

练习 4.10：再考虑对所有坐标执行二次方运算的向量变换 S，用代数方法证明 $S(sv) = sS(v)$ 并不是对所有标量 s 和二维向量 v 都成立。

解：令 $v = (x, y)$，则 $sv = (sx, sy)$，$S(sv) = (s^2x^2, s^2y^2) = s^2 \cdot (x^2, y^2) = s^2 \cdot S(v)$。对于大多数 s 和 向量 v 来说，$S(sv) = s^2 \cdot S(v)$，并不等于 $s \cdot S(v)$。一个具体的反例是 $s = 2$ 和 $v = (1, 1, 1)$，其 中 $S(sv) = (4, 4, 4)$，但是 $s \cdot S(v) = (2, 2, 2)$。这个反例证明 S 不是线性变换。

练习 4.11：假设 T 是一个向量变换，且 $T(0) \neq 0$，其中 0 代表所有坐标都等于零的向量。根 据定义，为什么 T 是非线性的？

解：对于任意向量 v，$v + 0 = v$。T 保持向量加法，应满足 $T(v + 0) = T(v) + T(0)$。因为 $T(v + 0) = T(v)$，这就要求 $T(v) = T(v) + T(0)$ 或 $0 = T(0)$。鉴于情况并非如此，T 不可能是线性的。

练习 4.12：**恒等变换**是返回向量与接收向量相同的向量变换，用大写的 I 表示。因此，对于所有向量 v，其定义写成 $I(v) = v$。为什么 I 是一个线性变换？

解：对于任意向量 v 和 w，$I(v + w) = v + w = I(v) + I(w)$；对于任意标量 s，$I(sv) = sv = s \cdot I(v)$。这些等价性表明，恒等变换保持了向量和与标量乘积。

练习 4.13：$(5, 3)$ 和 $(-2, 1)$ 之间的中点是什么？把这三个点都画出来，看看你的做法是否正确。

解：中点是 $1/2(5, 3) + 1/2(-2, 1)$ 或 $(5/2, 3/2) + (-1, 1/2)$，等于 $(3/2, 2)$。可以按比例画出来看看正确性，如图 4-41 所示。

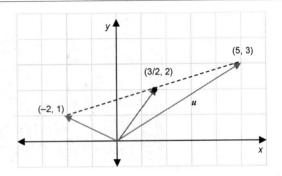

图 4-41　连接 $(5, 3)$ 和 $(-2, 1)$ 的线段的中点是 $(3/2, 2)$

练习 4.14：再考虑把 $v = (x, y)$ 转移到 (x^2, y^2) 的非线性变换 $S(v)$。用第 2 章的绘图代码将整数坐标为 0 ~ 5 的 36 个向量 v 全部绘制成点，然后分别绘制它们的 $S(v)$。在 S 的作用下，向量在几何上会发生什么？

解：开始时，点与点之间的空间是均匀的，但在变换后的图片中，随着 x 坐标和 y 坐标的增大，点与点之间在水平和垂直方向上的间距也分别增大了（见图 4-42）。

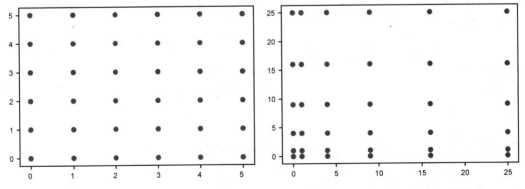

图 4-42　网格中的点间距最初是均匀的，但在应用变换 S 后，点与点之间的间距是不同的，甚至同一条直线上的点间距也不同

练习 4.15（小项目）：基于属性的测试是一种单元测试，涉及为程序创造任意输入数据，然后检查输出是否满足所需条件。一些流行的 Python 库，如 Hypothesis（可通过 pip 获得），可以很容易地配置它。使用你选择的库，实现基于属性的测试来检查向量变换是否是线性的。

具体来说，给定一个以 Python 函数形式实现的向量变换 T，生成大量随机向量对，并对所有这些向量断言，T 会保持它们的和。然后，对每组标量和向量做同样的事情，来确定 T 保持了标量乘积。应该可以发现，像 `rotate_x_by(pi/2)` 这样的线性变换可以通过测试，但是像坐标-平方变换这样的非线性变换不能通过。

练习 4.16： 二维向量变换是相对于 x 轴的**镜像**，这种变换接收一个向量并返回其相对于 x 轴的镜像向量。它应该保持 x 坐标不变，改变 y 坐标符号。将这种变换称为 S_x，图 4-43 展示了向量 $v = (3, 2)$ 和变换后的向量 $S_x(v)$。

画出这两个向量、它们的和，以及这三个向量的镜像，来证明这种变换保持了向量和。再画出另一张图，同样证明这种变换保持了标量乘积，从而证明线性的两个标准。

解： 图 4-44 是一个相对于 x 轴镜像的示例，它保持了向量和。

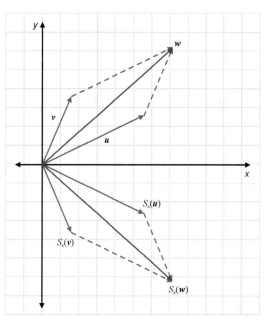

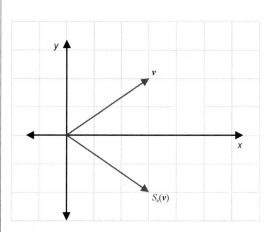

图 4-43 向量 $v = (3, 2)$ 及其相对于 x 轴的镜像 $(3, -2)$

图 4-44 对于如图所示的 $u + v = w$，在 x 轴上的镜像保持了向量和 $S_x(u) + S_x(v) = S_x(w)$

图 4-45 中的示例显示镜像保持了标量乘积：$S_x(sv)$ 位于 $sS_x(v)$ 的预期位置。

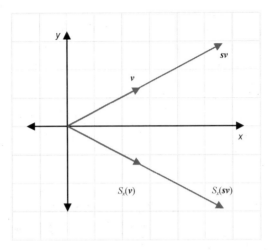

图 4-45   相对于 x 轴的镜像保持了标量乘积

要证明 S_x 是线性的，需要证明可以为每一个向量和与标量乘积画出类似的图像。这些图像有无限多，所以最好用代数方法证明。（你能想出如何用代数方法证明这两个事实吗？）

练习 4.17（小项目）：假设 S 和 T 都是线性变换。解释为什么 S 和 T 的组合也是线性的。

解：如果对于任意向量和 $u + v = w$，有 $S(T(u)) + S(T(v)) = S(T(w))$，而且对于任意标量乘积 sv，有 $S(T(sv)) = s \cdot S(T(v))$，则组合 $S(T(v))$ 是线性的。这只是一个必须被满足的定义声明。

现在来看它为什么为真。首先，假设对于任意给定输入向量 u 和 v，有 $u + v = w$。那么由于 T 是线性的，亦知 $T(u) + T(v) = T(w)$。因为此向量和是成立的，所以 S 的线性告诉我们，它在 S 下被保持了：$S(T(u)) + S(T(v)) = S(T(w))$。这意味着 $S(T(v))$ 保持了向量和。

同样，对于任意标量乘积 sv，T 的线性告诉我们 $s \cdot T(v) = T(sv)$。根据 S 的线性，$s \cdot S(T(v)) = S(T(sv))$ 也是如此。这意味着 $S(T(v))$ 保持了标量乘积，因此 $S(T(v))$ 满足前面所说的线性的全部定义。可以得出结论，两个线性变换的组合是线性的。

练习 4.18：设 T 是 Python 函数 `rotate_x_by(pi/2)` 所做的线性变换，那么 $T(e_1)$、$T(e_2)$ 和 $T(e_3)$ 分别是什么？

解：相对于坐标轴的任意旋转都不会使轴上的点受到影响，所以由于 $T(e_1)$ 在 x 轴上，$T(e_1) = e_1 = (1, 0, 0)$。在 yz 平面内逆时针旋转 $e_2 = (0, 1, 0)$，把此向量从 y 轴正方向上 1 个单位处移到 z 轴正方向上 1 个单位处，所以 $T(e_2) = e_3 = (0, 0, 1)$。同样，e_3 从 z 轴正方向逆时针旋转到 y 轴负方向上。$T(e_3)$ 在这个方向上的长度仍为 1，所以它是 $-e_2$ 或 $(0, -1, 0)$。

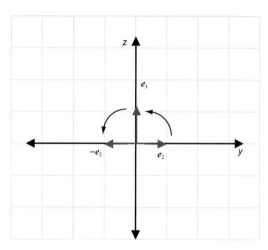

图 4-46 在 yz 平面内沿逆时针方向转 1/4 圈，将 e_2 转移到 e_3，将 e_3 转移到 $-e_2$

练习 4.19：实现函数 `linear_combination(scalars, *vectors)`，接收一个标量列表和相同数量的向量，并返回一个向量。例如，`linear_combination([1,2,3], (1,0,0),` `(0,1,0), (0,0, 1))` 应该返回 $1 \cdot (1, 0, 0) + 2 \cdot (0, 1, 0) + 3 \cdot (0, 0, 1)$，即 $(1, 2, 3)$。

解：

```
from vectors import *
def linear_combination(scalars,*vectors):
    scaled = [scale(s,v) for s,v in zip(scalars,vectors)]
    return add(*scaled)
```

可以确认，这样做能得到如前所述的预期结果。

```
>>> linear_combination([1,2,3], (1,0,0), (0,1,0), (0,0,1))
(1, 2, 3)
```

练习 4.20：编写函数 `transform_standard_basis(transform)`，将一个三维向量变换作为输入，并输出它对标准基的影响。它应该输出一个由 3 个向量组成的元组，这些向量是 `transform` 分别作用于 e_1、e_2 和 e_3 的结果。

解：按照建议，我们只需要对每个标准基向量应用 `transform`。

```
def transform_standard_basis(transform):
    return transform((1,0,0)), transform((0,1,0)), transform((0,0,1))
```

打印 `rotate_x_by(pi/2)` 输出的地方（在浮点误差范围内）证实了我们关于前一个练习的解决方法。

```
>>> from math import *
>>> transform_standard_basis(rotate_x_by(pi/2))
((1, 0.0, 0.0), (0, 6.123233995736766e-17, 1.0), (0, -1.0,
    1.2246467991473532e-16))
```

这些向量大概是$(1, 0, 0)$、$(0, 0, 1)$和$(0, -1, 0)$。

练习 4.21：假设 B 是一个线性变换，满足 $B(e_1) = (0, 0, 1)$、$B(e_2) = (2, 1, 0)$、$B(e_3) = (-1, 0, -1)$ 和 $v = (-1, 1, 2)$。$B(v)$ 是什么？

解：因为 $v = (-1, 1, 2) = -e_1 + e_2 + 2e_3$，所以 $B(v) = B(-e_1 + e_2 + 2e_3)$。因为 B 是线性的，所以它保持了这种线性组合：$B(v) = -B(e_1) + B(e_2) + 2 \cdot B(e_3)$。现在有了所有需要的信息：$B(v) = -(0, 0, 1) + (2, 1, 0) + 2 \cdot (-1, 0, -1) = (0, 1, -3)$。

练习 4.22：假设 A 和 B 都是线性变换，而且 $A(e_1) = (1, 1, 1)$、$A(e_2) = (1, 0, -1)$、$A(e_3) = (0, 1, 1)$、$B(e_1)=(0, 0, 1)$、$B(e_2) = (2, 1, 0)$、$B(e_3) = (-1, 0, -1)$。那么 $A(B(e_1))$、$A(B(e_2))$和 $A(B(e_3))$是什么？

解：$A(B(e_1))$是将 A 应用于 $B(e_1) = (0, 0, 1) = e_3$。已知 $A(e_3) = (0, 1, 1)$，所以 $B(A(e_1)) = (0, 1, 1)$。$A(B(e_2))$是将 A 应用于 $B(e_2) = (2, 1, 0)$。这是 $A(e_1)$、$A(e_2)$、$A(e_3)$的线性组合，标量为$(2, 1, 0)$：$2 \cdot (1, 1, 1) + 1 \cdot (1, 0, -1) + 0 \cdot (0, 1, 1) = (3, 2, 1)$。

最后，$A(B(e_3))$是将 A 应用于 $B(e_3) = (-1, 0, -1)$。这就是线性组合$-1 \cdot (1, 1, 1) + 0 \cdot (1, 0, -1) + -1 \cdot (0, 1, 1) = (-1, -2, -2)$。

请注意，现在知道了 A 和 B 对于所有标准基向量的组合结果，所以可以计算关于任意向量 v 的 $A(B(v))$了。

线性变换是良态的且容易计算，因为可以用很少的数据来指定它。下一章在用**矩阵**符号计算线性变换时将进一步探讨这个问题。

4.3　小结

❑ 向量变换是将向量作为输入并返回新向量的函数，可以应用于二维或三维向量。

❑ 将向量变换应用于三维模型的每个多边形的每个顶点能实现模型的几何变换。

❑ 通过函数的组合可以对现有的向量变换进行组合，从而创建与依次应用现有向量变换等价的新变换。

❑ 函数式编程是一种编程范式，强调组装和操纵函数。

❑ 函数式操作柯里化将接收多个参数的函数转化成接收单个参数的函数，并返回一个新函数。柯里化允许将现有的 Python 函数（如 scale 和 add）转化为向量变换。

❑ 线性变换是保持向量和与标量乘积的向量变换。特别注意，对位于线段上的点应用线性变换后，它们仍然位于线段上。

❑ 线性组合是标量乘法和向量加法的最普通组合。每一个三维向量都是三维标准基向量 $e_1 = (1, 0, 0)$、$e_2 = (0, 1, 0)$和 $e_3 = (0, 0, 1)$的线性组合。同样，每一个二维向量都是二维标准基向量 $e_1 = (1, 0)$和 $e_2 = (0, 1)$的线性组合。

❑ 知道了如何对标准基向量运用线性变换，就可以把向量写成标准基的线性组合，而操作向量就是操作这个线性组合。

  ▪ 在三维空间中，总共 3 个向量或 9 个数可确定一个线性变换。

  ▪ 在二维空间中，总共 2 个向量或 4 个数可确定一个线性变换。

  最后一点很关键：线性变换既是良态的又容易计算，因为用很少的数据就可以指定一个线性变换。

第 5 章

使用矩阵计算变换

5

本章内容
- 将线性变换写成矩阵
- 用矩阵相乘来组合并应用线性变换
- 用线性变换操作不同维度的向量
- 使用矩阵平移二维向量或三维向量

我在第 4 章的结尾提出了一个很重要的思想：任何三维线性变换都可以只用 3 个向量或 9 个数来指定。正确选择这 9 个数，可以实现绕轴旋转、平面反射、平面投影、缩放，或者其他任意三维线性变换。

"绕 z 轴逆时针旋转 $90°$" 的变换可以被等价描述为对标准基向量 $e_1 = (1, 0, 0)$、$e_2 = (0, 1, 0)$ 和 $e_3 = (0, 0, 1)$ 的作用。也就是说，结果是 $(0, 1, 0)$、$(-1, 0, 0)$ 和 $(0, 0, 1)$。无论是以几何学的方式还是以 3 个向量（9 个数）的方式思考这个变换，它都是同一个对三维向量进行操作的虚拟机器（见图 5-1）。虽然实现方式可能不同，但这些机器产生的结果别无二致。

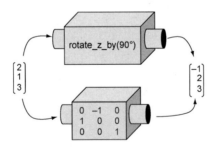

图 5-1　两台机器执行相同的线性变换。几何推理为上面的机器提供动力，而 9 个数则为下面的机器提供动力

排列在网格中、用于说明如何执行线性变换的数被称为**矩阵**。本章重点介绍如何使用这些数字网格作为计算工具，因此包含的数字运算比前几章多了一些。不要被吓到！归根结底，我们仍然只是在进行向量变换。

矩阵可以利用对标准基向量的操作数据，计算给定的线性变换。本章的所有表示法都是为了组织这个过程，4.2 节已经介绍过了，这里并没有引入任何其他陌生的概念。学习新的表示法虽然痛苦，但是有回报。最好将向量看作几何对象或数字元组。同样，将线性变换看作数字矩阵，可以拓展我们的心智模型。

5.1 用矩阵表示线性变换

再来看一个具体的例子，用 9 个数指定一个三维线性变换。假设 A 是一个线性变换，$A(e_1) = (1, 1, 1)$、$A(e_2) = (1, 0, -1)$、$A(e_3) = (0, 1, 1)$。这 3 个向量共有 9 个分量，包含了指定线性变换 A 所需的全部信息。

这个概念会反复出现，所以有必要使用一个特定的表示法。为了处理这 9 个数，本章将采用一种新的表示法来标识 A，称为**矩阵表示法**。

5.1.1 把向量和线性变换写成矩阵形式

矩阵是由数组成的矩形网格，其形状诠释了这个概念。例如，可以将一个由单列数组成的矩阵称为向量，其项是从上到下排列的坐标。在这种形式下，这些向量被称为**列向量**。例如，可以将三维的标准基写成这样的三列向量。

$$e_1 = \begin{pmatrix} 1 \\ 0 \\ 0 \end{pmatrix}, \qquad e_2 = \begin{pmatrix} 0 \\ 1 \\ 0 \end{pmatrix}, \qquad e_3 = \begin{pmatrix} 0 \\ 0 \\ 1 \end{pmatrix}$$

这种表示法的含义和 $e_1 = (1, 0, 0)$、$e_2 = (0, 1, 0)$、$e_3 = (0, 0, 1)$ 一样。因此也可以用这种表示法来说明 A 是如何对标准基向量进行变换的。

$$A(e_1) = \begin{pmatrix} 1 \\ 1 \\ 1 \end{pmatrix}, \qquad A(e_2) = \begin{pmatrix} 1 \\ 0 \\ -1 \end{pmatrix}, \qquad A(e_3) = \begin{pmatrix} 0 \\ 1 \\ 1 \end{pmatrix}$$

表示线性变换 A 的矩阵由这些向量并排挤在一起构成，是一个 3×3 的网格。

$$A = \begin{pmatrix} 1 & 1 & 0 \\ 1 & 0 & 1 \\ 1 & -1 & 1 \end{pmatrix}$$

在二维中，列向量由两项构成，所以两个变换后的向量一共包含 4 项。线性变换 D 将输入向量扩大 2 倍。首先，写出它是如何作用于基向量的。

$$D(e_1) = \begin{pmatrix} 2 \\ 0 \end{pmatrix}, \qquad D(e_2) = \begin{pmatrix} 0 \\ 2 \end{pmatrix}$$

然后，把这些列放在一起，就可以得到线性变换 D 的矩阵。

$$D = \begin{pmatrix} 2 & 0 \\ 0 & 2 \end{pmatrix}$$

矩阵可以有其他的形状和大小，但现在要关注两种形状：表示向量的单列矩阵和表示线性变换的方阵。

请记住，这里没有新的概念，只是用一种新的方式表达了 4.2 节的核心思想：线性变换是由它作用于标准基向量的结果来定义的。从线性变换中得到矩阵的方法是，从所有的标准基向量中找到产生的向量，并将结果排列组合。现在来看看相反的问题：如何计算一个给定矩阵的线性变换。

5.1.2　矩阵与向量相乘

如果将线性变换 B 表示为一个矩阵 B，将向量 v 也表示为一个矩阵（一个列向量），那么就有了计算 $B(v)$ 所需的所有数。如果 B 和 v 由以下公式给出：

$$B = \begin{pmatrix} 0 & 2 & 1 \\ 0 & 1 & 0 \\ 1 & 0 & -1 \end{pmatrix}, \quad v = \begin{pmatrix} 3 \\ -2 \\ 5 \end{pmatrix}$$

那么向量 $B(e_1)$、$B(e_2)$ 和 $B(e_3)$ 可作为矩阵 B 的列。从这一点上，我们使用的程序与之前相同。因为 $v = 3e_1 - 2e_2 + 5e_3$，所以 $B(v) = 3B(e_1) - 2B(e_2) + 5B(e_3)$。将其展开，得到：

$$B(v) = 3 \cdot \begin{pmatrix} 0 \\ 0 \\ 1 \end{pmatrix} - 2 \cdot \begin{pmatrix} 2 \\ 1 \\ 0 \end{pmatrix} + 5 \cdot \begin{pmatrix} 1 \\ 0 \\ -1 \end{pmatrix} = \begin{pmatrix} 0 \\ 0 \\ 3 \end{pmatrix} + \begin{pmatrix} -4 \\ -2 \\ 0 \end{pmatrix} + \begin{pmatrix} 5 \\ 0 \\ -5 \end{pmatrix} = \begin{pmatrix} 1 \\ -2 \\ -2 \end{pmatrix}$$

结果是向量 $(1, -2, -2)$。把方阵作为作用于列向量的函数来处理是**矩阵乘法**运算的一种特殊操作。这虽然对表示法和术语也有影响，但都只是在做同样的事情：对向量进行线性变换。将其写成矩阵乘法，看起来如下所示。

$$Bv = \begin{pmatrix} 0 & 2 & 1 \\ 0 & 1 & 0 \\ 1 & 0 & -1 \end{pmatrix} \begin{pmatrix} 3 \\ -2 \\ 5 \end{pmatrix} = \begin{pmatrix} 1 \\ -2 \\ -2 \end{pmatrix}$$

与数的相乘不同，当用向量乘矩阵时，顺序很重要。例如，Bv 是一个有效的乘积，但 vB 不是。之后，你将看到如何乘以各种形状的矩阵，以及矩阵乘法顺序的一般规则。现在，请相信这种乘法是有效的，因为它表示将一个三维线性运算符应用于三维向量。

编写 Python 代码，将矩阵与向量相乘。假设将矩阵 B 编码为元组的元组，将向量 v 编码为一般元组。

```
B = (
    (0,2,1),
    (0,1,0),
    (1,0,-1)
)

v = (3,-2,5)
```

这与我们最初思考矩阵 **B** 的方式有些不同。最初是通过组合三列来创建矩阵 **B** 的，但这里将其作为行的序列来创建。在 Python 中把矩阵定义为行元组的好处是，数的排列顺序和在纸上的书写顺序一样。不过，使用 Python 的 zip 函数（附录 B 中有介绍），可以随时得到列。

```
>>> list(zip(*B))
[(0, 0, 1), (2, 1, 0), (1, 0, -1)]
```

这个列表的第一项是(0, 0, 1)，也就是 **B** 的第一列，以此类推，我们要的是这些向量的线性组合，其中标量是 **v** 的坐标。为了得到它，可以使用 4.2.5 节练习中的 linear_combination 函数。linear_combination 的第一个参数是 **v**，作为标量列表，随后的参数是 **B** 的列。下面是完整的函数。

```
def multiply_matrix_vector(matrix, vector):
    return linear_combination(vector, *zip(*matrix))
```

这证实了我们对 **B** 和 **v** 进行手动运算的结果。

```
>>> multiply_matrix_vector(B,v)
(1, -2, -2)
```

矩阵与向量相乘还有两个口诀，它们的结果都是一样的。为了确认，可以写一个典型的矩阵乘法。

$$\begin{pmatrix} a & b & c \\ d & e & f \\ g & h & i \end{pmatrix} \begin{pmatrix} x \\ y \\ z \end{pmatrix}$$

这个计算的结果是以 x、y 和 z 为标量的矩阵列的线性组合。

$$= x \cdot \begin{pmatrix} a \\ d \\ g \end{pmatrix} + y \cdot \begin{pmatrix} b \\ e \\ h \end{pmatrix} + z \cdot \begin{pmatrix} c \\ f \\ i \end{pmatrix} = \begin{pmatrix} ax + by + cz \\ dx + ey + fz \\ gx + hy + iz \end{pmatrix}$$

这是一个求 3×3 矩阵与三维向量的乘积的显式公式，同样可以为二维向量写一个类似的公式。

$$\begin{pmatrix} j & k \\ l & m \end{pmatrix} \begin{pmatrix} x \\ y \end{pmatrix} = x \cdot \begin{pmatrix} j \\ l \end{pmatrix} + y \cdot \begin{pmatrix} k \\ m \end{pmatrix} = \begin{pmatrix} jx + ky \\ lx + my \end{pmatrix}$$

第一个口诀是，输出向量的每个坐标是输入向量所有坐标的函数。例如，三维输出的第一个坐标是函数 $f(x, y, z) = ax + by + cz$。这是一个**线性函数**（就像你在高中代数中使用的），值是每个变量的倍数之和。最初引入"线性变换"这个术语，是因为线性变换保持了直线。使用这个术语的另一个原因是：线性变换是输入坐标的线性**函数**集合，这些函数给出了各自的输出坐标。

第二个口诀提供了相同公式的不同形式：输出向量的坐标是矩阵的行与目标向量的点积。例如，3×3 矩阵的第一行是 (a, b, c)，相乘向量是 (x, y, z)，所以输出的第一个坐标是 $(a, b, c) \cdot (x, y, z) = ax + by + cz$。可以将这两种表示法结合起来，用公式来说明这一事实。

$$\begin{pmatrix} a & b & c \\ d & e & f \\ g & h & i \end{pmatrix} \begin{pmatrix} x \\ y \\ z \end{pmatrix} = \begin{pmatrix} (a,b,c) \cdot (x,y,z) \\ (d,e,f) \cdot (x,y,z) \\ (g,h,i) \cdot (x,y,z) \end{pmatrix} = \begin{pmatrix} ax + by + cz \\ dx + ey + fz \\ gx + hy + iz \end{pmatrix}$$

即使你因为看到数组中的这么多字母和数而开始头晕，也不要担心。这种表示法一开始可能会让人不知所措，需要一些时间去熟悉。本章会有更多关于矩阵的例子，下一章也会提供更多的复习和练习。

5.1.3   用矩阵乘法组合线性变换

到目前为止，我们看到的线性变换示例都是旋转、投影、缩放和其他几何变换。更重要的是，任意数量的线性变换链接在一起，会产生新的线性变换。在数学术语中，任意数量线性变换的**组合**也是线性变换。

因为任意线性变换都可以用矩阵来表示，所以任意两个组合的线性变换也可以用矩阵表示。事实上，如果想组合线性变换来构建新的线性变换，矩阵是最好的工具。

注意　我将暂时摘掉数学家的帽子，戴上程序员的帽子。假设要计算在一个向量上执行 1000 次线性变换组合的结果。如果要在动画对象的每一帧中应用额外的小变换，就会遇到这种情况。在 Python 中，执行 1000 个顺序函数的计算成本很高，因为每个函数的调用都会有开销。但是如果能找到表示 1000 个线性变换组合的矩阵，那么整个过程中就只有少量的数字和计算。

看一下两个线性变换的组合：$A(B(v))$，已知其中 A 和 B 的矩阵表示如下。

$$A = \begin{pmatrix} 1 & 1 & 0 \\ 1 & 0 & 1 \\ 1 & -1 & 1 \end{pmatrix}, \quad B = \begin{pmatrix} 0 & 2 & 1 \\ 0 & 1 & 0 \\ 1 & 0 & -1 \end{pmatrix}$$

下面是组合的步骤。首先，将变换 B 应用于 v，产生一个新的向量 $B(v)$。如果将其写成乘法，则为 Bv。其次，这个向量将成为变换 A 的输入，得到最终的三维向量：$A(Bv)$。再次，去掉括号，将 $A(Bv)$ 写成乘积 ABv。将 $v = (x, y, z)$ 的乘积写出来，得到一个类似于下面这样的公式。

$$ABv = \begin{pmatrix} 1 & 1 & 0 \\ 1 & 0 & 1 \\ 1 & -1 & 1 \end{pmatrix} \begin{pmatrix} 0 & 2 & 1 \\ 0 & 1 & 0 \\ 1 & 0 & -1 \end{pmatrix} \begin{pmatrix} x \\ y \\ z \end{pmatrix}$$

如果从右到左执行，可以知道如何计算这个问题。现在我要说的是，也可以从左到右执行，并得到同样的结果。具体来说，可以给乘积矩阵 **AB** 赋予含义，即一个新的矩阵（有待发现），表示线性变换 A 和 B 的组合。

$$AB = \begin{pmatrix} 1 & 1 & 0 \\ 1 & 0 & 1 \\ 1 & -1 & 1 \end{pmatrix} \begin{pmatrix} 0 & 2 & 1 \\ 0 & 1 & 0 \\ 1 & 0 & -1 \end{pmatrix} = \begin{pmatrix} ? & ? & ? \\ ? & ? & ? \\ ? & ? & ? \end{pmatrix}$$

现在，这个新矩阵的项应该是什么？它的目标是表示变换 A 和 B 的组合，从而给出一个新的线性变换 AB。正如大家看到的，矩阵的列是将变换应用于标准基向量的结果。矩阵 **AB** 的列就是将变换 AB 应用于 e_1、e_2 和 e_3 的结果。

因此，**AB** 的列是 $AB(e_1)$、$AB(e_2)$ 和 $AB(e_3)$。比如第一列，应该是 $AB(e_1)$ 或者将 A 应用于向量 **B**(e_1) 的结果。换句话说，为了得到 **AB** 的第一列，我们用矩阵乘以一个向量，这个运算我们已经练习过了。

$$\begin{array}{ccc} A & B(e_1) & AB(e_1) \end{array}$$
$$AB = \begin{pmatrix} 1 & 1 & 0 \\ 1 & 0 & 1 \\ 1 & -1 & 1 \end{pmatrix} \begin{pmatrix} 0 & 2 & 1 \\ 0 & 1 & 0 \\ 1 & 0 & -1 \end{pmatrix} = \begin{pmatrix} 0 & ? & ? \\ 1 & ? & ? \\ 1 & ? & ? \end{pmatrix}$$

同理，我们得到 $AB(e_2) = (3, 2, 1)$、$AB(e_3) = (1, 0, 0)$，它们是 **AB** 的第二列和第三列。

$$AB = \begin{pmatrix} 0 & 3 & 1 \\ 1 & 2 & 0 \\ 1 & 1 & 0 \end{pmatrix}$$

这就是做矩阵乘法的方法。可以看到，除了仔细地组合线性运算之外，并没有其他什么。同样，你还可以用口诀来代替每次推理的过程。因为一个列向量乘以一个 3×3 矩阵等于做 3 次点乘，所以将两个 3×3 矩阵相乘等于做 9 次点乘——第一个矩阵的行与第二个矩阵的列的所有可能点乘，如图 5-2 所示。

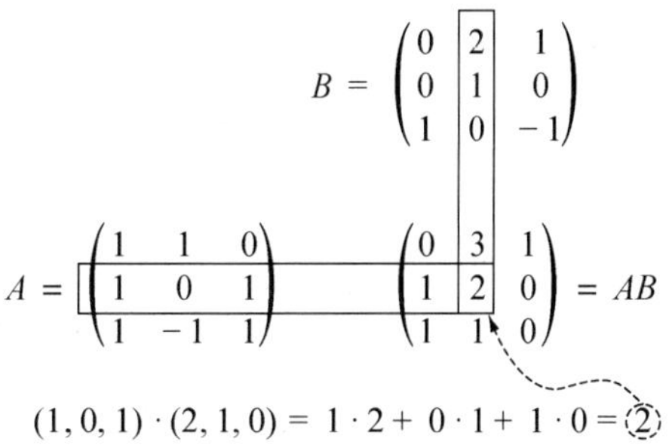

关于 3×3 矩阵乘法的所有内容也适用于 2×2 矩阵。例如，要找出如下 2×2 矩阵的乘积：

$$\begin{pmatrix} 1 & 2 \\ 3 & 4 \end{pmatrix} \begin{pmatrix} 0 & -1 \\ 1 & 0 \end{pmatrix}$$

$$B = \begin{pmatrix} 0 & 2 & 1 \\ 0 & 1 & 0 \\ 1 & 0 & -1 \end{pmatrix}$$

$$A = \begin{pmatrix} 1 & 1 & 0 \\ 1 & 0 & 1 \\ 1 & -1 & 1 \end{pmatrix} \begin{pmatrix} 0 & 3 & 1 \\ 1 & 2 & 0 \\ 1 & 1 & 0 \end{pmatrix} = AB$$

$$(1, 0, 1) \cdot (2, 1, 0) = 1 \cdot 2 + 0 \cdot 1 + 1 \cdot 0 = ②$$

图 5-2 乘积矩阵的每一项是第一个矩阵的一行与第二个矩阵的一列的点积

可以取第一个矩阵的行与第二个矩阵的列的点积。第一个矩阵的第一行与第二个矩阵的第一列的点积为$(1, 2) \cdot (0, 1) = 2$。这就表明，结果矩阵第一行第一列的项是 2。

$$\begin{pmatrix} 1 & 2 \\ 3 & 4 \end{pmatrix}\begin{pmatrix} 0 & -1 \\ 1 & 0 \end{pmatrix} = \begin{pmatrix} 2 & ? \\ ? & ? \end{pmatrix}$$

重复这个过程，可以找到乘积矩阵的所有项。

$$\begin{pmatrix} 1 & 2 \\ 3 & 4 \end{pmatrix}\begin{pmatrix} 0 & -1 \\ 1 & 0 \end{pmatrix} = \begin{pmatrix} 2 & -1 \\ 4 & -3 \end{pmatrix}$$

可以做一些矩阵乘法的练习来掌握它，但你很快就会更喜欢用计算机来做这些工作。让我们在 Python 中实现矩阵乘法来完成这个目标。

5.1.4 实现矩阵乘法

实现矩阵乘法函数有好几种方式，但我更喜欢使用点乘。因为矩阵乘法的结果应该是元组的元组，所以可以把它写成一个嵌套的推导式。该函数接收两个嵌套的元组 a 和 b，分别表示输入矩阵 A 和 B。输入矩阵 a 已经是第一个矩阵的行元组，将这些元组与 zip(*b) 匹配，zip(*b) 是第二个矩阵的列元组。最后，对于每一对组合，在调用时取点积。下面是该方式的实现。

```
from vectors import *

def matrix_multiply(a,b):
    return tuple(
        tuple(dot(row,col) for col in zip(*b))
        for row in a
    )
```

外层调用构建结果的行，内层调用构建每行的项。因为输出行是由各种点积与 a 的行作用后形成的，所以外层调用需要对 a 进行迭代。

matrix_multiply 函数没有任何硬编码的维度。这意味着可以用它来对前面的二维和三维示例做矩阵乘法。

```
>>> a = ((1,1,0),(1,0,1),(1,-1,1))
>>> b = ((0,2,1),(0,1,0),(1,0,-1))
>>> matrix_multiply(a,b)
((0, 3, 1), (1, 2, 0), (1, 1, 0))
>>> c = ((1,2),(3,4))
>>> d = ((0,-1),(1,0))
>>> matrix_multiply(c,d)
((2, -1), (4, -3))
```

有了矩阵乘法这个计算工具，就可以对三维图形进行一些简单的操作了。

5.1.5　用矩阵变换表示三维动画

制作三维模型的动画，需要在每一帧中重新绘制原始模型的一个变换版本。为了使模型随着时间的推移看起来在移动或变化，需要在时间改变时使用不同的变换。如果这些变换是由矩阵指定的线性变换，那么需要为每一帧动画建立一个新的矩阵。

因为 PyGame 内置的时钟可以跟踪时间的变化（以毫秒为单位），所以可以根据时间生成矩阵的项。换句话说，与其把矩阵的每一项都看作一个数，不如把它看作一个函数，取当前时间 t 并返回一个数（见图 5-3）。

$$\begin{pmatrix} a & b & c \\ d & e & f \\ g & h & i \end{pmatrix} \rightarrow \begin{pmatrix} a(t) & b(t) & c(t) \\ d(t) & e(t) & f(t) \\ g(t) & h(t) & i(t) \end{pmatrix}$$

图 5-3　将矩阵项视为时间的函数，使整个矩阵随着时间的推移而变化

例如，可以使用如下 9 个表达式。

$$\begin{pmatrix} \cos(t) & 0 & -\sin(t) \\ 0 & 1 & 0 \\ \sin(t) & 0 & \cos(t) \end{pmatrix}$$

正如第 2 章中讲到的，余弦和正弦都是取一个数并返回另一个数的函数。其他五项恰好不会随时间而变化，但如果想保持一致性，可以将这些函数看作常量函数（如中心项 $f(t)=1$）。给定任意值 t，这个矩阵表示与 rotate_y_by(t) 相同的线性变换。时间推移，t 的值也会增加，所以如果对每一帧应用这个矩阵变换，每次都会得到更大角度的旋转。

给 draw_model 函数（在附录 C 中有所提及，并在第 4 章中大量使用）一个关键字参数 get_matrix，其中传递给 get_matrix 的值是一个函数，它需要以毫秒为时间单位，并返回对应时间下应用的变换矩阵。在源代码文件 animate_teapot.py 中，可以像这样调用来制作第 4 章中旋转茶壶的动画。

```python
from teapot import load_triangles
from draw_model import draw_model
from math import sin,cos

def get_rotation_matrix(t):        # 为任意表示时间的数字参数
    seconds = t/1000               # 生成一个新的变换矩阵
    return (                       # 将时间单位转换为秒，使变
        (cos(seconds),0,-sin(seconds)),   # 换不会发生得太快
        (0,1,0),
        (sin(seconds),0,cos(seconds))
    )
draw_model(load_triangles(),       # 将函数作为关键字参数传递
        get_matrix=get_rotation_matrix)   # 给函数 draw_model
```

现在，draw_model 传递了茶壶模型随时间变换所需的数据，但我们需要在函数体中使用这个数据。在迭代茶壶表面之前，需要执行适当的矩阵变换。

```
def draw_model(faces, color_map=blues, light=(1,2,3),
               camera=Camera("default_camera",[]),
               glRotatefArgs=None,
               get_matrix=None):
    #...
    def do_matrix_transform(v):
        if get_matrix:
            m = get_matrix(pygame.time.get_ticks())
            return multiply_matrix_vector(m, v)
        else:
            return v
    transformed_faces = polygon_map(do_matrix_transform,
                                    faces)
    for face in transformed_faces:
        #...
```

函数体的大部分内容没有变化，这里就不打印了

在主 while 循环内创建一个新函数，并在模块中应用这个矩阵

使用 pygame.time.get_ticks() 给出的经过的毫秒数，以及提供的 get_matrix 函数来计算矩阵

如果没有指定 get_matrix，则不进行任何变换，然后原封不动地返回向量

将该函数应用于每一个调用 polygon_map 的多边形

draw_model 的其余部分与附录 C 所述相同

有了这些改变，就可以运行代码并看到茶壶旋转的过程了（见图 5-4）。

图 5-4 茶壶在每一帧中都由一个新的矩阵执行变换，这取决于帧绘制时所经过的时间

希望前面的例子可以让你相信，矩阵与线性变换是完全可以互换的。我们已经成功地以同样的方式对茶壶进行了变换和动画化，只用 9 个数来指定每个变换。你可以在下一节中进一步练习矩阵技能，然后我会介绍 matrix_multiply 函数中其他值得学习的地方。

5.1.6 练习

练习 5.1：实现函数 infer_matrix(n, transformation)，接收一个维度参数（比如 2 或 3）和一个线性向量变换的函数参数，返回 $n \times n$ 方阵（一个 n 元组的 n 元组的数字集，表示线性变换的矩阵）。当然，只有当输入变换是线性时，输出才有意义；否则，表示的将是一个完全不同的函数！

解:

```
def infer_matrix(n, transformation):
    def standard_basis_vector(i):
        return tuple(1 if i==j else 0 for j in range(1,n+1))
    standard_basis = [standard_basis_vector(i) for i in range(1,n+1)]
    cols = [transformation(v) for v in standard_basis]
    return tuple(zip(*cols))
```

创建第 i 个标准基向量表示一个元组,在第 i 个坐标中包含 1,在所有其他坐标中包含 0

按照惯例,将矩阵重构为行元组,而不是列的列表

将矩阵的列定义为对标准基向量进行相应线性变换的结果

创建标准基表示 n 个向量的列表

可以用类似 `rotate_z_by(pi/2)` 这样的线性变换来进行测试。

```
>>> from transforms import rotate_z_by
>>> from math import pi
>>> infer_matrix(3,rotate_z_by(pi/2))
((6.123233995736766e-17, -1.0, 0.0), (1.0, 1.2246467991473532e-16, 0.0), (0, 0, 1))
```

练习 5.2:如下 2×2 矩阵与二维向量的乘积结果是什么?

$$\begin{pmatrix} 1.3 & 0.7 \\ 6.5 & 3.2 \end{pmatrix} \begin{pmatrix} -2.5 \\ 0.3 \end{pmatrix}$$

解:向量与矩阵第一行的点积是 $-2.5 \cdot 1.3 + 0.3 \cdot -0.7 = -3.46$,与矩阵第二行的点积为 $-2.5 \cdot 6.5 + 0.3 \cdot 3.2 = -15.29$。这些都是输出向量的坐标,所以结果是:

$$\begin{pmatrix} 1.3 & 0.7 \\ 6.5 & 3.2 \end{pmatrix} \begin{pmatrix} -2.5 \\ 0.3 \end{pmatrix} = \begin{pmatrix} -3.46 \\ -15.29 \end{pmatrix}$$

练习 5.3(小项目):实现 `random_matrix` 函数,用随机整数项生成指定大小的矩阵。使用该函数生成 5 对 3×3 矩阵。手动将每对矩阵相乘(用于练习),然后使用 `matrix_multiply` 函数来检查结果是否一致。

解:首先,给 `random_matrix` 函数添加参数,用于指定行数、列数以及矩阵项的最小值和最大值。

```
from random import randint
def random_matrix(rows,cols,min=-2,max=2):
    return tuple(
        tuple(
        randint(min,max) for j in range(0,cols))
        for i in range(0,rows)
    )
```

接下来，可以生成一个随机的 3×3 矩阵，每一项在 0 和 10 之间，如下所示。

```
>>> random_matrix(3,3,0,10)
((3, 4, 9), (7, 10, 2), (0, 7, 4))
```

练习 5.4：对于上一个练习中的每一组矩阵，按相反的顺序相乘，得到的结果一样吗？

解：大多数的矩阵对以不同的顺序相乘时，会得到不同的结果。在数学术语中，如果无论输入的顺序如何，运算都能得到相同的结果，那么就说这个运算是**可交换的**。例如，数字乘法是一个可交换运算，因为对于任意数 x 和 y，有 $xy = yx$。然而，矩阵乘法**不是**可交换运算，因为对于两个方阵 A 和 B，AB 并不总是等于 BA。

练习 5.5：在二维或三维中，有一个枯燥但重要的向量变换，叫作**恒等变换**，它接收一个向量并返回相同的向量。这种变换是线性的，因为它接收任意向量和、标量乘积或线性组合，并返回相同的东西。在二维和三维中，分别表示恒等变换的矩阵是什么？

解：在二维或三维中，恒等变换作用于标准基向量，并使它们保持不变。因此，无论在哪个维度上，这种变换的矩阵都以标准基向量为列。在二维和三维中，这些**单位矩阵**分别用 I_2 和 I_3 表示，看起来像下面这样。

$$I_2 = \begin{pmatrix} 1 & 0 \\ 0 & 1 \end{pmatrix} \quad I_3 = \begin{pmatrix} 1 & 0 & 0 \\ 0 & 1 & 0 \\ 0 & 0 & 1 \end{pmatrix}$$

练习 5.6：对所有定义茶壶的向量应用矩阵 `((2, 1, 1), (1, 2, 1), (1, 1, 2))`。茶壶会发生什么情况，为什么？

解：在源文件 matrix_transform_teapot.py 中包含以下函数。

```
def transform(v):
    m = ((2,1,1),(1,2,1),(1,1,2))
    return multiply_matrix_vector(m,v)

draw_model(polygon_map(transform, load_triangles()))
```

运行代码，我们看到茶壶的正面被拉伸到 x、y、z 都为正值的区域（见图 5-5）。

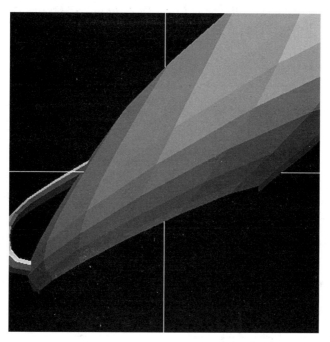

图 5-5 将给定矩阵应用到茶壶的所有顶点上

这是因为所有的标准基向量都被转换为正坐标向量：分别是(2, 1, 1)、(1, 2, 1)和(1, 1, 2)（见图 5-6）。

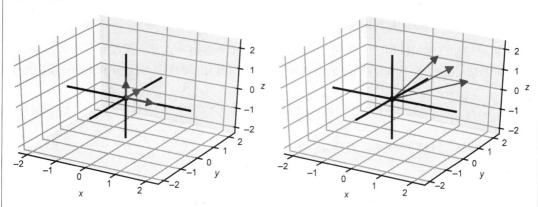

图 5-6 由矩阵定义的线性变换是如何影响标准基向量的

这些具有正标量的新向量的线性组合在 x、y 和 z 的正方向上比标准基的相同线性组合延伸得更远。

练习 5.7：使用两个嵌套推导式以不同的方式实现 `multiply_matrix_vector`：一个遍历矩阵的行，另一个遍历每一行的项。

解：

```
def multiply_matrix_vector(matrix,vector):
    return tuple(
        sum(vector_entry * matrix_entry
            for vector_entry, matrix_entry in zip(row,vector))
        for row in matrix
    )
```

练习 5.8：利用输出坐标是输入矩阵行与输入向量的点积这一事实，用另一种方式实现 `multiply_matrix_vector`。

解：这是上一个练习的解决方案的简化版。

```
def multiply_matrix_vector(matrix,vector):
    return tuple(
        dot(row,vector)
        for row in matrix
    )
```

练习 5.9（小项目）：我首先告诉了你什么是线性变换，然后展示了任意线性变换都可以用矩阵来表示。现在来证明相反的事实：所有矩阵都表示线性变换。从二维向量乘以 2×2 矩阵或三维向量乘以 3×3 矩阵的显式公式开始，用代数法证明这一点。也就是说，证明矩阵乘法前后，向量和与标量乘积保持不变。

解：我会给出二维的证明，三维的证明方法相同，但要多写一点儿。假设有一个名为 A 的 2×2 矩阵，其项为任意 4 个数 a、b、c 和 d。看一下 A 是如何对两个向量 u 和 v 进行操作的。

$$A = \begin{pmatrix} a & b \\ c & d \end{pmatrix} \quad u = \begin{pmatrix} u_1 \\ u_2 \end{pmatrix} \quad v = \begin{pmatrix} v_1 \\ v_2 \end{pmatrix}$$

可以很清晰地通过矩阵乘法，找到 Au 和 Av。

$$Au = \begin{pmatrix} a & b \\ c & d \end{pmatrix} \begin{pmatrix} u_1 \\ u_2 \end{pmatrix} = \begin{pmatrix} au_1 + bu_2 \\ cu_1 + du_2 \end{pmatrix}$$

$$Av = \begin{pmatrix} a & b \\ c & d \end{pmatrix} \begin{pmatrix} v_1 \\ v_2 \end{pmatrix} = \begin{pmatrix} av_1 + bv_2 \\ cv_1 + dv_2 \end{pmatrix}$$

然后计算 $Au + Av$ 和 $A(u + v)$，看看结果是否匹配。

$$\boldsymbol{Au} + \boldsymbol{Av} = \begin{pmatrix} au_1 + bu_2 \\ cu_1 + du_2 \end{pmatrix} + \begin{pmatrix} av_1 + bv_2 \\ cv_1 + dv_2 \end{pmatrix} = \begin{pmatrix} au_1 + av_1 + bu_2 + bv_2 \\ cu_1 + cv_1 + du_2 + dv_2 \end{pmatrix}$$

$$\boldsymbol{A}(\boldsymbol{u} + \boldsymbol{v}) = \begin{pmatrix} a & b \\ c & d \end{pmatrix} \begin{pmatrix} u_1 + v_1 \\ u_2 + v_2 \end{pmatrix} = \begin{pmatrix} a(u_1 + v_1) + b(u_2 + v_2) \\ c(u_1 + v_1) + d(u_2 + v_2) \end{pmatrix} = \begin{pmatrix} au_1 + av_1 + bu_2 + bv_2 \\ cu_1 + cv_1 + du_2 + dv_2 \end{pmatrix}$$

这可以表明，**任意 2×2 矩阵**相乘所定义的二维向量变换，都会保持向量和。同样，对于任意数 s，有：

$$s\boldsymbol{v} = \begin{pmatrix} sv_1 \\ sv_2 \end{pmatrix}$$

$$s(\boldsymbol{Av}) = \begin{pmatrix} s(av_1 + bv_2) \\ s(cv_1 + dv_2) \end{pmatrix} = \begin{pmatrix} sav_1 + sbv_2 \\ scv_1 + sdv_2 \end{pmatrix}$$

$$\boldsymbol{A}(s\boldsymbol{v}) = \begin{pmatrix} a(sv_1) + b(sv_2) \\ c(sv_1) + d(sv_2) \end{pmatrix} = \begin{pmatrix} sav_1 + sbv_2 \\ scv_1 + sdv_2 \end{pmatrix}$$

$s(\boldsymbol{Av})$ 和 $\boldsymbol{A}(s\boldsymbol{v})$ 给出了同样的结果，可以看到乘以矩阵 $\boldsymbol{A}$ 也保留了标量乘积。这两个事实意味着，乘以任意 2×2 矩阵都是二维向量的线性变换。

练习 5.10：再一次使用 5.1.3 节中的两个矩阵。

$$\boldsymbol{A} = \begin{pmatrix} 1 & 1 & 0 \\ 1 & 0 & 1 \\ 1 & -1 & 1 \end{pmatrix}, \quad \boldsymbol{B} = \begin{pmatrix} 0 & 2 & 1 \\ 0 & 1 & 0 \\ 1 & 0 & -1 \end{pmatrix}$$

实现函数 compose_a_b，执行 $\boldsymbol{A}$ 的线性变换和 $\boldsymbol{B}$ 的线性变换的组合，然后用本节前面练习中的 infer_matrix 函数来证明 infer_matrix(3, compose_a_b) 与矩阵积 $\boldsymbol{AB}$ 相同。

解：首先，实现两个函数 transform_a 和 transform_b，执行由矩阵 $\boldsymbol{A}$ 和 $\boldsymbol{B}$ 定义的线性变换。然后，用 compose 函数把它们组合起来。

```
from transforms import compose

a = ((1,1,0),(1,0,1),(1,-1,1))
b = ((0,2,1),(0,1,0),(1,0,-1))

def transform_a(v):
    return multiply_matrix_vector(a,v)

def transform_b(v):
    return multiply_matrix_vector(b,v)

compose_a_b = compose(transform_a, transform_b)
```

现在可以使用 `infer_matrix` 函数来找到这个线性变换组合对应的矩阵，并将其与矩阵积 **AB** 进行比较。

```
>>> infer_matrix(3, compose_a_b)
((0, 3, 1), (1, 2, 0), (1, 1, 0))
>>> matrix_multiply(a,b)
((0, 3, 1), (1, 2, 0), (1, 1, 0))
```

练习 5.11（小项目）：找出两个 2×2 矩阵，它们都不是单位矩阵 I_2，但其乘积是单位矩阵。

解：一种方法是写出两个矩阵，不断变换它们的项，直到获得的乘积是单位矩阵。另一种方法是用线性变换的方式来思考问题。如果两个矩阵相乘产生了单位矩阵，那么它们对应的线性变换组合就应该产生恒等变换。

考虑到这一点，有哪两种二维线性变换的组合是恒等变换？当按顺序应用于给定的二维向量时，这些线性变换应该返回原向量作为结果。一组这样的变换是先顺时针旋转 90°，再顺时针旋转 270°。同时应用这两项将执行 360° 旋转，从而使任何向量恢复到其原始位置。270° 旋转和 90° 旋转的矩阵如下所示，乘积就是单位矩阵。

$$\begin{pmatrix} 0 & 1 \\ -1 & 0 \end{pmatrix} \begin{pmatrix} 0 & -1 \\ 1 & 0 \end{pmatrix} = \begin{pmatrix} 1 & 0 \\ 0 & 1 \end{pmatrix}$$

练习 5.12：方阵可以与自身相乘任意次数。可以把连续的矩阵乘法看作 "取一个矩阵的幂"。对于方阵 **A**，可以把 **AA** 写成 A^2，把 **AAA** 写成 A^3，以此类推。实现 `matrix_power(power, matrix)` 函数，取指定整数的矩阵的幂。

解：下面是一个适用于大于等于 1 的整数幂的实现。

```
def matrix_power(power,matrix):
    result = matrix
    for _ in range(1,power):
        result = matrix_multiply(result,matrix)
    return result
```

5.2　不同形状矩阵的含义

`matrix_multiply` 函数并不对输入矩阵的大小进行硬编码，所以可以用它将 2×2 或 3×3 矩阵相乘。事实证明，该函数也可以处理其他大小的矩阵。例如，可以处理两个 5×5 的矩阵，如下所示。

```
>>> a = ((-1, 0, -1, -2, -2), (0, 0, 2, -2, 1), (-2, -1, -2, 0, 1), (0, 2, -2,
-1, 0), (1, 1, -1, -1, 0))
>>> b = ((-1, 0, -1, -2, -2), (0, 0, 2, -2, 1), (-2, -1, -2, 0, 1), (0, 2, -2,
-1, 0), (1, 1, -1, -1, 0))
>>> matrix_multiply(a,b)
((-10, -1, 2, -7, 4), (-2, 5, 5, 4, -6), (-1, 1, -4, 2, -2), (-4, -5, -5, -9,
4), (-1, -2, -2, -6, 4))
```

应该认真对待这个结果——向量加法、标量乘法、点乘以及矩阵乘法的函数并不依赖于向量的维度。即使我们不能描绘一个五维向量，也可以在 5 个数字元组上做相同的代数运算，就像在二维的数对和三维的三元数对上所做的一样。在这个五维乘积中，所得矩阵的项仍然是第一个矩阵的行与第二个矩阵的列的点积（见图 5-7）。

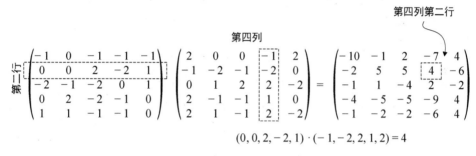

$$(0, 0, 2, -2, 1) \cdot (-1, -2, 2, 1, 2) = 4$$

图 5-7 对第一个矩阵的行和第二个矩阵的列进行点乘，产生矩阵积的一项

虽然不能用同样的方式来想象，但可以用代数方法来证明，5 × 5 矩阵指定了五维向量的线性变换。下一章会花时间讨论何种对象存在于四维、五维或更高的维度当中。

5.2.1 列向量组成的矩阵

回到矩阵与列向量相乘的例子，本章已经展示了如何做这样的乘法，但只是把它当作 `multiply_matrix_vector` 函数的个例。事实证明 `matrix_multiply` 也能做这些乘法，但必须把列向量写成一个矩阵。举个例子，把下面的方阵和单列矩阵传给 `matrix_multiply` 函数。

$$C = \begin{pmatrix} -1 & -1 & 0 \\ -2 & 1 & 2 \\ 1 & 0 & -1 \end{pmatrix}, \quad D = \begin{pmatrix} 1 \\ 1 \\ 1 \end{pmatrix}$$

我之前说过，可以把向量和单列矩阵互换，所以可以把 d 编码为向量(1, 1, 1)。但这一次，把它看成一个包含三行的矩阵，每行有一项。请注意，必须写成(1,)而不是(1)，以便 Python 将它看作一个一元组而不是一个数。

```
>>> c = ((-1, -1, 0), (-2, 1, 2), (1, 0, -1))
>>> d = ((1,),(1,),(1,))
>>> matrix_multiply(c,d)
((-2,), (1,), (0,))
```

结果有三行，每行有一项，所以它也是一个单列矩阵。下面是这个乘积在矩阵中的表示法。

$$\begin{pmatrix} -1 & -1 & 0 \\ -2 & 1 & 2 \\ 1 & 0 & -1 \end{pmatrix} \begin{pmatrix} 1 \\ 1 \\ 1 \end{pmatrix} = \begin{pmatrix} -2 \\ 1 \\ 0 \end{pmatrix}$$

multiply_matrix_vector 函数可以计算相同的乘积，但使用了不同的形式。

```
>>> multiply_matrix_vector(c,(1,1,1))
(-2, 1, 0)
```

这说明矩阵和列向量相乘是矩阵乘法的一种特殊情况。所以，我们不需要实现单独的 multiply_matrix_vector 函数。可以进一步看到，输出的项是第一个矩阵的行与第二个矩阵的单列的点积（见图 5-8）。

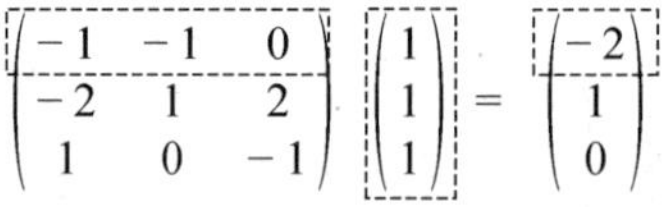

$$\begin{pmatrix} -1 & -1 & 0 \\ -2 & 1 & 2 \\ 1 & 0 & -1 \end{pmatrix} \begin{pmatrix} 1 \\ 1 \\ 1 \end{pmatrix} = \begin{pmatrix} -2 \\ 1 \\ 0 \end{pmatrix}$$

图 5-8　以点乘来计算结果向量的项

在书面上，可以看到向量能被互换性地表示为（带逗号的）元组或列向量。但是对于已实现的 Python 函数来说，两者的区别至关重要。元组(-2, 1, 0)不能与二维元组((-2,), (1,), (0,))互换使用。然而，同一向量的另一种写法是作为**行向量**，即只有一行的矩阵。表 5-1 是三种表示法的比较。

表 5-1　向量的数学表示法与相应的 Python 表示法比较

表　示　法	用数学符号表示	用 Python 表示
有序三元组（有序元组）	$v = (-2, 1, 0)$	v = (-2,1,0)
列向量	$v = \begin{pmatrix} -2 \\ 1 \\ 0 \end{pmatrix}$	v = ((-2,), (1,), (0,))
行向量	$v = (-2, 1, 0)$	v = ((-2,1,0),)

如果在数学课上看到过这种比较，你可能会认为这种区别很迂腐。然而，一旦用 Python 表示这些对象，就会发现这其实是三个不同的对象，需要区别对待。虽然它们代表相同的几何数据，即空间中的三维箭头或点，但其中只有一个（列向量）可以与 3 × 3 矩阵相乘。行向量是不起作用的，因为如图 5-9 所示，不能对第一个矩阵的行与第二个矩阵的列进行点乘。

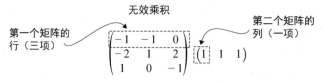

图 5-9　不能相乘的两个矩阵

为了使矩阵乘法的定义保持一致，只能在**列**向量的左边乘以一个矩阵。这就引出了下一节提出的一个普遍问题。

5.2.2 哪些矩阵可以相乘

我们可以构建任意维度的数字网格，那么矩阵乘法公式什么时候能用呢？能用时又有什么含义呢？

答案是，第一个矩阵的列数必须与第二个矩阵的行数相匹配。这一点用点乘来做矩阵乘法就很清楚了。例如，可以将任意三列矩阵乘以三行矩阵。这意味着第一个矩阵的行和第二个矩阵的列各有三项，所以可以取它们的点积。图 5-10 显示了第一个矩阵的第一行与第二个矩阵的第一列的点乘，给出了乘积矩阵的一项。

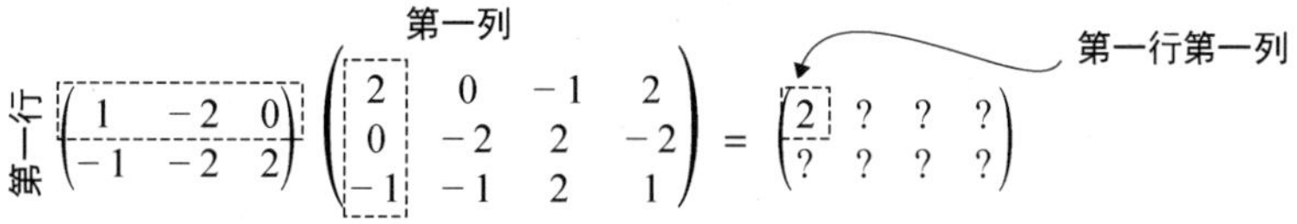

$$\overset{\text{第}}{\underset{\text{行}}{\Big|}}\begin{pmatrix} 1 & -2 & 0 \\ -1 & -2 & 2 \end{pmatrix} \overset{\text{第一列}}{\begin{pmatrix} 2 & 0 & -1 & 2 \\ 0 & -2 & 2 & -2 \\ -1 & -1 & 2 & 1 \end{pmatrix}} = \overset{\text{第一行第一列}}{\begin{pmatrix} 2 & ? & ? & ? \\ ? & ? & ? & ? \end{pmatrix}}$$

图 5-10 找出乘积矩阵的第一项

可以通过取剩下的 7 个点积来完成这个矩阵乘积。图 5-11 显示了另一个由点乘计算出来的项。

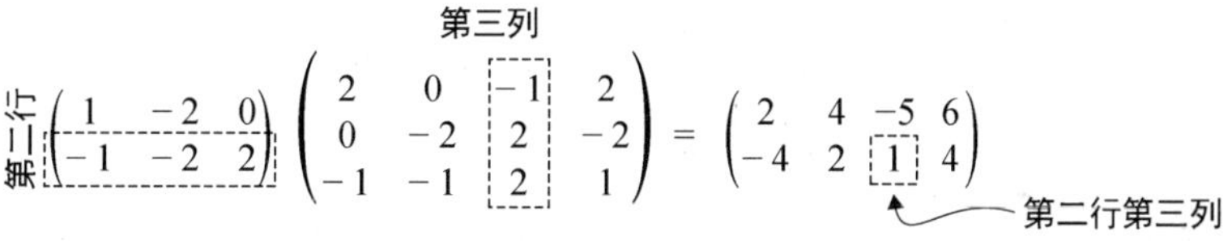

$$\overset{\text{第}}{\underset{\text{行}}{\Big|}}\begin{pmatrix} 1 & -2 & 0 \\ -1 & -2 & 2 \end{pmatrix} \overset{\text{第三列}}{\begin{pmatrix} 2 & 0 & -1 & 2 \\ 0 & -2 & 2 & -2 \\ -1 & -1 & 2 & 1 \end{pmatrix}} = \begin{pmatrix} 2 & 4 & -5 & 6 \\ -4 & 2 & 1 & 4 \end{pmatrix}$$
第二行第三列

图 5-11 找出乘积矩阵的另一项

从最初的矩阵乘法定义来看，这个条件也是有意义的：输出的列都是第一个矩阵的列与第二个矩阵的行所给出标量的线性组合（见图 5-12）。

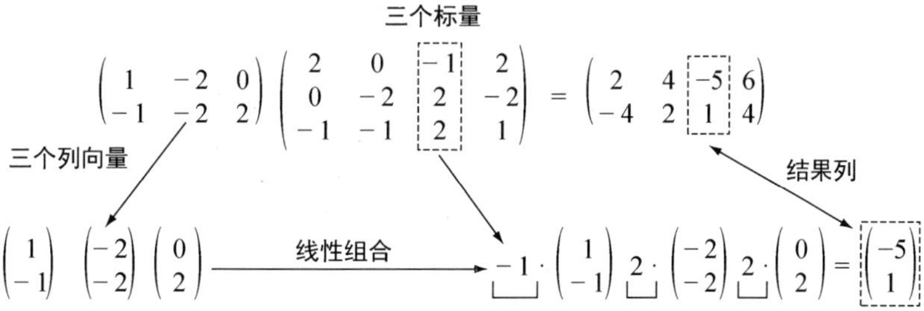

$$\begin{pmatrix} 1 & -2 & 0 \\ -1 & -2 & 2 \end{pmatrix} \overset{\text{三个标量}}{\begin{pmatrix} 2 & 0 & -1 & 2 \\ 0 & -2 & 2 & -2 \\ -1 & -1 & 2 & 1 \end{pmatrix}} = \begin{pmatrix} 2 & 4 & -5 & 6 \\ -4 & 2 & 1 & 4 \end{pmatrix}$$

三个列向量

$$\begin{pmatrix} 1 \\ -1 \end{pmatrix} \begin{pmatrix} -2 \\ -2 \end{pmatrix} \begin{pmatrix} 0 \\ 2 \end{pmatrix} \xrightarrow{\text{线性组合}} -1 \cdot \begin{pmatrix} 1 \\ -1 \end{pmatrix} 2 \cdot \begin{pmatrix} -2 \\ -2 \end{pmatrix} 2 \cdot \begin{pmatrix} 0 \\ 2 \end{pmatrix} = \begin{pmatrix} -5 \\ 1 \end{pmatrix}$$

结果列

图 5-12 输出结果的每一列都是第一个矩阵列的线性组合

我把前面的方阵称为 2×2 和 3×3 矩阵。最后一个例子（见图 5-12）是 2×3 和 3×4 矩阵的乘积。描述这样一个矩阵的**维度**时，先说行数，再说列数。例如，一个三维列向量是 3×1 矩阵。

使用这种语言，可以对能够相乘的矩阵形状做一个一般说明：只有当 $m = p$ 时，才能将 $n \times m$ 矩阵乘以 $p \times q$ 矩阵。如果结果成立，那么得到的矩阵将是 $n \times q$ 矩阵。例如，17×9 矩阵不能与 6×11 矩阵相乘。然而，5×8 矩阵可以乘以 8×10 矩阵。图 5-13 显示了后者的结果，即一个 5×10 矩阵。

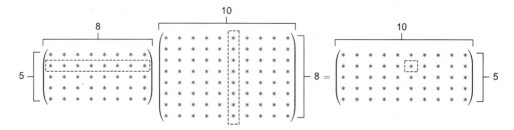

图 5-13   第一个矩阵 5 行中的每一行都可以与第二个矩阵 10 列中的每一列相匹配，从而产生包含 $5 \times 10 = 50$ 个项的乘积矩阵。用星号代替数意味着这些尺寸的任意矩阵都能这样相乘

相比之下，不能用相反的顺序对这些矩阵相乘：10×8 矩阵不能与 5×8 矩阵相乘。现在虽然清楚了如何对更大的矩阵相乘，但是结果意味着什么呢？事实证明，可以从这个结果中学到一些东西：**所有的矩阵都表示向量函数，所有有效的矩阵乘积都可以被解释为这些函数的组合**。来看看这是怎么一回事吧。

5.2.3   将方阵和非方阵视为向量函数

可以把 2×2 矩阵看作对二维向量进行给定线性变换所需的数据。如图 5-14 中的机器所示，这种变换将一个二维向量传入输入槽，从输出槽产生一个二维向量作为结果。

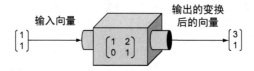

图 5-14   将矩阵可视化为一台接收向量作为输入并产生向量作为输出的机器

在后台，机器执行下面这种矩阵乘法。

$$\begin{pmatrix} 1 & 2 \\ 0 & 1 \end{pmatrix} \begin{pmatrix} 1 \\ 1 \end{pmatrix} = \begin{pmatrix} 3 \\ 1 \end{pmatrix}$$

可以把矩阵看作将向量作为输入并产生向量作为输出的机器。然而，图 5-15 显示，矩阵不能接收任意向量作为输入。如果是 2×2 矩阵，会对二维向量执行线性变换。相应地，这个矩阵只能与一个包含两项的列向量相乘。可以把机器的输入和输出槽拆开，来展示这些传入和产出的二维向量或数对。

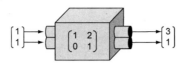

图 5-15　通过重新绘制机器的输入槽和输出槽来说明输入和输出是数对，
以完善心智模型

同样，由 3×3 矩阵驱动的线性变换机（见图 5-16）只能接收三维向量，并产生三维向量作为结果。

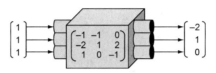

图 5-16　由 3×3 矩阵驱动的线性变换机接收三维向量，输出三维向量

现在可以问问自己：如果一台机器由一个非方阵驱动，它会是什么样的？也许矩阵会是下面这样的。

$$\begin{pmatrix} -2 & -1 & -1 \\ 2 & -2 & 1 \end{pmatrix}$$

举个具体的例子，这个 2×3 矩阵可以作用于什么向量呢？如果将这个矩阵与列向量相乘，那么列向量必须有三项来匹配这个矩阵的行数。将 2×3 矩阵乘以 3×1 列向量，得到的结果是一个 2×1 矩阵，或者说一个二维列向量。下面就是一个例子。

$$\begin{pmatrix} -2 & -1 & -1 \\ 2 & -2 & 1 \end{pmatrix} \begin{pmatrix} 0 \\ -1 \\ 1 \end{pmatrix} = \begin{pmatrix} 0 \\ 3 \end{pmatrix}$$

这个例子表明，2×3 矩阵表示了将三维向量转换为二维向量的函数。如果把它画成一台机器（如图 5-17 所示），它将在输入槽中接收三维向量，并从输出槽中产生二维向量。

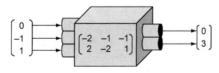

图 5-17　由 2×3 矩阵驱动，接收三维向量并输出二维向量的机器

一般来说，一个 $m \times n$ 矩阵定义的函数接收 n 维向量作为输入，并返回 m 维向量作为输出。任何这样的函数都是线性的，因为它保持了向量和与标量乘积。它不是一个变换，因为它不仅修改输入，还返回一种完全不同的输出：一个具有不同维度的向量。出于这个原因，我们将使用一个更通用的术语，可以称它为**线性函数**或**线性映射**。下面考虑一个从三维到二维的常见线性映射，作为深入的示例。

5.2.4   从三维到二维的线性映射投影

我们已经看到了一个接收三维向量并产出二维向量的向量函数：三维向量在 xy 平面上的一个投影（见 3.5.2 节）。这个变换（可以称之为 P）接收形式为 (x, y, z) 的向量，并在删除 z 分量后返回 (x, y)。我将花一些时间仔细说明为什么这是一个线性映射，以及它如何保持向量加法和标量乘法。

首先，写一个矩阵 P。为了接收三维向量并返回二维向量，它应该是一个 2×3 矩阵。按照公式，通过测试 P 对标准基向量的作用来寻找矩阵。请记住，在三维空间中，标准基向量定义为 $e_1 = (1, 0, 0)$、$e_2 = (0, 1, 0)$ 和 $e_3 = (0, 0, 1)$。对这三个向量应用投影，分别得到 $(1, 0)$、$(0, 1)$ 和 $(0, 0)$。可以把它们写成如下列向量。

$$P(e_1) = \begin{pmatrix} 1 \\ 0 \end{pmatrix} \quad P(e_2) = \begin{pmatrix} 0 \\ 1 \end{pmatrix}, \quad P(e_3) = \begin{pmatrix} 0 \\ 0 \end{pmatrix}$$

将其并排放在一起，得到如下矩阵。

$$\begin{pmatrix} 1 & 0 & 0 \\ 0 & 1 & 0 \end{pmatrix}$$

为了确认这一点，将它乘以一个测试向量 (a, b, c)。(a, b, c) 与 $(1, 0, 0)$ 的点积是 a，这是结果的第一项。第二项是 (a, b, c) 与 $(0, 1, 0)$ 的点积，也就是 b。可以把这个矩阵描述为从 (a, b, c) 中获取 a 和 b 而忽略 c（见图 5-18）。

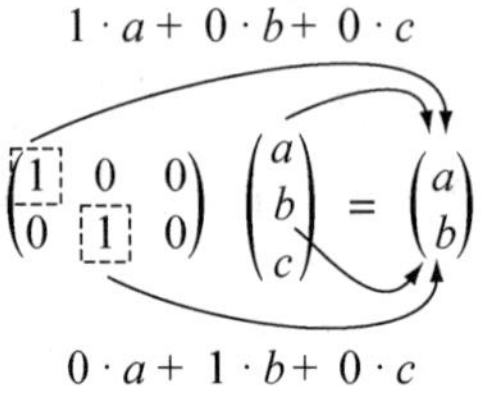

图 5-18   只有 $1 \cdot a$ 对矩阵积的第一项有作用，$1 \cdot b$ 对第二项有作用，其他项都被清零

这个矩阵做了我们想做的事情，删除了三维向量的第三个坐标，只留下前两个。把这个投影写成一个矩阵很好，但也要通过代数证明这是一个线性映射。为此，需要证明满足线性的两个关键条件。

1. 证明投影保持了向量和

如果 P 是线性的，任何向量和 $u + v = w$ 都应该遵循 P。也就是说，$P(u) + P(v)$ 也应该和 $P(w)$ 相等。用这些公式来证实这一点：$u = (u_1, u_2, u_3)$，$v = (v_1, v_2, v_3)$。那么当 $w = u + v$ 时：

$$w = (u_1 + v_1, u_2 + v_2, u_3 + v_3)$$

在所有这些向量上执行 P 很简单，因为只需要去掉第三个坐标即可。

$$P(\boldsymbol{u}) = (u_1, u_2)$$
$$P(\boldsymbol{v}) = (v_1, v_2)$$

因此：

$$P(\boldsymbol{w}) = (u_1 + v_1, u_2 + v_2)$$

将 $P(\boldsymbol{u})$ 和 $P(\boldsymbol{v})$ 相加，得到 $(u_1 + v_1, u_2 + v_2)$，这与 $P(\boldsymbol{w})$ 相同。因此，对于任意 3 个三维向量 $\boldsymbol{u} + \boldsymbol{v} = \boldsymbol{w}$，也有 $P(\boldsymbol{u}) + P(\boldsymbol{v}) = P(\boldsymbol{w})$。这就验证了第一个条件。

2. 证明投影保持了标量乘积

需要证明的第二件事是，P 保持了标量乘积。设 s 代表任意实数，$\boldsymbol{u} = (u_1, u_2, u_3)$，要证明 $P(s\boldsymbol{u})$ 与 $sP(\boldsymbol{u})$ 相同。

无论操作顺序如何，删除第三个坐标和做标量乘法得到的结果都是一样的。$s\boldsymbol{u}$ 的结果是 (su_1, su_2, su_3)，所以 $P(s\boldsymbol{u}) = (su_1, su_2)$。$P(\boldsymbol{u})$ 的结果是 (u_1, u_2)，所以 $sP(\boldsymbol{u}) = (su_1, su_2)$。这就验证了第二个条件，证明了 P 满足线性的定义。

这类证明通常比较容易，所以我给你另外一个练习。在这个练习中，你可以用同样的方法检查一个由给定矩阵指定、从二维到三维的函数是否是线性的。

例子比代数证明更能说明问题。当把一个三维向量和投影到二维时，它是什么样子的？分三步看，首先在三维中画出两个向量 $\boldsymbol{u}$ 和 $\boldsymbol{v}$ 的向量和，如图 5-19 所示。

然后，画出每一个向量到 xy 平面上的一条直线，以显示这些向量在投影后的最终位置（见图 5-20）。

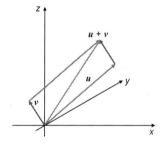

图 5-19　三维中任意两个向量 $\boldsymbol{u}$ 和 $\boldsymbol{v}$ 的向量和

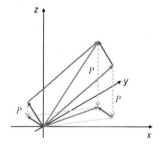

图 5-20　可视化 $\boldsymbol{u}$、$\boldsymbol{v}$ 和 $\boldsymbol{u} + \boldsymbol{v}$ 投影到 xy 平面后的最终位置

最后，可以看到这些新的向量**仍然**构成一个向量和（见图 5-21）。

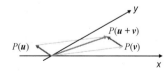

图 5-21　投影向量形成了一个和：$P(\boldsymbol{u}) + P(\boldsymbol{v}) = P(\boldsymbol{u} + \boldsymbol{v})$

换句话说，如果三个向量 u、v 和 w 构成了一个向量和 $u+v=w$，那么在 xy 平面上的"投影"也会构成一个向量和。现在你已经对从三维到二维的线性变换以及表示它的矩阵有了一些了解，让我们一起回到对线性映射的一般性讨论中吧。

5.2.5 组合线性映射

矩阵的优点是，存储了在给定向量上计算线性函数所需的所有数据。更重要的是，矩阵的维度告诉了我们底层函数的输入向量和输出向量的维度。在图 5-22 中，可以从绘制不同维度矩阵的机器直观地看到这一点，这些矩阵的输入和输出槽具有不同的形状。下面是我们见过的 4 个例子，用字母标出，以便引用。

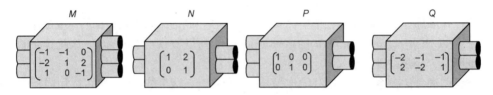

图 5-22　将 4 个线性函数表示为带有输入槽和输出槽的机器，槽的形状说明了接收或产生的向量的维度

这样画出来，很容易挑出可以焊接哪些线性函数来打造一个新的机器。例如，M 的输出槽与 P 的输入槽形状相同，所以可以为三维向量 v 组合出 $P(M(v))$。M 的输出是一个三维向量，可以直接传入 P 的输入槽（见图 5-23）。

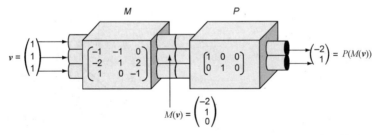

图 5-23　P 和 M 的组合，一个向量传入 M 的输入槽中，输出的 $M(v)$ 穿过管道进入 P，输出的 $P(M(v))$ 从另一端出现

相比之下，图 5-24 显示无法将 N 和 M 组合，因为 N 没有足够的输出槽来填充 M 的每个输入。

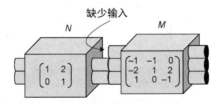

图 5-24　N 和 M 无法组合，因为 N 的输出是二维向量，而 M 的输入是三维向量

通过讨论槽，可以使这个想法变得直观，但隐藏在背后的正是我们用来决定两个矩阵能否相乘的推理。第一个矩阵的列数要和第二个矩阵的行数相匹配。当维度（槽位）匹配的时候，就可以组合线性函数，并将它们的矩阵相乘。

把 **P** 和 **M** 看成矩阵，则矩阵 **P** 和 **M** 的组合 **PM** 为矩阵乘积。（记住，如果将 **PM** 作用于向量 **v** 得到 **PMv**，则先应用 **M**，再应用 **P**）。当 **v** = (1, 1, 1) 时，乘积 **PMv** 是两个矩阵和一个列向量的乘积，计算 **PM** 可以被简化为一个矩阵乘以一个列向量（见图 5-25）。

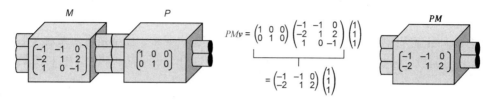

$$PMv = \begin{pmatrix} 1 & 0 & 0 \\ 0 & 1 & 0 \end{pmatrix} \begin{pmatrix} -1 & -1 & 0 \\ -2 & 1 & 2 \\ 1 & 0 & -1 \end{pmatrix} \begin{pmatrix} 1 \\ 1 \\ 1 \end{pmatrix}$$

$$= \begin{pmatrix} -1 & -1 & 0 \\ -2 & 1 & 2 \end{pmatrix} \begin{pmatrix} 1 \\ 1 \\ 1 \end{pmatrix}$$

图 5-25　先应用 **M**，然后应用 **P**，相当于应用组合 **PM**。我们通过进行矩阵乘法，将组合合并成一个矩阵

作为一个程序员，你习惯于根据输入和输出数据的类型来思考函数。到目前为止，本章已经提供了很多需要消化的表示法和术语，但只要你掌握了这个核心概念，你最终就会掌握它的窍门。

我强烈建议通过以下练习来确保你理解矩阵语言。在本章的剩余部分和下一章中，不会有很多新概念，只有我们到目前为止所看到的概念的应用。这些应用将为你提供更多关于矩阵和向量计算的练习。

5.2.6　练习

练习 5.13：这个矩阵的维度是什么？

$$\begin{pmatrix} 1 & 2 & 3 & 4 & 5 \\ 6 & 7 & 8 & 9 & 10 \\ 11 & 12 & 13 & 14 & 15 \end{pmatrix}$$

(a) 5×3

(b) 3×5

解：这是一个 3×5 的矩阵，因为它有三行五列。

练习 5.14：将二维列向量看作矩阵时，其维度是多少？二维行向量呢？三维列向量呢？三维行向量呢？

解：二维列向量有两行一列，所以是 2×1 矩阵。二维行向量有一行两列，所以是 1×2 矩阵。同理，三维列向量和行向量作为矩阵的维度分别为 3×1 和 1×3。

练习 5.15（小项目）： 我们的许多向量和矩阵操作使用了 Python 的 `zip` 函数。当给定不同大小的输入列表时，这个函数会截断两个列表中较长的那个，而不是直接失败。这意味着，当我们传递无效输入时，会得到无意义的结果。例如，在二维向量和三维向量之间并不存在点积，但我们的 `dot` 函数还是返回了一些东西。

```
>>> from vectors import dot
>>> dot((1,1),(1,1,1))
2
```

给所有的向量运算函数添加保护措施，以便函数能够抛出异常，而不是返回无效大小的向量值。一旦完成了这些工作，就可以证明 `matrix_multiply` 不再接收 3×2 和 4×5 矩阵的乘积。

练习 5.16： 以下哪些是有效的矩阵乘积？对于那些有效的矩阵乘积，乘积矩阵的维度是多少？

(a)

$$\begin{pmatrix} 10 & 0 \\ 3 & 4 \end{pmatrix} \begin{pmatrix} 8 & 2 & 3 & 6 \\ 7 & 8 & 9 & 4 \\ 5 & 7 & 0 & 9 \\ 3 & 3 & 0 & 2 \end{pmatrix}$$

(b)

$$\begin{pmatrix} 0 & 2 & 1 & -2 \\ -2 & 1 & -2 & -1 \end{pmatrix} \begin{pmatrix} -3 & -5 \\ 1 & -4 \\ -4 & -4 \\ -2 & -4 \end{pmatrix}$$

(c)

$$\begin{pmatrix} 1 \\ 3 \\ 0 \end{pmatrix} \begin{pmatrix} 3 & 3 & 5 & 1 & 3 & 0 & 5 & 1 \end{pmatrix}$$

(d)

$$\begin{pmatrix} 9 & 2 & 3 \\ 0 & 6 & 8 \\ 7 & 7 & 9 \end{pmatrix} \begin{pmatrix} 7 & 8 & 9 \\ 10 & 7 & 8 \end{pmatrix}$$

解:

(a) 2×2 矩阵和 4×4 矩阵的乘积无效；第一个矩阵有两列，但是第二个矩阵却有四行。

(b) 2×4 矩阵和 4×2 矩阵的乘积**有效**；第一个矩阵的四列与第二个矩阵的四行相匹配，结果是 2×2 矩阵。

(c) 3×1 矩阵和 1×8 矩阵的乘积**有效**；第一个矩阵的一列与第二个矩阵的一行相匹配，结果是 3×8 矩阵。

(d) 3×3 矩阵和 2×3 矩阵的乘积无效；第一个矩阵的三列与第二个矩阵的两行不匹配。

练习 5.17：将一个总项数为 15 的矩阵与一个总项数为 6 的矩阵相乘。两个矩阵的维度分别是多少？乘积矩阵的维度又是多少？

解：把两个矩阵的维度分别设为 $m \times n$ 和 $n \times k$，因为第一个矩阵的列数必须和第二个矩阵的行数相匹配。已知 $mn = 15$、$nk = 6$，其实有以下两种可能。

❑ 第一种可能是 $m = 5$、$n = 3$、$k = 2$。那么这将是 5×3 矩阵乘以 3×2 矩阵，从而得到 5×2 矩阵。

❑ 第二种可能是 $m = 15$、$n = 1$、$k = 6$。那么这将是 15×1 矩阵乘以 1×6 矩阵，从而得到 15×6 矩阵。

练习 5.18：实现一个函数，将列向量转换成行向量，或者将行向量转换成列向量。像这样把一个矩阵翻转过来叫作**转置**，而得到的矩阵叫作原矩阵的**转置矩阵**。

解:

```
def transpose(matrix):
    return tuple(zip(*matrix))
```

调用 zip(*matrix) 会返回矩阵中列的列表，然后再对其进行元组化。这具有交换任意输入矩阵中行和列的效果，特别是将列向量转换为行向量，反之亦然。

```
>>> transpose(((1,),(2,),(3,)))
((1, 2, 3),)
>>> transpose(((1, 2, 3),))
((1,), (2,), (3,))
```

练习 5.19：画图说明 10×8 矩阵和 5×8 矩阵**不能**以该顺序相乘。

解:

第一个矩阵的行有 10 项，但第二个矩阵的列有 5 项，这意味着无法计算这个矩阵乘积（如图 5-26 所示）。

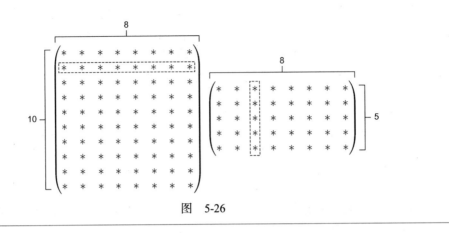

图　5-26

练习 5.20：将如下三个矩阵相乘：A 是 5×7 矩阵，B 是 2×3 矩阵，C 是 3×5 矩阵。这三个矩阵能以什么顺序相乘？结果矩阵的大小又是多少？

解：一个有效的乘积是 BC，2×3 矩阵乘以 3×5 矩阵会得到 2×5 矩阵。另一个有效乘积是 CA，3×5 矩阵乘以 5×7 矩阵得到 3×7 矩阵。三个矩阵的乘积 BCA，无论用什么顺序相乘都是有效的。$(BC)A$ 是 2×5 矩阵乘以 5×7 矩阵，而 $B(CA)$ 是 2×3 矩阵乘以 3×7 矩阵。每种结果都会产生相同的 2×7 矩阵（见图 5-27）。

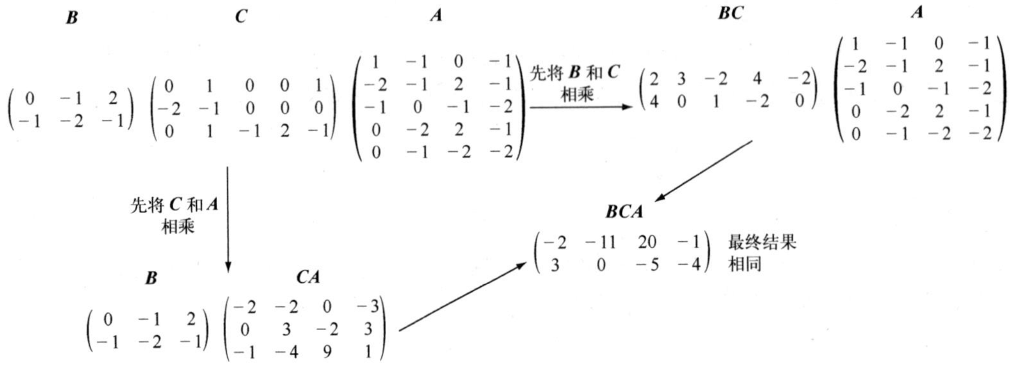

$$
\begin{array}{cc}
B & C \\
\begin{pmatrix} 0 & -1 & 2 \\ -1 & -2 & -1 \end{pmatrix} &
\begin{pmatrix} 0 & 1 & 0 & 0 & 1 \\ -2 & -1 & 0 & 0 & 0 \\ 0 & 1 & -1 & 2 & -1 \end{pmatrix}
\end{array}
\quad
\begin{array}{c}
A \\
\begin{pmatrix} 1 & -1 & 0 & -1 \\ -2 & -1 & 2 & -1 \\ -1 & 0 & -1 & -2 \\ 0 & -2 & 2 & -1 \\ 0 & -1 & -2 & -2 \end{pmatrix}
\end{array}
$$

先将 B 和 C 相乘 →
$$
\begin{array}{c}
BC \\
\begin{pmatrix} 2 & 3 & -2 & 4 & -2 \\ 4 & 0 & 1 & -2 & 0 \end{pmatrix}
\end{array}
\quad
\begin{array}{c}
A \\
\begin{pmatrix} 1 & -1 & 0 & -1 \\ -2 & -1 & 2 & -1 \\ -1 & 0 & -1 & -2 \\ 0 & -2 & 2 & -1 \\ 0 & -1 & -2 & -2 \end{pmatrix}
\end{array}
$$

先将 C 和 A 相乘 ↓

$$
\begin{array}{cc}
B & CA \\
\begin{pmatrix} 0 & -1 & 2 \\ -1 & -2 & -1 \end{pmatrix} &
\begin{pmatrix} -2 & -2 & 0 & -3 \\ 0 & 3 & -2 & 3 \\ -1 & -4 & 9 & 1 \end{pmatrix}
\end{array}
$$

$$
\begin{array}{c}
BCA \\
\begin{pmatrix} -2 & -11 & 20 & -1 \\ 3 & 0 & -5 & -4 \end{pmatrix}
\end{array}
\quad \text{最终结果相同}
$$

图 5-27　将三个矩阵以不同顺序相乘

练习 5.21：将如下矩阵投影到 yz 平面上和投影到 xz 平面上都是从三维到二维的线性映射。它们的矩阵分别是什么？

$$
\begin{pmatrix} 1 & 0 & 0 \\ 0 & 1 & 0 \\ 0 & 0 & 1 \end{pmatrix}
$$

解：投影到 yz 平面会删除 x 坐标。这个运算的矩阵如下所示。

$$\begin{pmatrix} 0 & 1 & 0 \\ 0 & 0 & 1 \end{pmatrix}$$

同样，投影到 xz 平面上也会删除 y 坐标。

$$\begin{pmatrix} 1 & 0 & 0 \\ 0 & 0 & 1 \end{pmatrix}$$

例如：

$$\begin{pmatrix} 1 & 0 & 0 \\ 0 & 0 & 1 \end{pmatrix}\begin{pmatrix} x \\ y \\ z \end{pmatrix} = \begin{pmatrix} x \\ z \end{pmatrix} \quad 和 \quad \begin{pmatrix} 0 & 1 & 0 \\ 0 & 0 & 1 \end{pmatrix}\begin{pmatrix} x \\ y \\ z \end{pmatrix} = \begin{pmatrix} y \\ z \end{pmatrix}$$

练习 5.22：举例说明之前练习中的 `infer_matrix` 函数可以为具有不同维度的输入和输出线性函数创建矩阵。

解：一个可测试的函数是将矩阵投影到 xy 平面上的函数，它接收三维向量并返回二维向量。可以用 Python 函数来实现这种线性变换，推断 2×3 矩阵。

```
>>> def project_xy(v):
...     x,y,z = v
...     rcturn (x,y)
...
>>> infer_matrix(3,project_xy)
((1, 0, 0), (0, 1, 0))
```

请注意，我们必须提供**输入**向量的维度作为参数，这样我们才能在 `project_xy` 的作用下建立正确的标准基向量进行测试。一旦 `project_xy` 被传递了三维标准基向量，它就会自动输出二维向量来提供矩阵的列。

练习 5.23：编写一个 4×5 矩阵，通过删除五项中的第三项来作用于五维向量，从而产生一个四维向量。例如，用 $(1, 2, 3, 4, 5)$ 的列向量形式与它相乘，应该返回 $(1, 2, 4, 5)$。

解：这个矩阵是：

$$\begin{pmatrix} 1 & 0 & 0 & 0 & 0 \\ 0 & 1 & 0 & 0 & 0 \\ 0 & 0 & 0 & 1 & 0 \\ 0 & 0 & 0 & 0 & 1 \end{pmatrix}$$

从图 5-28 可以看到，输入向量的第一、第二、第四和第五坐标构成了输出向量的四个坐标。

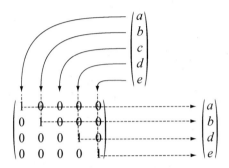

图 5-28   矩阵中的 1 指出了输入向量的坐标最终在输出向量中的位置

练习 5.24（小项目）：考虑 6 个变量组成的向量 (l, e, m, o, n, s)。找出作用于这个向量的线性变换的矩阵，它能产生向量 (s, o, l, e, m, n) 作为结果。

提示：输出的第三个坐标等于输入的第一个坐标，所以变换必须将标准基向量 $(1, 0, 0, 0, 0, 0)$ 转换成 $(0, 0, 1, 0, 0, 0)$。

解：答案如图 5-29 所示。

$$\begin{pmatrix} 0 & 0 & 0 & 0 & 0 & 1 \\ 0 & 0 & 0 & 1 & 0 & 0 \\ 1 & 0 & 0 & 0 & 0 & 0 \\ 0 & 1 & 0 & 0 & 0 & 0 \\ 0 & 0 & 1 & 0 & 0 & 0 \\ 0 & 0 & 0 & 0 & 1 & 0 \end{pmatrix} \begin{pmatrix} l \\ e \\ m \\ o \\ n \\ s \end{pmatrix} = \begin{pmatrix} 0+0+0+0+0+s \\ 0+0+0+o+0+0 \\ l+0+0+0+0+0 \\ 0+e+0+0+0+0 \\ 0+0+m+0+n+0 \\ 0+0+0+0+1+0 \end{pmatrix} = \begin{pmatrix} s \\ o \\ l \\ e \\ m \\ n \end{pmatrix}$$

图 5-29   这个矩阵以指定的方式重新排列六维向量的项

练习 5.25：从 5.2.5 节中的矩阵 M、N、P 和 Q 可以得到哪些有效的乘积？将矩阵与自身的乘积也纳入考虑。对于那些有效的乘积，矩阵乘积的维度又是多少？

解：M 是 3×3 矩阵，N 是 2×2 矩阵，P 和 Q 都是 2×3 矩阵。M 与自身的乘积 $MM = M^2$ 是有效的，是 3×3 矩阵。$NN = N^2$ 也是有效的，是 2×2 矩阵。除此之外，PM、QM、NP 和 NQ 都是 3×2 矩阵。

5.3 用矩阵平移向量

使用矩阵的一个优点是，任意维度的计算看起来都一样，我们不需要绘制二维或三维向量的结构，简单地将它们代入矩阵乘法的公式或者将其作为 Python 函数 matrix_multiply 的输入即可。这在三维以上的计算中非常有用。

人类的大脑很难想象四维或五维的向量，更不用说 100 维了，但我们已经看到可以用更高维度的向量进行计算。本节将介绍一种**需要**在更高维度上进行计算的方法：使用矩阵平移向量。

5.3.1 线性化平面平移

上一章已经证明了平移不是线性变换。当根据给定向量移动平面上的每一个点时，原点会移动，向量和也不会被保持。如果一个二维变换非线性，该如何用矩阵执行呢？

诀窍是，把二维的点想象成在三维中平移。回到第 2 章中的恐龙，它是由 21 个点组成的。可以将这些点连接起来，构建图形的轮廓。

```
from vector_drawing import *

dino_vectors = [(6,4), (3,1), (1,2), (-1,5), (-2,5), (-3,4), (-4,4),
    (-5,3), (-5,2), (-2,2), (-5,1), (-4,0), (-2,1), (-1,0), (0,-3),
    (-1,-4), (1,-4), (2,-3), (1,-2), (3,-1), (5,1)
]

draw(
    Points(*dino_vectors),
    Polygon(*dino_vectors)
)
```

结果就是我们熟悉的二维恐龙（见图 5-30）。

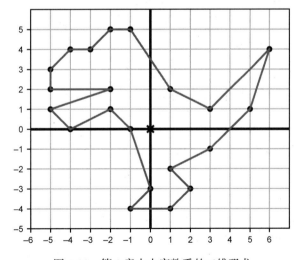

图 5-30 第 2 章中大家熟悉的二维恐龙

如果想将恐龙向右平移 3 个单位、向上平移 1 个单位，可以简单地把向量(3, 1)加到恐龙的每个顶点上。但这不是一个线性映射，所以我们不能生成一个 2 × 2 矩阵来做这种平移。如果把恐龙看成"生活"在三维空间中，而不是在二维平面上，就可以把平移表述为一个矩阵。

请先忍耐一下，我展示这个技巧之后，很快就会解释它的工作原理。给恐龙的每个点一个 z 坐标 1，然后通过线段将每个点连接起来绘制三维图形，得到位于 $z = 1$ 平面上的多边形（见图 5-31）。此处创建了一个名为 polygon_segments_3d 的辅助函数来获取三维恐龙多边形的线段。

```
from draw3d import *
def polygon_segments_3d(points,color='blue'):
    count = len(points)
    return [Segment3D(points[i], points[(i+1) % count],color=color) for i in
range(0,count)]

dino_3d = [(x,y,1) for x,y in dino_vectors]

draw3d(
    Points3D(*dino_3d, color='blue'),
    *polygon_segments_3d(dino_3d)
)
```

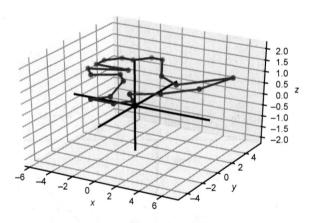

图 5-31   同一只恐龙，每个点的 z 坐标为 1

图 5-32 说明了矩阵让三维空间"倾斜"，其中原点保持不变，但 $z = 1$ 平面上会按需进行平移。暂时相信我吧！我已经高亮了大家需要注意的与平移有关的数。

$$\begin{pmatrix} 1 & 0 & 3 \\ 0 & 1 & 1 \\ 0 & 0 & 1 \end{pmatrix}$$

图 5-32   一个使平面 $z = 1$ 在 x 方向上移动+3、在 y 方向上移动+1 的"神奇"矩阵

可以将该矩阵应用于恐龙的每个点，恐龙会在平面上平移(3, 1)（见图5-33）。

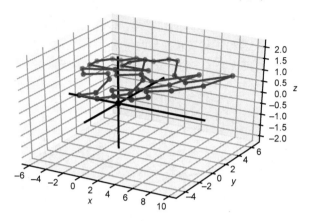

图5-33　将矩阵应用于每一个点，使恐龙保持在同一平面内，但在平面内平移(3, 1)

代码如下所示。

```
magic_matrix = (
    (1,0,3),
    (0,1,1),
    (0,0,1))

translated = [multiply_matrix_vector(magic_matrix, v) for v  in dino_vectors_3d]
```

为了清楚起见，可以删除z坐标，并将平移后的恐龙与原恐龙在平面上展示出来（见图5-34）。

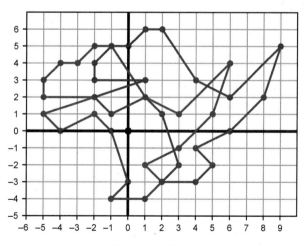

图5-34　将平移后的恐龙放回二维中

你可以写代码来检查坐标，最后图5-34中的恐龙确实平移了(3, 1)。现在让我来告诉你这个技巧的工作原理。

5.3.2　寻找做二维平移的三维矩阵

上述"神奇"矩阵的列，就像任何矩阵的列一样，告诉我们标准基向量在经过变换后的最终位置。调用该矩阵 T，向量 e_1、e_2 和 e_3 将被转换为向量 $Te_1 = (1, 0, 0)$、$Te_2 = (0, 1, 0)$ 和 $Te_3 = (3, 1, 1)$。这意味着 e_1 和 e_2 不受影响，e_3 只改变了 x 和 y 分量（如图 5-35 所示）。

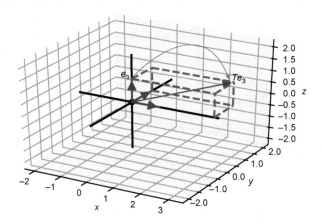

图 5-35　这个矩阵没有移动 e_1 或 e_2，但移动了 e_3

三维中以及恐龙上的任意一点都是以 e_1、e_2 和 e_3 的线性组合来创建的。例如，恐龙的尾巴尖在 $(6, 4, 1)$ 处，即 $6e_1 + 4e_2 + e_3$。因为 T 不会移动 e_1 或 e_2，只有对 e_3 的影响才会移动这个点，所以 $T(e_3) = e_3 + (3, 1, 0)$。因此该点在 x 方向上平移+3，在 y 方向上平移+1。也可以从代数的角度来看待这个问题。任意向量 $(x, y, 1)$ 通过这个矩阵平移了 $(3, 1, 0)$：

$$\begin{pmatrix} 1 & 0 & 3 \\ 0 & 1 & 1 \\ 0 & 0 & 1 \end{pmatrix} \begin{pmatrix} x \\ y \\ z \end{pmatrix} = \begin{pmatrix} 1 \cdot x + 0 \cdot y + 3 \cdot 1 \\ 0 \cdot x + 1 \cdot y + 1 \cdot 1 \\ 0 \cdot x + 0 \cdot y + 1 \cdot 1 \end{pmatrix} = \begin{pmatrix} x + 3 \\ y + 1 \\ 1 \end{pmatrix}$$

如果想通过某个向量 (a, b) 来平移二维向量集合，则一般步骤如下。

(1) 将二维向量集合移动到三维空间的平面上，其中 $z = 1$，每个向量的 z 坐标都为 1。

(2) 将向量乘以矩阵，并代入给定选项 a 和 b。

$$\begin{pmatrix} 1 & 0 & a \\ 0 & 1 & b \\ 0 & 0 & 1 \end{pmatrix}$$

(3) 删除所有向量的 z 坐标，这样就只剩下了二维向量。

既然可以通过矩阵进行平移，那么也可以创造性地将它和其他线性变换结合起来。

5.3.3 组合平移和其他线性变换

在前面的矩阵中，前两列正好是 e_1 和 e_2，这意味着只有 e_3 的变化才会移动图形。我们不希望 $T(e_1)$ 或 $T(e_2)$ 有任何 z 分量，因为那样会使图形偏离 $z = 1$ 平面。但可以修改或交换其他分量（见图5-36）。

事实证明，除了在第三列中指定平移之外，还可以通过执行相应的线性变换，在左上角放置任意 2×2 矩阵（如图5-36所示）。例如，这个矩阵：

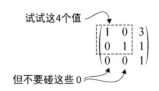

试试这4个值

$$\begin{pmatrix} 1 & 0 & 3 \\ 0 & 1 & 1 \\ 0 & 0 & 1 \end{pmatrix}$$

但不要碰这些0

图5-36 看一下在 xy 平面上移动 $T(e_1)$ 和 $T(e_2)$ 发生了什么

$$\begin{pmatrix} 0 & -1 \\ 1 & 0 \end{pmatrix}$$

会产生 90°的逆时针旋转。将其插入平移矩阵中，会得到一个新的矩阵。该矩阵将 xy 平面旋转 90°，然后将其平移$(3, 1)$，如图5-37所示。

$$\begin{pmatrix} 0 & -1 & 3 \\ 1 & 0 & 1 \\ 0 & 0 & 1 \end{pmatrix}$$

图5-37 矩阵将 e_1 和 e_3 旋转 90°，并将 e_3 平移$(3, 1)$。$z = 1$ 平面上的任意图形都经历了这两种变换

为了证明这一点，可以在 Python 中对三维恐龙的所有顶点进行这种变换。代码输出如图5-38所示。

```
rotate_and_translate = ((0,-1,3),(1,0,1),(0,0,1))
rotated_translated_dino = [
    multiply_matrix_vector(rotate_and_translate, v)

    for v  in dino_vectors_3d]
```

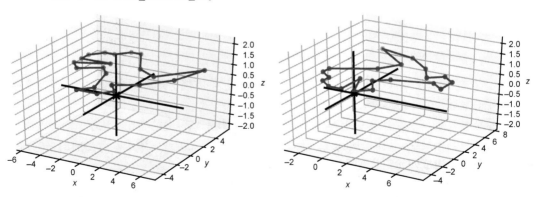

图5-38 原始恐龙（左）和第二个恐龙（右）都是由一个矩阵旋转和平移得到的

一旦掌握了使用矩阵做二维平移的窍门，就可以用同样的方法做三维平移。要做到这一点，需要使用 4×4 矩阵，进入神秘的四维世界。

5.3.4   在四维世界里平移三维对象

什么是第四维度？四维向量是一个箭头，有一定的长度、宽度、高度以及一个其他维度。通过二维空间建立三维空间时，增加了 z 坐标。这意味着三维向量可以存在于 xy 平面上（$z = 0$），也可以存在于任何其他平行平面上，其中 z 取不同的值。图 5-39 展示了这些平行平面的一些情况。

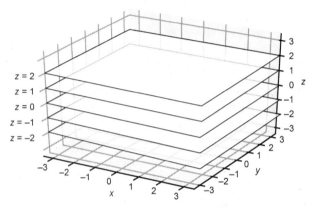

图 5-39   用一叠平行平面构建三维空间，每个平面看起来都像 xy 平面，但 z 坐标不同

可以用这个模型做类比来思考四维空间：由第四坐标做索引的三维空间集合。第四坐标的一种解释是"时间"。给定时间的每个快照都是一个三维空间，但所有快照的集合是第四维度，称为时空。时空的原点是时间 t 等于 0 的空间原点（见图 5-40）。

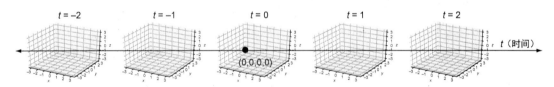

图 5-40   四维时空的图示，类似于给定 z 值的三维空间切片是一个二维平面，那么给定 t 值的四维时空片则是一个三维空间

这就是爱因斯坦相对论的起点。（事实上，现在你已经有能力理解这个理论了，因为该理论基于四维时空以及 4×4 矩阵给出的线性变换。）

向量数学在更高维度上是不可缺少的，因为很快就找不到合适的类比方法了。对于五维、六维、七维或更高的维度，我们很难想象，但坐标数学并不比二维或三维难。就当前的目的而言，把一个四维向量看成四元组数就足够了。

我们来复制一下在三维中平移二维向量的技巧。如果从一个三维向量开始，比如 (x, y, z)，想通过向量 (a, b, c) 来进行平移，可以把第四坐标为 1 附加到目标向量上，然后用一个类似的四维矩阵来做平移。执行矩阵乘法，确认我们是否得到了想要的结果（见图 5-41）。

$$\begin{pmatrix} 1 & 0 & 0 & a \\ 0 & 1 & 0 & b \\ 0 & 0 & 1 & c \\ 0 & 0 & 0 & 1 \end{pmatrix}\begin{pmatrix} x \\ y \\ z \\ 1 \end{pmatrix} = \begin{pmatrix} x+a \\ y+b \\ z+c \\ 1 \end{pmatrix}$$

图 5-41　给定向量(x, y, z)，而第四坐标为 1，使用此矩阵通过向量(a, b, c)平移向量

该矩阵使 x 坐标增加 a、使 y 坐标增加 b、使 z 坐标增加 c，因此做了通过向量(a, b, c)平移所需的变换。我们可以将增加第四坐标、应用 4×4 矩阵以及删除第四坐标的工作打包在一个 Python 函数中。

```
def translate_3d(translation):
    def new_function(target):
        a,b,c = translation
        x,y,z = target
        matrix = ((1,0,0,a),

        0,1,0,b),

        (0,0,1,c),

        (0,0,0,1))
        vector = (x,y,z,1)
        x_out, y_out, z_out, _ =\

        multiply_matrix_vector(matrix,vector)
        return (x_out,y_out,z_out)
    return new_function
```

函数 `translate_3d` 接收一个平移向量并返回新函数，后者将该平移应用于三维向量

为平移创建 4×4 矩阵，在下一行，把(x, y, z)转换为第四坐标为 1 的四维向量

执行四维矩阵变换

最后画出茶壶，以及平移$(2, 2, –3)$后的茶壶，可以看到茶壶在正确地移动。通过运行 matrix_translate_teapot.py 来确认这一点，会看到和图 5-42 一样的图像。

图 5-42　未平移的茶壶（左）和平移后的茶壶（右）。正如预期的那样，平移后的茶壶向上、向右移动，远离了我们的视野

通过将平移操作打包为矩阵运算，可以将该运算与其他三维线性变换结合起来，一步到位。事实证明，可以把这个人为设置的第四坐标解释为时间 t。

图 5-42 中的两幅图像是茶壶在 $t = 0$ 和 $t = 1$ 时的快照，茶壶匀速向(2, 2, -3)的方向运动。如果你想完成更加有趣的挑战，可以将本实例中的向量(x, y, z, 1)替换为形式为(x, y, z, t)的向量，其中的坐标 t 随时间变化。在 $t = 0$ 和 $t = 1$ 时，茶壶应该与图 5-42 中的帧相匹配；在 $t = 0$ 和 $t = 1$ 之间，茶壶应该在两个位置之间平滑移动。如果你清楚其中的原理，就快赶上爱因斯坦了！

到目前为止，我们只关注了向量，而这些向量是能在计算机屏幕上渲染的空间点。这显然是一个重要的用例，但只涉及向量和矩阵的表面内容。关于向量和线性变换的研究一般称为**线性代数**，下一章将更广泛地介绍该主题，以及一些与程序员相关的新例子。

5.3.5　练习

练习 5.26：证明如果把二维图形（例如我们一直使用的恐龙）移动到 $z = 2$ 平面上，三维"神奇"矩阵变换将不起作用。那么会发生什么呢？

解：使用`[(x,y,2) for x,y in dino_vectors]`，并应用相同的 3 × 3 矩阵，恐龙被向量(6, 2)而不是(3, 1)平移了 2 倍的距离。这是因为向量(0, 0, 1)被(3, 1)平移了，这个变换是线性的。

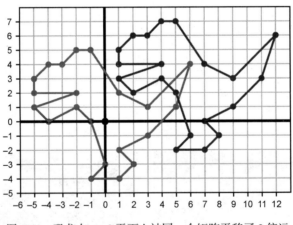

图 5-43　恐龙在 $z = 2$ 平面上被同一个矩阵平移了 2 倍远

练习 5.27：构造一个矩阵，将恐龙在 x 方向上平移-2 个单位，在 y 方向上平移-2 个单位，执行变换并显示结果。

解：将原矩阵中的值 3 和 1 替换为-2 和-2，得到如下矩阵。

$$\begin{pmatrix} 1 & 0 & 2 \\ 0 & 1 & 2 \\ 0 & 0 & 1 \end{pmatrix}$$

恐龙确实向下、向左平移了$(-2, -2)$，如图 5-44 所示。

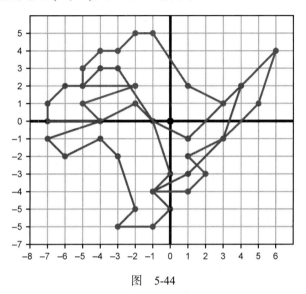

图 5-44

练习 5.28：证明如下形式的任何矩阵：

$$\begin{pmatrix} a & b & c \\ d & e & f \\ 0 & 0 & 1 \end{pmatrix}$$

都不会影响它所乘的三维列向量的 z 坐标。

解：如果三维向量的初始 z 坐标是数 z，则此矩阵保持该坐标不变。

$$\begin{pmatrix} a & b & c \\ d & e & f \\ 0 & 0 & 1 \end{pmatrix} \begin{pmatrix} x \\ y \\ z \end{pmatrix} = \begin{pmatrix} ax + by + cz \\ dx + ey + fz \\ 0x + 0y + z \end{pmatrix}$$

练习 5.29（小项目）：找出一个 3×3 矩阵，将 $z = 1$ 平面上的二维图形旋转 $45°$，将其尺寸缩小 1/2 并平移$(2, 2)$。通过将该矩阵应用于恐龙的顶点来演示其工作原理。

解：首先，找到一个 2×2 矩阵，将二维向量旋转 $45°$。

```
>>> from vectors import rotate2d
>>> from transforms import *
>>> from math import pi
>>> rotate_45_degrees = curry2(rotate2d)(pi/4)
>>> rotation_matrix = infer_matrix(2,rotate_45_degrees)
>>> rotation_matrix
((0.7071067811865476, -0.7071067811865475), (0.7071067811865475,
0.7071067811865476))
```

> 创建一个函数，对输入的二维向量执行**rotate2d**函数，参数为 $45°$（$\pi/4$ 弧度）

这个矩阵大约是：

$$\begin{pmatrix} 0.707 & -0.707 \\ 0.707 & 0.707 \end{pmatrix}$$

同理，也可以找到一个矩阵，以 1/2 的比例进行缩放。

$$\begin{pmatrix} 0.5 & 0 \\ 0 & 0.5 \end{pmatrix}$$

将矩阵相乘，用这段代码一次完成两个变换。

```
>>> from matrices import *
>>> scale_matrix = ((0.5,0),(0,0.5))
>>> rotate_and_scale = matrix_multiply(scale_matrix,rotation_matrix)
>>> rotate_and_scale
((0.3535533905932738, -0.35355339059327373), (0.35355339059327373,
0.3535533905932738))
```

这是一个 3×3 矩阵，在 $z = 1$ 平面上将恐龙平移了$(2, 2)$。

$$\begin{pmatrix} 1 & 0 & 2 \\ 0 & 1 & 2 \\ 0 & 0 & 1 \end{pmatrix}$$

可以将 2×2 旋转和缩放矩阵插入矩阵的左上方，得到最终想要的矩阵。

```
>>> ((a,b),(c,d)) = rotate_and_scale
>>> final_matrix = ((a,b,2),(c,d,2),(0,0,1))
>>> final_matrix
((0.3535533905932738, -0.35355339059327373, 2), (0.35355339059327373,
0.3535533905932738, 2), (0, 0, 1))
```

把恐龙移动到 $z = 1$ 平面上，在三维中应用这个矩阵，然后投影到二维。只使用一个矩阵乘法即可得到旋转、缩放和平移后的恐龙，如图 5-45 所示。

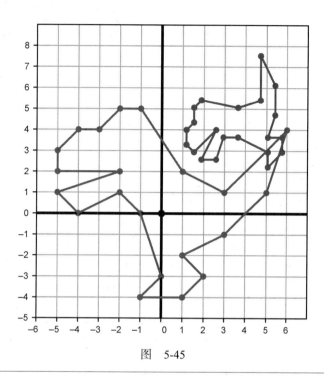

图　5-45

练习 5.30：之前练习中的矩阵使恐龙旋转 45°，然后将其平移了 (3, 1)。使用矩阵乘法，构建一个与之顺序相反的矩阵。

解：如果恐龙在 $z = 1$ 平面上，那么下面的矩阵将恐龙旋转 90°，不做平移。

$$\begin{pmatrix} 0 & -1 & 0 \\ 1 & 0 & 0 \\ 0 & 0 & 1 \end{pmatrix}$$

因为要先平移再旋转，所以将这个旋转矩阵乘以平移矩阵。

$$\begin{pmatrix} 0 & -1 & 0 \\ 1 & 0 & 0 \\ 0 & 0 & 1 \end{pmatrix}\begin{pmatrix} 1 & 0 & 3 \\ 0 & 1 & 1 \\ 0 & 0 & 1 \end{pmatrix} = \begin{pmatrix} 0 & -1 & -1 \\ 1 & 0 & 3 \\ 0 & 0 & 1 \end{pmatrix}$$

这和之前先旋转再平移的矩阵顺序相反。在这里，可以看到平移向量 (3, 1) 是受到旋转 90° 影响的。新的有效平移是 (−1, 3)。

练习 5.31：实现一个类似于 `translate_3d` 的函数，称为 `translate_4d`。该函数使用一个 5×5 矩阵通过一个四维向量平移另一个四维向量。运行一个示例来说明坐标会被平移。

解：程序是一样的，不过要把四维向量提升到五维，需要给出一个第五坐标，坐标为 1。

```
def translate_4d(translation):
    def new_function(target):
        a,b,c,d = translation
        x,y,z,w = target
        matrix = (
            (1,0,0,0,a),
            (0,1,0,0,b),
            (0,0,1,0,c),
            (0,0,0,1,d),
            (0,0,0,0,1))
        vector = (x,y,z,w,1)
        x_out,y_out,z_out,w_out,_ = multiply_matrix_vector(matrix,vector)
        return (x_out,y_out,z_out,w_out)
    return new_function
```

可以看到，平移是有效的（效果和将两个向量相加一样）。

```
>>> translate_4d((1,2,3,4))((10,20,30,40))
(11, 22, 33, 44)
```

前面的章节使用了二维和三维的可视化示例来推动向量和矩阵的运算。随着研究的深入，我们愈发重视计算。本章最后在没有任何具象图形的情况下计算了更高维度的向量变换。这是线性代数的好处之一：它为你提供了解决过于复杂而无法描绘的几何问题的工具。下一章会广泛地讨论这种应用。

5.4　小结

❑ 线性变换是由它对标准基向量的作用定义的。当对标准基应用线性变换时，结果向量包含进行变换所需的所有数据。这意味着只需要 9 个数就可以指定任意的三维线性变换（这 3 个结果向量的 3 个坐标）。对于二维线性变换，则需要 4 个数。

❑ 在矩阵表示法中，我们通过将数放在一个矩形网格中来表示线性变换。按照惯例，创建矩阵的方法是对标准基向量进行变换，并将得到的坐标向量并排作为列。

❑ 通过矩阵来计算它所表示的对给定向量的线性变换，叫作**将矩阵与向量相乘**。当执行这种乘法时，向量通常被写成一列从上到下的坐标，而不是一个元组。

❑ 两个方阵也可以相乘。所得矩阵表示两个原始矩阵的线性变换的组合。

❑ 要计算两个矩阵的乘积，需要取第一个矩阵的行与第二个矩阵的列的点积。例如，第一个矩阵的第 i 行和第二个矩阵的第 j 列的点积就是乘积里第 i 行第 j 列的值。

❏ 由于方阵表示线性变换，那么非方阵就表示从一个维度向量到另一个维度向量的线性函数。也就是说，这些函数将向量和传递给向量和，将标量乘积传递给标量乘积。

❏ 矩阵的维度告诉你，其对应的线性函数接收和返回什么样的向量。一个有 m 行和 n 列的矩阵称为 $m \times n$ 矩阵，它定义了从 n 维空间到 m 维空间的线性函数。

❏ 平移**不是**一个线性函数，但如果在更高的维度上执行，可以将其线性化。这一点使我们可以通过矩阵乘法来进行平移（同时进行其他线性变换）。

5

第 6 章

高维泛化

即使你对前文所述的茶壶动画提不起兴趣，向量、线性变换和矩阵仍然是有价值的。事实上，这些概念的用途非常大，有专门研究它们的一整个数学分支：**线性代数**。在分析数据时，线性代数能将我们对二维和三维几何的认知泛化到任意维度上。

作为程序员，你可能很熟悉**泛化**的概念。当编写复杂的软件时，你会发现自己在一遍又一遍地编写类似的代码。在某些时候，你会把代码整合成一个能够处理通用情况的类或函数。这样可以节省编码量，并且可以改善代码的组织结构和可维护性。数学家们也遵循同样的过程：在重复遇到类似的模式后，就能更好、更准确地描述这些模式，并完善它们的定义。

本章使用类似的逻辑来定义**向量空间**。向量空间是一组对象的集合，我们可以像处理向量一样处理这些对象。这些对象可以是平面上的箭头，也可以是数字元组，还可以是我们尚未接触的其他对象。举个例子，你可以把图像当作向量，并对它们进行线性组合（见图 6-1）。

0.5 ·  + 0.5 ·  =

图 6-1　对两张图片进行线性组合，生成一张新的图片

向量空间中的关键运算是向量加法和标量乘法，可以基于它们进行线性组合（包括取反、减法、加权平均等），还可以推理出哪些变换是线性的。这些运算可以帮助我们更好地理解**维度**这个词。例如，图 6-1 中的图像其实就是一个 27 万维的对象！在接触高维甚至无限维的空间之前，我们先来回顾一下已经了解的二维和三维空间。

6.1 泛化向量的定义

Python 支持面向对象编程（OOP），这是一种很好用的泛化编程方法。具体来说，Python 类支持**继承**：你可以创建新的类，让其继承父类的属性和行为。在下面的例子中，我们希望将二维和三维向量转化为一个通用对象类 Vector 的实例。所有从这个父类继承的对象也可以被当作 Vector 的实例（见图 6-2）。

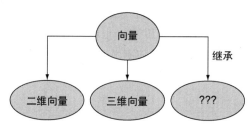

图 6-2 利用继承，二维向量、三维向量还有其他的一些对象都可以被当作特殊情况下的 Vector 实例

即使你没有接触过面向对象编程，或者没有在 Python 中实践过这样的编程方法，也大可不必担心。本章会坚持使用简单的用例帮你掌握其中的要领。如果想在开始进一步学习之前了解更多关于 Python 中的类和继承的知识，可以查看附录 B。

6.1.1 为二维坐标向量创建一个类

在代码中，我们的二维和三维向量是**坐标**向量，这意味着它们被定义为数字元组，也就是其坐标。（向量运算也可以用箭头这种几何方式来定义，但我们无法将这种方式直接转化为 Python 代码。）对于二维坐标向量来说，因为数据是 x 坐标和 y 坐标的有序对，所以元组是存储这些数据的恰当方法。不过，也可以把向量转换成一个 Python 类来表示这些信息。我们把代表二维坐标向量的类称为 Vec2。

```python
class Vec2():
    def __init__(self,x,y):
        self.x = x
        self.y = y
```

可以初始化一个像 v = Vec2(1.6,3.8) 这样的向量，并设置其坐标为 v.x 和 v.y。接下来，可以给这个类添加二维向量运算所需的方法，特别是向量加法和标量乘法。加法函数 add 接收第二个向量作为参数，并返回一个新的 Vec2 对象，其坐标分别是两个向量的 x 坐标和 y 坐标之和。

```python
class Vec2():
    ...
    def add(self, v2):
        return Vec2(self.x + v2.x, self.y + v2.y)
```

在对现有的类添加功能时，我会用...作为已有代码的占位符用 Vec2 做向量加法如下所示。

```
v = Vec2(3,4)
w = v.add(Vec2(-2,6))
print(w.x)
```

新建一个名为 v 的 Vec2 实例，其 x 坐标为 3，y 坐标为 4

将 v 和另一个 Vec2 实例相加，产生一个新的 Vec2 实例，称为 w。该操作返回 (3, 4) + (−2, 6) = (1, 10)

打印 w 的 x 坐标，结果是 1

就像我们最初实现的向量加法一样，这里并没有直接进行操作。我们没有修改两个输入向量，而是创建了一个新的 Vec2 对象来存储它们的和。也可以用类似的方式实现标量乘法，将一个标量作为输入，然后返回一个缩放过的向量作为输出。

```
class Vec2():
    ...
    def scale(self, scalar):
        return Vec2(scalar * self.x, scalar * self.y)
```

Vec(1,1).scale(50) 会返回一个新的向量，其 x 坐标和 y 坐标都是 50。这里有一个关键的细节需要注意：Vec2(3,4) == Vec2(3,4) 的输出结果是 False。这是有问题的，因为这两个实例其实代表同一个向量。之所以会这样，是因为在默认情况下，Python 会通过引用的方式来对比类的实例（检测它们是否引用内存中的同一地址），而不是比较它们的值。我们可以通过重写对应的方法来解决这个问题，让 Python 对 Vec2 类的对象以不同的方式处理==运算符。（如果想了解详情，可以参见附录 B。）

```
class Vec2():
    ...
    def __eq__(self,other):
        return self.x == other.x and self.y == other.y
```

如果两个二维坐标向量的 x 坐标和 y 坐标一致，我们希望这两个坐标向量是相等的。上述代码实现了对应的逻辑，即 Vec2(3,4) == Vec2(3,4)。

我们为 Vec2 类添加了向量加法和标量乘法这两种基本运算，并且修改了==运算的结果。现在，把注意力转移到其他一些语法上。

6.1.2　升级 Vec2 类

由于改变了==运算符的行为，我们也可以自定义 Python 运算符+和*，分别表示向量加法和标量乘法。这被称为**运算符重载**，具体参看附录 B。

```
class Vec2():
    ...
    def __add__(self, v2):
        return self.add(v2)
    def __mul__(self, scalar):
        return self.scale(scalar)
    def __rmul__(self,scalar):
        return self.scale(scalar)
```

__mul__ 和 __rmul__ 定义了两种顺序的标量乘法（标量在向量的左边或右边）。在数学上，我们认为这两者的含义是一样的现在，我们可以写出一个简练的线性组合，比如 `3.0 * Vec2(1,0) + 4.0 * Vec2(0,1)`，在产生的新 Vec2 对象中，*x* 坐标为 3.0，*y* 坐标为 4.0。不过在交互式会话（interactive session，一种可以直接执行 Python 代码的终端）中无法读出这些信息，因为 Python 并不能很好地打印 Vec2。

```
>>> 3.0 * Vec2(1,0) + 4.0 * Vec2(0,1)
<__main__.Vec2 at 0x1cef56d6390>
```

Python 提供了所产生 Vec2 实例的内存地址，但这对我们来说并不重要。幸运的是，可以通过重写__repr__方法来改变 Vec2 对象的字符串表示。

```
class Vec2():
    ...
    def __repr__(self):
        return "Vec2({},{})".format(self.x,self.y)
```

上述代码实现的字符串表示包含了 Vec2 对象最重要的数据，即坐标。现在 Vec2 运算的结果更加清晰了。

```
>>> 3.0 * Vec2(1,0) + 4.0 * Vec2(0,1)
Vec2(3.0,4.0)
```

在数学层面上，我们现在做的事情和之前用元组进行计算差不多，但是体验却好了很多。比如我们重新定义了==，还为向量运算启用了运算符重载。此外，通过定义字符串的输出，可以知道我们处理的不是普通元组，而是具体的二维向量。接下来，我们可以通过类似的方式重新定义三维向量。

6.1.3 使用同样的方法定义三维向量

我们称三维向量的类为 Vec3，虽然看起来很像二维向量的 Vec2 类，但它所需的数据是三个坐标而不是两个。在每个显式引用坐标的方法中，都需要确保正确使用 Vec3 的 *x* 坐标、*y* 坐标和 *z* 坐标值。

```
class Vec3():
    def __init__(self,x,y,z): #1
        self.x = x
        self.y = y
        self.z = z
    def add(self, other):
        return Vec3(self.x + other.x, self.y + other.y, self.z + other.z)
    def scale(self, scalar):
        return Vec3(scalar * self.x, scalar * self.y, scalar * self.z)
    def __eq__(self,other):
        return (self.x == other.x
                    and self.y == other.y
                    and self.z == other.z)
    def __add__(self, other):
        return self.add(other)
    def __mul__(self, scalar):
```

```
        return self.scale(scalar)
    def __rmul__(self,scalar):
        return self.scale(scalar)
    def __repr__(self):
        return "Vec3({},{},{})".format(self.x,self.y, self.z)
```

现在，可以使用 Python 内置的算术运算符来进行三维向量运算。

```
>>> 2.0 * (Vec3(1,0,0) + Vec3(0,1,0))
Vec3(2.0,2.0,0.0)
```

Vec3 类和 Vec2 类一样，提供了一个让我们好好思考如何泛化的具体场景。我们有几个不同的设计方向。和大多软件设计一样，这里的选择比较主观。例如，可以把重点放在简化运算上。通过复用第 3 章创建的可以处理任意数量坐标向量的 add 函数，我们不需要为 Vec2 和 Vec3 定义不同的 add 方法。也可以在内部以元组或列表的形式存储坐标，让构造函数接收任意数量的坐标，并创建一个二维、三维或更高维的向量。但我会把上述方向作为练习留给你，先来探索一个新的方向。

我的泛化设计重点关注如何**使用**向量，而不是它如何工作。这让我们找到了一个既能很好地组织代码，又能与向量的数学定义保持一致的心智模型。例如，我们可以写一个通用的 average 函数，它能用于任意类型的向量。

```
def average(v1,v2):
    return 0.5 * v1 + 0.5 * v2
```

我们可以传入二维或者三维向量，比如 average(Vec2(9.0, 1.0), Vec2(8.0, 6.0)) 和 average(Vec3(1,2,3), Vec3(4,5,6)) 都能返回正确且有意义的结果。这里剧透一下，我们很快也能对图片求平均值。一旦为图片实现了一个合适的类，就可以用 average(img1, img2) 得到一张新的图片。

这就是泛化带来的优雅性和效率提升。我们可以写一个像 average 这样的单一通用函数，并将其用于各种类型的输入。对输入的唯一约束是：需要支持向量加法和标量乘法。Vec2 对象、Vec3 对象、图像或其他类型数据之间的计算方式各不相同，但其中会有重叠的部分，即使用**什么**运算。当我们把**什么**和**如何**分开思考时，就打开了代码复用和数学抽象的大门。

怎样区分**什么**和**如何**呢？我们可以通过 Python 的抽象基类来实现。

6.1.4　构建向量基类

使用 Vec2 和 Vec3 能实现的基本操作包括：构造一个新的实例，与其他向量相加，与一个标量相乘，测试是否与另一个向量相等，打印实例的字符串表示，等等。在此之中，只有向量加法和标量乘法是向量独有的操作，所以能直接放在 Vector 基类中，其余的操作则需要在 Vector 的子类中实现。我们按照如下方式定义一个 Vector 基类。

```
from abc import ABCMeta, abstractmethod

class Vector(metaclass=ABCMeta):
    @abstractmethod
    def scale(self,scalar):
        pass
    @abstractmethod
    def add(self,other):
        pass
```

abc 模块包含工具类、函数和方法装饰器，可以帮助我们实现一个**抽象基类**，即不会被实例化的类。这种类旨在作为继承它的类的模板。@abstractmethod 装饰器意味着方法不是在基类中实现的，而是需要在子类中实现。例如，如果你试图用 v = Vector() 这样的代码来实例化一个向量，会出现 TypeError（类型错误）。

```
TypeError: Can't instantiate abstract class Vector with abstract methods add,
scale
```

这是有道理的，因为不存在"就是一个向量"的东西。它必须有具体的表现形式，比如一个坐标列表、平面上的一个箭头，等等。虽然如此，这仍然是一个有用的基类，因为它约束子类一定要实现必需的抽象方法。我们可以为这个抽象类添加所有只依赖于向量加法和标量乘法的方法，比如运算符重载。

```
class Vector(metaclass=ABCMeta):
    ...
    def __mul__(self, scalar):
        return self.scale(scalar)
    def __rmul__(self, scalar):
        return self.scale(scalar)
    def __add__(self,other):
        return self.add(other)
```

与抽象方法 scale 和 add 不同，这些实现可以被自动提供给任何子类，所以要直接在抽象类中实现。我们可以将 Vec2 和 Vec3 简化为继承自 Vector 的子类。下面是 Vec2 的新实现。

```
class Vec2(Vector):
    def __init__(self,x,y):
        self.x = x
        self.y = y
    def add(self,other):
        return Vec2(self.x + other.x, self.y + other.y)
    def scale(self,scalar):
        return Vec2(scalar * self.x, scalar * self.y)
    def __eq__(self,other):
        return self.x == other.x and self.y == other.y
    def __repr__(self):
        return "Vec2({},{})".format(self.x, self.y)
```

这确实能使我们免于重复造轮子！Vec2 和 Vec3 的相同方法现在都在 Vector 类中。Vec2 的其他方法都是针对二维向量的，需要进行修改以适用于 Vec3（你将在练习中看到）或其他包含不同数量坐标的向量。

Vector 基类很好地展示了我们可以用向量做什么。如果能在其中添加任何有用的方法，那么这些方法就可能会对**所有**类型的向量起作用。例如，可以为 Vector 添加下面两个方法。

```
class Vector(metaclass=ABCMeta):
    ...
    def subtract(self,other):
        return self.add(-1 * other)
    def __sub__(self,other):
        return self.subtract(other)
```

不需要对 Vec2 进行任何修改，就可以自动继承对应的功能。

```
>>> Vec2(1,3) - Vec2(5,1)
Vec2(-4,2)
```

这个抽象类让实现通用的向量操作变得更容易，而且和向量的数学定义相匹配。让我们把语言从 Python 切换成自然语言，看看这个抽象类如何从代码延伸到具体的数学定义。

6.1.5   定义向量空间

在数学中，向量的定义基于其具体作用而非针对其本身的描述，与前文定义 Vector 抽象类差不多。这里给出向量的第一个（不完备的）定义。

定义   向量是一个对象，具备一种与其他向量相加以及与标量相乘的**合适方式**。

我们的 Vec2 和 Vec3 对象，或者任何其他继承自 Vector 类的对象，都可以相加，以及与标量相乘。这个定义是不完整的，因为我还没有说"合适"到底是什么意思，而这一点很重要！

我接下来会列举几条重要的规则，其中有些你应该已经猜出来了。你不必记住所有的规则。如果需要测试一个新的对象是否可以被当成向量来处理，可以参考这些规则。第一组规则针对向量加法，要求其是良态的。

(1) 向量相加与顺序无关：$v + w = w + v$ 适用于任意 v 和 w。

(2) 向量相加与如何分组无关：$u + (v + w)$ 等同于 $(u + v) + w$，这代表 $u + v + w$ 是无歧义的。

举一个经典的反例：通过+拼接字符串。在 Python 中，你可以执行"hot" + "dog"，但是字符串处理起来和向量不一样，因为"hot"+"dog"与"dog"+"hot"这两个和不等价，违反了规则(1)。

标量乘法也需要是良态的，并且和加法兼容。举个例子，整数标量乘法应该等于重复加法（比如，$3 \cdot v = v + v + v$），下面是具体的规则。

(3) 向量和若干标量相乘等价于和这些标量之积相乘：如果 a 和 b 是标量，v 是向量，那么 $a \cdot (b \cdot v)$ 和 $(a \cdot b) \cdot v$ 等价。

(4) 向量和 1 相乘保持不变：$1 \cdot v = v$。

(5) 标量加法应该与标量乘法兼容：$a \cdot v + b \cdot v$ 和 $(a + b) \cdot v$ 等价。

(6) 向量加法同样应该与标量乘法兼容：$a \cdot (v + w)$ 和 $a \cdot v + a \cdot w$ 等价。

这些规则都是显而易见的。比如，可以将 $3 \cdot v + 5 \cdot v$ 翻译成自然语言 "3 个 v 的和加上 5 个 v 的和"。当然，这和 "8 个 v 的和" 或者干脆说 $8 \cdot v$ 是一样的，见规则(5)。

这些规则给我们的启示是：所有的加法和乘法运算并非生而平等。我们需要逐一验证每条规则，以确保加法和乘法的行为符合预期。如果满足所有规则，目标对象就可以被视为向量。

向量空间就是向量的集合，其定义如下。

定义 向量空间是一系列向量对象的集合，每个对象都兼容合适的向量加法和标量乘法运算（满足前文所述的规则），因此其中任意向量的线性组合都会产生一个也在集合中的向量。

例如，`[Vec2(1,0), Vec2(5,-3), Vec2(1.1,0.8)]` 这样的集合是一组满足规则的向量，但不是一个向量空间。因为 `1 * Vec2(1,0) + 1 * Vec2(5,-3)` 这个线性组合的结果是 `Vec2(6,-3)`，不在集合中。向量空间的一个例子是所有可能的二维向量的无限集合。事实上，你所遇到的大多数向量空间是无限集合，毕竟可以使用无限多的标量生成无限多的线性组合！

"向量空间需要包含其中所有向量的线性组合" 这一规则有两个暗示，它们都非常重要，需要单独指出。第一个暗示是，无论你在向量空间中选取什么向量 v，$0 \cdot v$ 都会得到同样的结果。这就是所谓的**零向量**，记为 $\boldsymbol{0}$（这里使用加粗斜体，以区别于数 0）。任何向量与零向量相加都不会发生任何变化：$\boldsymbol{0} + v = v + \boldsymbol{0} = v$。第二个暗示是，每个向量 v 都有一个相反的向量，即 $-1 \cdot v$，写作 $-v$。参见规则(5)，$v + (-v) = (1 + -1) \cdot v = 0 \cdot v = \boldsymbol{0}$。对于每一个向量，在向量空间中都有另一个向量能够通过与其相加将其 "抵消"。作为练习，你可以改进 `Vector` 类，增加一个零向量和一个取反方法作为必要的成员。

像 `Vec2` 或 `Vec3` 这样的类本身并不是集合，却可以描述一个集合。这样，我们可以把类 `Vec2` 和 `Vec3` 看作两个不同的向量空间，它们的实例代表向量。我们将在下一节中看到向量空间的例子，但首先要来看看如何验证它们是否满足前面设定的规则。

6.1.6 对向量空间类进行单元测试

为了便于思考，我们使用 `Vector` 抽象基类来描述一个向量可以做什么，而不是描述如何做。但即使给基类一个抽象的 `add` 方法，也不能保证每个继承的类都能实现合适的加法。

在数学中，保证适用性的方式通常是**给出证明**（writing a proof）。在代码中，特别是在 Python 这样的动态语言中，最好的办法就是写单元测试。例如，可以通过创建两个向量和一个标量来验证上一节中的规则(6)。

```
>>> s = -3
>>> u, v = Vec2(42,-10), Vec2(1.5, 8)
>>> s * (u + v) == s * v + s * u
True
```

这通常是单元测试的一般写法，但是很弱，因为我们只尝试了一个例子。为了让测试用例更完善，可以引入随机数。这里使用 random.uniform 函数来生成−10 和 10 之间均匀分布的浮点数。

```
from random import uniform

def random_scalar():
    return uniform(-10,10)

def random_vec2():
    return Vec2(random_scalar(),random_scalar())

a = random_scalar()
u, v  = random_vec2(), random_vec2()
assert a * (u + v) == a * v + a * u
```

除非你非常幸运，否则这个测试会以 AssertionError 失败。以下是导致我测试失败的 a、u 和 v 的错误值。

```
>>> a, u, v
(0.17952747449930084,
 Vec2(0.8353326458605844,0.2632539730989293),
 Vec2(0.555146137477196,0.34288853317521084))
```

对于前面的代码，assert 调用中等号左右表达式的结果如下。

```
>>> a * (u + v), a * z + a * v
(Vec2(0.24962914431749222,0.10881923333807299),
 Vec2(0.24962914431749225,0.108819233338073))
```

这是两个不同的向量，不过其分量其实相差无几。这并不代表我们的规则有问题，只是浮点运算并不精确。

为了忽略这种微小的差异，需要使用另一种适用于测试的相等性检验方式。Python 的 math.isclose 函数用来判断两个浮点数的值是否近似相等（默认情况下，相差超过较大值的 10 亿分之一才会被判定为不相等）。使用该函数代替前面的方案，连续测试 100 次。

```
from math import isclose

def approx_equal_vec2(v,w):                    测试 x 分量和 y 分量是否
    return isclose(v.x,w.x) and isclose(v.y,w.y)   接近（即使不相等）

for _ in range(0,100):             使用 100 组随机生成的
    a = random_scalar()           标量和向量来进行测试
    u, v  = random_vec2(), random_vec2()
    assert approx_equal_vec2(a * (u + v),
                             a * v + a * u)   用新的函数代替
                                              之前的严格检验
```

排除浮点误差后，我们可以用这种方式测试向量空间的 6 个属性。

```
def test(eq, a, b, u, v, w):
    assert eq(u + v, v  + u)
    assert eq(u + (v + w), (u + v) + w)
    assert eq(a * (b * v), (a * b) * v)
    assert eq(1 * v, v)
    assert eq((a + b) * v, a * v  + b * v)
    assert eq(a * v  + a * w, a * (v + w))

for i in range(0,100):
    a,b = random_scalar(), random_scalar()
        u,v,w = random_vec2(), random_vec2(), random_vec2()
            test(approx_equal_vec2,a,b,u,v,w)
```

test 函数的 eq 参数为具体的检验函数，这样的设计可以很好地解耦检验函数和具体的向量与标量

这个测试表明，对于 100 组随机选择的向量与标量，上述 6 条规则（属性）都是成立的。600（6 × 100）个随机单元测试通过了，很好地表明我们的 Vec2 类满足了上一节中的所有规则。当完成实现 zero() 方法和取反运算符的练习之后，就可以测试向量的更多属性了。

以上的测试用例并不通用，我们必须编写特殊的函数来生成随机的 Vec2 实例并对它们进行比较，但重要的是，test 函数本身与其包含的表达式都是完全通用的。只要我们要测试的类继承自 Vector，就可以执行 a * v + a * w 和 a * (v + w) 这样的表达式，然后就可以测试它们是否相等。现在，我们可以尽情探索不同的对象，看看它们能否被当作向量来处理了，因为我们已经掌握了测试的要领。

6.1.7 练习

练习 6.1：实现继承自 Vector 的类 Vec3。

解：

```
class Vec3(Vector):
    def __init__(self,x,y,z):
        self.x = x
        self.y = y
        self.z = z
    def add(self,other):
        return Vec3(self.x + other.x,
                    self.y + other.y,
                    self.z + other.z)
    def scale(self,scalar):
        return Vec3(scalar * self.x,
                    scalar * self.y,
                    scalar * self.z)
    def __eq__(self,other):
        return (self.x == other.x
                and self.y == other.y
                and self.z == other.z)
    def __repr__(self):
        return "Vec3({},{},{})".format(self.x, self.y, self.z)
```

练习 6.2（小项目）：实现一个继承自 Vector 的类 CoordinateVector，添加一个代表维度的抽象属性，以此节省因为坐标维度不同而带来的重复工作。从 CoordinateVector 继承并将维度设置为 6 就能实现类 Vec6。

解：我们可以使用第 2 章和第 3 章中与维度无关的操作 add 和 scale。在下面的类中，唯一没有实现的就是维度。如果不知道要处理多少维度，就无法实例化 CoordinateVector。

```python
from abc import abstractproperty
from vectors import add, scale

class CoordinateVector(Vector):
    @abstractproperty
    def dimension(self):
        pass
    def __init__(self,*coordinates):
        self.coordinates = tuple(x for x in coordinates)
    def add(self,other):
        return self.__class__(*add(self.coordinates, other.coordinates))
    def scale(self,scalar):
        return self.__class__(*scale(scalar, self.coordinates))
    def __repr__(self):
        return "{}{}".format(self.__class__.__qualname__, self.coordinates)
```

一旦选择了一个维度（比如 6），我们就有了一个可以实例化的具体的类。

```python
class Vec6(CoordinateVector):
    def dimension(self):
        return 6
```

向量加法、标量乘法等的定义是从 CoordinateVector 基类中获取的。

```python
>>> Vec6(1,2,3,4,5,6) + Vec6(1, 2, 3, 4, 5, 6)
Vec6(2, 4, 6, 8, 10, 12)
```

练习 6.3：在 Vector 类中添加一个 zero 抽象方法，以返回给定向量空间中的零向量，并且实现取反运算符。有了这两样，向量空间就有了零向量，并能对其中的任意向量取反。

解：

```python
from abc import ABCMeta, abstractmethod, abstractproperty

class Vector(metaclass=ABCMeta):
    ...
    @classmethod              ◁—— zero 是一个类方法，因为任意
    @abstractproperty              向量空间只有一个零值
    def zero():           ◁——┐ zero 也是一个抽象属性，因为
        pass                  └ 我们还没有提供具体的值

    def __neg__(self):    ◁——┐ 用于重载取反运算符的
        return self.scale(-1)  └ 特殊方法名
```

我们不需要为任何子类实现__neg__，因为它的定义包含在父类中，是基于标量乘法的。然而，我们确实需要为每个类实现 zero。

```
class Vec2(Vector):
    ...
    def zero():
        return Vec2(0,0)
```

练习 6.4：为 Vec3 编写单元测试，以证明它的向量加法和标量乘法运算满足向量空间属性。

解：因为测试函数是通用的，所以只需要为 Vec3 对象和 100 个随机输入集提供一个新的测试函数。

```
def random_vec3():
    return Vec3(random_scalar(),random_scalar(),random_scalar())

def approx_equal_vec3(v,w):
    return isclose(v.x,w.x) and isclose(v.y,w.y) and isclose(v.z, w.z)

for i in range(0,100):
    a,b = random_scalar(), random_scalar()
    u,v,w = random_vec3(), random_vec3(), random_vec3()
    test(approx_equal_vec3,a,b,u,v,w)
```

练习 6.5：对于任意向量 v，增加单元测试来证明 $\mathbf{0} + v = v$、$0 \cdot v = \mathbf{0}$ 和 $-v + v = \mathbf{0}$，其中的 0 是数，$\mathbf{0}$ 是零向量。

解：因为不同类的零向量是不同的，所以需要把它作为一个参数传递。

```
def test(zero,eq,a,b,u,v,w):
    ...
    assert eq(zero + v, v)
    assert eq(0 * v, zero)
    assert eq(-v + v, zero)
```

我们可以测试任何一个实现了 zero 方法的向量类（见练习 6.3）。

```
for i in range(0,100):
    a,b = random_scalar(), random_scalar()
    u,v,w = random_vec2(), random_vec2(), random_vec2()
    test(Vec2.zero(), approx_equal_vec2, a,b,u,v,w)
```

练习 6.6：由于 `Vec2` 和 `Vec3` 实现了==运算符重载，结果是 `Vec2(1,2) == Vec3(1,2,3)`
返回 `True`。Python 的鸭子类型（duck typing）看起来太宽容了！通过添加一个检查来解决
这个问题：在测试向量相等性之前，确认类型必须一致。

解：事实证明，我们也需要对 add 进行检查！

```
class Vec2(Vector):
    ...
    def add(self,other):
        assert self.__class__ == other.__class__
        return Vec2(self.x + other.x, self.y + other.y)
    ...
    def __eq__(self,other):
        return (self.__class__ == other.__class__
            and self.x == other.x and self.y == other.y)
```

为了安全起见，也可以给 `Vector` 的其他子类添加这样的检查。

练习 6.7：在 `Vector` 上实现一个 `__truediv__` 方法，允许你用向量除以标量。将向量乘以
标量的倒数（1.0/标量），就可以将向量除以非零标量。

解：

```
class Vector(metaclass=ABCMeta):
    ...
    def __truediv__(self, scalar):
        return self.scale(1.0/scalar)
```

实现了这个方法，就可以像 `Vec2(1,2)/2` 那样执行除法运算，得到 `Vec2(0.5,1.0)`。

6.2　探索不同的向量空间

现在你知道什么是向量空间了，再来看一些示例吧。每个示例都会探索一种新的对象，将其
实现为一个继承自 `Vector` 的类。此时，无论它是哪种对象，都可以执行向量加法、标量乘法或
其他任何与向量有关的运算。

6.2.1　枚举所有坐标向量空间

到目前为止，我们已经在坐标向量 `Vec2` 和 `Vec3` 上花了很多时间，所以二维和三维的坐标
向量就不需要再多解释了。但值得回顾的是，一个坐标向量的向量空间可以有任意数量的坐标。
`Vec2` 向量有两个坐标，`Vec3` 向量有三个坐标，同样可以有一个 `Vec15` 类，它具有 15 个坐标。
虽然无法用几何图形来描述，但 `Vec15` 对象代表的是 15 维空间中的点。

值得一提的是 Vec1 类，即具有单一坐标的向量。它的实现方式如下所示。

```
class Vec1(Vector):
    def __init__(self,x):
        self.x = x
    def add(self,other):
        return Vec1(self.x + other.x)
    def scale(self,scalar):
        return Vec1(scalar * self.x)
    @classmethod
    def zero(cls):
        return Vec1(0)
    def __eq__(self,other):
        return self.x == other.x
    def __repr__(self):
        return "Vec1({})".format(self.x)
```

这个类不过是对单一坐标的包装器，并没有提供其他有价值的运算方法。Vec1 上的向量加法和标量乘法其实等价于对其所包装的数进行加法和乘法运算。

```
>>> Vec1(2) + Vec1(2)
Vec1(4)
>>> 3 * Vec1(1)
Vec1(3)
```

出于这个原因，我们可能永远不会需要一个 Vec1 类。但重要的是要知道，数本身就是向量。所有实数（包括整数、分数和像 π 这样的无理数）的集合被表示为 $\mathbb{R}$，它本身就是一个向量空间。这是一种特殊情况：标量和向量是同一种对象。

坐标向量空间被表示为 $\mathbb{R}^n$，其中 n 代表维度，即坐标数量。例如，二维平面表示为 $\mathbb{R}^2$，三维空间表示为 $\mathbb{R}^3$。只要使用实数作为标量来进行运算，生成的任意向量空间都是变相的 $\mathbb{R}^n$。[①] 这就是为什么我们需要提到向量空间 $\mathbb{R}$，虽然它看起来很鸡肋。另一个值得一提的向量空间是**零维**（zero-demensional）空间 $\mathbb{R}^0$。这是坐标数为零的向量集，可以被描述为空的元组或继承自 Vector 的类 Vec0。

```
class Vec0(Vector):
    def __init__(self):
        pass
    def add(self,other):
        return Vec0()
    def scale(self,scalar):
        return Vec0()
    @classmethod
    def zero(cls):
        return Vec0()
    def __eq__(self,other):
        return self.__class__ == other.__class__ == Vec0
    def __repr__(self):
        return "Vec0()"
```

---

① 需要保证向量空间的维度是有限的！有一种无限维向量空间，名为 $\mathbb{R}^\infty$，但它不是唯一的无限维向量空间。

没有坐标并不代表不包含任何向量，而是正好有一个零维向量。对零维向量进行任何计算都能很快得出答案，所有的结果向量总是相同的，即零维向量自身。

```
>>> - 3.14 * Vec0()
Vec0()
>>> Vec0() + Vec0() + Vec0() + Vec0()
Vec0()
```

从 OOP 的角度来看，这就像一个单例类。从数学的角度来看，我们知道每个向量空间都要有一个零向量，所以可以认为 Vec0() 就是这个零向量。

我们现在了解了零维、一维、二维、三维或更高维度的坐标向量。今后当看到一个向量时，就可以找出与其匹配的向量空间了。

6.2.2　识别现实中的向量

让我们回到第 1 章的一个示例，看看二手丰田普锐斯的数据集。在源代码中，你会看到如何加载我的朋友 Dan Rathbone 在 CarGraph 网站上提供的数据集。为了便于操作，我将汽车数据加载到一个类中。

```
class CarForSale():
    def __init__(self, model_year, mileage, price, posted_datetime,
                 model, source, location, description):
        self.model_year = model_year
        self.mileage = mileage
        self.price = price
        self.posted_datetime = posted_datetime
        self.model = model
        self.source = source
        self.location = location
        self.description = description
```

将 CarForSale 对象作为向量处理非常合适。例如，可以将其表示成一个线性组合来求平均值，看看普锐斯的销售情况。要做到这一点，需要将这个类改造为继承自 Vector。

那么，如何添加两辆车呢？可以将数字类型的字段 model_year、mileage 和 price 作为向量的组成部分，但是不能将字符串属性纳入进来（我们无法把字符串当作向量来处理）。进行运算时，结果不是一辆真正待售的汽车，而是一辆由其属性所定义的**虚拟汽车**。为了表示这一点，我把所有的字符串属性值改为"(virtual)"加以区分。最后要注意的是，虽然不能添加日期属性，但可以添加时间跨度。在图 6-3 中，我以检索数据当天作为参考点，添加了自汽车发布以来的时间跨度。整个过程如代码清单 6-1 所示。

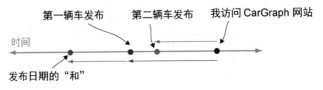

图 6-3　出售汽车的时间轴

这些也都适用于标量乘法。我们可以用标量乘以数字类型的属性以及发布以来的时间跨度值。但是，无法对字符串属性进行对应操作。

代码清单 6-1　通过实现必要的方法，让 `CarForSale` 表现得像 `Vector` 一样

```
from datetime import datetime

class CarForSale(Vector):
    retrieved_date = datetime(2018,11,30,12)
    def __init__(self, model_year, mileage, price, posted_datetime,
                    model="(virtual)",
                            source="(virtual)",
                    location="(virtual)", description="(virtual)"):
        self.model_year = model_year
        self.mileage = mileage
        self.price = price
        self.posted_datetime = posted_datetime
        self.model = model
        self.source = source
        self.location = location
        self.description = description
    def add(self, other):
        def add_dates(d1, d2):
            age1 = CarForSale.retrieved_date - d1
            age2 = CarForSale.retrieved_date - d2
            sum_age = age1 + age2
            return CarForSale.retrieved_date - sum_age
        return CarForSale(
            self.model_year + other.model_year,
            self.mileage + other.mileage,
            self.price + other.price,
            add_dates(self.posted_datetime, other.posted_datetime)
        )
    def scale(self,scalar):
        def scale_date(d):
            age = CarForSale.retrieved_date - d
            return CarForSale.retrieved_date - (scalar * age)
        return CarForSale(
            scalar * self.model_year,
            scalar * self.mileage,
            scalar * self.price,
            scale_date(self.posted_datetime)
        )
    @classmethod
    def zero(cls):
        return CarForSale(0, 0, 0, CarForSale.retrieved_date)
```

> 我于 2018 年 11 月 30 日正午从 CarGraph 网站获取到的数据集

> 为了简化构造函数，所有的字符串参数都是可选的，默认值为 `"(virtual)"`

> 工具函数，通过叠加时间跨度来实现将日期相加

> 通过对属性求和来生成新的 `CarForSale` 实例

> 工具函数，根据传入的数值来缩放时间跨度

你可以通过查看源代码的方式来了解该类的完整实现，包括加载汽车数据样本的代码。在加载汽车列表后，我们可以尝试一些向量运算。

```
>>> (cars[0] + cars[1]).__dict__
{'model_year': 4012,
 'mileage': 306000.0,
```

```
'price': 6100.0,
'posted_datetime': datetime.datetime(2018, 11, 30, 3, 59),
'model': '(virtual)',
'source': '(virtual)',
'location': '(virtual)',
'description': '(virtual)'}
```

对前两辆车求和，得到一辆 4012 年款的普锐斯（或许它能穿越时空？），行驶里程为 30.6 万英里，售价 6100 美元。它发布于我访问 CarGraph 网站当天的凌晨 3 点 59 分。这辆不同寻常的车看起来并没有实际意义，不过稍安勿躁，平均数（如下所示）看起来更有意义。

```
>>> average_prius = sum(cars, CarForSale.zero()) * (1.0/len(cars))
>>> average_prius.__dict__

{'model_year': 2012.5365853658536,
 'mileage': 87731.63414634147,
 'price': 12574.731707317074,
 'posted_datetime': datetime.datetime(2018, 11, 30, 9, 0, 49, 756098),
 'model': '(virtual)',
 'source': '(virtual)',
 'location': '(virtual)',
 'description': '(virtual)'}
```

这样的结果才有意义。普锐斯车龄平均 6 年，里程大约 88 000 英里，售价约为 12 500 美元，发布时间为我访问网站当天的早上 9 点 49 分。（在第三部分中，我们将花很多时间把数据集当作向量来处理。）

忽略文本数据，CarForSale 表现得更像一个向量——它的行为就像一个四维向量，其维度包括价格、车型、里程和发布的日期时间。它不完全是一个坐标向量，因为发布日期不是一个数字。即使数据不是数字，这个类也满足向量空间的特征（你可以通过练习中的单元测试来验证这一点），所以它的实例可以被当作向量来处理。具体来说，这些实例就是四维向量，可以在 CarForSale 对象和 Vec4 对象之间建立一对一的映射（这也是你的一个练习题）。在下一个例子中，我们将看到一些看起来更不像坐标向量但仍然满足向量定义的对象。

6.2.3 将函数作为向量处理

数学函数其实可以被当作向量，特别是接收一个实数并返回一个实数的数学函数。函数 f 接收一个实数并返回一个实数的数学描述为 $f: \mathbb{R} \to \mathbb{R}$。在 Python 中，可以将函数看作接收 float 值并返回 float 值。

与二维或三维向量一样，我们可以用可视化或代数的方式处理函数的加法和标量乘法。首先，可以用代数方式写函数，如 $f(x) = 0.5 \cdot x + 3$ 或 $g(x) = \sin(x)$。另外，也可以用图表来可视化这些操作。

源代码里有一个简单的 plot 函数，可以在指定的输入范围内绘制一个或多个函数的图形。下面的代码会将函数 $f(x)$ 和 $g(x)$ 针对 x 在-10 和 10 之间的结果绘制出来（见图 6-4）。

```
def f(x):
    return 0.5 * x + 3
def g(x):
    return sin(x)
plot([f,g],-10,10)
```

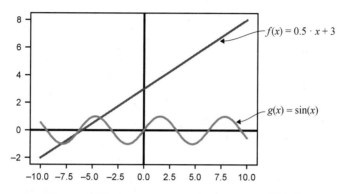

图 6-4 函数 $f(x) = 0.5 \cdot x + 3$ 和 $g(x) = \sin(x)$ 的图形

在代数上，我们可以对两个函数求和，只需要把对应的表达式相加即可。这意味着 $f + g$ 也是一个函数，定义为 $(f + g)(x) = f(x) + g(x) = 0.5 \cdot x + 3 + \sin(x)$。从生成的图形上看，就是把每个点的 y 值相加，相当于把两个函数叠加在一起，如图 6-5 所示。

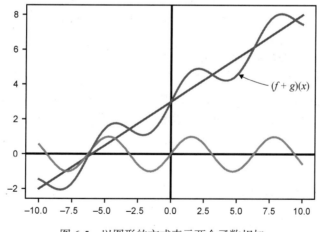

图 6-5 以图形的方式表示两个函数相加

为了实现函数求和，可以写一些功能性的 Python 代码。如下代码将两个函数作为输入，并返回一个新的函数，也就是它们的和。

```
def add_functions(f,g):
    def new_function(x):
        return f(x) + g(x)
    return new_function
```

同样，可以用函数表达式乘以标量的方式来实现函数和标量的乘法。例如，$3g$ 表示 $(3g)(x) =$ $3 \cdot g(x) = 3 \cdot \sin(x)$。这样做的效果是将函数 g 在 y 方向上按照系数 3 进行拉伸（见图 6-6）。

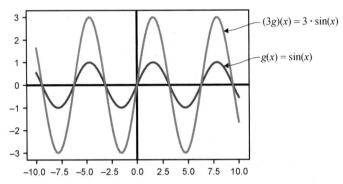

图 6-6   函数 $(3g)$ 看起来就像函数 g 在 y 轴方向上被拉伸为 3 倍

可以把 Python 函数封装在一个继承自 Vector 的类中，我把它作为练习留给你。由此一来，就可以写出漂亮的函数算术表达式了，比如 $3 \cdot f$ 或 $2 \cdot f - 6 \cdot g$。你甚至可以让这个类变成**可调用**的，或者能够像函数一样接收参数，实现像 $(f + g)(6)$ 这样的表达式。有挑战的是，确定函数是否满足向量空间规则的单元测试要困难得多，因为生成随机函数或测试两个函数是否相等是很困难的。要想真正知道两个函数是否相等，必须知道它们对每一个可能的输入都返回相同的输出。这意味着要测试每一个实数，或者至少每一个 float 值！

这就引出了另一个问题：函数向量空间的**维度**究竟是多少？说具体一点儿，需要多少个实数坐标才能唯一地识别一个函数？

与其将一个 Vec3 对象的坐标命名为 x、y 和 z，不如用 $i = 1, 2, 3$ 来对其进行索引。同样，一个 Vec15 对象的坐标索引 i 为 1 到 15。然而，函数的输入值有无限多种可能性；对于任意 x 值，都有一个 $f(x)$ 值与之对应。换句话说，你可以把 f 的坐标看作它在每一个点上的值，能用所有实数进行索引。这意味着函数的向量空间是**无限维**的。这使得我们很难处理所有函数的向量空间，但稍后会再看看这种向量空间，了解一些简单的子集。在此之前，让我们回归可控的有限维度，再看两个示例。

6.2.4   将矩阵作为向量处理

因为 $n \times m$ 矩阵就是一个数量为 $n \cdot m$ 的数字列表，所以它虽然是矩阵的形式，但可以被看成一个 $n \cdot m$ 维向量。比如说，5×3 矩阵的向量空间与 15 维坐标向量的向量空间的唯一区别是，坐标值是以矩阵的形式呈现的，我们仍然要对坐标逐一相加或者乘以给定的标量。图 6-7 展示了矩阵相加的方式。

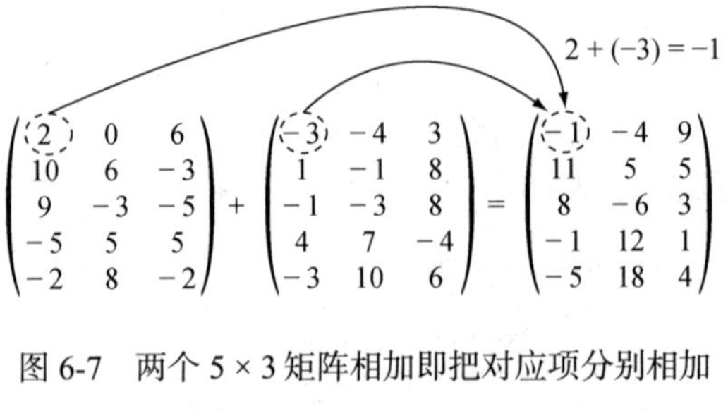

$$2 + (-3) = -1$$

$$\begin{pmatrix} 2 & 0 & 6 \\ 10 & 6 & -3 \\ 9 & -3 & -5 \\ -5 & 5 & 5 \\ -2 & 8 & -2 \end{pmatrix} + \begin{pmatrix} -3 & -4 & 3 \\ 1 & -1 & 8 \\ -1 & -3 & 8 \\ 4 & 7 & -4 \\ -3 & 10 & 6 \end{pmatrix} = \begin{pmatrix} -1 & -4 & 9 \\ 11 & 5 & 5 \\ 8 & -6 & 3 \\ -1 & 12 & 1 \\ -5 & 18 & 4 \end{pmatrix}$$

图 6-7   两个 5×3 矩阵相加即把对应项分别相加

实现一个继承自 Vector 的 5×3 矩阵类比实现一个 Vec15 类复杂，因为需要通过两次循环来遍历一个矩阵。但是，具体的代码并没有想象中那么复杂（见代码清单 6-2）。

代码清单 6-2　把 5×3 矩阵当成向量来处理的 Python 类

```python
class Matrix5_by_3(Vector):
    rows = 5                               ← 需要知道行列数，
    columns = 3                               才能构造零矩阵
    def __init__(self, matrix):
        self.matrix = matrix
    def add(self, other):
        return Matrix5_by_3(tuple(
            tuple(a + b for a,b in zip(row1, row2))
            for (row1, row2) in zip(self.matrix, other.matrix)
        ))
    def scale(self,scalar):
        return Matrix5_by_3(tuple(
            tuple(scalar * x for x in row)
            for row in self.matrix
        ))
    @classmethod
    def zero(cls):
        return Matrix5_by_3(tuple(            ← 5×3 矩阵的零向量是一个全部由 0
            tuple(0 for j in range(0, cls.columns))   组成的 5×3 矩阵。把它和任意 5×3
            for i in range(0, cls.rows)               矩阵 M 相加，都会返回 M
        ))
```

你也可以创建一个 Matrix2_by_2 类或 Matrix99_by_17 类来表示不同的向量空间。在这些情况下，大部分的实现是一样的，只是维度不再是 15，而是 $2 \cdot 2 = 4$ 或 $99 \cdot 17 = 1683$。你可以做一个练习，创建一个继承自 Vector 的 Matrix 类，它囊括除了指定行列数以外的所有数据，任意 MatrixM_by_N 类都可以继承 Matrix。

矩阵的有趣之处并不在于它们是排列在网格中的数，而是可以被看成线性代数的"名片"。我们已经知道，数字列表和函数是向量空间的两种情况。事实上，矩阵在两种意义上都是向量。如果矩阵 A 有 n 行 m 列，它就代表了一个从 m 维空间到 n 维空间的线性函数（数学描述为 $A: \mathbb{R}^m \to \mathbb{R}^n$）。

正如我们可以在 $\mathbb{R} \to \mathbb{R}$ 上进行函数的加法和标量乘法运算，也可以在 $\mathbb{R}^m \to \mathbb{R}^n$ 上进行同样的计算。在 6.2.6 节最后的一个小项目中，你可以尝试对矩阵进行向量空间的单元测试，检查它们是否在两种意义上都可以被看作向量。这并不意味着排列在网格中的数毫无用处，只是我们经常将它们当作函数来处理。最常见的例子是，我们可以使用数字数组来表示图像。

6.2.5　使用向量运算来操作图像

在计算机上，图像是由称为**像素**的彩色方块排列成的组合。普通的图像可能有几百像素长、几百像素宽。在彩色图像中，需要三个数来描述像素的红、绿、蓝（RGB）分量（见图 6-8）。一般来说，300 像素 × 300 像素的图像由 $300 \cdot 300 \cdot 3 = 270\,000$ 个数值来表示。当把这个图像看成向量时，像素就位于一个 27 万维的向量空间里！

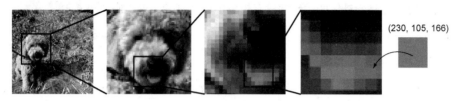

(230, 105, 166)

图 6-8　放大我的狗 Melba 的图片，直到挑出一个由红、绿、蓝三色（值分别为 230、
　　　　105 和 166）组成的像素

鉴于在不同种类的阅读器上，可能看不到 Melba 舌头上的粉红色。但因为我们通过数来表示颜色，所以一切还是有意义的。此外，你也可以在本书的源代码中看到全彩图片。

Python 有一个标准图像处理库 PIL，在 pip 中发布为 pillow。你不需要学习太多关于这个库的知识，因为我们马上就会在一个新的类中对它进行封装（见代码清单 6-3）。ImageVector 类继承自 Vector，存储了 300 × 300 的图像像素数据，支持加法和标量乘法运算。

代码清单 6-3　用向量描述图像的类

```
from PIL import Image
class ImageVector(Vector):
    size = (300,300)
    def __init__(self,input):
        try:
            img = Image.open(input).\
                  resize(ImageVector.size)
            self.pixels = img.getdata()
        except:
            self.pixels = input
    def image(self):
        img = Image.new('RGB', ImageVector.size)
        img.putdata([(int(r), int(g), int(b))
                       for (r,g,b) in self.pixels])
        return img
    def add(self,img2):
        return ImageVector([(r1+r2,g1+g2,b1+b2)
                     for ((r1,g1,b1),(r2,g2,b2))
                     in zip(self.pixels,img2.pixels)])
    def scale(self,scalar):
        return ImageVector([(scalar*r,scalar*g,scalar*b)
                     for (r,g,b) in self.pixels])
    @classmethod
    def zero(cls):
        total_pixels = cls.size[0] * cls.size[1]
        return ImageVector([(0,0,0) for _ in range(0,total_pixels)])
    def _repr_png_(self):
        return self.image()._repr_png_()
```

处理固定尺寸的图像，以
300 像素 × 300 像素为例

构造函数接收图像文件的名称。我们用 PIL 创建一个 Image 对象，将其大小调整为 300 × 300，然后用 getdata() 方法提取其所有像素。每一个像素都是由红、绿、蓝三色值构成的元组

构造函数也可以直接接收像素列表

图片的向量加法是通过对每个像素的红、绿、蓝值求和来实现的

该方法返回底层的 PIL 图像，通过类上的静态属性 size 来决定图像的大小。需要注意的是，这些值必须被转换为整数，才能创建可被显示出来的图像

执行标量乘法的方式是将每个像素的红、绿、蓝值乘以给定标量

"零图像"上所有像素的红、绿、蓝值都为 0

Jupyter Notebook 可以内联展示 PIL 图片，前提是实现 _repr_png_ 方法

　　在 PIL 的帮助下，我们可以通过文件名加载图像，并对图像进行向量运算。举个例子，两张图片的平均值可以用线性组合的方式进行计算，结果如图 6-9 所示。

```
0.5 * ImageVector("inside.JPG") + 0.5 * ImageVector("outside.JPG")
```

图 6-9　通过线性组合来对两张 Melba 的照片求平均值

　　虽然任何 `ImageVector` 都是有效的，但是颜色分量的取值是有上下限的，分别是 0 和 255。正因为如此，对任何图像进行取反运算都会得到漆黑一片，因为结果已经低于了取值下限。同理，使用正标量来放大取值倍数会把照片冲淡，因为大部分像素超过了取值上限。图 6-10 很好地展示了这种现象。

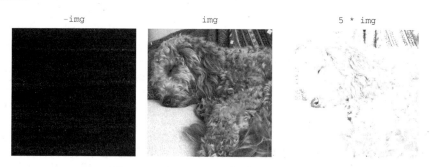

图 6-10　对一张图片进行取反和标量乘法

　　为了做出视觉上有趣的变化，需要保证所有颜色都处于正确的取值范围内。零向量（黑色）和所有值都等于 255 的向量（白色）是很好的参考点。例如，从全白图像中"减去"一个图像，就会产生颜色反转的效果。如图 6-11 所示，使用下面的白色向量：

```
white = ImageVector([(255,255,255) for _ in range(0,300*300)])
```

"减去"一幅图像，就会生成一幅诡异的图片。（即使你看到的是黑白图片，差异也应该很明显。）

ImageVector("melba_toy.JPG")　　　　　white - ImageVector("melba_toy.JPG")

 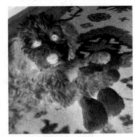

图 6-11　使用纯白图片"减去"原图来反转一张图片上的颜色

向量运算显然是一个通用概念：向量加法和标量乘法的定义概念适用于数、坐标向量、函数、矩阵、图像和许多其他种类的对象。当我们在不同的领域中应用相同的数学语言时，结果如此丰富多彩。我们需要牢记向量空间的这些示例，并思考如何进一步泛化向量的概念。

6.2.6　练习

练习 6.8：用 u、v 和 w 三个浮点值代替继承自 Vector 类的对象进行向量空间的单元测试，证明实数确实是向量。

解：把向量作为随机标量，把数字零作为零向量，用 math.isclose 测试相等性，通过了 100 次随机测试。

```
for i in range(0,100):
    a,b = random_scalar(), random_scalar()
    u,v,w = random_scalar(), random_scalar(), random_scalar()
    test(0, isclose, a,b,u,v,w)
```

练习 6.9（小项目）：对 CarForSale 进行向量空间的单元测试，证明它的对象形成了一个向量空间（忽略其文本属性）。

解：绝大部分工作是在生成随机数据，还要建立一个判断近似相等的测试函数来处理日期数据。

```
from math import isclose
from random import uniform, random, randint
from datetime import datetime, timedelta
```

```
def random_time():
    return CarForSale.retrieved_date - timedelta(days=uniform(0,10))

def approx_equal_time(t1, t2):
    test = datetime.now()
    return isclose((test-t1).total_seconds(), (test-t2).total_seconds())

def random_car():
    return CarForSale(randint(1990,2019), randint(0,250000),
            27000. * random(), random_time())

def approx_equal_car(c1,c2):
    return (isclose(c1.model_year,c2.model_year)
            and isclose(c1.mileage,c2.mileage)
            and isclose(c1.price, c2.price)
            and approx_equal_time(c1.posted_datetime, c2.posted_datetime))

for i in range(0,100):
    a,b = random_scalar(), random_scalar()
    u,v,w = random_car(), random_car(), random_car()
    test(CarForSale.zero(), approx_equal_car, a,b,u,v,w)
```

练习 6.10：实现 Function(Vector) 类，只接收一个变量的函数作为其构造函数的参数，并实现 __call__ 方法，以便将其作为一个函数来处理。应该可以执行 plot([f,g,f+g,3*g], -10,10) 这样的代码。

解：

```
class Function(Vector):
    def __init__(self, f):
        self.function = f
    def add(self, other):
        return Function(lambda x: self.function(x) + other.function(x))
    def scale(self, scalar):
        return Function(lambda x: scalar * self.function(x))
    @classmethod
    def zero(cls):
        return Function(lambda x: 0)
    def __call__(self, arg):
        return self.function(arg)

f = Function(lambda x: 0.5 * x + 3)
g = Function(sin)

plot([f, g, f+g, 3*g], -10, 10)
```

最后一行的结果如图 6-12 所示。

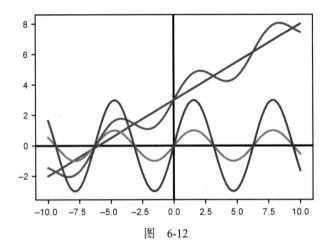

图　6-12

对象 f 和 g 的行为像向量，所以可以对它们进行向量加法和标量乘法。因为它们的行为也像函数，所以可以绘制出对应的图形。

练习 6.11（小项目）：测试函数的相等性是一件困难的事情，但请尽力写一个函数来测试两个函数是否相等。

解：因为我们通常对良态的连续函数感兴趣，所以只需要准备一些随机的输入值，检查它们的结果是否接近就足够了。

```
def approx_equal_function(f,g):
    results = []
    for _ in range(0,10):
        x = uniform(-10,10)
        results.append(isclose(f(x),g(x)))
    return all(results)
```

遗憾的是，这可能带来误导。以下测试的结果为 `True`，尽管 x 取 0 时两个函数并不相等。

```
approx_equal_function(lambda x: (x*x)/x, lambda x: x)
```

事实证明，计算函数的相等性是一个**不可测**（undecidable）的问题。换言之，目前已经证明没有一种算法可以保证任意两个函数相等。

练习 6.12（小项目）：对 `Function` 类进行单元测试，证明函数满足向量空间的属性。

解：测试函数是否相等是很困难的，而且生成随机函数也很困难。这里使用一个 `Polynomial` 类（下一节会遇到）来随机生成一些多项式函数。使用前面小项目中的 `approx_equal_ function`，可以让测试通过。

```
def random_function():
    degree = randint(0,5)
    p = Polynomial(*[uniform(-10,10) for _ in range(0,degree)])
    return Function(lambda x: p(x))

for i in range(0,100):
    a,b = random_scalar(), random_scalar()
    u,v,w = random_function(), random_function(), random_function()
    test(Function.zero(), approx_equal_function, a,b,u,v,w)
```

练习 6.13（小项目）：实现类 `Function2(Vector)`，表示带有**两个变量**的函数，如 $f(x, y) = x + y$。

解：这个类的定义方式与 `Function` 类没有太大区别，但所有函数都有两个参数。

```
class Function(Vector):
    def __init__(self, f):
        self.function = f
    def add(self, other):
        return Function(lambda x,y: self.function(x,y) + other.function(x,y))
    def scale(self, scalar):
        return Function(lambda x,y: scalar * self.function(x,y))
    @classmethod
    def zero(cls):
        return Function(lambda x,y: 0)
    def __call__(self, *args):
        return self.function(*args)
```

例如，$f(x, y) = x + y$ 和 $g(x, y) = x - y + 1$ 之和应该是 $2x + 1$，我们用如下代码确认。

```
>>> f = Function(lambda x,y:x+y)
>>> g = Function(lambda x,y: x-y+1)
>>> (f+g)(3,10)
7
```

练习 6.14：9×9 矩阵的向量空间的维度是多少？

(a) 9

(b) 18

(c) 27

(d) 81

解：9×9 矩阵有 81 项，所以有 81 个独立的数（或者坐标）来确定一个这样的矩阵。因此，它是一个 81 维的向量空间，正确答案是(d)。

练习 6.15（小项目）：实现一个继承自 Vector 的类 Matrix，用抽象属性表示行列数。虽然无法实例化一个 Matrix 类，但可以通过继承 Matrix 并明确指定行列数来创建 Matrix5_by_3 类。

解：

```
class Matrix(Vector):
    @abstractproperty
    def rows(self):
        pass
    @abstractproperty
    def columns(self):
        pass
    def __init__(self,entries):
        self.entries = entries
    def add(self,other):
        return self.__class__(
            tuple(
                tuple(self.entries[i][j] + other.entries[i][j]
                        for j in range(0,self.columns()))
                for i in range(0,self.rows())))
    def scale(self,scalar):
        return self.__class__(
            tuple(
                tuple(scalar * e for e in row)
                for row in self.entries))
    def __repr__(self):
        return "%s%r" % (self.__class__.__qualname__, self.entries)
    def zero(self):
        return self.__class__(
            tuple(
                tuple(0 for i in range(0,self.columns()))
                for j in range(0,self.rows())))
```

我们现在可以快速实现一个类，表示任意固定大小的矩阵向量空间，例如 2×2。

```
class Matrix2_by_2(Matrix):
    def rows(self):
        return 2
    def columns(self):
        return 2
```

这样就可以像操作向量一样处理 2×2 的矩阵了。

```
>>> 2 * Matrix2_by_2(((1,2),(3,4))) + Matrix2_by_2(((1,2),(3,4)))
Matrix2_by_2((3, 6), (9, 12))
```

练习 6.16：对 `Matrix5_by_3` 类进行单元测试，证明它满足向量空间的定义。

解：

```
def random_matrix(rows, columns):
    return tuple(
        tuple(uniform(-10,10) for j in range(0,columns))
        for i in range(0,rows)
    )

def random_5_by_3():
    return Matrix5_by_3(random_matrix(5,3))

def approx_equal_matrix_5_by_3(m1,m2):
    return all([
        isclose(m1.matrix[i][j],m2.matrix[i][j])
        for j in range(0,3)
        for i in range(0,5)
    ])

for i in range(0,100):
    a,b = random_scalar(), random_scalar()
    u,v,w = random_5_by_3(), random_5_by_3(), random_5_by_3()
    test(Matrix5_by_3.zero(), approx_equal_matrix_5_by_3, a,b,u,v,w)
```

练习 6.17（小项目）：编写一个继承自 `Vector` 的类 `LinearMap3d_to_5d`，使用 5×3 矩阵作为数据源，编写 `__call__` 方法来实现从 $\mathbb{R}^3$ 到 $\mathbb{R}^5$ 的线性映射。证明它在计算方式上与 `Matrix5_by_3` 一致，并证明它也满足向量空间的定义。

练习 6.18（小项目）：编写一个能够对 `Matrix5_by_3` 对象和 `Vec3` 对象运行矩阵乘法的 Python 函数。对向量和矩阵类的 * 运算符进行重载，以便将变量或矩阵与向量相乘。

练习 6.19：证明 `ImageVector` 类的零向量和图像相加时不会明显改变任何图像。

解：对于任意图像，执行 `ImageVector("my_ image.jpg") + ImageVector.zero()` 看看效果。

练习 6.20：选择两幅图像并按照不同比例进行加权平均运算，生成 10 幅不同的图像。所生成图像上的点即为在 27 万维空间中的两幅图像上像素点的线性组合！

解：权重通过 s 表示，$s = 0.1, 0.2, 0.3, \cdots, 0.9, 1.0$。

```
s * ImageVector("inside.JPG") + (1-s) * ImageVector("outside.JPG")
```

把图片并排放在一起会得到如图 6-13 所示的图像。

图 6-13 两幅图像的不同加权平均结果

练习 6.21：将针对向量空间的单元测试修改为适用于图像的，看看如何为单元测试生成随机图像。

解：生成随机图像的一种方式是为每个像素取随机的红、绿、蓝值，如下所示。

```
def random_image():
    return ImageVector([(randint(0,255), randint(0,255), randint(0,255))
                        for i in range(0,300 * 300)])
```

结果如图 6-14 所示，看起来一团糟，但是无所谓。单元测试会对每个像素进行对比，还需要实现一个用于检测近似相等的测试函数，如下所示。

```
def approx_equal_image(i1,i2):
    return all([isclose(c1,c2)
        for p1,p2 in zip(i1.pixels,i2.pixels)
        for c1,c2 in zip(p1,p2)])

for i in range(0,100):
    a,b = random_scalar(), random_scalar()
    u,v,w = random_image(), random_image(), random_image()
    test(ImageVector.zero(), approx_equal_image, a,b,u,v,w)
```

图 6-14

6.3　寻找更小的向量空间

300×300彩色图像的向量空间有高达27万个维度，这意味着我们需要通过同样多的数值来描述一个图像。虽然目前看起来还可以接受，但是当图像更大或者数量更多的时候，比如当数千张图像链在一起生成一部电影时，就要处理海量数据了。

本节将探讨如何把一个巨大的向量空间转化为小一些的向量空间（维度更少），并尽可能保存有用的信息。对于图像，我们可以减少其中不同像素的数量，或者将其转换为黑白图像。虽然不美观，但仍然可以识别它们。举个例子，图 6-15 中右边的图像只需要 900 个数值来描述，而左边的图像则需要 27 万个。

图 6-15　从由 27 万个数值定义的图像（左）转换到由 900 个数值定义的图像（右）

右图其实是 27 万维空间的 900 维**子空间**。这表示一个 27 万维的空间可以仅用 900 个坐标值来表示或存储。这是**压缩**的一个示例，我们不会深入研究这一概念，但接下来会仔细研究向量空间的子空间。

6.3.1　定义子空间

向量子空间简称为子空间。诚如其名，它是存在于另一个向量空间内的向量空间。三维空间内的二维 xy 平面就是一个具体的例子。它的 $z = 0$，换句话说，这个子空间由 $(x, y, 0)$ 形式的向量组成。这些向量有三个分量，所以是名副其实的三维向量，但它们形成的子集恰好被约束在一个平面上。因此，我们说这是 $\mathbb{R}^3$ 的一个二维子空间。

注意　严谨地说，由有序对 (x, y) 组成的二维向量空间 $\mathbb{R}^2$ 并不是三维空间 $\mathbb{R}^3$ 的子空间，因为形式为 (x, y) 的向量不是三维向量。但是它与向量集 $(x, y, 0)$ 有一对一的对应关系，因为值为 0 的 z 坐标在这里对运算没有影响。出于这个原因，我认为把 $\mathbb{R}^2$ 看作 $\mathbb{R}^3$ 的子空间也能成立。

并不是三维向量的每一个子集都是子空间。$z = 0$ 的平面是一个特殊情况，因为所有形式为 $(x, y, 0)$ 的向量形成了一个完备（self-contained）的向量空间。在这个平面上，无法找到一个线性组合来生成该平面外的向量，因为第三个坐标为 0。在数学语言中，说一个子空间是"完备的"代表它在线性组合下是**封闭的**。

为了进一步了解子空间的含义，我们来探索向量空间的子集，它们也是子空间（见图 6-16）。在平面上，哪些向量子集可以构成一个独立的向量空间呢？能否直接在平面上圈出任何区域来生成子空间呢？

答案是否定的：图 6-16 所示的子集包含位于 x 轴和 y 轴上的向量。这些向量可以通过缩放得到标准基向量 $e_1 = (1, 0)$ 和 $e_2 = (0, 1)$。对它们进行线性组合，可以得到平面内的任何一点，而不仅仅是 S 中的点（见图 6-17）。

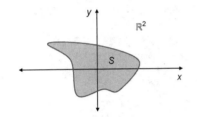

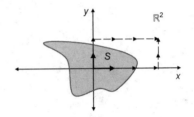

图 6-16 S 是 $\mathbb{R}^2$ 平面的子集，那么它是否为 $\mathbb{R}^2$ 的子空间呢

图 6-17 两个向量在 S 中的线性组合提供了一个从 S 离开的"逃逸路线"，因此它不可能是该平面的子空间

现在我们不构建随机的子空间，而是回到三维空间中的平面。因为不需要考虑 z 坐标，所以选择 $y = 0$ 的点，这样只用考虑 x 轴上的点 $(x, 0)$。在这种情况下，我们无法找向量的线性组合，让结果的 y 坐标非零（见图 6-18）。

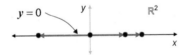

图 6-18 注意 $y = 0$ 的这条线，这是一个向量空间，包含 x 轴上所有点的线性组合

$y = 0$ 是 $\mathbb{R}^2$ 的一个向量子空间。这样一来，我们找到了三维空间的二维子空间，也发现了二维空间的一维子空间。二维平面是三维空间的特殊情况，这种二维平面里的一维子空间可以称为**直线**。事实上，可以把这个子空间看作一条实数线 $\mathbb{R}$。

可以把 x 也设置为 0。一旦 $x = 0$ 和 $y = 0$ 都成立，就只剩下一个点了，即零向量。零向量也是一个向量子空间！无论怎么对零向量进行线性组合计算，结果都是零向量。这是一个针对一维直线、二维平面和三维空间的**零维子空间**。在几何学意义中，零维子空间就是一个点，且这个点的值必须是零。因为如果是其他的点，比如 v，子空间内就会包含 $0 \cdot v = 0$ 和其他无穷多不同的标量倍数，比如 $3 \cdot v$ 和 $-42 \cdot v$。接下来，让我们沿着这个思路继续探索。

6.3.2 从单个向量开始

一个包含非零向量 v 的向量子空间必然（至少）包含 v 的所有标量乘积。从几何角度来看，非零向量 v 所有标量乘积的集合位于一条通过原点的直线上，如图 6-19 所示。

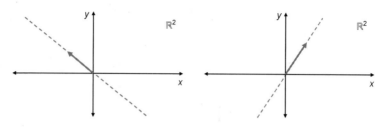

图 6-19 两个向量，虚线就是其标量乘积可能落在的位置

每一条穿过原点的直线都是一个向量空间，无法对其上的向量进行线性组合来逃离这条线。此外，三维空间中经过原点的线也是如此：只需要对单一向量进行线性组合操作就可以形成一个向量空间。这就是建立子空间的一种简单方式：选取一个向量，对其进行线性组合操作，以生成一个向量空间。

6.3.3 生成更大的空间

对于一个向量或者一组向量，**生成空间**（span）表示所有线性组合的集合。重要的是，生成空间自然是一个向量子空间。换个说法，单个向量 v 的生成空间是一条通过原点的直线。我们通过用花括号包含的对象来表示一组对象，所以只包含 v 的集合是{v}，这个集合的生成空间可以写为 span({v})。

当引入另一个与 v 不平行的向量 w 时，空间就会扩张，因为它不再局限于单一的线性方向。表示两个向量集合的{v, w}的生成空间包括两条直线 span({v})和 span({w})，以及包含 v 和 w 的线性组合，它们都不在一条直线上（见图 6-20）。

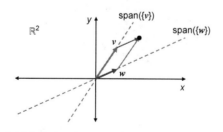

图 6-20 两个非平行向量的生成空间，虽然每个独立向量的生成空间都是一条直线，但是进行线性组合的话，生成空间会覆盖更多的点，比如 $v+w$ 既不在 v 的生成空间上，也不在 w 的生成空间上

虽然看起来不明显，但这两个向量的生成空间是整个平面，平面上的任何一对非平行向量都

是如此，但我们一般会着重讨论标准基向量。任意一点(x, y)都可以通过线性组合$x \cdot (1, 0) + y \cdot (0, 1)$来表示。对于其他的非平行向量对，如$v = (1, 0)$和$w = (1, 1)$也是一样的，但运算相对复杂。

只要对$(1, 0)$和$(1, 1)$进行正确的线性组合，就可以得到像$(4, 3)$这样的任意一点。因为y坐标为 3，叠加三个$(1, 1)$向量可以得到$(3, 3)$，为了得到$(4, 3)$则需要再增加一个$(1, 0)$来修正x坐标。这就得到了一个线性组合$3 \cdot (1, 1) + 1 \cdot (1, 0)$，于是得到了如图 6-21 所示的点$(4, 3)$。

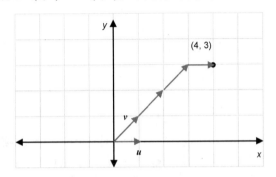

图 6-21   对$(1, 0)$和$(1, 1)$进行线性组合得到$(4, 3)$

单个非零向量的生成空间是二维或三维中的一条直线，两个非平行向量可以生成一个二维平面。这个平面可以经过三维空间中的原点，由两个三维向量生成的平面如图 6-22 所示。

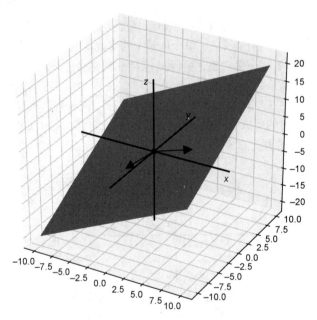

图 6-22   由两个三维向量生成的平面

和$z = 0$平面不同，这是一个倾斜的平面，其中没有包含三个标准基向量，但它仍然是三维空间的向量子空间。一个向量可以生成一个一维空间，两个非平行向量生成一个二维空间。如果再加上第三个非平行向量，能否生成一个三维空间？根据图 6-23 所示，答案显然是否定的。

虽然向量 **u**、**v** 和 **w** 两两互不平行，却无法生成一个三维空间。它们位于同一个二维平面上，所以其线性组合不会得到非零 z 坐标。我们需要重新审视一下"非平行"这个概念了。

如果想在集合中添加一个向量，生成一个更高的维度空间，新的向量需要指向一个新的方向，这个方向不能包含在已有向量的生成空间之中。在平面上，它们之间始终要有"冗余"的情况。例如，如图 6-24 所示，**u** 和 **w** 的线性组合可以得到 **v**。

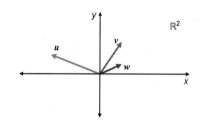 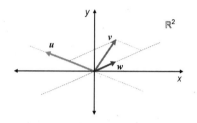

图 6-23　图中的三个非平行向量只能生成一个二维平面

图 6-24　对 **u** 和 **w** 进行线性组合可以得到 **v**，所以 **u**、**v** 和 **w** 的生成空间和 **u** 和 **w** 的生成空间一样

"非平行"的真正含义是**线性无关**。如果一个向量集合中的任意一个成员可以通过其他成员的线性组合生成，那么它们之间就是线性相关的。两个平行向量是线性相关的，因为它们可以通过标量乘法相互转换。同样，$\{u, v, w\}$ 是线性相关的，因为我们可以从 **u** 和 **w** 的线性组合中得到 **v**（或者从 **u** 和 **v** 的线性组合中得到 **w**，以此类推）。绝知此事要躬行，你可以在 6.3.7 节的练习中测试一下，$(1, 0)$，$(1, 1)$ 和 $(-1, 1)$ 三者中的任何一个都可以写成另外两个的线性组合。

与此相反，集合 $\{u, v\}$ 是线性无关的，因为其中的向量不平行。这意味着，**u** 和 **v** 的生成空间比其中任何一个的生成空间都大。同样，$\mathbb{R}^3$ 的标准基 $\{e_1, e_2, e_3\}$ 是一个线性无关的集合。这些向量中没有一个可以通过对其他两者进行线性组合来生成，需要全部三个才可以生成整个三维空间。接下来，我们要深入了解一下向量空间或子空间的维度属性。

6.3.4　定义"维度"的概念

这里提出一个问题：下面这一组三维向量是否是线性无关的？

$$\{(1, 1, 1), (2, 0, -3), (0, 0, 1), (-1, -2, 0)\}$$

为了回答这个问题，可以在三维空间中画出这些向量，或者尝试找到其中三个向量的线性组合来得到第四个向量。但有一个更简单的方法：因为只需要三个向量就可以生成所有的三维空间，所以任意给出的四个三维向量中必然存在冗余。

我们知道，一个向量可以生成一条直线，两个非平行向量可以生成一个平面，它们无法生成 $\mathbb{R}^3$。3 这个数字非常神奇，它是生成三维空间所需线性无关向量的个数，也是我们称之为三维的真正原因。

对于 $\mathbb{R}^3$ 来说，像 $\{e_1, e_2, e_3\}$ 这样生成整个向量空间的线性无关的向量集，被称为**基**（basis）。任意一个空间的基都有相同数量的向量，这个数量就是其**维度**。例如，我们看到 $(1, 0)$ 和 $(1, 1)$ 是线性无关的，可以生成一个平面，所以它们是向量空间 $\mathbb{R}^2$ 的基。同样，$(1, 0, 0)$ 和 $(0, 1, 0)$ 也是线性无关的，在 $\mathbb{R}^3$ 中生成了一个 $z = 0$ 的平面。这使得它们成为这个二维子空间的基，尽管它们不是 $\mathbb{R}^3$ 的基。

我已经在 $\mathbb{R}^2$ 和 $\mathbb{R}^3$ 的"标准基"中使用了基这个字。之所以用"标准"做定语，是因为利用标准基分解一个坐标向量不需要任何额外的计算，向量的坐标值就是标准基的标量。例如，$(3, 2)$ 代表了线性组合 $3 \cdot (1, 0) + 2 \cdot (0, 1)$ 或者 $3e_1 + 2e_2$。

一般来说，判断一组向量是否是线性无关的需要花一番功夫。即使你知道一个向量是其他一些向量的线性组合，找到这个线性组合也需要进行一些计算。下一章将介绍如何做到这一点，这也是线性代数中经常遇到的问题。但在此之前，我们先练习一下如何确定子空间并且找到它们的维度。

6.3.5　寻找函数向量空间的子空间

从 $\mathbb{R}$ 映射到 $\mathbb{R}$ 的数学函数包含无限多的情况，对任意一个实数输入都有对应的输出。但这并不意味着需要用无限多的数据来描述一个函数。例如，线性函数只需要两个实数就能描述。在下面这个你应该接触过的函数中，它们就是 a 和 b 的值。

$$f(x) = ax + b$$

a 和 b 可以是任意实数，任何线性函数都可以由两个实数来唯一地确定，所以线性函数的子空间看起来是二维的。

小心　前面几章在很多新的语境中使用了**线性**这个词。在这里，"线性"又回到了你在高中数学课中使用的含义：**线性**函数是图形为一条直线的函数。但这种形式的函数并不是我们在第 4 章中讨论的线性函数，你可以在练习中证明这一点。正因为如此，我会尽量明确在使用**线性**这个词时所指代的具体意义。

我们可以快速实现一个继承自 Vector 的 LinearFunction 类。这里用 a 和 b 两个系数来唯一地确定一个函数。我们可以通过系数相加来实现函数求和，因为：

$$(ax + b) + (cx + d) = (ax + cx) + (b + d) = (a + c)x + (b + d)$$

可以通过将两个系数乘以标量值来缩放函数：$r(ax + b) = rax + rb$。最终我们发现，$f(x) = 0$ 也是线性函数。它是 $a = b = 0$ 时的特殊情况，下面是具体的实现。

```
class LinearFunction(Vector):
    def __init__(self,a,b):
        self.a = a
        self.b = b
    def add(self,v):
```

```
        return LinearFunction(self.a + v.a, self.b + v.b)
    def scale(self,scalar):
        return LinearFunction(scalar * self.a, scalar * self.b)
    def __call__(self,x):
        return self.a * x + self.b
    @classmethod
    def zero(cls):
        return LinearFunction(0,0,0)
```

`plot([LinearFunction(-2,2)],-5,5)`代表的线性函数 $f(x) = -2x + 2$ 绘制出来如图 6-25
所示。

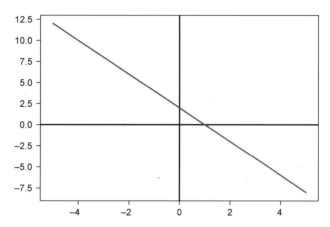

图 6-25　`LinearFunction(-2,2)` 的显示效果，它代表函数 $f(x) = -2x + 2$

　　通过找到两个基向量，可以证明线性函数能够生成一个维度为 2 的向量子空间。这两个基向
量应该都是函数，可以生成所有线性函数所在的空间，而且它们之间线性无关（不是彼此的倍数）。
这样的集合可以用 $\{x, 1\}$ 或者 $\{f(x) = x, g(x) = 1\}$ 来表示。这样一来，形式为 $ax + b$ 的函数可以写成
线性组合：$a \cdot f + b \cdot g$。

　　我们离线性函数的标准基很近了：$f(x) = x$ 和 $f(x) = 1$ 显然是不同的函数，它们线性无关。而
$f(x) = x$ 和 $h(x) = 4x$ 是彼此的标量乘积，不是一对线性无关的函数。但是 $\{x, 1\}$ 并不是我们可以选
择的唯一的基，$\{4x + 1, x - 3\}$ 也是一个基。

　　同样的概念也适用于形式为 $f(x) = ax^2 + bx + c$ 的**二次函数**。这些函数形成了函数向量空间的
三维子空间，它的一个基是 $\{x^2, x, 1\}$。线性函数形成二次函数空间的向量子空间，其中 x^2 的分量
为零。线性函数和二次函数是多项式函数的具体例子，它们是 x 幂的线性组合。例如：

$$f(x) = a_0 + a_1 x + a_2 x^2 + \cdots + a_n x^n$$

　　线性函数和二次函数的**阶数**分别为 1 和 2，代表多项式中 x 的最高次幂。上面公式中的多
项式共有 n 阶和 $n + 1$ 个系数。在练习中，你会发现任意阶的多项式空间都是整个函数空间的
子空间。

6.3.6　图像的子空间

因为 ImageVector 对象由 27 万个数值表示，所以可以按照标准基公式构建 27 万个图像的基，其中的每个图像都包含 27 万个数：只有一个数是 1，其他的都是 0（见代码清单 6-4）。

代码清单 6-4　第一个标准基向量的伪代码

```
ImageVector([
    (1,0,0), (0,0,0), (0,0,0), ..., (0,0,0),
    (0,0,0), (0,0,0), (0,0,0), ..., (0,0,0),
    ...
])
```

只有第一行的第一个像素非零：它的红色分量是 1，其他像素的值都是(0,0,0)

第二行由 300 个黑色像素组成，每个像素的值都是(0,0,0)

我跳过了接下来的 298 行，但它们与第二行完全相同，所有像素都没有色值

这个向量生成了一个一维子空间，这个子空间是由黑色图像构成的，只在左上角有一个红色像素。这个图像的标量乘积会让左上角的点更亮或者更暗，但对其他点没有作用。为了显示更多像素，我们需要更多的基向量。

写出这 27 万个基向量并不难。让我们通过其中的一小部分生成一个有趣的子空间。在下面的 ImageVector 中，每个位置的像素都是深灰色的。

```
gray = ImageVector([
    (1,1,1), (1,1,1), (1,1,1), ..., (1,1,1),
    (1,1,1), (1,1,1), (1,1,1), ..., (1,1,1),
    ...
])
```

可以将其简写为如下的一行代码。

```
gray = ImageVector([(1,1,1) for _ in range(0,300*300)])
```

看看这样的一个向量可以生成什么样的子空间，图 6-26 显示了由其标量乘积生成的图像。

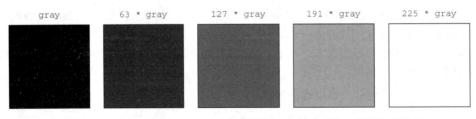

图 6-26　这些向量来自 ImageVector 的灰色实例生成的一维图像子空间

这个图像集合是"一维"的，因为它们只发生了亮度上的变化。

我们还可以通过思考像素值的方式审视这个子空间。在这个子空间中，每一个图像的所有像素都有相同的值。对于任意给定的像素，都有一个可以由红、绿、蓝三色坐标确定的三维空间，

而灰色像素构成了这个三维空间的一维子空间，其中的所有点都是某个标量 s 和 $(1, 1, 1)$ 的乘积，即 $s \cdot (1, 1, 1)$（见图 6-27）。

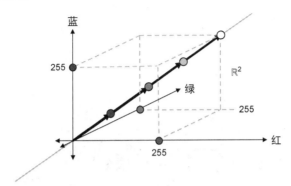

图 6-27　直线上有亮度不同的灰色像素，每个灰色像素构成了代表像素值的三维向量空间的一维子空间

基里的每幅图像看起来都是黑色的，只有一个非常暗淡的红色、绿色或蓝色像素。改变一个像素并不会带来视觉上的变化，所以让我们来看一看更小、更有趣的子空间吧。

有很多图像的子空间等待挖掘，比如基于任意颜色的纯色图像，形式如下所示。

```
ImageVector([
    (r,g,b), (r,g,b), (r,g,b), ..., (r,g,b),
    (r,g,b), (r,g,b), (r,g,b), ..., (r,g,b),
    ...
])
```

对像素本身没有任何约束，只是纯色图像的每个像素都是一样的。最后举个例子，想象一个由低分辨率的灰度图像构成的子空间，如图 6-28 所示。

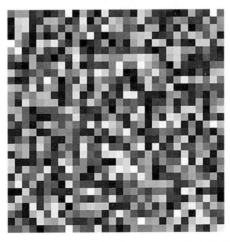

图 6-28　一个低分辨率灰度图像，每个 10×10 像素块的颜色都相同

每个 10×10 像素块有一个恒定的灰度值，使其看起来像个 30×30 的网格。我们只用 $30 \cdot 30 =$ 900 个数值定义了这幅图像，所以该图像是 27 万维图像空间中的一个 900 维子空间。虽然丢失了很多数据，但还是可以识别出图像的内容。

生成这种图像子空间的一种方法是，从图像左上角开始，对每个 10×10 像素块中的所有红、绿、蓝求平均值。这个平均值代表亮度 b，可以将块中的所有像素设置为 (b, b, b) 来生成新的图像。这是一种线性映射（见图 6-29），你以后可以把它当成一个项目来实现。

图 6-29　这种线性映射将任意图像（左）转化为一幅在 900 维子空间中的新图像（右）

第二张图片中，我的狗 Melba 就没有那么上镜了，但还是可以识别的。这就是我在本节开头提到的例子，只用 0.3% 的数据就能确认它们是同一张图片。这样的处理显然还有改进的空间，但这种映射生成子空间的方法只是一个起点，值得进一步探索。在第 13 章中，我们将看到如何用类似的方式来压缩音频数据。

6.3.7　练习

练习 6.22：从几何角度证明为什么如图 6-30 所示的区域 S 不是该平面的向量子空间。

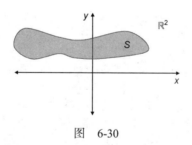

图　6-30

解：对这个区域中的点进行线性组合后，很多结果不落在这个区域中。更明显的是，这个区域不包括零向量，所以更不可能是一个向量空间。零向量是任何向量的标量乘积（乘以标量零），所以任何向量空间或子空间都必须包含零向量。

练习 6.23：证明 $x = 0$ 的平面区域构成一维向量空间。

解：对于实数 y 来说，这些向量的形式是 $(0, y)$。这些向量的加法和标量乘法与实数的加法和标量乘法是一样的，只是多了一个 0。这其实是 $\mathbb{R}$ 的一种表示方式，因此这是一个一维向量空间。如果想更严谨些，可以逐一检查它是否满足所有向量空间属性。

练习 6.24：尝试把向量 $(1, 0)$、$(1, 1)$ 和 $(-1, 1)$ 中的每个写成另外两个向量的线性组合，证明它们是线性相关的。

解：

$$(1, 0) = 1/2 \cdot (1, 1) - 1/2 \cdot (-1, 1)$$
$$(1, 1) = 2 \cdot (1, 0) + (-1, 1)$$
$$(-1, 1) = (1, 1) - 2 \cdot (1, 0)$$

练习 6.25：证明任意向量 (x, y) 是 $(1, 0)$ 和 $(1, 1)$ 的线性组合。

解：我们知道 $(1, 0)$ 没有 y 坐标上的分量，所以需要让 y 乘以 $(1, 1)$ 作为线性组合的一部分。为此，我们需要 $(x - y)$ 个 $(1, 0)$。

$$(x, y) = (x - y) \cdot (1, 0) + y(1, 1)$$

练习 6.26：给定一个向量 v，解释为什么 v 所有线性组合的集合与 v 所有标量乘积的集合相同。

解：根据向量空间的规则之一，一个向量和它本身的线性组合可以被转换为其标量乘积。例如，线性组合 $a \cdot v + b \cdot v$ 等价于 $(a + b) \cdot v$。

练习 6.27：从几何的角度证明为什么一条不通过原点的直线不是（二维平面或三维空间的）向量子空间。

解：最简单的证明是，它不包含原点，即零向量。另一个原因是，这样一条直线将包含两个不平行的向量。它们能生成整个平面，而这个平面比直线大得多。

练习 6.28：$\{e_1, e_2, e_3\}$中的任意两个都无法生成$\mathbb{R}^3$，只能生成一个三维空间的二维子空间，那么这些子空间是什么？

解：$\{e_1, e_2\}$的生成空间由线性组合$a \cdot e_1 + b \cdot e_2$或者$a \cdot (1, 0, 0) + b \cdot (0, 1, 0) = (a, b, 0)$构成。$a$和$b$可以定位$z = 0$平面上的任意一点，通常称为$xy$平面。以此类推，向量$\{e_2, e_3\}$生成的平面称为$yz$平面，向量$\{e_1, e_3\}$生成的平面称为$xz$平面。

练习 6.29：把向量$(-5, 4)$写成$(0, 3)$和$(-2, 1)$的线性组合。

解：只有$(-2, 1)$在x轴方向上有分量，所以线性组合中有一项必须是$2.5 \cdot (-2, 1)$，即$(-5, 2.5)$，所以我们需要在x坐标上增加1.5个单位，即$0.5 \cdot (0, 3)$。答案是：

$$(-5, 4) = 0.5 \cdot (0, 3) + 2.5 \cdot (-2, 1)$$

练习 6.30（小项目）：$(1, 2, 0)$、$(5, 0, 5)$和$(2, -6, 5)$之间是线性相关还是线性无关的？

解：虽然不容易找到，但前两个向量的线性组合会得到第三个向量。

$$-3 \cdot (1, 2, 0) + (5, 0, 5) = (2, -6, 5)$$

这意味着第三个向量是多余的，而且这些向量是线性相关的。它们只生成三维空间的一个二维子空间，而非整个三维空间。

练习 6.31：解释为什么线性函数$f(x) = ax + b$不是从向量空间$\mathbb{R}$到其自身的线性映射，除非$b = 0$。

解：我们可以直接看定义——线性映射必须保持线性组合。我们看到，f并不保持实数的线性组合。例如，$f(1+1) = 2a + b$，而$f(1) + f(1) = (a + b) + (a + b) = 2a + 2b$。除非$b = 0$，否则不成立。

另一种解释是，既然线性函数$\mathbb{R} : \to \mathbb{R}$可以用$1 \times 1$矩阵来表示。将一个一维列向量$[x]$乘以一个$1 \times 1$矩阵$[a]$，得到的是$[ax]$。这是矩阵乘法的一个特例，第 5 章证明了这个结论。如果函数$\mathbb{R} : \to \mathbb{R}$是线性的，那么它必须与$1 \times 1$矩阵乘法保持一致，因此只能仅与一个标量相乘。

练习 6.32：重新实现 `LinearFunction` 类，从 `Vec2` 继承并实现 `__call__` 方法。

解：`Vec2` 的数据项名分别为 x 和 y，而非 `LinearFunction` 中的 a 和 b。除此之外，两者的功能都是一样的。你只需要实现 `__call__` 即可。

```
class LinearFunction(Vec2):
    def __call__(self,input):
        return self.x * input + self.y
```

练习 6.33：（用代数方式）证明 $f(x) = ax + b$ 形式的线性函数构成所有函数向量空间的向量子空间。

解：为了证明，需要确认两个线性函数的线性组合是另一个线性函数。如果 $f(x) = ax + b$ 且 $g(x) = cx + d$，那么 $r \cdot f + s \cdot g$ 的返回值如下所示。

$$r \cdot f + s \cdot g = r \cdot (ax + b) + s \cdot (cx + d) = rax + b + scx + d = (ra + sc) \cdot x + (b + d)$$

因为 $(ra + sc)$ 和 $(b + d)$ 是标量，所以可以得出结论，线性函数在线性组合下是封闭的。因此，它们可以形成一个子空间。

练习 6.34：找出 3×3 矩阵的基，这个向量空间的维度是多少？

解：一个基由 9 个 3×3 矩阵组成，如下所示。

$$
\begin{pmatrix} 1 & 0 & 0 \\ 0 & 0 & 0 \\ 0 & 0 & 0 \end{pmatrix}
\begin{pmatrix} 0 & 1 & 0 \\ 0 & 0 & 0 \\ 0 & 0 & 0 \end{pmatrix}
\begin{pmatrix} 0 & 0 & 1 \\ 0 & 0 & 0 \\ 0 & 0 & 0 \end{pmatrix}
$$

$$
\begin{pmatrix} 0 & 0 & 0 \\ 1 & 0 & 0 \\ 0 & 0 & 0 \end{pmatrix}
\begin{pmatrix} 0 & 0 & 0 \\ 0 & 1 & 0 \\ 0 & 0 & 0 \end{pmatrix}
\begin{pmatrix} 0 & 0 & 0 \\ 0 & 0 & 1 \\ 0 & 0 & 0 \end{pmatrix}
$$

$$
\begin{pmatrix} 0 & 0 & 0 \\ 0 & 0 & 0 \\ 1 & 0 & 0 \end{pmatrix}
\begin{pmatrix} 0 & 0 & 0 \\ 0 & 0 & 0 \\ 0 & 1 & 0 \end{pmatrix}
\begin{pmatrix} 0 & 0 & 0 \\ 0 & 0 & 0 \\ 0 & 0 & 1 \end{pmatrix}
$$

它们之间是线性无关的，每个矩阵为线性组合贡献一项。因为任何矩阵都可以被表示为这些矩阵的线性组合，每个矩阵乘以一个特定的系数就会得到目标矩阵中的对应项，所以它们能够生成向量空间。因为这 9 个矩阵的集合为 3×3 矩阵提供了一个基，所以这个空间有 9 个维度。

练习 6.35（小项目）：实现类 `QuadraticFunction(Vector)` 来表示 $ax^2 + bx + c$ 形式的函数生成的向量子空间。这个子空间的基是什么？

解： 该实现类似于 `LinearFunction`，只不过有三个系数，`__call__` 方法中有一个二次方项。

```
class QuadraticFunction(Vector):
    def __init__(self,a,b,c):
        self.a = a
        self.b = b
        self.c = c
    def add(self,v):
        return QuadraticFunction(self.a + v.a,
                                 self.b + v.b,
                                 self.c + v.c)
    def scale(self,scalar):
        return QuadraticFunction(scalar * self.a,
                                 scalar * self.b,
                                 scalar * self.c)
    def __call__(self,x):
        return self.a * x * x + self.b * x + self.c
    @classmethod
    def zero(cls):
        return QuadraticFunction(0,0,0)
```

可以注意到，$ax^2 + bx + c$ 看起来像集合 $\{x^2, x, 1\}$ 的线性组合。的确，这三个函数可以生成二次函数的空间，这三个函数中的每一个都不能被写成其他两个函数的线性组合。比如，没有办法通过线性函数相加得到 x^2 项。因此，这是一个基。因为有三个向量，所以可以得出结论，这是函数空间的一个三维子空间。

练习 6.36（小项目）：$\{4x + 1, x - 2\}$ 是线性函数的基，请尝试把 $-2x + 5$ 写成这两个函数的线性组合。

解： $1/9 \cdot (4x + 1) - 22/9 \cdot (x - 2) = -2x + 5$。如果你的代数能力还不算太差，你可以动手推出这个结果。不过不用担心，下一章将介绍如何解决类似的问题。

练习 6.37（小项目）：所有多项式的向量空间是一个无限维的子空间。将该向量空间实现为一个类，并找出它的基（必须是一个无限集合）。

解：

```
class Polynomial(Vector):
    def __init__(self, *coefficients):
        self.coefficients = coefficients
```

```
    def __call__(self,x):
        return sum(coefficient * x ** power
                        for (power,coefficient)
                        in enumerate(self.coefficients))
    def add(self,p):
        return Polynomial([a + b
                            for a,b
                            in zip(self.coefficients,
                                    p.coefficients)])
    def scale(self,scalar):
        return Polynomial([scalar * a
                            for a in self.coefficients])
        return "\$ %s \$" % (" + ".join(monomials))
    @classmethod
    def zero(cls):
        return Polynomial(0)
```

所有多项式集合的基是一个无限集合 $\{1, x, x^2, x^3, x^4, ...\}$。只要给定 x 的所有可能的幂，就可以把任意多项式当作这个基的线性组合。

6

练习 6.38：本章向你展示了 27 万维图像空间的基向量的伪代码，那么第二个基向量是什么样的？

解：第二个基向量可以通过在下一个位置加 1 来实现。这样一来，图像的左上角将出现一个暗绿色像素。

```
ImageVector([
    (0,1,0), (0,0,0), (0,0,0), ..., (0,0,0),          对于第二个基向量，1 已经
    (0,0,0), (0,0,0), (0,0,0), ..., (0,0,0),          移动到了第二个槽位
    ...
])                            其他位置仍然保持为空
```

练习 6.39：编写函数 solid_color(r,g,b)，返回一个纯色的 ImageVector，为每个像素指定红、绿、蓝的具体数值。

解：

```
def solid_color(r,g,b):
    return ImageVector([(r,g,b) for _ in range(0,300*300)])
```

练习 6.40（小项目）：通过对每个像素的亮度（红、绿、蓝的平均值）进行平均，实现将 300×300 的图像转换成 30×30 灰度图像的线性映射函数。接下来实现一个线性映射函数，从 30×30 的灰度图像还原出一个新的 ImageVector。

解：

```
image_size = (300,300)
total_pixels = image_size[0] * image_size[1]
square_count = 30                          ◁────── 把图片分解成 30 × 30 的网格
square_width = 10

def ij(n):
    return (n // image_size[0], n % image_size[1])

def to_lowres_grayscale(img):              ◁──── 该函数接收一个 ImageVector，并返回一个
                                                 包含 30 个数组的数组，每个数组有 30 个数
    matrix = [                                   值，顺次存放每个网格的灰度值
        [0 for i in range(0,square_count)]
        for j in range(0,square_count)
    ]
    for (n,p) in enumerate(img.pixels):
        i,j = ij(n)
        weight = 1.0 / (3 * square_width * square_width)
        matrix[i // square_width][ j // square_width] += (sum(p) * weight)
    return matrix
                                           第二个函数接收一个 30 × 30 矩阵，返回一个由
def from_lowres_grayscale(matrix):     ◁── 10 × 10 像素块构成的图像，亮度值由矩阵给出
    def lowres(pixels, ij):
        i,j = ij
        return pixels[i // square_width][j // square_width]
    def make_highres(limg):
        pixels = list(matrix)
        triple = lambda x: (x,x,x)
        return ImageVector([triple(lowres(matrix, ij(n))) for n in
range(0,total_pixels)])
    return make_highres(matrix)
```

调用 from_lowres_grayscale(to_lowres_grayscale(img))，按照本章演示的方式，
对图像 img 进行变换。

6.4 小结

- 向量空间是一种对二维平面和三维空间的泛化，是可以进行向量加法和标量乘法的对象
  的集合。这些向量加法和标量乘法操作必须以一定的方式执行（在 6.1.5 节中列出），对
  标二维和三维中的执行方式。
- 在 Python 中，可以通过提取所有对象的共同特性为一个抽象基类并继承它来进行泛化。
- 可以在 Python 中重载算术运算符，这样无论操作哪种向量，代码都是一样的。
- 对于不同种类的向量集合，你可能会要求其向量加法和标量乘法满足特定的规则，可以
  通过生成随机向量来编写单元测试，验证是否符合规则。

❏ 可以用几个数值（坐标）来描述现实世界中的对象，如二手车。因此，可以把它们当作向量来处理。这让我们的思维更加抽象，比如如何"求两辆车的加权平均值"。

❏ 函数是向量的一种。可以通过对它们的表达式进行相加和相乘的操作来对函数求和与求积。

❏ 矩阵也是向量的一种。一个 $m \times n$ 矩阵的项可以被看作一个 $(m \cdot n)$ 维向量的坐标。对矩阵进行相加和标量乘法，等价于对其定义的线性函数进行相同的操作。

❏ 有固定长宽的图像构成了一个向量空间。每一个像素都有红、绿、蓝（RGB）值，所以坐标数和空间的维度是像素数的 3 倍。

❏ 向量空间的子空间是向量空间中向量的子集，子空间本身就是一个向量空间。也就是说，子空间中向量的线性组合包含在子空间之中。

❏ 对于二维平面或三维空间中任意一条通过原点的直线，其上的向量形成一个一维子空间。对于任意通过三维空间原点的平面，其上的向量形成一个二维子空间。

❏ 一组向量的生成空间是所有向量线性组合的集合，这样的生成空间是向量所在空间的子空间。

❏ 在一组向量中，如果找不到一个向量是其他向量的线性组合，那么它们之间是**线性无关**的；否则，它们之间是**线性相关**的。能够生成一个向量空间（或子空间）的线性无关向量的集合称为该空间的**基**。对于一个给定的空间，任何基都有相同数量的向量，这个数量等于该空间的维度。

❏ 当把数据放在向量空间中来思考时，子空间通常由具有类似属性的数据组成。例如，纯色图片可以形成一个图像向量空间的子空间。

6

求解线性方程组

7

提起代数，你可能会想到那些需要"求解 x"的问题。你可能已经在代数课上花了不少时间学习求解类似 $3x^2 + 2x + 4 = 0$ 这样的方程，并得到使方程成立的一个或多个 x 值。

作为代数的一个分支，线性代数有相同的计算问题。不同的是，你要求解的可能是向量或矩阵，而不是数。如果进修一门传统的线性代数课程，你会学习很多算法来解决这类问题。但是一旦拥有 Python 这样的利器，就只需要知道如何识别遇到的问题并选择合适的库来得到答案了。

我将介绍最重要的一类线性代数问题：求解**线性方程组**。这些问题可以归结为寻找直线、平面或更高维度对象的交点。这让人不禁联想到那个老生常谈的高中数学题目：两列火车在不同的时间以不同的速度离开波士顿和纽约，计算它们什么时候相遇。但一般人并不会对铁路运营感兴趣，所以我会用一个更有趣的例子。

本章将对经典的街机游戏 *Asteroids*（见图 7-1）进行简单的改造。在这款游戏中，玩家控制代表宇宙飞船的三角形，并向飘浮在其周围的多边形（代表小行星）发射激光。玩家必须摧毁小行星以防止它们撞击和摧毁飞船。

游戏的关键机制之一是判断激光是否击中了小行星。这就需要弄清楚定义激光束的线是否与小行星的轮廓线相交。如果这些线相交，小行星就会被摧毁。我们首先设置游戏，然后看如何解决深层的线性代数问题。

在实现了游戏之后，我会介绍如何将这个二维例子推广到三维或任意维度。本章后半部分涵盖了更多的理论，这些内容将充实你的线性代数

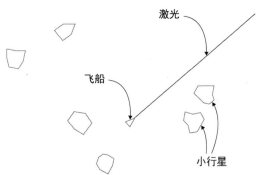

图 7-1　经典的街机游戏 *Asteroids* 的设置

知识。我们将介绍许多大学线性代数课程中的主要概念，尽管内容不太深入。学完本章后，你应该能读懂更加复杂、深入的线性代数教科书来补充细节。但现在，先关注如何构建游戏。

7.1 设计一款街机游戏

本章重点介绍一款简化版的小行星游戏，其中飞船和小行星是静态的。在源代码中，可以看到小行星已经可以移动了，本书的第二部分会介绍如何让它们根据物理定律移动。首先，对游戏中的实体（宇宙飞船、激光和小行星）进行建模，再介绍如何在屏幕上渲染它们。

7.1.1 游戏建模

在本节中，游戏中的飞船和小行星将以多边形的形式呈现。和之前一样，继续使用向量集合进行建模。例如，可以用8个向量（如图 7-2 中的箭头所示）表示一颗八边形的小行星，将它们连接起来绘制轮廓。

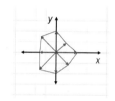

图 7-2　代表小行星的八边形

小行星或宇宙飞船在太空中旅行时会发生平移或旋转，但形状保持不变。因此，我们将代表这个形状的向量与其中心点的 x 坐标和 y 坐标分开存储，因为 x 坐标和 y 坐标可能会随时间变化。再存储一个角度，表示物体在当前时刻的旋转。PolygonModel 类代表一个可以平移或旋转并保持形状不变的游戏实体（飞船或小行星）。它使用一组定义小行星轮廓、用向量表示的点进行初始化，默认情况下，其中心点的 x 坐标和 y 坐标及其旋转角度设置为 0。

```
class PolygonModel():
    def __init__(self,points):
        self.points = points
        self.rotation_angle = 0
        self.x = 0
        self.y = 0
```

当飞船或小行星移动时,通过 self.x 和 self.y 进行平移,并通过 self.rotation_angle 进行旋转，可以找出其实际位置。作为练习，可以给 PolygonModel 添加一个方法来计算变换后的实际向量，从而勾勒出它的轮廓。

宇宙飞船和小行星是 PolygonModel 的具体例子，它们会根据各自的形状自动初始化。例如，飞船具有固定的三角形形状，由 3 个点给出。

```
class Ship(PolygonModel):
    def __init__(self):
        super().__init__([(0.5,0), (-0.25,0.25), (-0.25,-0.25)])
```

我们用 5～9 个向量初始化小行星，向量构成的多边形角度等距，长度在 0.5 和 1.0 之间。这种随机性赋予小行星一些个性。

```
class Asteroid(PolygonModel):
    def __init__(self):
        sides = randint(5,9)
        vs = [vectors.to_cartesian((uniform(0.5,1.0), 2*pi*i/sides))
                for i in range(0,sides)]
        super().__init__(vs)
```

小行星的边数是 5 和 9
之间的一个随机整数

长度是 0.5 和 1.0 之间的随机数，角度
是 2π/*n* 的倍数，其中 *n* 是边数

定义了这些对象后，我们将注意力转向实例化它们并在屏幕上呈现。

7.1.2　渲染游戏

游戏的初始状态，需要一艘飞船和几颗小行星。开始时飞船在屏幕中心，小行星则随机分布在屏幕上。可以显示一个在 *x* 方向和 *y* 方向上分别为−10 到 10 的平面区域，如下所示。

```
ship = Ship()

asteroid_count = 10
asteroids = [Asteroid() for _ in range(0,asteroid_count)]

for ast in asteroids:
    ast.x = randint(-9,9)
    ast.y = randint(-9,9)
```

创建指定数量的 Asteroid 对象的
列表，在本例中数量为 10

将每个对象的位置设置为坐标
在−10 和 10 之间的随机点，将
其显示在屏幕上

我使用的是 400 像素 × 400 像素的屏幕，渲染 *x* 坐标和 *y* 坐标之前需要对其进行转换。使用 PyGame 内置的二维图形而不是 OpenGL，屏幕左上角像素的坐标是(0, 0)，右下角的坐标是(400, 400)。这些坐标不仅更大，而且还被转换和倒置了，所以需要编写一个 to_pixels 函数（如图 7-3 所示），将坐标从我们的坐标系映射成 PyGame 的像素坐标。

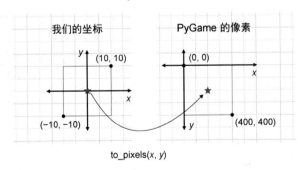

图 7-3　to_pixels 函数将对象从坐标系的中心映射到 PyGame 屏幕的中心

实现 to_pixels 函数后，就可以写一个函数在 PyGame 屏幕上绘制一个由点定义的多边形了。首先，取定义多边形的转换点（平移和旋转），并将它们转换为像素。然后，使用 PyGame 函数绘制出来。

绘制连接给定点和指定 PyGame 对象的线，参数 True 指定了连接第一个点和最后一个点来创建一个闭合多边形

```
GREEN = (0, 255, 0)
def draw_poly(screen, polygon_model, color=GREEN):
    pixel_points = [to_pixels(x,y) for x,y in polygon_model.transformed()]
    pygame.draw.aalines(screen, color, True, pixel_points, 10)
```

可以在源代码中看到整个游戏循环，渲染每一帧时，都会对飞船和每颗小行星调用 draw_poly 函数。执行结果就是 PyGame 窗口中有一个简单的三角形宇宙飞船，周围是小行星场（见图 7-4）。

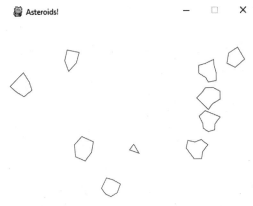

图 7-4　在 PyGame 窗口中渲染的游戏

7.1.3　发射激光

现在到了最重要的部分：为飞船提供一种自我防御的方法！玩家能够使用左右箭头键让飞船瞄准，然后按下空格键来发射激光。激光束应从飞船的顶端射出，并延伸到屏幕的边缘。

在二维世界中，激光束应该是一条线段，从经过**变换**的宇宙飞船顶端开始，向飞船指向的方向延伸。可以把它设置得足够长来确保能到达屏幕边缘。因为激光线段与 Ship 对象的状态相关联，所以可以在 Ship 类上创建一个方法来计算它。

```
class Ship(PolygonModel):
    ...
    def laser_segment(self):
        dist = 20. * sqrt(2)
        x,y = self.transformed()[0]
        return ((x,y),
            (x + dist * cos(self.rotation_angle),
             y + dist*sin(self.rotation_angle)))
```

使用勾股定理找到屏幕上的最长线段

获取定义线段的第一点（飞船的顶端）的值

如果激光以角度 self.rotation_angle 从顶端(x, y)延伸 dist 单位，则使用三角函数找到激光的终点（见图 7-5）

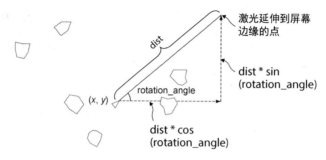

图 7-5   使用三角函数找到激光束离开屏幕的点

在源代码中，可以看到如何让 PyGame 响应按键，并且只在按下空格键的情况下才将激光绘制成线段。最后，如果玩家发射激光并击中小行星，我们想知道发生了什么。在游戏循环的每一次迭代中，要检查每一颗小行星，查看它当前是否被激光击中。我们使用 PolygonModel 类上的 does_intersect(segment) 方法来实现这一点，该方法计算输入线段是否与给定 PolygonModel 的任何线段相交。最终代码包括如下几行。

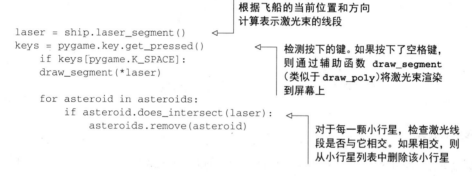

```
laser = ship.laser_segment()
keys = pygame.key.get_pressed()
    if keys[pygame.K_SPACE]:
    draw_segment(*laser)

for asteroid in asteroids:
        if asteroid.does_intersect(laser):
            asteroids.remove(asteroid)
```

根据飞船的当前位置和方向
计算表示激光束的线段

检测按下的键。如果按下了空格键，
则通过辅助函数 draw_segment
（类似于 draw_poly）将激光束渲染
到屏幕上

对于每一颗小行星，检查激光线
段是否与它相交。如果相交，则
从小行星列表中删除该小行星

剩下的工作就是实现 does_intersect(segment) 方法。下一节将介绍实现该方法所涉及的数学知识。

7.1.4   练习

练习 7.1：在 PolygonModel 上实现 transformed() 方法。该方法返回由对象的 x 属性和 y 属性转换并由 rotation_angle 属性旋转的模型的点。

解：一定要先应用旋转；否则，平移向量也会被旋转一个角度。例如：

```
class PolygonModel():
    ...
    def transformed(self):
        rotated = [vectors.rotate2d(self.rotation_angle, v) for v in self.points]
        return [vectors.add((self.x,self.y),v) for v in rotated]
```

> **练习 7.2**：实现一个函数 `to_pixels(x,y)`。该函数取正方形中的一对坐标 x 和 y，其中 $-10<x<10$ 以及 $-10<y<10$，并将它们映射到对应的 PyGame x 和 y 像素坐标，每个坐标的范围为 0 到 400。
>
> **解**：
>
> ```
> width, height = 400, 400
> def to_pixels(x,y):
>     return (width/2 + width * x/ 20, height/2 - height * y / 20)
> ```

7.2　找到直线的交点

现在的问题是判断激光束是否击中了小行星。为此，我们将查看定义小行星的每个线段，并判断其是否与定义激光束的线段相交。虽然有很多算法可以用，但这里把它作为一个**两个变量的线性方程组**来解决。从几何学上讲，这意味着要检查小行星的边和激光束定义的直线，看它们在哪里相交（见图 7-6）。

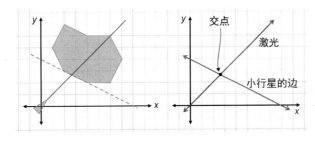

图 7-6　激光击中小行星的一条边（左）和相应的线性方程组（右）

一旦知道交点的位置，就可以看到它是否位于两条线段上了。如果是，两条线段相交，小行星就被击中了。我们首先回顾平面上直线的方程，然后讨论如何找到一对直线的交点。最后，为游戏编写 `does_intersect` 方法的代码。

7.2.1　为直线选择正确的公式

在第 6 章中，我们看到二维平面的一维子空间是直线。这些子空间由单个选定向量 v 的所有标量倍数 $t \cdot v$ 组成。因为其中一个标量倍数是 $0 \cdot v$，这些直线总是经过原点，所以对于我们遇到的任何直线，$t \cdot v$ 并不是一个通用公式。对于某些标量 t，这条线上的点的形式为 $u + t \cdot v$。

如果从一条经过原点的直线开始，用另一个向量 u 平移它，我们可以得到任何直线。例如，取 $v=(2,-1)$。形式为 $t \cdot (2,-1)$ 的点位于通过原点的直线上。但是，如果我们通过第二个向量 $u=(2,3)$ 进行平移，则这些点现在是 $(2,3)+t \cdot (2,-1)$，这就构成了一条不通过原点的直线（见图 7-7）。

给定向量 u 和 v，以及所有可能的标量倍数 t，任何直线都可以被描述为点 $u+t \cdot v$。这可能不是你习惯使用的通用直线公式。我们不再把 y 写成 x 的函数，而是把直线上点的 x 坐标和 y 坐标写成另一个参数 t 的函数。有时，会看到写成 $r(t) = u + t \cdot v$ 的直线，表示这条直线是标量参数 t 的向量值函数 r。输入 t 决定了从起点 u 开始，走多少个单位 v 才能得到输出 $r(t)$。

这种直线公式的优点是，要确定直线上是否有两个点非常简单。假设两个点是 u 和 w，那么可以用 u 作为平移向量，用 $w - u$ 作为缩放的向量（见图 7-8）。

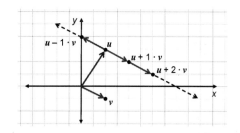 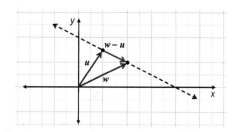

图 7-7   向量 $u = (2, 3)$ 和 $v = (2, -1)$。形式为   图 7-8   给定向量 u 和 w，连接它们的直线为
$u + t \cdot v$ 的点位于一条直线上 $r(t) = u + t \cdot (w - u)$

公式 $r(t) = u + t \cdot v$ 也有其缺点。在练习中你会发现，采用这种形式，同一条直线有多种写法。因为多了一个未知变量，额外的参数 t 也使求解方程更加困难。让我们看看一些具有其他优点的替代公式。

你也许还记得在高中学的直线公式，它可能是 $y = m \cdot x + b$。这个公式很有用，因为可以根据 x 坐标显式地计算出 y 坐标。通过这种形式，可以很容易地绘制一条直线：通过一系列 x 值计算相应的 y 值，并根据结果 (x, y) 画点。但这个公式也有一定的局限性。最重要的是，这个公式不能表示一条垂直线，例如 $r(t) = (3, 0) + t \cdot (0, 1)$。这是由向量组成的直线，其中 $x = 3$。

我们将继续使用**参数公式** $r(t) = u + t \cdot v$，因为它避免了这个问题。但如果有一个没有额外参数 t 的公式可以表示任何直线，那就太好了。我们使用公式 $ax + by = c$。例如，在前面几张图中看到的直线可以写为 $x + 2y = 8$（见图 7-9）。它是平面上满足该方程的 (x, y) 点的集合。

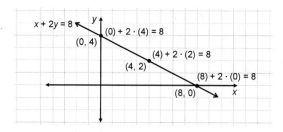

图 7-9   直线上的所有点 (x, y) 都满足 $x + 2y = 8$

$ax + by = c$ 没有额外的参数，可以表示任何直线。即使是一条垂直线也可以用这种形式来写。例如，$x = 3$ 就等于 $1 \cdot x + 0 \cdot y = 3$。任何表示直线的方程都被称为**线性方程**，特别地，这种形式被称为线性方程的**标准形式**。在本章中我们更喜欢使用它，因为它使计算过程更简单。

7.2.2　直线的标准形式方程

公式$x + 2y = 8$是包含示例小行星上一个线段的直线方程。接下来，我们将看另一个例子（见图 7-10），然后尝试系统地找出线性方程的标准形式。准备好学点儿代数吧！我会仔细解释每个步骤，但读起来可能有些枯燥。如果你能拿着纸笔跟着做，会有更多收获。

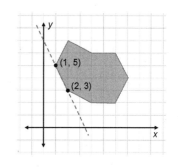

图 7-10　点$(1, 5)$和$(2, 3)$定义了小行星的第二条线段

向量$(1, 5) - (2, 3)$是$(-1, 2)$，与图 7-10 中的线段平行。由于$(2, 3)$位于直线上，该直线的参数方程为$r(t) = (2, 3) + t \cdot (-1, 2)$。已知对于某个 t，直线上的所有点都可以表示为形式$(2, 3) + t \cdot (-1, 2)$，那么如何把这个条件改写成标准方程呢？我们需要做代数运算，尤其是要把 t 去掉。因为$(x, y) = (2, 3) + t \cdot (-1, 2)$，我们从如下两个方程开始。

$$x = 2 - t$$
$$y = 3 + 2t$$

操作这两个方程来获得两个具有相同值（$2t$）的新方程。

$$4 - 2x = 2t$$
$$y - 3 = 2t$$

因为左侧的两个表达式都等于 $2t$，所以它们彼此相等。

$$4 - 2x = y - 3$$

现在我们已经摆脱了 t！最后，把 x 项和 y 项移到一侧，就得到了标准方程。

$$2x + y = 7$$

这个过程并不难，但如果想将其转换成代码，就需要更精确地了解如何实现它。让我们尝试解决一个常见问题：经过两个点(x_1, y_1)和(x_2, y_2)的直线的方程是什么（见图 7-11）？

利用参数公式，直线上的点有如下形式。

$$(x, y) = (x_1, y_1) + t \cdot (x_2 - x_1, y_2 - y_1)$$

这里 x 和 y 是变量，而 x_1、x_2、y_1 和 y_2 都是常量。假设我们有两个已知坐标的点，简便起见将它们称为(a, b)和(c, d)。变量 x 和 y（没有下标）代表直线上任意点的坐标。和前面一样，我们可以把这个方程分成两部分。

$$x = x_1 + t \cdot (x_2 - x_1)$$
$$y = y_1 + t \cdot (y_2 - y_1)$$

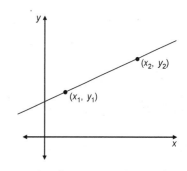

图 7-11　求经过两个已知点的直线的方程

将 x_1 和 y_1 移到各自方程的左侧。

$$x - x_1 = t \cdot (x_2 - x_1)$$
$$y - y_1 = t \cdot (y_2 - y_1)$$

下一个目标是使两个方程的右侧相同，这样就可以让两个方程的左侧相等。给第一个方程的两边乘以$(y_2 - y_1)$，给第二个方程的两边乘以$(x_2 - x_1)$得到：

$$(y_2 - y_1) \cdot (x - x_1) = t \cdot (x_2 - x_1) \cdot (y_2 - y_1)$$
$$(x_2 - x_1) \cdot (y - y_1) = t \cdot (x_2 - x_1) \cdot (y_2 - y_1)$$

由于右侧相同，第一个方程和第二个方程的左侧也相等。这样我们就可以创建一个没有 t 的新公式。

$$(y_2 - y_1) \cdot (x - x_1) = (x_2 - x_1) \cdot (y - y_1)$$

记住，我们想要的方程形式是 $ax + by = c$，所以需要把 x 和 y 放在一侧，把常数放在另一侧。首先将两侧展开。

$$(y_2 - y_1) \cdot x - (y_2 - y_1) \cdot x_1 = (x_2 - x_1) \cdot y - (x_2 - x_1) \cdot y_1$$

然后可以把常量移到右侧，把变量移到左侧。

$$(y_2 - y_1) \cdot x - (x_2 - x_1) \cdot y = (y_2 - y_1) \cdot x_1 - (x_2 - x_1) \cdot y_1$$

展开右侧，可以看到一些项消掉了。

$$(y_2 - y_1) \cdot x - (x_2 - x_1) \cdot y = y_2 x_1 - y_1 x_1 - x_2 y_1 + x_1 y_1 = x_1 y_2 - x_2 y_1$$

我们做到了！这就是标准形式 $ax + by = c$ 的线性方程，其中 $a = (y_2 - y_1)$，$b = -(x_2 - x_1) = (x_1 - x_2)$，$c = (x_1 y_2 - x_2 y_1)$。让我们用之前的例子来检验一下，使用两个点$(x_1, y_1) = (2, 3)$和$(x_2, y_2) = (1, 5)$。在本例中，

$$a = y_2 - y_1 = 5 - 3 = 2$$
$$b = -(x_2 - x_1) = -(1 - 2) = 1$$
$$c = x_1 y_2 - x_2 y_1 = 2 \cdot 5 - 3 \cdot 1 = 7$$

不出所料，标准方程是 $2x + y = 7$。这个公式看起来是对的！最后一步，让我们求出由激光定义的直线的标准方程。就像我之前画的那样，它看起来穿过了$(2, 2)$和$(4, 4)$（见图 7-12）。

在小行星游戏中，我们为激光线段设置了确切的起点和终点，这些数作为例子是不错的。代入公式，可以发现：

$$a = y_2 - y_1 = 4 - 2 = 2$$
$$b = -(x_2 - x_1) = -(4 - 2) = -2$$
$$c = x_1 y_2 - x_2 y_1 = 2 \cdot 4 - 2 \cdot 4 = 0$$

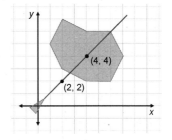

图 7-12　激光穿过点$(2, 2)$和$(4, 4)$

这意味着这条直线是 $2y - 2x = 0$，相当于 $x - y = 0$（或简单地说 $x = y$）。要判断激光是否击中了小行星，必须找到直线 $x - y = 0$ 与直线 $x + 2y = 8$、直线 $2x + y = 7$ 或小行星其他边的交点。

7.2.3 线性方程组的矩阵形式

让我们关注一个可以看到的相交点：激光清晰地击中了小行星的最近边，其直线方程为 $x + 2y = 8$（见图 7-13）。

经过一番努力，我们见到了第一个真正的线性方程组。习惯上，将线性方程组写成如下的网格形式，以使变量 x 和 y 对齐。

$$x - y = 0$$
$$x + 2y = 8$$

回顾第 5 章，我们可以将这两个方程组织成一个矩阵方程。一种方法是写出列向量的线性组合，其中 x 和 y 是系数。

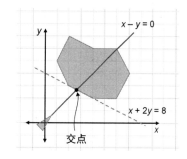

图 7-13 激光击中小行星，其中直线 $x - y = 0$ 和直线 $x + 2y = 8$ 相交

$$x \begin{pmatrix} 1 \\ 1 \end{pmatrix} + y \begin{pmatrix} -1 \\ 2 \end{pmatrix} = \begin{pmatrix} 0 \\ 8 \end{pmatrix}$$

另一种方法是进一步合并，并将其写成矩阵乘法。系数为 x 和 y 的(1, −1)和(−1, −2)的线性组合与矩阵乘积相同。

$$\begin{pmatrix} 1 & -1 \\ 1 & 2 \end{pmatrix} \begin{pmatrix} x \\ y \end{pmatrix} = \begin{pmatrix} 0 \\ 8 \end{pmatrix}$$

当我们这样写的时候，解线性方程组就像解矩阵乘法问题中的向量一样。如果称这个 2 × 2 矩阵为 A，问题就变成了矩阵 A 乘以什么向量能得到(0, 8)？换句话说，我们知道线性变换 A 的输出为(0, 8)，并且想知道什么输入产生了它（见图 7-14）。

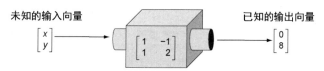

图 7-14 将问题归结为寻找可产生所需输出向量的输入向量

这些不同的表示法展示了解决同一问题的新方法。求解线性方程组等同于找到一些向量的线性组合，这些组合会产生另一个给定的向量。这也等同于找到输入向量并进行线性变换以产生给定的输出。因此，我们将看到如何一次性解决所有这些问题。

7.2.4 使用 NumPy 求解线性方程组

求 $x - y = 0$ 和 $x + 2y = 8$ 的交点，与求满足矩阵乘法方程的向量(x, y)相同。

$$\begin{pmatrix} 1 & -1 \\ 1 & 2 \end{pmatrix} \begin{pmatrix} x \\ y \end{pmatrix} = \begin{pmatrix} 0 \\ 8 \end{pmatrix} \tag{7.1}$$

虽然只是表示方法存在差异，但是以这种形式对问题进行框架化处理使我们可以使用预先构建的工具来解决该问题。具体来说，Python 的 NumPy 库有一个线性代数模块和一个用于解决这类方程的函数。这里有一个例子。

```
>>> import numpy as np
>>> matrix = np.array(((1,-1),(1,2)))        将矩阵打包为 NumPy
>>> output = np.array((0,8))                 数组对象

                                             将输出向量打包为 NumPy 数组
                                             （尽管不必将其改写为列向量）
>>> np.linalg.solve(matrix,output)           numpy.linalg.solve 函数接收
array([2.66666667, 2.66666667])              一个矩阵和一个输出向量，并找到
                                             产生该输出向量的输入向量
          结果是(x, y) = (2.66..., 2.66...)
```

通过 Numpy 可以算出交点的 x 坐标和 y 坐标分别约为 8/3，从几何上看起来是正确的。看一下图，看起来交点的两个坐标都应该在 2 和 3 之间。可以通过把它代入两个方程来检验这一点是否在两条直线上。

$$1x - 1y = 1 \cdot (2.666\,666\,67) - 1 \cdot (2.666\,666\,67) = 0$$
$$1x + 2y = 1 \cdot (2.666\,666\,67) + 2 \cdot (2.666\,666\,67) = 8.000\,000\,01$$

这些结果足够接近(0, 8)，并且是一个精确的解。这个大概为(8/3, 8/3)的解向量也是满足矩阵方程即式(7.1)的向量。

$$\begin{pmatrix} 1 & -1 \\ 1 & 2 \end{pmatrix} \begin{pmatrix} 8/3 \\ 8/3 \end{pmatrix} = \begin{pmatrix} 0 \\ 8 \end{pmatrix}$$

如图 7-15 所示，我们可以把(8/3, 8/3)画成传递给线性变换机的向量，这个线性变换机由给出所需输出向量的矩阵定义。

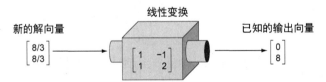

图 7-15   向量(8/3, 8/3)经过线性变换后产生所需的输出(0, 8)

我们可以把 Python 函数 `numpy.linalg.solve` 看作一个形状不同的机器，它接收矩阵和输出向量，并返回它们所表示的线性方程的"解"向量（见图 7-16）。

图 7-16　`numpy.linalg.solve` 函数接收一个矩阵和一个向量，并将解向量输出到它们所代表的线性系统中

这也许是线性代数中最重要的计算任务。从矩阵 A 和向量 w 开始，然后找到向量 v 使得 $Av = w$。这样的向量给出了由 A 和 w 表示的线性方程组的解。幸运的是，有 Python 函数可以完成这个任务，因此我们不必担心手动完成这些烦琐的代数运算。现在，用这个函数来找出激光什么时候击中小行星。

7.2.5　确定激光是否击中小行星

游戏中缺少的部分是 `PolygonModel` 类上的 `does_intersect` 方法的实现。对于这个类的任何实例（表示二维游戏世界中的多边形物体），如果输入线段与多边形的任何线段相交，则此方法应返回 `True`。

为此，我们需要一些辅助函数。首先，需要将给定的线段从端点向量对转换为标准的线性方程。本节的最后会留给你一个实现函数 `standard_form` 的练习，该函数接收两个输入向量并返回一个元组 (a, b, c)，其中 $ax + by = c$ 是线段所在的直线。

接下来给定两条线段，每条线段都由它的一对端点向量表示，我们要找出它们的交点。如果 u_1 和 u_2 是第一条线段的端点，v_1 和 v_2 是第二条线段的端点，我们需要首先找到标准方程，然后将它们传递给 NumPy 来求解。例如：

```
def intersection(u1,u2,v1,v2):
    a1, b1, c1 = standard_form(u1,u2)
    a2, b2, c2 = standard_form(v1,v2)
    m = np.array(((a1,b1),(a2,b2)))
    c = np.array((c1,c2))
    return np.linalg.solve(m,c)
```

输出的是两条线段所在直线的交点。但是，这一点可能不在任何一条线段上，如图 7-17 所示。

为了检测两条线段是否相交，需要检查它们所在直线的交点是否位于两对端点之间。我们可以用距离来检验。在图 7-17 中，交点离 v_2 比 v_1 远，同样，它离 u_1 比 u_2 远。表明该点不在任何线段上。通过 4 次距离检查，可以确定直线的交点 (x, y) 是否也是线段的交点。

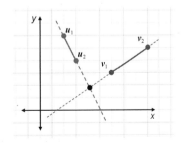

图 7-17　一条线段连接点 u_1 和 u_2，另一条线段连接点 v_1 和 v_2。线段延伸的直线相交，但线段本身不相交

```
def do_segments_intersect(s1,s2):
    u1,u2 = s1
    v1,v2 = s2
    d1, d2 = distance(*s1), distance(*s2)
    x,y = intersection(u1,u2,v1,v2)
    return (distance(u1, (x,y)) <= d1 and
            distance(u2, (x,y)) <= d1 and
            distance(v1, (x,y)) <= d2 and
            distance(v2, (x,y)) <= d2)
```

将第一条线段和第二条线段的
长度分别存储为 d1 和 d2

找出线段所在直线
的交点(x, y)

进行 4 次检查以确保交点
位于线段的 4 个端点之间,
确认线段相交

最后,我们可以通过检查 do_segments_intersect 对于输入线段和(变换后的)多边形的任意一条边是否返回 True 来编写 does_intersect 方法。

```
class PolygonModel():
    ...
    def does_intersect(self, other_segment):
        for segment in self.segments():
            if do_segments_intersect(other_segment,segment):
                return True
        return False
```

如果多边形的任何一条线段与
other_segment 相交,则该方
法返回 True

在 7.2.7 节的练习中,你可以构建具有已知坐标点的小行星和具有已知起点和终点的激光束,从而确认这确实有效。使用源代码中实现的 does_intersect,可以旋转飞船来瞄准小行星并摧毁它们。

7.2.6　识别不可解方程组

最后告诫大家一句:并非每个二维线性方程组都可以求解!在小行星游戏这样的应用中,这种情况很少见,但在二维线性方程中,有些方程对并没有唯一的解,甚至根本没解。如果我们把一个没有解的线性方程组传给 NumPy,就会得到一个异常,所以需要处理这种情况。

当二维中的一对直线不平行时,它们会在某处相交。即使是图 7-18 中两条接近平行(但不完全平行)的直线,也会在远处的某处相交。

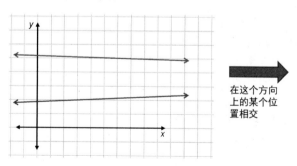

图 7-18　两条不完全平行的直线在远处某处相交

我们遇到麻烦的地方是当两条直线平行时，这意味着它们永不相交（或者它们是同一条直线！），如图 7-19 所示。

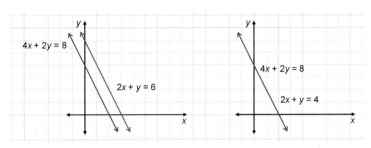

图 7-19 一对永远不相交的平行线，以及一对方程不同但表示同一条线的平行线

在第一种情况下，没有交点；而在第二种情况下，有**无限**多个交点——直线上的每一个点都是交点。这两种情况在计算上都有问题，因为我们的代码只要求唯一的结果。如果试图用 NumPy 解决其中任何一个，例如由 $2x + y = 6$ 和 $4x + 2y = 8$ 组成的方程组，会得到一个异常。

```
>>> import numpy as np
>>> m = np.array(((2,1),(4,2)))
>>> v  = np.array((6,4))
>>> np.linalg.solve(m,v)
Traceback (most recent call last):
  File "<stdin>", line 1, in <module>
...
numpy.linalg.linalg.LinAlgError: Singular matrix
```

NumPy 指出矩阵是错误的来源。矩阵

$$\begin{pmatrix} 2 & 1 \\ 4 & 2 \end{pmatrix}$$

被称为**奇异矩阵**，意味着线性方程组没有唯一的解。尽管线性方程组由矩阵和向量定义，但矩阵本身足以告诉我们直线是否平行以及方程组是否具有唯一解。对于选取的任何一个非零的 w，都不会有唯一的 v 来解这个方程组。

$$\begin{pmatrix} 2 & 1 \\ 4 & 2 \end{pmatrix} v = w$$

我们以后会更深入地讨论奇异矩阵，但现在你可以看到行 $(2, 1)$ 和 $(4, 2)$ 以及列 $(2, 4)$ 和 $(1, 2)$ 都是平行的，因此是线性相关的。这是关键的线索，它告诉我们两条直线是平行的，方程组没有唯一解。线性方程组的可解性是线性代数的核心概念之一，它与线性无关和维度的概念密切相关。我们会在本章的最后两节讨论这个问题。

在我们的小行星游戏中，可以做一个简化的假设，即任何平行线段都不相交。因为我们是用随机浮点值构建游戏的，所以任何两条线段完全平行的可能性很小。即使激光恰好对准小行星的边缘，也只是擦肩而过，不应该让小行星被摧毁。我们可以修改 do_segments_intersect 来捕获异常，并返回默认结果 False。

```
def do_segments_intersect(s1,s2):
    u1,u2 = s1
    v1,v2 = s2
    l1, l2 = distance(*s1), distance(*s2)
    try:
        x,y = intersection(u1,u2,v1,v2)
        return (distance(u1, (x,y)) <= l1 and
                distance(u2, (x,y)) <= l1 and
                distance(v1, (x,y)) <= l2 and
                distance(v2, (x,y)) <= l2)
    except np.linalg.linalg.LinAlgError:
        return False
```

7.2.7   练习

练习 7.3：$u + t \cdot v$ 可能是一条穿过原点的直线。在这种情况下，向量 u 和 v 有什么特征？

解：一种可能是 $u = 0 = (0,0)$，直线自动通过原点。在这种情况下，无论 v 是什么，$u + 0 \cdot v$ 这个点都是原点。除此以外，如果 u 和 v 之间是标量乘积的关系，例如 $u = s \cdot v$，则该直线也将穿过原点，因为 $u - s \cdot v = 0$ 在该直线上。

练习 7.4：如果 $v = 0 = (0,0)$，$u + t \cdot v$ 形式的点是否表示一条直线？

解：不是，不管 t 的值是多少，都有 $u + t \cdot v = u + t \cdot (0,0) = u$，这种形式的每个点都等于 u。

练习 7.5：结果证明公式 $u + t \cdot v$ 不是唯一的；也就是说，可以取不同的 u 和 v 来表示同一条直线。那么，另一条表示 $(2,2) + t \cdot (-1,3)$ 的直线是什么？

解：一种可能是用自身的标量乘积如 $(2,-6)$ 代替 $v = (-1,3)$。当 $t = -2 \cdot s$ 时，形式 $(2,2) + t \cdot (-1,3)$ 的点与点 $(2,2) + s \cdot (2,-6)$ 一致。也可以用直线上的任意一点代替 u。因为 $(2,2) + 1 \cdot (-1,3) = (1,5)$ 在直线上，所以 $(1,5) + t \cdot (2,-6)$ 也是同一条直线的有效方程。

练习 7.6：对任意 a、b 和 c 的值，方程 $a \cdot x + b \cdot y = c$ 是否都能表示一条直线？

解：不能，如果 a 和 b 都为 0，它就不能表示一条直线。在这种情况下，公式是 $0 \cdot x + 0 \cdot y = c$。如果 $c = 0$，则永远成立；如果 $c \neq 0$，则永远不成立。无论哪种方式，都不会在 x 和 y 之间建立关系，因此它不能表示一条直线。

练习 7.7：求直线 $2x+y=3$ 的另一个方程，证明 a、b、c 不是唯一的。

解：另一个方程是 $6x+3y=9$。实际上，将等式的两边同时乘以相同的非零数，就会得到同一条直线的不同方程。

练习 7.8：方程 $ax+by=c$ 等价于包含两个二维向量的点积的方程：$(a,b) \cdot (x,y) = c$。因此，可以说一条直线是一组向量，与给定向量的点积是常数。这一表述的几何解释是什么？

解：参见 7.3.1 节的讨论。

练习 7.9：向量 $(0,7)$ 和 $(3.5,0)$ 是否都满足方程 $2x+y=7$。

解：是的，$2 \cdot 0 + 7 = 7$ 以及 $2 \cdot (3.5) + 0 = 7.$

练习 7.10：画出 $(3,0)+t \cdot (0,1)$ 的图形，并用公式将其转化为标准形式。

解：$(3,0)+t \cdot (0,1)$ 得到一条垂直线，其中 $x=3$（见图 7-20）。公式 $x=3$ 已经是标准的直线方程，但是还可以用公式确认。线上的第一个点已给出：$(x_1, y_1) = (3,0)$。第二个点是 $(3,0) + (0,1) = (3,1) = (x_2, y_2)$。已知 $a = y_2 - y_1 = 1$、$b = x_1 - x_2 = 0$ 和 $c = x_1 y_2 - x_2 y_1 = 3 \cdot 1 - 1 \cdot 0 = 3$。得到 $1 \cdot x + 0 \cdot y = 3$，或者简单地说 $x=3$。

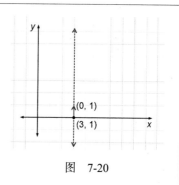

图 7-20

练习 7.11：编写一个 Python 函数 `standard_form`，该函数接收两个向量 v_1 和 v_2 并找到通过这两个向量的直线 $ax+by=c$。

解：需要做的就是翻译你用 Python 写的公式。

```
def standard_form(v1, v2):
    x1, y1 = v1
    x2, y2 = v2
    a = y2 - y1
    b = x1 - x2
    c = x1 * y2 - y1 * x2
    return a,b,c
```

练习 7.12（小项目）：对于 `do_segments_intersect` 中的四项距离检查中的每一项，找到一对线段，它们未通过其中一项检查，但通过了其他三项检查。

解：为了更方便实验，我们创建一个 `do_segments_intersect` 的修改版本，返回四个检查分别返回的 `True/False` 值列表。

```python
def segment_checks(s1,s2):
    u1,u2 = s1
    v1,v2 = s2
    l1, l2 = distance(*s1), distance(*s2)
    x,y = intersection(u1,u2,v1,v2)
    return [
        distance(u1, (x,y)) <= l1,
        distance(u2, (x,y)) <= l1,
        distance(v1, (x,y)) <= l2,
        distance(v2, (x,y)) <= l2
    ]
```

通常，当线段的一个端点离另一端点更近而不是离交点更近时，这些检查就会失败。

下面是用相交于原点的两条直线 $y=0$ 和 $x=0$ 上的线段找到的其他一些解。每一个都不符合四种检查之一。如有疑问，可以自己画出来看看是怎么回事。

```
>>> segment_checks(((-3,0),(-1,0)),((0,-1),(0,1)))
[False, True, True, True]
>>> segment_checks(((1,0),(3,0)),((0,-1),(0,1)))
[True, False, True, True]
>>> segment_checks(((-1,0),(1,0)),((0,-3),(0,-1)))
[True, True, False, True]
>>> segment_checks(((-1,0),(1,0)),((0,1),(0,3)))
[True, True, True, False]
```

练习 7.13：对于激光线和小行星的例子，确认 `does_intersect` 函数返回 `True`。（提示：使用网格线找到小行星的顶点并创建一个代表小行星的 `PolygonModel` 对象。）

解：从最高点开始，逆时针顺序依次是 $(2,7)$、$(1,5)$、$(2,3)$、$(4,2)$、$(6,2)$、$(7,4)$、$(6,6)$ 和 $(4,6)$。假设激光束的端点为 $(0,0)$ 和 $(7,7)$。

```
>>> from asteroids import PolygonModel
>>> asteroid = PolygonModel([(2,7), (1,5), (2,3), (4,2),
(6,2), (7,4), (6,6), (4,6)])
>>> asteroid.does_intersect([(0,0),(7,7)])
True
```

证实激光击中了小行星（见图 7-21）! 相比之下，沿着 y 轴从 $(0,0)$ 射向 $(0,7)$，不会击中小行星。

```
>>> asteroid.does_intersect([(0,0),(0,7)])
False
```

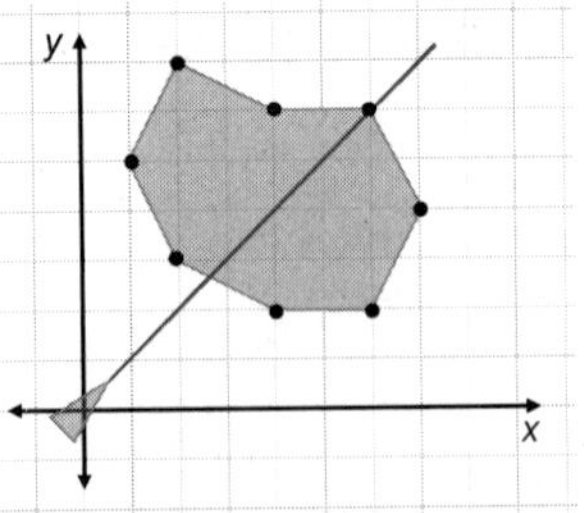

图 7-21　激光击中了小行星

练习 7.14：实现 does_collide(other_polygon) 方法，通过检查定义两个多边形的任何线段是否相交来确定当前 PolygonModel 对象是否与 other_polygon 发生碰撞。这可以帮助我们确定小行星是撞击了飞船还是撞击了另一颗小行星。

解：首先，在 PolygonModel 中增加一个 segments() 方法，以避免重复返回构成多边形的（已变换的）线段，这很方便。然后，我们可以检查另一个多边形的每一条线段，看它与当前多边形的 does_intersect 是否返回 True。

```
class PolygonModel():
    ...
    def segments(self):
        point_count = len(self.points)
        points = self.transformed()
        return [(points[i], points[(i+1)%point_count])
                for i in range(0,point_count)]

    def does_collide(self, other_poly):
        for other_segment in other_poly.segments():
            if self.does_intersect(other_segment):
                return True
        return False
```

我们可以通过建立一些应该重叠和不应该重叠的方块来测试这一点，看看 does_collide 方法能否正确检测。确实如此，如下所示。

```
>>> square1 = PolygonModel([(0,0), (3,0), (3,3), (0,3)])
>>> square2 = PolygonModel([(1,1), (4,1), (4,4), (1,4)])
>>> square1.does_collide(square2)
True
>>> square3 = PolygonModel([(-3,-3),(-2,-3),(-2,-2),(-3,-2)])
>>> square1.does_collide(square3)
False
```

练习 7.15（小项目）：我们无法找到一个向量 w，使下面的方程组有唯一解 v。

$$\begin{pmatrix} 2 & 1 \\ 4 & 2 \end{pmatrix} v = w$$

找到一个向量 w，使该方程组具有无穷多个解；也就是说，有无穷多个 v 值满足这个方程组。

解：例如，如果 $w = (0, 0)$，方程组所代表的两条直线是相同的。（如果你持怀疑态度，请画出它们的图形！）对于任何实数 a，解的形式均为 $v = (a, -2a)$。以下是当 $w = (0, 0)$ 时，v 的部分可能性。

$$\begin{pmatrix} 2 & 1 \\ 4 & 2 \end{pmatrix} \begin{pmatrix} 1 \\ -2 \end{pmatrix} = \begin{pmatrix} 2 & 1 \\ 4 & 2 \end{pmatrix} \begin{pmatrix} -4 \\ 8 \end{pmatrix} = \begin{pmatrix} 2 & 1 \\ 4 & 2 \end{pmatrix} \begin{pmatrix} 10 \\ -20 \end{pmatrix} = \begin{pmatrix} 0 \\ 0 \end{pmatrix}$$

7.3　将线性方程泛化到更高维度

现在我们已经建立了一个可以玩的（尽管是最小的）游戏，再拓宽一下视野吧。除了街机游戏之外，还有很多问题可以用线性方程组表示。自然场景下，线性方程通常有两个以上的“未知”变量（如 x 和 y），描述的是二维以上的点的集合。超过三维会很难描绘，但在三维空间中可以构建有用的心智模型。说到底，三维空间中的平面类似于二维空间中的直线，也用线性方程来表示。

7.3.1　在三维空间中表示平面

要了解为什么直线和平面是类似的，不妨用点积的形式来思考直线。正如前面练习中的内容，方程 $ax + by = c$ 是二维平面上的点集 (x, y)，其中的点与固定向量 (a, b) 的点积等于固定值 c。也就是说，方程 $ax + by = c$ 等价于方程 $(a, b) \cdot (x, y) = c$。如果在前面的练习中没有弄清楚如何用几何方法来解释这个问题，我们再来讨论一下。

对于二维空间里的任意点和任意非零向量，存在唯一一条直线垂直于该向量且经过该点，如图 7-22 所示。

给定点 (x_0, y_0) 和向量 (a, b)，那么通过 (x_0, y_0) 存在一条直线，使得：对于直线上任意一点 (x, y)，$(x - x_0, y - y_0)$ 与直线平行，与 (a, b) 垂直，如图 7-23 所示。

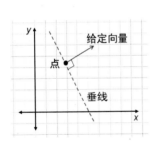

图 7-22　通过给定点并垂直于给定向量的
唯一直线

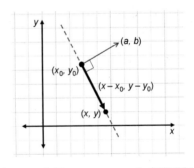

图 7-23　向量 $(x - x_0, y - y_0)$ 与直线平行，
因此与 (a, b) 垂直

因为两个垂直向量的点积为零，这等价于代数式：

$$(a, b) \cdot (x - x_0, y - y_0) = 0$$

展开得到

$$a(x - x_0) + b(y - y_0) = 0$$

或

$$ax + by = ax_0 + by_0$$

方程右边是一个常数，所以可以改名为 c，得到直线的一般形式方程：$ax + by = c$。这其实是公式

$ax + by = c$ 的一种简单的几何解释，可以推广到三维。

给定三维空间中的一个点和一个向量，存在一个与向量垂直并通过该点的唯一**平面**。如果向量是 (a, b, c)，点是 (x_0, y_0, z_0)，可以得出：如果向量 (x, y, z) 位于平面内，那么 $(x - x_0, y - y_0, z - z_0)$ 垂直于 (a, b, c)。图 7-24 显示了这种逻辑。

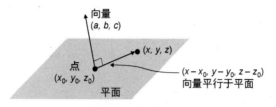

图 7-24　平行于向量 (a, b, c) 的平面穿过点 (x_0, y_0, z_0)

平面上的每一点处都有一个垂直于 (a, b, c) 的向量，每一个垂直于 (a, b, c) 的向量都能引向平面上的一个点。把这种垂直度表示为两个向量的点积，可得出平面上每个点 (x, y, z) 都满足的方程如下：

$$(a, b, c) \cdot (x - x_0, y - y_0, z - z_0) = 0$$

展开得到

$$ax + by + cz = ax_0 + by_0 + cz_0$$

方程的右边是一个常数，可以得出，三维空间中的每个平面都有一个形式为 $ax + by + cz = d$ 的方程。三维空间中的计算问题是求平面相交的位置，或求同时满足多个线性方程的 (x, y, z) 的值。

7.3.2　在三维空间中求解线性方程组

平面上的一对非平行线相交于唯一的点。对于平面来说是否也是如此呢？画出一对相交的平面就能看到，非平行平面有可能在许多点相交。图 7-25 就显示了一整条**直线**，由两个非平行平面相交的无限多个点组成。

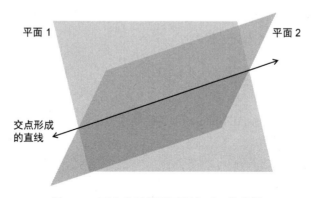

图 7-25　两个非平行平面相交于一条直线

如果添加与该相交直线不平行的第三个平面，则可以找到唯一的交点。图 7-26 显示了三个平面中的每一对平面都相交于一条直线，而且这三条直线相交于一点。

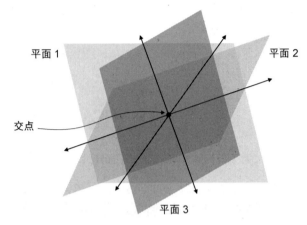

图 7-26　三个非平行平面相交于一点

要找到这个交点，需要在代数上找到具有三个变量的三个线性方程的共同解，每个方程代表其中一个平面，其形式为 $ax + by + cz = d$。这样的三个线性方程构成的方程组形式如下：

$$a_1x + b_1y + c_1z = d_1$$
$$a_2x + b_2y + c_2z = d_2$$
$$a_3x + b_3y + c_3z = d_3$$

每个平面由四个数决定：a_i、b_i、c_i 和 d_i，其中 $i = 1, 2, 3$ 是平面的索引。这样的下标对于线性方程组很有用，因为在线性方程组中会有很多变量需要命名。这 12 个数足以找到平面的交点 (x, y, z)，如果这个点存在的话。可以将方程组转化为矩阵方程来求解。

$$\begin{pmatrix} a_1 & b_1 & c_1 \\ a_2 & b_2 & c_2 \\ a_3 & b_3 & c_3 \end{pmatrix} \begin{pmatrix} x \\ y \\ z \end{pmatrix} = \begin{pmatrix} d_1 \\ d_2 \\ d_3 \end{pmatrix}$$

举一个例子，假设三个平面的方程为：

$$x + y - z = -1$$
$$2y - z = 3$$
$$x + z = 2$$

在本书的源代码中可以看到如何在 Matplotlib 中绘制这些平面。图 7-27 显示了绘制结果。

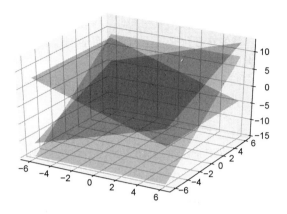

图 7-27　在 Matplotlib 中绘制的三个平面

虽然不容易看出来，但在图中的某个位置，三个平面相交了。为了找到那个交点，需要找到同时满足三个线性方程的 x、y 和 z 的值。同样，我们可以将方程组转换为矩阵形式，并使用 NumPy 来求解。等价于线性方程组的矩阵方程是：

$$\begin{pmatrix} 1 & 1 & -1 \\ 0 & 2 & -1 \\ 1 & 0 & 1 \end{pmatrix} \begin{pmatrix} x \\ y \\ z \end{pmatrix} = \begin{pmatrix} -1 \\ 3 \\ 2 \end{pmatrix}$$

在 Python 中，把矩阵和向量转换为 NumPy 数组，可以快速找到解向量。

```
>>> matrix = np.array(((1,1,-1),(0,2,-1),(1,0,1)))
>>> vector = np.array((-1,3,2))
>>> np.linalg.solve(matrix,vector)
array([-1., 3., 3.])
```

所以(-1, 3, 3)是三个平面的交点(x, y, z)，也是同时满足三个线性方程的点。

虽然用 NumPy 很容易计算出结果，但在三维中可视化线性方程组已经有些困难了。在三维以上，线性方程组的可视化就更难了，但是求解的方法是一样的。与一条直线或一个平面类似，这在任意维中称为**超平面**，问题则归结为找到多个超平面的交点。

7.3.3　用代数方法研究超平面

准确地说，n 维的超平面是具有 n 个未知变量的线性方程的解。直线是二维空间中的一维超平面，平面则是三维空间中的二维超平面。正如你所猜测的那样，四维空间中标准形式的线性方程如下：

$$aw + bx + cy + dz = e$$

解集(w, x, y, z)形成的区域是四维空间中的三维超平面。在使用"三维"这个形容词时一定要小心，因为它不一定是 $\mathbb{R}^4$ 的三维向量子空间。这类似于二维的情况：二维中通过原点的直线是 $\mathbb{R}^2$ 的向量子空间，但其他直线不是。不管是不是向量空间，三维超平面都是三维的，因为在解集上有三个线性独立的方向可以移动，就像在任何平面上有两个线性独立的方向可以移动一样。在本节末尾有一个小项目来检查你对此的理解。

　　在写更高维度的线性方程时，可能没有足够多的字母来表示坐标和系数，可用带有下标索引的字母来表示。例如，四维中直线的标准方程可以写成：

$$a_1 x_1 + a_2 x_2 + a_3 x_3 + a_4 x_4 = b$$

其中，系数是 a_1、a_2、a_3 和 a_4，四维向量的坐标为 (x_1, x_2, x_3, x_4)。如此，一个十维的线性方程可写成：

$$a_1 x_1 + a_2 x_2 + a_3 x_3 + a_4 x_4 + a_5 x_5 + a_6 x_6 + a_7 x_7 + a_8 x_8 + a_9 x_9 + a_{10} x_{10} = b$$

　　当求和中每一项的模式很清楚时，会用省略号（…）来节省空间。比如上一个公式可以这样写：$a_1 x_1 + a_2 x_2 + \cdots + a_{10} x_{10} = b$。还有一种更紧凑的表示方法，用到了求和符号 Σ（也就是希腊字母 sigma）。如果求和项的形式为 $a_i x_i$，下标 i 的范围为从 1 到 10，设和为 b，则可简写为：

$$\sum_{i=1}^{10} a_i x_i = b$$

这个方程与前面的方程等同，只是写法更简洁而已。无论研究的维度 n 是多少，线性方程的标准形式都相同：

$$a_1 x_1 + a_2 x_2 + \cdots + a_n x_n = b$$

　　要在 n 维上表示 m 个线性方程组，需要更多的索引。等号左侧的常量数组可以表示为 a_{ij}，其中下标 i 表示是哪个方程，下标 j 表示常数乘以哪个坐标（x_j）。例如：

$$a_{11} x_1 + a_{12} x_2 + \cdots + a_{1n} x_n = b_1$$
$$a_{21} x_1 + a_{22} x_2 + \cdots + a_{2n} x_n = b_2$$
$$\cdots$$
$$a_{m1} x_1 + a_{m2} x_2 + \cdots + a_{mn} x_n = b_m$$

这里，用省略号跳过了第 3 到第 $m-1$ 个方程。一共有 m 个方程，每个方程中有 n 个常数，所以总共有 mn 个形为 a_{ij} 的常数。在方程右侧，共有 m 个常数：$b_1, b_2, \cdots, b_m$。

　　无论维数（与未知变量数相同）和方程数是多少，都可以将前面有 n 个未知数和 m 个方程的线性方程组重写成图 7-28 中的形式。

$$\begin{pmatrix} a_{11} & a_{12} & \cdots & a_{1n} \\ a_{21} & a_{22} & \cdots & a_{2n} \\ \vdots & \vdots & \ddots & \vdots \\ a_{m1} & a_{m2} & \cdots & a_{mn} \end{pmatrix} \begin{pmatrix} x_1 \\ x_2 \\ \vdots \\ x_n \end{pmatrix} = \begin{pmatrix} b_1 \\ b_2 \\ \vdots \\ b_m \end{pmatrix}$$

图 7-28　将含有 n 个未知数的 m 线性方程组写成矩阵形式

7.3.4 计算维数、方程和解

我们在二维和三维中都遇到过，线性方程可能无解，或者至少没有唯一解。如何知道 n 个未知数中的 m 方程组是否可解？换句话说，如何知道 n 维中的 m 超平面是否有唯一的交点？7.4 节会对此进行详细讨论，但现在可得出一个重要的结论。

在二维中，一对直线可相交于一点。它们并不总是相交（比如直线平行的情况），但有相交的可能性存在。这句话在代数上等价于两个变量的两个线性方程可以有唯一解。

在三维中，三个平面可相交于一点。同样，并不总是如此，但数字 3 是确定三维中一点所需的最小平面数（或线性方程的数目）。当只有两个平面时，至少有一维空间的可能解，即交线。从代数上来说，两个线性方程可得到二维中的唯一解，三个线性方程可得到三维中的唯一解。一般来说，n 个线性方程才能在 n 维上得到唯一解。

下面介绍四维空间的例子，坐标为 (x_1, x_2, x_3, x_4)。这个例子虽然简单，但具体且有用。设第一个线性方程为 $x_4 = 0$，它的解形成了一个三维超平面，由形式为 $(x_1, x_2, x_3, 0)$ 的向量组成。这显然是一个三维解空间，它是一个基为 $(1, 0, 0, 0)$, $(0, 1, 0, 0)$, $(0, 0, 1, 0)$ 的 $\mathbb{R}^4$ 的向量子空间。

第二个线性方程可以设为 $x_2 = 0$，这个方程的解本身也是一个三维超平面。这两个三维超平面的交点是一个二维空间，由满足两个方程的向量 $(x_1, 0, x_3, 0)$ 组成。如果能绘制出来，它会是四维空间中的一个二维平面，由基 $(1, 0, 0, 0)$ 和 $(0, 0, 1, 0)$ 生成。

再增加一个线性方程 $x_1 = 0$，又得到了一个超平面。现在这三个方程的解是一维空间了。这个一维空间中的向量位于四维中的一条直线上，其形式为 $(0, 0, x_3, 0)$。这条直线正是 x_3 轴，它是 $\mathbb{R}^4$ 的一维子空间。

最后，如果添加第四个线性方程 $x_3 = 0$，会得到唯一解 $(0, 0, 0, 0)$，即一个零维向量空间。$x_4 = 0$、$x_2 = 0$、$x_1 = 0$ 和 $x_3 = 0$ 都是非常简单的线性方程，精确地描述了解：$(x_1, x_2, x_3, x_4) = (0, 0, 0, 0)$。每增加一个方程，解空间的维度就减少一，直至得到由点 $(0, 0, 0, 0)$ 组成的零维空间。

如果选择其他方程，那么每一步可能不会那么清晰，需要检验每一个新增的超平面是否真的将解空间的维度减少了一。例如，如果从

$$x_1 = 0$$

和

$$x_2 = 0$$

开始，解集会缩小到一个二维空间，但随后增加另一个方程

$$x_1 + x_2 = 0$$

对解空间没有影响。因为 x_1 和 x_2 已经被约束为零，所以方程 $x_1 + x_2 = 0$ 自动成立。因此，第三个方程没有给解集增加更多的约束。

在第一种情况下，四个维度有三个线性方程要满足，我们得到了 $4 - 3 = 1$ 维的解空间。但在第二种情况下，三个方程描述了一个不太具体的二维解空间。如果有 n 个维度（n 个未知变量）

和 n 个线性方程，就有可能存在唯一解——零维解空间，但并不总是这样的。一般来说，在 n 维空间中，m 个线性方程能得到的最低维解空间是 $n-m$。在这种情况下，我们称方程组线性无关。

空间中的每个基向量都确定了一个可移动的新的独立方向。空间中的独立方向称为**自由度**。例如，z 方向将我们从平面中"解放"出来，进入更大的三维空间。相反地，每引入一个线性无关方程就增加一个约束条件：它消除了一个自由度，将解空间限制到更小的维数。当独立自由度（维度）的数量等于独立约束（线性方程）的数量时，就不再有任何自由度，只剩下唯一的点。

这是线性代数中一个主要的哲学观点，在接下来的一些小项目中会进行更多探索。7.4 节会把独立方程和（线性）无关向量的概念联系起来。

7.3.5　练习

练习 7.16：通过 $(5, 4)$ 并垂直于 $(-3, 3)$ 的直线方程是什么？

解：答案如图 7-29 所示。

对于直线上的每一点 (x, y)，向量 $(x-5, y-4)$ 与直线平行，因此垂直于 $(-3, 3)$。也就是说，对于直线上的任何 (x, y)，点积 $(x-5, y-4) \cdot (-3, 3) = 0$。方程展开为 $-3x + 15 + 3y - 12 = 0$，重新排列后得到 $-3x + 3y = -3$。将两边同时除以 -3，得到更简单的等价方程：$x - y = 1$。

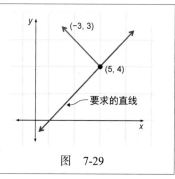

图　7-29

练习 7.17（小项目）：思考四维中的如下两个线性方程。

$$x_1 + 2x_2 + 2x_3 + x_4 = 0$$
$$x_1 - x_4 = 0$$

用代数法（而不是几何法）解释，为什么方程组的解会形成四维的向量子空间。

解：如果 (a_1, a_2, a_3, a_4) 和 (b_1, b_2, b_3, b_4) 是方程组的两个解，那么它们的线性组合也是解。这意味着解集包含其向量的所有线性组合，使其成为一个向量子空间。

我们先假设 (a_1, a_2, a_3, a_4) 和 (b_1, b_2, b_3, b_4) 是两个线性方程的解，即：

$$a_1 + 2a_2 + 2a_3 + a_4 = 0$$
$$b_1 + 2b_2 + 2b_3 + b_4 = 0$$
$$a_1 - a_4 = 0$$
$$b_1 - b_4 = 0$$

选取标量 c 和 d，线性组合 $c(a_1, a_2, a_3, a_4) + d(b_1, b_2, b_3, b_4)$ 就等于 $(ca_1 + db_1, ca_2 + db_2, ca_3 + db_3, ca_4 + db_4)$。这是不是两个方程的解呢？我们把 x_1、x_2、x_3、x_4 四个坐标代入方程组。在第一个方程中：

$$x_1 + 2x_2 + 2x_3 + x_4$$

变成

$$(ca_1 + db_1) + 2(ca_2 + db_2) + 2(ca_3 + db_3) + (ca_4 + db_4)$$

展开后得到

$$ca_1 + db_1 + 2ca_2 + 2db_2 + 2ca_3 + 2db_3 + ca_4 + db_4$$

其重新排列为

$$c(a_1 + 2a_2 + 2a_3 + a_4) + d(b_1 + 2b_2 + 2b_3 + b_4)$$

因为 $a_1 + 2a_2 + 2a_3 + a_4$ 和 $b_1 + 2b_2 + 2b_3 + b_4$ 都为零，所以这个表达式为零。

$$c(a_1 + 2a_2 + 2a_3 + a_4) + d(b_1 + 2b_2 + 2b_3 + b_4) = c \cdot 0 + d \cdot 0 = 0$$

因此线性组合是第一个方程的解。同理，将线性组合代入第二个方程，会得到它也是该方程的解。

$$(ca_1 + db_1) - (ca_4 + db_4) = c(a_1 - a_4) + d(b_1 - b_4) = c \cdot 0 + d \cdot 0 = 0$$

任意两个解的线性组合也是解，所以解集包含其所有的线性组合。这意味着，解集是四维的向量子空间。

练习 7.18：通过点 $(1, 1, 1)$ 并垂直于向量 $(1, 1, 1)$ 的平面的标准方程是什么？

解：对于平面上的任意一点 (x, y, z)，向量 $(x - 1, y - 1, z - 1)$ 垂直于 $(1, 1, 1)$。那么，对于平面上一点的 x、y 和 z 的任意值，点积 $(x - 1, y - 1, z - 1) \cdot (1, 1, 1) = 0$。展开后得到平面的标准方程为 $(x - 1) + (y - 1) + (z - 1) = 0$，即 $x + y + z = 3$。

练习 7.19（小项目）：写一个 Python 函数，输入是三个三维点，返回它们所在平面的标准方程。例如，如果标准方程是 $ax + by + cz = d$，则函数可以返回元组 (a, b, c, d)。

提示：三个向量中任何一对向量的差都是平行于平面的，所以向量差的向量积是垂直的。

解：如果给定的点是 p_1、p_2、p_3，那么向量差 $p_3 - p_1$ 和 $p_2 - p_1$ 平行于平面。那么向量积 $(p_2 - p_1) \times (p_3 - p_1)$ 就垂直于平面。（只要 p_1、p_2、p_3 三点组成一个三角形，向量差之间就不平行）。有了平面上的一点（如 p_1）和一个垂直的向量，我们就可以重复在前两个练习中求标准方程的过程。

```
from vectors import *

def plane_equation(p1,p2,p3):
    parallel1 = subtract(p2,p1)
```

```
parallel2 = subtract(p3,p1)
a,b,c = cross(parallel1, parallel2)
d = dot((a,b,c), p1)
return a,b,c,d
```

例如，输入前面练习中平面 $x + y + z = 3$ 上的三个点。

```
>>> plane_equation((1,1,1), (3,0,0), (0,3,0))
(3, 3, 3, 9)
```

结果是 $(3, 3, 3, 9)$，即 $3x + 3y + 3z = 9$，相当于 $x + y + z = 3$。这说明我们做对了！

练习 7.20：如图 7-30 所示的矩阵方程中共有多少个常数 a_{ij}？有多少个方程？有多少个未知数？写出完整的矩阵方程和完整的线性方程组（无省略号）。

$$\begin{pmatrix} a_{11} & a_{12} & \cdots & a_{17} \\ a_{21} & a_{22} & \cdots & a_{27} \\ \vdots & \vdots & \ddots & \vdots \\ a_{51} & a_{52} & \cdots & a_{57} \end{pmatrix} \begin{pmatrix} x_1 \\ x_2 \\ \vdots \\ x_7 \end{pmatrix} = \begin{pmatrix} b_1 \\ b_2 \\ \vdots \\ b_5 \end{pmatrix}$$

图 7-30　线性方程组的矩阵形式缩写

解：完整的矩阵方程如图 7-31 所示。

$$\begin{pmatrix} a_{11} & a_{12} & a_{13} & a_{14} & a_{15} & a_{16} & a_{17} \\ a_{21} & a_{22} & a_{23} & a_{24} & a_{25} & a_{26} & a_{27} \\ a_{31} & a_{32} & a_{33} & a_{34} & a_{35} & a_{36} & a_{37} \\ a_{41} & a_{42} & a_{43} & a_{44} & a_{45} & a_{46} & a_{47} \\ a_{51} & a_{52} & a_{53} & a_{54} & a_{55} & a_{56} & a_{57} \end{pmatrix} \begin{pmatrix} x_1 \\ x_2 \\ x_3 \\ x_4 \\ x_5 \\ x_6 \\ x_7 \end{pmatrix} = \begin{pmatrix} b_1 \\ b_2 \\ b_3 \\ b_4 \\ b_5 \end{pmatrix}$$

图 7-31　非缩写版本的矩阵方程

该矩阵中共有 $5 \cdot 7 = 35$ 项，线性方程组左侧有 35 个 a_{ij} 常数。有 7 个未知变量（$x_1, x_2, \cdots, x_7$）和 5 个方程（矩阵的每一行）。通过矩阵乘法运算可以得到完整的线性方程组，见图 7-32。

$$a_{11}x_1 + a_{12}x_2 + a_{13}x_3 + a_{14}x_4 + a_{15}x_5 + a_{16}x_6 + a_{17}x_7 = b_1$$
$$a_{21}x_1 + a_{22}x_2 + a_{23}x_3 + a_{24}x_4 + a_{25}x_5 + a_{26}x_6 + a_{27}x_7 = b_2$$
$$a_{31}x_1 + a_{32}x_2 + a_{33}x_3 + a_{34}x_4 + a_{35}x_5 + a_{36}x_6 + a_{37}x_7 = b_3$$
$$a_{41}x_1 + a_{42}x_2 + a_{43}x_3 + a_{44}x_4 + a_{45}x_5 + a_{46}x_6 + a_{47}x_7 = b_4$$
$$a_{51}x_1 + a_{52}x_2 + a_{53}x_3 + a_{54}x_4 + a_{55}x_5 + a_{56}x_6 + a_{57}x_7 = b_5$$

图 7-32　矩阵方程对应的全部线性方程组

现在你明白为什么需要缩写来代替这种烦琐的写法了吧！

练习 7.21：写出线性方程来替代如下求和简写。在几何上，线性方程的解是什么样的？

$$\sum_{i=1}^{3} x_i = 1$$

解：方程的左侧是 x_i 项的总和，i 的范围为从 1 到 3。可得 $x_1 + x_2 + x_3 = 1$。这是三个变量的线性方程的标准形式，它的解在三维空间中形成一个平面。

练习 7.22：画出三个互不平行且没有共同唯一交点的平面。（最好列出其方程并画出它们！）

解：这样的三个平面为 $z + y = 0$、$z - y = 0$ 和 $z = 3$，见图 7-33。

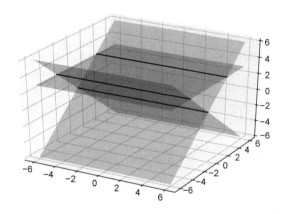

图 7-33　三个平面互不平行，并且没有共同的交点

每一对平面的交界是平行线。因为这些直线永远不会相交，所以这三个平面没有共同的唯一交点。如第 6 章的例子一样：三个向量可以是线性相关的，即使它们之间没有一对是平行的。

练习 7.23：假设有 m 个线性方程和 n 个未知变量。以下 m 和 n 的取值是否存在唯一解？

(a) $m = 2$，$n = 2$
(b) $m = 2$，$n = 7$
(c) $m = 5$，$n = 5$
(d) $m = 3$，$n = 2$

解：(a) 当有 2 个线性方程和 2 个未知数时，**可能**有唯一解。这两个方程代表平面内的直线，它们或者平行，或者将交于一点。

(b) 当有 2 个线性方程和 7 个未知数时，**不可能**有唯一解。假设这些方程所定义的六维超平面不平行，将有一个五维的解空间。

(c) 当有 5 个线性方程和 5 个未知数时，**可能**有唯一解，只要方程是独立的。

(d) 当有 3 个线性方程和 2 个未知数时，**可能**有唯一解，但需要运气。这意味着第三条线恰好经过前两条线的交点，虽然可能但可能性不大（见图 7-34）。

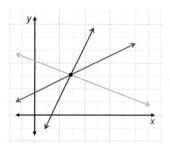

图 7-34　平面上的三条直线恰好相交于一点

练习 7.24：找出三个相交于一点的平面，三个相交于一条直线的平面，和三个相交于一个平面的平面。

解：平面 $z - y = 0$、$z + y = 0$ 和 $z + x = 0$ 相交于点 $(0, 0, 0)$（见图 7-35）。大多数随机选择的平面会像这样相交于一点。

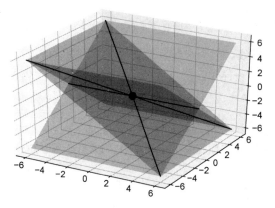

图 7-35　三个平面相交于一点

平面 $z - y = 0$、$z + y = 0$ 和 $z = 0$ 相交于一条直线，即 x 轴（见图 7-36）。解这些方程会发现 y 和 z 都被约束为 0，但 x 根本没有出现，所以它没有约束。因此，x 轴上的任何向量 $(x, 0, 0)$ 都是解。

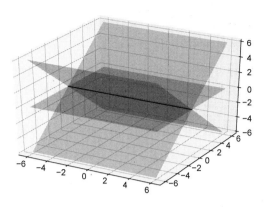

图 7-36　三个平面的交点形成一条直线

最后，如果三个方程都代表同一个平面，那么这整个平面就是一组解。例如，$z-y=0$、$2z-2y=0$ 和 $3z-3y=0$ 代表同一个平面（见图 7-37）。

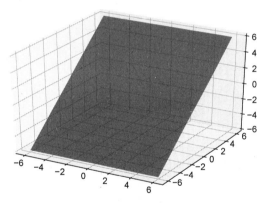

图 7-37　三个相同的平面重叠在一起，解集是整个平面

练习 7.25：在不使用 Python 的情况下，求 $x_5=3$、$x_2=1$、$x_4=-1$、$x_1=0$ 和 $x_1+x_2+x_3=-2$ 这个五维线性方程组的解。用 NumPy 验证答案。

解：因为这些线性方程中的四个方程都指定了坐标值，所以解的形式是 $(0,1,x_3,-1,3)$。可利用最后一个方程进行一些代数运算，求出 x_3。因为 $x_1+x_2+x_3=-2$，代入前四个方程得到 $0+1+x_3=-2$，所以 $x_3=-3$。因此唯一解是点 $(0,1,-3,-1,3)$。将方程组转换成矩阵形式，即可用 NumPy 求解来验证答案。

```
>>> matrix = np.array(((0,0,0,0,1),(0,1,0,0,0),(0,0,0,1,0),(1,0,0,0,0),(1,1,1,0,0)))
>>> vector = np.array((3,1,-1,0,-2))
>>> np.linalg.solve(matrix,vector)
array([ 0., 1., -3., -1., 3.])
```

练习 7.26（小项目）：对于任何维数，都有一个单位矩阵作为恒等映射。n 维单位矩阵 I 乘以任何向量 v，都会得到相同的向量 v，即 $Iv = v$。

$Iv = w$ 是一个容易求解的线性方程组：v 的一个可能解是 $v = w$。这个小项目的思路是，从线性方程组 $Av = w$ 开始，两边同时用另一个矩阵 B 相乘，使（BA）$= I$，进而得到(BA)$v = Bw$ 和 $Iv = Bw$（即 $v = Bw$）。换句话说，如果有方程组 $Av = w$，还有一个合适的矩阵 B，那么 Bw 就是方程组的解。这个矩阵 B 叫作 A 的逆矩阵。

我们再来看一下在 7.3.2 节中求解的方程组。

$$\begin{pmatrix} 1 & 1 & -1 \\ 0 & 2 & -1 \\ 1 & 0 & 1 \end{pmatrix}\begin{pmatrix} x \\ y \\ z \end{pmatrix} = \begin{pmatrix} -1 \\ 3 \\ 2 \end{pmatrix}$$

首先，使用 NumPy 函数 `numpy.linalg.inv(matrix)`。该函数会返回指定矩阵的逆，以找到上述方程左侧矩阵的逆。然后，将方程两边乘这个矩阵，就能得到方程的解。将你的答案与 NumPy 的求解结果进行比较。

提示：还可以使用 NumPy 的内置矩阵乘法接口 `numpy.matmul`，使计算更简单。

解：首先，用 NumPy 来计算矩阵的逆。

```
>>> matrix = np.array(((1,1,-1),(0,2,-1),(1,0,1)))
>>> vector = np.array((-1,3,2))
>>> inverse = np.linalg.inv(matrix)
>>> inverse
array([[ 0.66666667, -0.33333333,  0.33333333],
       [-0.33333333,  0.66666667,  0.33333333],
       [-0.66666667,  0.33333333,  0.66666667]])
```

将逆矩阵与原矩阵相乘就得到了单位矩阵，其对角线上的数是 1，其他地方都是 0（尽管有一些数值误差）。

```
>>> np.matmul(inverse,matrix)
array([[ 1.00000000e+00,  1.11022302e-16, -1.11022302e-16],
       [ 0.00000000e+00,  1.00000000e+00,  0.00000000e+00],
       [ 0.00000000e+00,  0.00000000e+00,  1.00000000e+00]])
```

解题的关键在于，将矩阵方程的两边都乘这个逆矩阵。为了便于阅读，这里把逆矩阵中的数值进行了四舍五入。已知左边是一个矩阵与其逆矩阵的乘积，所以可以像图 7-38 这样简化。

$$\begin{pmatrix} 0.667 & -0.333 & 0.333 \\ -0.333 & 0.667 & 0.333 \\ -0.667 & 0.333 & 0.667 \end{pmatrix}\begin{pmatrix} 1 & -1 & 0 \\ 0 & -1 & -1 \\ 1 & 0 & 2 \end{pmatrix}\begin{pmatrix} x \\ y \\ z \end{pmatrix} = \begin{pmatrix} 0.667 & -0.333 & 0.333 \\ -0.333 & 0.667 & 0.333 \\ -0.667 & 0.333 & 0.667 \end{pmatrix}\begin{pmatrix} 1 \\ 3 \\ 2 \end{pmatrix}$$

$$\begin{pmatrix} 1 & 0 & 0 \\ 0 & 1 & 0 \\ 0 & 0 & 1 \end{pmatrix}\begin{pmatrix} x \\ y \\ z \end{pmatrix} = \begin{pmatrix} 0.667 & -0.333 & 0.333 \\ -0.333 & 0.667 & 0.333 \\ -0.667 & 0.333 & 0.667 \end{pmatrix}\begin{pmatrix} 1 \\ 3 \\ 2 \end{pmatrix}$$

$$\begin{pmatrix} x \\ y \\ z \end{pmatrix} = \begin{pmatrix} 0.667 & -0.333 & 0.333 \\ -0.333 & 0.667 & 0.333 \\ -0.667 & 0.333 & 0.667 \end{pmatrix}\begin{pmatrix} 1 \\ 3 \\ 2 \end{pmatrix}$$

图 7-38　将方程组的两边乘以逆矩阵并简化

这就得到了求解(x, y, z)的明确公式。接下来要做的，就是执行矩阵乘法。numpy.matmul 也适用于矩阵向量乘法。

```
>>> np.matmul(inverse, vector)
array([-1., 3., 3.])
```

这和前面得到的解是一样的。

7.4　通过解线性方程来改变向量的基

　　向量的线性无关概念显然与线性方程的独立性概念有关。这种关联源于：解线性方程组相当于使用不同的基重写向量。我们在二维中探讨一下这个问题。当写出如(4, 3)的向量坐标时，会隐式地将向量写成标准基向量的线性组合。

$$(4, 3) = 4e_1 + 3e_2$$

　　在上一章中，由 $e_1 = (1, 0)$和$e_2 = (0, 1)$组成的标准基并不是唯一可用的基。例如，$u_1 = (1, 1)$和 $u_2 = (-1, 1)$ 这一对向量构成了 $\mathbb{R}^2$ 的基。因为任何二维向量都可以写成 e_1 和 e_2 的线性组合，所以任何二维向量也可以写成 u_1 和 u_2 的线性组合。存在 c 和 d 使下面的等式为真，但 c 和 d 的取值并不能一眼看出来。

$$c \cdot (1, 1) + d \cdot (-1, 1) = (4, 2)$$

图 7-39 对此进行了可视化。

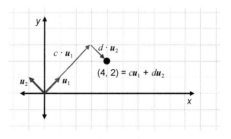

图 7-39　将(4, 2)写成 $u_1 = (1, 1)$和 $u_2 = (-1, 1)$ 的线性组合

作为线性组合，这个方程等价于如下矩阵方程。

$$\begin{pmatrix} 1 & -1 \\ 1 & 1 \end{pmatrix}\begin{pmatrix} c \\ d \end{pmatrix} = \begin{pmatrix} 4 \\ 2 \end{pmatrix}$$

这也是一个线性方程组！这里的未知向量是(c, d)而不是(x, y)，隐藏在矩阵方程中的线性方程是$c - d = 4$和$c + d = 2$。二维向量空间(c, d)定义了$\boldsymbol{u}_1$和$\boldsymbol{u}_2$的不同线性组合，但只有一个向量同时满足这两个方程。

(c, d)的不同取值定义了不同的线性组合。举个例子，思考(c, d)的一组任意值，如$(c, d) = (3, 1)$。向量$(3, 1)$并不与$\boldsymbol{u}_1$和$\boldsymbol{u}_2$在同一个向量空间中，它在由(c, d)组成的向量空间中，每个向量描述了$\boldsymbol{u}_1$和$\boldsymbol{u}_2$的不同线性组合。点$(c, d) = (3, 1)$在原始二维空间中描述的线性组合是：由$3\boldsymbol{u}_1 + 1\boldsymbol{u}_2$得到的点$(x, y) = (2, 4)$（见图 7-40）。

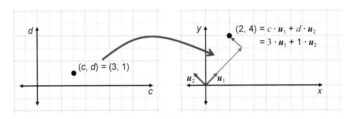

图 7-40　在(c, d)的二维空间中，当$(c, d) = (3, 1)$时，会得到线性组合$3\boldsymbol{u}_1 + 1\boldsymbol{u}_2 = (2, 4)$

我们的目标是把$(4, 2)$作为$\boldsymbol{u}_1$和$\boldsymbol{u}_2$的线性组合，要想让$c\boldsymbol{u}_1 + d\boldsymbol{u}_2$等于$(4, 2)$，需要满足$c - d = 4$和$c + d = 2$，所以这不是我们要找的线性组合。

在cd平面内画出线性方程组。从视觉上可以看出，$(3, -1)$是一个同时满足$c + d = 2$和$c - d = 4$的点。所以这对标量可以将$\boldsymbol{u}_1$和$\boldsymbol{u}_2$线性组合成$(4, 2)$，如图 7-41 所示。

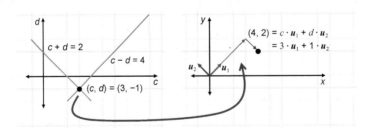

图 7-41　点$(c, d) = (3, -1)$既满足$c + d = 2$，又满足$c - d = 4$。因此，这就是我们要寻找的线性组合

现在可以把$(4, 2)$写成两对不同基向量的线性组合了：$(4, 2) = 4\boldsymbol{e}_1 + 2\boldsymbol{e}_2$和$(4, 2) = 3\boldsymbol{u}_1 - 1\boldsymbol{u}_2$。记住，坐标$(4, 2)$是线性组合$4\boldsymbol{e}_1 + 2\boldsymbol{e}_2$中的标量。即使画出的坐标轴不同，$\boldsymbol{u}_1$和$\boldsymbol{u}_2$也仍是标准基。我们的向量为$3\boldsymbol{u}_1 - \boldsymbol{u}_2$，其坐标是$(3, 1)$。坐标是由所选择的基决定的，所以向量相对于标准基的

坐标是$(4, 2)$，但相对于 $\boldsymbol{u}_1$ 和 $\boldsymbol{u}_2$ 组成的基，坐标是$(3, -1)$。

　　求向量相对于不同基的坐标是一个计算问题，这个问题实际上是线性方程组的变形。这很重要，针对每一个线性方程组都可以这样思考。我们接下来用一个三维空间的例子加深理解。

7.4.1　在三维空间中求解

　　我们从一个三维线性方程组的例子入手，并逐步解释。有一个 3×3 矩阵和一个三维向量。

$$\begin{pmatrix} 1 & -1 & 0 \\ 0 & -1 & -1 \\ 1 & 0 & 2 \end{pmatrix} \begin{pmatrix} x \\ y \\ z \end{pmatrix} = \begin{pmatrix} 1 \\ 3 \\ -7 \end{pmatrix}$$

这里未知的是一个三维向量，需要求解出三个数值。矩阵乘法可以将其分解成三个方程。

$$1 \cdot x - 1 \cdot y + 0 \cdot z = 1$$
$$0 \cdot x - 1 \cdot y - 1 \cdot z = 3$$
$$1 \cdot x + 0 \cdot y + 2 \cdot z = -7$$

上述线性方程组有三个未知数，$ax + by + cz = d$ 是三维线性方程的标准形式。三维线性方程的几何解释是：它们表示的是三维的平面，而不是二维的直线。

　　现在，我们把这个方程组看成一个系数待定的线性组合。上述矩阵方程等价于：

$$x \begin{pmatrix} 1 \\ 0 \\ 1 \end{pmatrix} + y \begin{pmatrix} -1 \\ -1 \\ 0 \end{pmatrix} + z \begin{pmatrix} 0 \\ -1 \\ 2 \end{pmatrix} = \begin{pmatrix} 1 \\ 3 \\ -7 \end{pmatrix}$$

解此方程相当于回答：$(1, 0, 1)$、$(-1, -1, 0)$ 和 $(0, -1, 2)$ 怎样的线性组合能产生$(1, 3, -7)$向量？这比二维的例子更难绘制，也更难手动计算。幸运的是，NumPy 可以处理三个未知数的线性方程组，只需要将一个 3×3 的矩阵和三维向量作为输入即可。

```
>>> import numpy as np
>>> w = np.array((1,3,-7))
>>> a = np.array(((1,-1,0),(0,-1,-1),(1,0,2)))
>>> np.linalg.solve(a,w)
array([ 3., 2., -5.])
```

因此，线性方程组的解为：$x = 3$、$y = 2$、$z = -5$。换句话说，这就是我们想要的线性组合的系数。而向量$(1, 3, -7)$相对于基$(1, 0, 1)$、$(-1, -1, 0)$、$(0, -1, 2)$的坐标是$(3, 2, -5)$。

　　这种方法对更高的维度也适用，通过求解相应的线性方程组，可以把一个向量写成其他向量的线性组合。但并不是任何时候都可以写成线性组合，也并不是每个线性方程组都有唯一解，甚至根本没有解。一个向量集合是否能形成基，在计算上等同于线性方程组是否有唯一解。

　　这种关系依靠的是线性代数，很适合作为第一部分的结尾。线性代数的知识会贯穿本书，把它们与第二部分的核心主题（微积分）结合起来时，会更加有用。

7.4.2   练习

练习 7.27：如何将向量$(5, 5)$写成$(10, 1)$和$(3, 2)$的线性组合？

解：这相当于问满足如下方程的 a 和 b 的取值有哪些：

$$a\begin{pmatrix}10\\1\end{pmatrix} + b\begin{pmatrix}3\\2\end{pmatrix} = \begin{pmatrix}5\\5\end{pmatrix}$$

或什么向量(a, b)满足如下矩阵方程：

$$\begin{pmatrix}10 & 3\\1 & 2\end{pmatrix} + \begin{pmatrix}a\\b\end{pmatrix} = \begin{pmatrix}5\\5\end{pmatrix}$$

可以用 NumPy 来求解。

```
>>> matrix = np.array(((10,3),(1,2)))
>>> vector = np.array((5,5))
>>> np.linalg.solve(matrix,vector)
array([-0.29411765, 2.64705882])
```

这意味着线性组合（可代入方程检查）如下。

$$-0.294\,117\,65\cdot\begin{pmatrix}10\\1\end{pmatrix} + 2.647\,058\,82\cdot\begin{pmatrix}3\\2\end{pmatrix} = \begin{pmatrix}5\\5\end{pmatrix}$$

练习 7.28：将向量$(3, 0, 6, 9)$写成向量$(0, 0, 1, 1)$、$(0, -2, -1, -1)$、$(1, -2, 0, 2)$和$(0, 0, -2, 1)$的线性组合。

解：待求解的线性方程如下所示。

$$\begin{pmatrix}0 & 0 & 1 & 0\\0 & -2 & -2 & 0\\1 & -1 & 0 & -2\\1 & -1 & 2 & 1\end{pmatrix}\begin{pmatrix}a\\b\\c\\d\end{pmatrix} = \begin{pmatrix}3\\0\\6\\9\end{pmatrix}$$

首先构造 4×4 矩阵的列向量，然后用 NumPy 求解。

```
>>> matrix = np.array(((0, 0, 1, 0), (0, -2, -2, 0), (1, -1, 0, -2), (1, -1, 2, 1)))
>>> vector = np.array((3,0,6,9))
>>> np.linalg.solve(matrix,vector)
array([ 1., -3., 3., -1.])
```

因而线性组合是：

$$1 \cdot \begin{pmatrix} 0 \\ 0 \\ 1 \\ 1 \end{pmatrix} - 3 \cdot \begin{pmatrix} 0 \\ -2 \\ -1 \\ -1 \end{pmatrix} + 3 \cdot \begin{pmatrix} 1 \\ -2 \\ 0 \\ 2 \end{pmatrix} - \begin{pmatrix} 0 \\ 0 \\ -2 \\ 1 \end{pmatrix} = \begin{pmatrix} 3 \\ 0 \\ 6 \\ 9 \end{pmatrix}$$

7.5 小结

- 二维视频游戏中的模型对象可以用线段组成的多边形构建出来。
- 给定两个向量 u 和 v，对于任何实数 t，形式为 $u + tv$ 的点位于一条直线上。事实上，任何直线都可以用这个公式来描述。
- 给定实数 a、b 和 c，其中 a 或 b 中至少有一个非零，平面上满足 $ax + by = c$ 的点 (x, y) 位于一条直线上。$ax + by = c$ 称为线段方程的**标准形式**，在 a、b 和 c 的某些取值下，任何直线都可以写成这种形式。直线的方程称为**线性方程**。
- 求两条直线在平面上相交的点相当于求解同时满足两个线性方程的 (x, y)。需要同时求解的线性方程的集合称为**线性方程组**。
- 求解两个线性方程的方程组，相当于找到哪个向量与一个已知的 2×2 矩阵相乘等于另一个已知向量。
- NumPy 有一个内置函数 `numpy.linalg.solve`。输入一个矩阵和一个向量，它便会自动求解相应的线性方程组。
- 有些线性方程组无解。例如，如果两条直线平行，它们既可能没有交点，也可能有无限多的交点（它们是同一条线）。这意味着不存在同时满足两条直线方程的 (x, y)。表示这种方程组的矩阵称为**奇异矩阵**。
- 三维中的平面类似于二维中的直线，其点集 (x, y, z) 满足形式为 $ax + by + cz = d$ 的方程。
- 三维中的两个非平行平面相交于无限多的点。具体来说，它们相交的点集在三维中形成一条一维的直线。三个平面可以有唯一的交点，通过求解代表这些平面的三个线性方程，可以找到这个点。
- 二维中的直线和三维中的平面都是**超平面**，n 维中的点集是单个线性方程的解。
- 在 n 维中，需要至少有 n 个线性方程的方程组才能找到唯一解。如果线性方程正好是 n 个，并且方程组有唯一解，那么这些方程称为**独立方程**。
- 弄清楚如何将一个向量写成给定向量集的线性组合，等同于计算一个线性方程组的解。如果向量集是空间的基，就始终可以做到这一点。

Part 2

第二部分

微积分和物理仿真

在本书的第二部分中，我们将开始对微积分的概述。从广义上讲，微积分是一门研究连续变化的学科，所以我们会大量讨论如何测量不同量的变化率，以及这些变化率的含义。

在我看来，微积分之所以被诟病为一门难学的科目，不是因为人们对其概念不熟悉，而是因为微积分需要用到很多代数知识。如果你拥有或驾驶过汽车，就会对速率和累积值有一个直观的理解：速度表测量的是你在一段时间内的移动**速率**，而里程表测量的是**累积**的行驶里程。在某种程度上，它们的测量结果是一致的。如果你的速度表在一段时间内数值较高，那么里程表也应该增长较大的数值，反之亦然。

在微积分中，我们将学习到，如果有一个函数给出任意时间对应的累积值，就可以计算变化率，同样作为时间的函数。这种取一个"累积"函数并返回一个"速率"函数的操作叫作**求导**。同样，从一个速率函数开始，我们可以重建一个与它一致的累积函数，这个操作叫作**积分**。我们用整个第 8 章来求证这些转换在概念上的合理性，并将其应用于测量流体体积（一个累积函数）和流体流速（一个相应的速率函数）。在第 9 章中，我们将这些思想扩展到多个维度。我们将独立考虑每个坐标中速度和位置的关系，从而在视频游戏引擎中仿真一个移动的对象。

当你在第 8 章和第 9 章中对微积分有了概念性的理解后，第 10 章将介绍力学。本书会比普通的微积分课本更加有趣，因为 Python 将为我们完成大部分的公式运算。将数学表达式建模成一个个小的计算机程序后，就可以对这些程序进行解析和转换，以计算这些数学表达式的导数和积分。因此，第 10 章展示了一种完全不同的、在代码中进行数学运算的方法，叫作**符号编程**。

第 11 章回到多维微积分。除了速度表上的速度以及通过管道的流体流速这些随时间变化的函数之外，我们也将研究随空间变化的函数。这些函数的输入是向量，输出是数或向量。例如，将重力的强弱表示为二维空间上的函数，可以把一些有趣的物理学知识整合到第 7 章的视频游戏中。对于随空间变化的函数，一个关键的微积分运算是**梯度**，这个运算可以得到函数以最高速率增加的空间方向。因为它测量的是速率，梯度就像普通导数的向量版本。在第 12 章中，我们使用梯度来**优化**函数，或者找到能让它返回最大输出的输入。顺着梯度向量的方向，输出会越来越大，最终可以找到整个函数的最大值。

第 13 章介绍一个完全不同的微积分应用。事实证明，我们可以从函数积分中获得很多关于函数图形几何形状的信息。特别是对两个函数的乘积进行积分，可以知道它们的图形有多相似。我们将把这种分析应用到声波上。**声波**是描述声音的函数图形，这个图形告诉我们声音是响亮还是柔和，音调是高还是低，等等。将声波与不同的音符进行比较，可以得到它包含的音符。把声波看成一个函数，对应的就是一个重要的数学概念，叫作**傅里叶级数**。

与第一部分相比，第二部分更像一个主题大杂烩，但有两个主题需要特别关注。第一个是函数变化率的概念：一个函数在某一点上是在增大还是减小，这可以帮助我们找到更大或更小的值。第二个是将函数作为输入和输出的操作思想。在微积分中，很多问题解是以函数的形式出现的。这两个思想将是第三部分中的机器学习应用的关键。

第8章

理解变化率

本章内容

❑ 计算数学函数中的平均变化率
❑ 近似计算某点的瞬时变化率
❑ 绘图说明变化率本身是如何变化的
❑ 根据函数的变化率重建函数

本章将介绍微积分中最重要的两个概念：导数和积分。这两个概念都是与函数有关的运算。**导数**取一个函数，返回表示其变化率的函数。**积分**则相反：它取表示变化率的函数，返回原始累积值的函数。

我重点讲解自己在石油生产数据分析工作中的一个简单例子。请想象一台油泵将原油从井中抽取出来，然后将原油通过管道输入油罐。管道上装有一个仪表，可以连续测量流体的流速。油罐上装有一个传感器，可以检测油罐中流体的高度，并报告储油量（见图 8-1）。

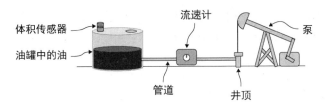

图 8-1　油泵从井中抽油并泵入油罐的示意图

体积传感器测量油箱中的油量，得到石油体积随时间变化的函数。流速计测量每小时流入油箱的石油体积，也得到其随时间变化的函数。在这个例子中，体积是累积值，流速是其变化率。

本章主要解决两个问题。首先，使用导数根据本例中随时间累积的已知体积计算出流速随时间变化的函数。之后，再做相反的工作，使用积分根据上述函数计算出油箱中油的累积体积随时间变化的函数。图 8-2 展示了这个过程。

我们将实现一个名为 `get_flow_rate(volume_function)` 的函数，它接收体积函数，并返回一个给出任意时刻流速的新 Python 函数。然后实现第二个函数 `get_volume(flow_rate_function)`，它接收流速函数，并返回一个给出随时间变化的体积的 Python 函数。在这个过程中，我会穿插几个用于热身的小例子，帮助你思考变化率的问题。

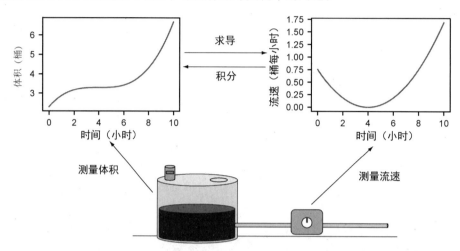

图 8-2　利用导数从体积得到流速随时间变化的函数，再利用积分从流速得到体积随时间变化的函数

　　尽管微积分从概念上看并不复杂也不陌生，但名声却不好，因为它需要很多烦琐的代数运算。出于这个原因，本章重点介绍新的思路，而不是过多新的技术。大部分例子只需要第 7 章涉及的线性函数知识。让我们开始吧！

8.1　根据体积计算平均流速

　　先假设已知油罐中油的体积随时间变化的函数，用名为 volume 的 Python 函数来表示。这个函数的参数是距起始时刻的时间［以小时（h）为单位］，返回该时间油箱中的油量［以桶（bbl）为单位］。为了让你把注意力集中在概念上而不是代数上，我甚至不会告诉你 volume 函数的公式（如果你好奇的话，可以在源代码中看到它）。现在需要做的就是调用并绘制它。绘制出的结果如图 8-3 所示。

　　我们以相对直观的方式来进行第一步的计算，也就是计算石油在任意时间点进入油箱的流速。在这个例子中，我们有一个函数 average_flow_rate(v,t1,t2)，它取一个体积函数 v、一个开始时间 t1 和一个结束时间 t2，然后返回一个数，表示在这个时间段内进入油箱的**平均流速**。也就是说，它表示每小时进入油箱的石油总桶数。

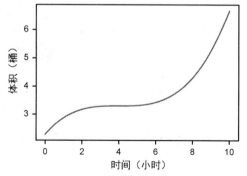

图 8-3　volume 函数的图像显示了油箱中油量随时间的变化

8.1.1 实现 `average_flow_rate` 函数

"桶每小时"（bbl/h）中的**每**字表明，我们要做一些除法才能得到答案。计算平均流速的方法是用总变化量除以经过的时间。

$$平均流速 = \frac{体积变化量}{经过的时间}$$

从开始时间 t_1 到结束时间 t_2 所经过的时间是 $t_2 - t_1$，单位是小时。如果函数 $V(t)$ 表示体积与时间的关系，那么体积的总体变化就是 t_2 时的体积减去 t_1 时的体积，也就是 $V(t_2) - V(t_1)$。据此，我们得到了一个更具体的公式。

$$从\ t_1\ 到\ t_2\ 的平均流速 = \frac{V(t_2) - V(t_1)}{t_2 - t_1}$$

这就是在不同情境下计算变化率的方法。例如，你开车时的速度就是行驶距离与时间的比值。要计算平均车速，需要用总行驶距离（英里①）除以经过的时间（小时），所得结果的单位是英里每小时（mi/h）。为了知道行驶距离和耗费的时间，你需要在旅行开始和结束时查看时钟和里程表。

平均流速公式取决于体积函数 V 和开始时间 t_1、结束时间 t_2，我们将这些参数传递给相应的 Python 函数。函数的内容是这个数学公式的 Python 实现。

```
def average_flow_rate(v,t1,t2):
    return (v(t2) - v(t1))/(t2 - t1)
```

这个函数虽然简单但十分重要，可以作为一个计算实例来讲解。让我们使用 volume 函数（绘制在图 8-3 中，并包含在源代码中）计算石油在 4 小时到 9 小时进入油箱的平均流速值。此时，t1 = 4，t2 = 9。开始和结束时的体积可以调用 volume 函数来得到。

```
>>> volume(4)
3.3
>>> volume(9)
5.253125
```

简单起见，取整后两个体积的差值为 5.25 bbl – 3.3 bbl = 1.95 bbl，经过的总时间为 9 h – 4 h = 5 h。因此，进入油箱的平均流速大约是 1.95 bbl 除以 5 h，也就是 0.39 bbl/h。运行这个函数可以确认计算是正确的。

```
>>> average_flow_rate(volume,4,9)
0.390625
```

计算函数变化率的第一个例子就完成了。在继续讨论一些更有趣的例子之前，让我们再花一点儿时间来解释一下体积函数的作用。

---

① 1 英里 ≈ 1.6 千米。——编者注

8.1.2　用割线描绘平均流速

另一种思考体积随时间的平均变化率的方式是看体积图。注意上例中在计算流速时用到的两个点。这两个时刻在图 8-4 中表示为小圆点，我画了一条穿过它们的直线。像这样在图上穿过两个点的直线叫作**割线**（secant line）。

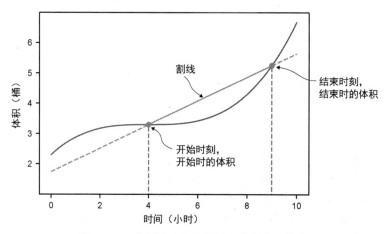

图 8-4　一条割线连接体积图上的起点和终点

可以看到，该图在 9 小时处比在 4 小时处高，因为在此期间油箱中的体积增加了。这就导致连接起点和终点的割线向上倾斜。事实上，割线的斜率可以**准确**地告诉我们给定时间段上的平均流速。

下面一究其原因。在一条直线上给定两点，斜率就是其纵坐标的变化除以横坐标的变化。在这种情况下，纵坐标从 $V(t_1)$ 到 $V(t_2)$ 的变化量为 $V(t_2) - V(t_1)$，横坐标从 t_1 到 t_2 的变化量为 $t_2 - t_1$。那么斜率就是 $(V(t_2) - V(t_1))/(t_2 - t_1)$，与平均流速的计算方法完全相同（见图 8-5）！

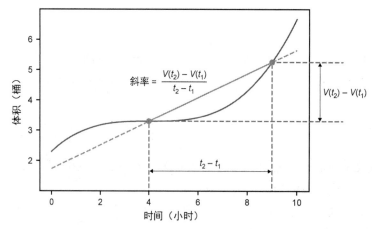

图 8-5　计算割线斜率的方法与计算 volume 函数平均变化率的方法相同

在学习过程中，你可以在图形上绘制割线来推理函数的平均变化率。

8.1.3 负变化率

有一种情况需要简单提及，就是割线的斜率可以是**负**值。图 8-6 显示了另一个 volume 函数的图形，你可以在本书的源代码中找到这个名为 decreasing_volume 的实现。图 8-6 绘制了油箱中石油体积随时间递减的曲线。

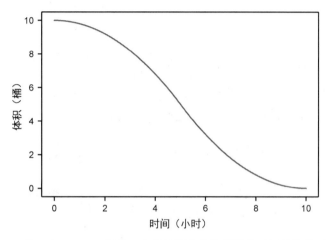

图 8-6　另一个 volume 函数，表示油罐中的体积随着时间的推移而减小

这个例子与之前的例子并不一致，因为我们不会让石油从油罐流回地里。但它确实说明了割线可以向下倾斜。例如，在从 $t = 0$ 到 $t = 4$ 的时间段内，体积的变化是–3.2 bbl（见图 8-7）。

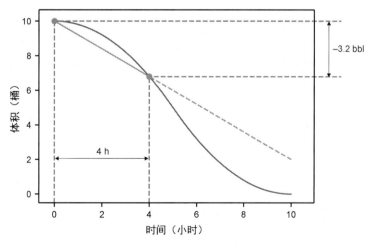

图 8-7　图上的两点定义了一条负斜率的割线

在这种情况下，斜率是–3.2 bbl 除以 4 h 也就是–0.8 bbl/h。这表示石油进入油罐的速度是 –0.8 bbl/h。更合理的说法是，石油以 0.8 bbl/h 的速度**离开**油罐。不管 volume 函数是增加还是减少，average_flow_rate 函数的结果都是可靠的。在这种情况下，

```
>>> average_flow_rate(decreasing_volume,0,4)
-0.8
```

有了这个测量平均流速的函数，就可以在下一节中进一步得到流速随时间的变化率。

8.1.4　练习

练习 8.1：假设你在中午 12:00 开始了一次公路旅行，当时里程表读数为 77 641 英里。之后你在下午 4:30 结束了公路旅行，此时里程表读数为 77 905 英里。你在旅途中的平均速度是多少？

解：4.5 小时的总行驶距离为 77 905 – 77 641 = 264（英里）。平均速度为 264/4.5 也就是约 58.7（mi/h）。

练习 8.2：实现一个 Python 函数 secant_line(f,x1,x2)，它接收函数 f(x) 以及两个值 x1 和 x2，并返回一个表示随时间变化割线的新函数。例如，运行 line = secant_line (f,x1,x2)，那么 line(3)将给出割线在 $x = 3$ 时的 y 值。

解：

```
def secant_line(f,x1,x2):
    def line(x):
        return f(x1) + (x-x1) * (f(x2)-f(x1))/(x2-x1)
    return line
```

练习 8.3：实现一个函数，使用上一个练习中的代码在两个给定点之间绘制函数 f 的割线。

解：

```
def plot_secant(f,x1,x2,color='k'):
    line = secant_line(f,x1,x2)
    plot_function(line,x1,x2,c=color)
    plt.scatter([x1,x2],[f(x1),f(x2)],c=color)
```

8.2　绘制随时间变化的平均流速

本章的一个主要目标就是从体积函数得到流速函数。为了得到流速随时间变化的函数，需要知道在不同时间点上，油箱内的石油体积变化率。首先，我们可以从图 8-8 看到，流速是随时间

变化的，体积图上不同的割线有不同的斜率。

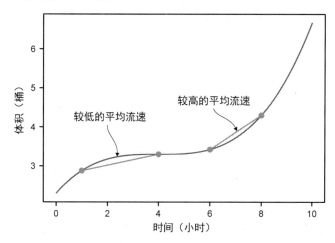

图 8-8 体积图上不同的割线有不同的斜率，说明流速在变化

在本节中，我们通过计算不同时间段内的平均流速，来近似得到流速随时间变化的函数。我们将 10 小时的时间周期分解成若干固定的小间隔（例如，10 个 1 小时的间隔），并计算每个间隔内的平均流速。

把这些工作打包在一个名为 interval_flow_rates(v,t1,t2,dt) 的函数中，其中 v 是体积函数，t1 和 t2 是开始时间和结束时间，dt 是固定的间隔。该函数返回一个时间和流速对的列表。例如，如果把 10 小时分成多个 1 小时的间隔，结果应该如下所示。

```
[(0,...), (1,...), (2,...), (3,...), (4,...), (5,...), (6,...), (7,...),
    (8,...), (9,...)]
```

每一个...都会被相应小时的流速所代替。得到这些对之后，就可以把它们和本章开头的流速函数一起画到散点图上，然后比较结果。

8.2.1 计算不同时间段内的平均流速

作为实现 interval_flow_rates() 的第一步，需要确定每个间隔的起点。也就是确定一个从开始时间 t1 到结束时间 t2，以间隔长度 dt 作为增量的时间值列表。在 Python 的 NumPy 库中，有一个方便的函数叫作 arange，它可以帮我们完成这个任务。例如，从时间 0 开始，以 0.5 小时为增量递增到时间 10，得到以下的间隔开始时间。

```
>>> import numpy as np
>>> np.arange(0,10,0.5)
array([0. , 0.5, 1. , 1.5, 2. , 2.5, 3. , 3.5, 4. , 4.5, 5. , 5.5, 6. ,
      6.5, 7. , 7.5, 8. , 8.5, 9. , 9.5])
```

请注意，结束时间 10 不包括在列表中。这是因为我们列出的是每个半小时的**开始**时间，而

从 $t = 10$ 到 $t = 10.5$ 的半小时不是整体时间段的一部分。

对于这些间隔的每一个开始时间，加 dt 作为相应的结束时间。例如，对于列表中从 3.5 h 开始的间隔，结束时间为 3.5 h + 0.5 h = 4.0 h。要实现 interval_flow_rates 函数，只需要在每个间隔上调用 average_flow_rate 函数。下面是完整的函数。

```
def interval_flow_rates(v,t1,t2,dt):
    return [(t,average_flow_rate(v,t,t+dt))
                for t in np.arange(t1,t2,dt)]
```

对于每一个间隔的开始时间 t，找到从 t 到 t+dt 的平均流速（我们要的是 t 及其对应速率的列表）

如果把 0 h 和 10 h 分别作为开始时间和结束时间，把 1 h 作为间隔长度，传入 volume 函数，就可以得到一个表示每小时流速的列表。

```
>>> interval_flow_rates(volume,0,10,1)
[(0, 0.578125),
 (1, 0.296875),
 (2, 0.109375),
 (3, 0.015625),
 (4, 0.015625),
 (5, 0.109375),
 (6, 0.296875),
 (7, 0.578125),
 (8, 0.953125),
 (9, 1.421875)]
```

通过这个列表，我们可以得到一些结论。平均流速总是正值，这意味着每小时都有净增的石油进入油箱。流速在第 3 和第 4 小时左右降到最低值，然后在最后 1 小时增加到最高值。把它们画在图上就更清楚了。

8.2.2　绘制间隔流速图

可以使用 Matplotlib 的 scatter 函数来快速绘制表示这些流速随时间变化的图。给定一个横坐标列表，以及一个纵坐标列表，这个函数可以在图形上绘制一组点。需要把时间和流速分别组成包含 10 个数的列表，然后将它们传递给这个函数。为了避免重复这个过程，把它们全都放在一个函数中。

```
def plot_interval_flow_rates(volume,t1,t2,dt):
    series = interval_flow_rates(volume,t1,t2,dt)
    times = [t for (t,_) in series]
    rates = [q for (_,q) in series]
    plt.scatter(times,rates)
```

调用 plot_interval_flow_rates(volume,0,10,1) 生成 interval_flow_rates 所产生数据的散点图。图 8-9 显示了 volume 函数从 0 到 10 h、增量为 1 h 的绘制结果。

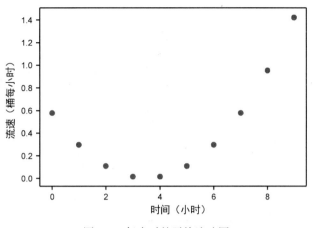

图 8-9 每小时的平均流速图

这证实了我们在数据中看到的情况：平均流速在第 3 小时和第 4 小时左右下降到最低值，之后又上升到约 1.5 bbl/h 的最高值。让我们将这些平均流速值与实际流速函数进行比较。同样，我不想让你关心流速随时间变化函数的公式。本书的源代码包含一个 `flow_rate` 函数，可以把它和散点图一起绘制出来（见图 8-10）。

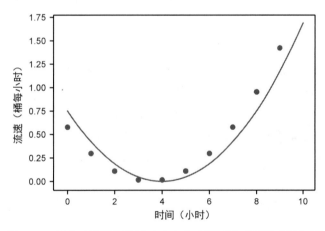

图 8-10 每小时的平均流速（点）和实际流速（平滑曲线）图

这两幅图讲述的是同一件事，但是不完全一致。在图 8-10 中，点同样表示平均流速，不过 `flow_rate` 函数表示的是任意时间点上流速的**瞬时值**。

再次回想公路旅行的例子可以帮助我们理解这一点。如果你在 1 小时内行驶了 60 英里，平均速度是 60 mi/h。但是，你的速度表不可能在 1 小时内的每个瞬间都精确地指示 60 mi/h。在开阔道路上时，你的**瞬时速度**可能是 70 mi/h，而在车流中，你可能会减速到 50 mi/h。

同样，管道上的流速表在 1 小时的连续时间中也不会时刻与平均流速一致。事实上，如果把时间间隔变小，图上的数据会更接近一致。在图 8-11 中，流速函数旁边绘制的是 20 分钟（1/3 h）

间隔的平均流速图。

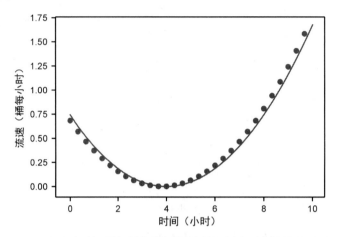

图 8-11　流速随时间的变化曲线与 20 分钟间隔内平均流速的对比图

　　平均流速与瞬时流速仍然不完全一致，但已经接近了很多。在下一节中，我们将用这一思想来计算极小间隔的流速，此时平均流速和瞬时流速之间几乎没有差异。

8.2.3　练习

练习 8.4：以 0.5 h 为间隔，绘制 decreasing_volume 函数流速随时间的变化图。什么时候其流速为最小值？也就是说，石油什么时候离开油箱的速度最快？

解：运行 plot_interval_flow_rates(decreasing_volume,0, 10,0.5)，我们可以看到，5 h 之前一点的时间速率是最小（最负）的（见图 8-12）。

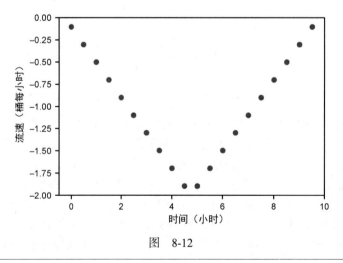

图　8-12

练习 8.5：实现 `linear_volume_function` 函数，并画出流速随时间的变化图，以说明流速是恒定的。

解：`linear_volume_function(t)` 函数的形式是 $V(t)=at+b$，其中 a 和 b 为常数。例如：

```
def linear_volume_function(t):
    return 5*t + 3
```

```
plot_interval_flow_rates(linear_volume_function,0,10,0.25)
```

图 8-13 显示，对于线性体积函数，流速不随时间变化。

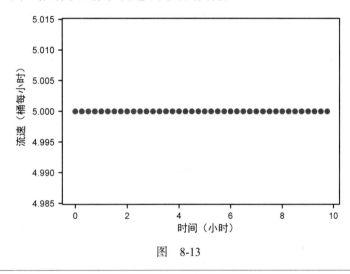

图　8-13

8.3　瞬时流速的近似值

当我们在越来越小的时间间隔内计算 volume 函数的平均变化率时，会越来越接近于测量一瞬间发生的事情。但是如果试图测量单个瞬间的平均体积变化率，也就是一个开始时间和结束时间相同的间隔，就会遇到麻烦。在 t 时刻，平均流速的公式为：

$$t\text{时刻的平均流速} = \frac{V(t)-V(t)}{t-t} = \frac{0}{0}$$

由于无法计算 0/0，这个方法行不通。这时候代数已经帮不上忙了，我们需要求助于微积分的推理。在微积分中，有一种运算叫作**求导**，它可以避开这个未定义的除法问题，得到函数的瞬时变化率。

本节将清楚地讲解瞬时流速函数（在微积分中称为体积函数的**导数**），以及如何近似它。我们将实现 `instantaneous_flow_rate(v,t)` 函数，它接收一个体积函数 v 和一个单一的

时间点 t，并返回石油进入油罐的瞬时流速的近似值。这个近似值的单位是桶每小时，它与 instantaneous_flow_rate 函数得到的值完全相同。

做完这些，我们再写第二个函数 get_flow_rate_function(v)，它封装了 instantaneous_flow_rate() 函数。该函数接收一个体积函数作为参数，并返回一个函数，用于获取某一时刻的瞬时流速。这个函数完成了本章的第一个主要目标：从一个体积函数开始，产生一个相应的流速函数。

8.3.1 计算小割线的斜率

在写代码之前，需要先讨论一下"瞬时流速"。让我们在一瞬间附近放大流量图，看看发生了什么（见图 8-14）。我们选取 $t = 1$ 小时的点，查看它附近的一个较小间隔。

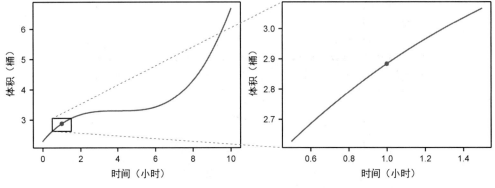

图 8-14　放大 $t = 1\,\mathrm{h}$ 附近 1 小时的间隔

在这个较小的间隔上，我们看到体积图不再那么弯曲。也就是说，与整个 10 小时的时间段相比，曲线图的陡峭度变化较小。通过画一些割线可以更好地看出它们的斜率相当接近（见图 8-15）。

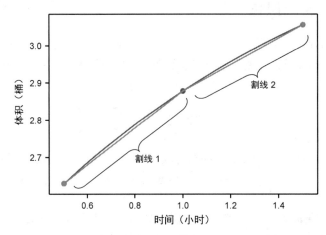

图 8-15　在 $t = 1\,\mathrm{h}$ 附近的两条割线有相似的斜率，这表示流速在此间隔内变化很小

如果我们进一步放大，图形的陡峭度会越来越恒定。当放大到 $t=0.9\,\text{h}$ 到 $t=1.1\,\text{h}$ 的间隔时，体积图几乎是一条直线。如果在此间隔内画一条割线，几乎看不出图形在割线的上方（见图 8-16）。

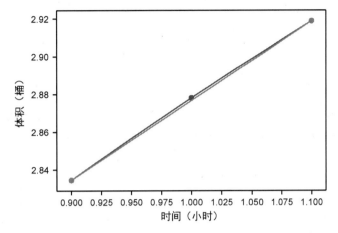

图 8-16　在 $t=1\,\text{h}$ 附近的更小间隔，体积图看起来近似于直线

最后，如果放大到 $t=0.99\,\text{h}$ 到 $t=1.01\,\text{h}$ 的间隔，体积图几乎就是一条直线了（见图 8-17）。此时，割线与函数图像看上去完全重合。

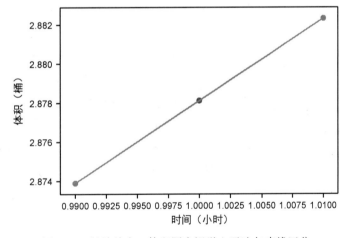

图 8-17　继续放大，体积图在视觉上无法与直线区分

如果你继续放大，图形会一直看起来像一条直线。此时的图形并不**真的是**一条直线，而是越放大越接近于直线。在微积分中，我们有了一次推理飞跃：在任何一点上都存在一条最好的直线近似于像体积图这样的平滑图形。这里有几个计算结果显示，随着割线越来越短，其**斜率**会趋近于一个固定的值，这说明我们真的在接近一个"最佳"的斜率近似值。

```
>>> average_flow_rate(volume,0.5,1.5)
0.42578125
```

```
>>> average_flow_rate(volume,0.9,1.1)
0.4220312499999988
>>> average_flow_rate(volume,0.99,1.01)
0.42187656249998945
>>> average_flow_rate(volume,0.999,1.001)
0.42187501562509583
>>> average_flow_rate(volume,0.9999,1.0001)
0.42187500015393936
>>> average_flow_rate(volume,0.99999,1.00001)
0.4218750000002602
```

除非这些 0 只是很大的巧合，否则我们正在接近的数就是 0.421 875 bbl/h。可以得出结论，在 $t = 1$ h 处，体积函数的最佳近似直线的斜率为 0.421 875。如果再把整幅图缩小（见图 8-18），就可以看到这条最佳近似直线的样子。

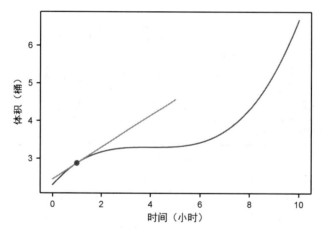

图 8-18   在 $t = 1$ h 处，体积函数的最佳近似是一条斜率为 0.421 875 的直线

这条直线称为体积图在 $t=1$ 点处的**切线**，它主要的特征是与该点上的体积图平行。因为切线是最接近体积图的直线，所以它的斜率是衡量该图瞬时斜率（也就是当 $t = 1$ 时的瞬时流速）的最佳指标。源代码中 flow_rate 函数返回的数与随着割线缩短其斜率接近的数完全相同。

```
>>> flow_rate(1)
0.421875
```

切线存在的前提是函数是"平滑"的。在 8.3.4 节的小项目里，你可以尝试用一个不平滑的函数重复这个练习，但会发现找不到最佳近似直线。当我们能在某一点处找到函数图形的切线时，该切线的斜率就称为**函数在该点处的导数**。例如，体积函数在 $t=1$ 点处的导数等于 0.421 875（bbl/h）。

8.3.2   构建瞬时流速函数

现在我们已经知道了如何计算体积函数的瞬时变化率，可以开始实现 instantaneous_flow_rate 函数了。要自动化之前的计算过程，有一个主要的障碍，那就是 Python 不能通过"目测"几条小割线的斜率来决定它们会收敛到什么数。为了解决这个问题，我们可以将割线不断缩短并计算其斜率，直到斜率数值稳定在某个固定的小数位上。

例如，可以计算一系列割线的斜率，每条割线的长度是前一条割线的十分之一，直到斜率数值稳定在小数点后四位。表 8-1 再次展示了斜率值。

表 8-1

割线间隔	割线斜率
0.5 h 到 1.5 h	0.425 781 25
0.9 h 到 1.1 h	0.422 031 249 999 998 8
0.99 h 到 1.01 h	0.421 876 562 499 989 45
0.999 h 到 1.001 h	0.421 875 015 625 095 83

在最后两行中，斜率值收敛到小数点后四位（它们相差不到 10^{-4}），所以可以将最终结果四舍五入到 0.4219。这个结果相对于 0.421 875 不够精确，但它是该数的可靠近似值。

固定了近似的位数，就可以在达到近似位数后停止。如果经过大量的计算，仍然没有收敛到指定的位数，就可以说最佳近似线不存在，也就是该点处的导数不存在。下面是执行这个过程的 Python 代码。

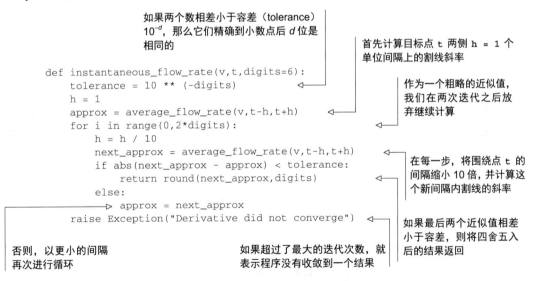

随意选取一个默认精度，例如小数点后六位，以下函数的结果与我们计算的 1 小时内的瞬时流速结果相同。

```
>>> instantaneous_flow_rate(volume,1)
0.421875
```

现在可以计算出任意时间点的瞬时流速了，也就是说我们有了流速函数的完整数据。接下来，可以绘制这些数据，并确认它与源代码提供的 flow_rate 函数是一致的。

8.3.3　柯里化并绘制瞬时流速函数

为了得到一个与源代码中 `flow_rate` 函数行为类似的函数，也就是接收一个时间变量并返回一个流速值的函数，我们需要对 `instantaneous_flow_rate` 函数进行柯里化（currying）。柯里化得到的函数接收一个体积函数（v），返回一个流速函数。

```
def get_flow_rate_function(v):
    def flow_rate_function(t):
        instantaneous_flow_rate(v,t)
    return flow_rate_function
```

`get_flow_rate_function(v)` 的输出是一个函数，这个函数应当与源代码中的 `flow_rate` 相同。我们可以将这两个函数在 10 h 内的情况绘制出来，以证明这一点。可以看到，图 8-19 显示它们的图形是一样的。

```
plot_function(flow_rate,0,10)
plot_function(get_flow_rate_function(volume),0,10)
```

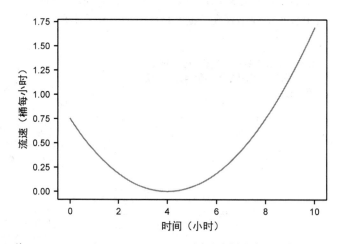

图 8-19　将 `flow_rate` 和 `get_flow_rate` 同时绘制出来，它们的图形是相同的

我们已经完成了本章的第一个主要目标：从体积函数中产生流速函数。正如我在本章开头提到的，这个过程叫作**求导**。

给定一个类似于 `volume` 的函数，如果有另一个函数可以给出 `volume` 函数在任意点处的瞬时变化率，那么这个函数叫作 `volume` 函数的**导数**。你可以把求导看作一种操作，它接收一个（足够平滑的）函数，并返回另一个测量原始函数变化率的函数（见图 8-20）。在这种情况下，可以说流速函数是体积函数的导数。

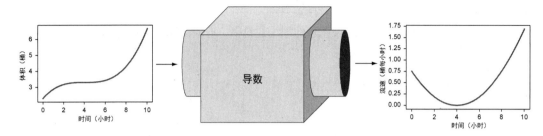

图 8-20 可以把导数看作一台机器，它接收一个函数并返回另一个函数，测量输入
函数的变化率

导数是一个通用程序，适用于**任何**足够平滑、每一点都有切线的函数 $f(x)$。函数 f 的导数写作 f'，所以 $f'(x)$ 是指 f 相对于 x 的瞬时变化率。具体来说，$f'(5)$ 是 $f(x)$ 在 $x = 5$ 时的导数，表示当 $x = 5$ 时 f 上切线的斜率。函数的导数还有一些其他的常用表示方法，包括：

$$f'(x) = \frac{df}{dx} = \frac{d}{dx}f(x)$$

df 和 dx 分别表示 f 和 x 的无限小变化，它们的商表示无限小割线的斜率。上式中的最后一项很有意思，它使 d/dx 看起来像应用于 $f(x)$ 的运算。在很多情况下，你会看到独立的导数运算符 d/dx。这一写法特别地指 "对 x 求导数的操作"。图 8-21 显示了这些符号之间的关系。

图 8-21 "对 x 求导数" 是一个操作，它接收一个函数并返回一个的新函数

本书的剩余部分会频繁地使用导数，但接下来要先学习与求导对应的操作——积分。

8.3.4 练习

练习 8.6：证明 volume 函数的图形在 0.999 h 到 1.001 h 的间隔上**不是一条直线**。

解：如果 volume 函数的图形是一条直线，那么该图形每一点上的割线都应当是相同的。然而，从 0.999 h 到 1.001 h 的割线在 $t = 1$ h 时与 volume 函数的值不同。

```
>>> volume(1)
2.878125
>>> secant_line(volume,0.999,1.001)(1)
2.8781248593749997
```

练习 8.7：通过在 $t = 8$ 附近计算越来越短的割线的斜率，近似计算 $t = 8$ 处体积图的切线斜率。

解：

```
>>> average_flow_rate(volume,7.9,8.1)
0.7501562500000007
>>> average_flow_rate(volume,7.99,8.01)
0.750001562499996
>>> average_flow_rate(volume,7.999,8.001)
0.7500000156249458
>>> average_flow_rate(volume,7.9999,8.0001)
0.7500000001554312
```

在 $t = 8$ 时的瞬时变化率为 0.75 bbl/h。

练习 8.8：对于使用 Python 实现的 sign 函数，证明该函数在 $x = 0$ 处不存在导数。

```
def sign(x):
    return x/ abs(x)
```

解：在时间间隔变得越来越小时，割线的斜率会越来越大，而不是收敛在一个值上。

```
>>> average_flow_rate(sign,-0.1,0.1)
10.0
>>> average_flow_rate(sign,-0.01,0.01)
100.0
>>> average_flow_rate(sign,-0.001,0.001)
1000.0
>>> average_flow_rate(sign,-0.000001,0.000001)
1000000.0
```

这是因为 sign 函数的值在 $x = 0$ 处从–1 跳到了 1，并且当你放大它时，它看起来不像一条直线。

8.4　体积变化的近似值

接下来重点讨论本章的第二个主要目标：从已知的流速函数得到体积函数。这与计算导数的过程正好相反，因为我们已知函数的变化率，需要求原函数。在微积分中，这个过程叫作**积分**。

把计算体积函数的任务分解成几个小的示例，可以帮助我们理解积分的工作原理。对于第一个示例，有两个 Python 函数可以帮助我们计算指定时间段内油箱中的体积变化。

第一个函数为 brief_volume_change(q,t,dt)，它接收流速函数 q、时刻 t 和短间隔 dt，返回从 t 时刻到 $t + dt$ 的近似体积变化。这个函数假设当时间间隔非常小时，流速值不会发生太大变化，从而计算结果。

第二个函数为 volume_change(q,t1,t2,dt)，顾名思义，它用来计算任意时间间隔内的体积变化，而不仅仅是短间隔。该函数的参数为流速函数 q、开始时间 t1、结束时间 t2 以及短间隔 dt。这个函数将时间间隔按照间隔 dt 进行分割，从而可以适用于 brief_volume_change 函数。返回的体积总变化是每个短间隔内体积变化的总和。

8.4.1　计算短时间间隔内的体积变化

为了理解 brief_volume_change 函数背后的原理，让我们回到熟悉的汽车速度表的例子。当你看速度表时，如果读数正好是 60 mi/h，那么可以预计在接下来的 2 小时内，你将行驶 120 英里，也就是 2 小时乘以 60 mi/h。在运气好的情况下，这个估计可能是正确的，但你也有可能被限速，或者下高速停了车。重点是，速度表在某一时刻的值不能用于估计长时间行驶的距离。

如果你看完速度表后，用 60 mi/h 计算你在 1 秒内走了多远，可能会得到一个非常准确的答案：你的速度在 1 秒内不会有很大的变化。1 秒是 1 小时的 1/3600，所以用 60 mi/h 乘以 1/3600，得到 1/60 英里。除非你主动猛踩刹车或油门踏板，否则这应该是一个较为准确的估计。

回到流速和流量，可以假设当时间足够短时流速大致不变。换句话说，这个时间间隔上的流速与平均流速相同，所以可以应用以下公式。

$$流速 \approx 平均流速 = \frac{体积的变化}{经过的时间}$$

重新调整这个公式，可以得到体积变化的近似值。

$$体积的变化 \approx 流速 \times 经过的时间$$

small_volume_change 函数是这个公式的 Python 实现。给定流速函数 q，可以得到输入时间 t 的流速 q(t)，只需要将其乘以间隔 dt 就可以得到体积的变化。

```
def small_volume_change(q,t,dt):
    return q(t) * dt
```

有了一对体积函数和流速函数，现在我们可以测试得到的近似值是否足够精确了。正如预期的那样，对于整整 1 小时的间隔，效果并不理想。

```
>>> small_volume_change(flow_rate,2,1)
0.1875
>>> volume(3) - volume(2)
0.109375
```

这个近似值偏离了 70% 左右。相比之下，我们在 0.01 小时的间隔上得到了很精确的近似值。与实际体积变化的误差在 1% 以内。

```
>>> small_volume_change(flow_rate,2,0.01)
0.001875
>>> volume(2.01) - volume(2)
0.0018656406250001645
```

因为在短间隔内可以得到很好的体积变化近似值，所以我们可以把它们累加起来，得到较长间隔内的体积变化。

8.4.2　将时间分割成更小的间隔

为了实现函数 volume_change(q,t1,t2,dt)，我们把从 t1 到 t2 的时间分割成长度为 dt 的多个间隔。简单起见，只处理可以等分 t2 - t1 的 dt 值，这样就可以把时间分成整数个间隔。

可以继续使用 NumPy 中的 arange 函数来获得每个间隔的开始时间。调用 np.arrange (t1,t2,dt)可以给我们提供一个从 t1 到 t2 的、增量为 dt 的时间数组。对于这个数组中的每一个时间值 t，可以用 small_volume_change 来求出以 t 起始的间隔内的体积变化。最后把结果相加，得到所有间隔内的体积总变化。完成这一操作的代码量很少。

```
def volume_change(q,t1,t2,dt):
    return sum(small_volume_change(q,t,dt)
            for t in np.arange(t1,t2,dt))
```

通过这个函数，我们可以将 0 到 10 h 分解成 100 个持续时间为 0.1 h 的间隔，并将每个间隔的体积变化相加。如果精确到小数点后一位，计算得到的结果与实际的体积变化相符。

```
>>> volume_change(flow_rate,0,10,0.1)
4.32890625
>>> volume(10) - volume(0)
4.375
```

如果把时间间隔分得越来越小，结果会越来越好。例如：

```
>>> volume_change(flow_rate,0,10,0.0001)
4.3749531257812455
```

与求导过程一样，我们可以使时间间隔越来越小，得到的结果就会趋近于预期的答案。根据函数的变化率计算函数在某个间隔上的整体变化，称为**定积分**。我们将在 8.5 节中讲解定积分的定义，现在把重点放在如何绘制定积分上。

8.4.3　在流速图上绘制体积变化的图形

假设我们将 10 小时的时间段分成多个 1 小时的间隔（虽然这样分割不会得到非常准确的结果）。在流速图上，我们只关心 10 个点，分别是每个间隔的开始时间：0 小时、1 小时、2 小时、3 小时……直到 9 小时。图 8-22 中显示了这些点。

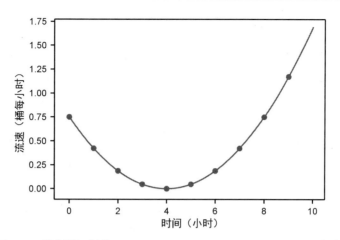

图 8-22 绘制用于计算 `volume_change(flow_rate,0,10,1)` 的点

我们的计算假设每个间隔内的流速保持不变，但事实显然不是这样的。在每一个间隔内，流速都会发生明显的变化。在假设中，我们似乎在处理一个不同的流速函数，其图形在每个小时内都是不变的。图 8-23 显示了这些间隔与原图的对比。

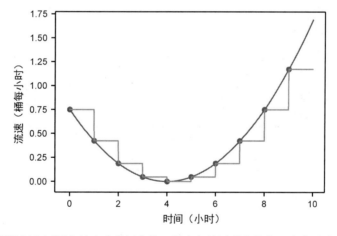

图 8-23 如果假设每个间隔内的流速是恒定的，那么它的图形应该像一个先下后上的楼梯

在每个间隔里，我们计算流量（就是图中每个点的高度）与 1 小时持续时间（就是相应每条横向线段的长度）的乘积。每个小体积都是用图上的一个高度乘以一个长度计算出的，也就是一个虚拟矩形的面积。图 8-24 是将矩形绘制出来的样子。

随着将时间间隔缩短，可以看到结果越来越准确。在视觉上，这对应着更多的矩形，可以更紧密地贴合图形。图 8-25 显示了 30 个间隔、每个间隔 1/3 小时（20 分钟），以及 100 个间隔、每个间隔 1/10 小时（6 分钟）的矩形。

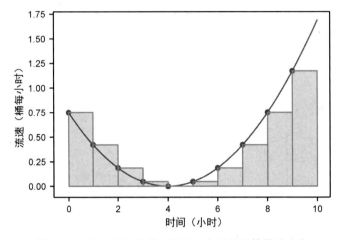

图 8-24　用 10 个长方形面积之和表示的整体体积变化

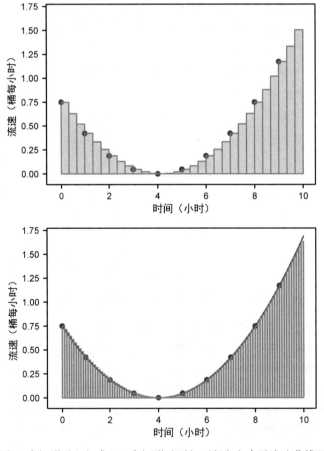

图 8-25　用 30 个矩形（上）或 100 个矩形（下）面积之和表示流速曲线下方的体积

从图中可以看到，随着间隔越来越小，计算结果越来越接近实际的体积变化，矩形越来越接近填满流速曲线下的空间。这里的启示是，在给定的时间间隔上，流速曲线下的面积（**大约**）等于同一间隔里油箱内新增的体积。

近似于曲线下面积的矩形面积之和称为**黎曼和**。黎曼和由越来越小的矩形构成，就像越来越短的割线的斜率收敛到切线的斜率一样，它收敛到曲线下的面积。我们将在后面讲解黎曼和以及定积分的收敛性，接下来先尝试计算随时间变化的体积值。

8.4.4　练习

练习 8.9：在前 6 小时内大约有多少石油被添加到油箱中？在最后 4 小时内呢？哪段时间内添加的石油更多？

解：在前 6 小时内，约有 1.13 bbl 石油被泵入油罐，少于最后 4 小时内泵入油罐的 3.24 bbl。

```
>>> volume_change(flow_rate,0,6,0.01)
1.1278171874999996
>>> volume_change(flow_rate,6,10,0.01)
3.2425031249999257
```

8.5　绘制随时间变化的体积图

在上一节中，我们能够根据流速计算出在给定时间间隔内体积**变化**的近似值。我们的主要目标是计算在任意时间点上油箱中的石油**总体积**。

考虑这样一个问题：石油以 1.2 bbl/h 的恒定速度流入油箱，3 小时后油箱里有多少石油？答案是：不知道，因为我没有告诉你油箱里一开始有多少石油！如果知道了初始的石油体积，那么答案很容易算出来。例如，如果一开始油箱里有 0.5 bbl 石油，那么在这期间增加了 3.6 bbl，3 小时结束时油箱里有 0.5 + 3.6 = 4.1 bbl 石油。将 0 时刻的初始体积加上到 T 时刻的体积变化值，就可以计算得到 T 时刻的总体积。

在本节的最后几个例子中，我们将这一思想转化为用于重建体积函数的代码。我们实现一个名为 approximate_volume(q,v0,dt,T) 的函数，它的输入值是流速 q、油箱中石油的初始体积 v0、短间隔 dt，以及用于计算的时间 T。通过将初始体积 v0 与从 0 时刻到 T 时刻的体积变化值相加，该函数可以输出 T 时油箱中总体积的近似值。

之后，我们可以柯里化该函数，得到一个叫作 approximate_volume_function(q,v0,dt) 的函数，它的输出是一个函数，给出了近似体积与时间的函数关系。approximate_volume_function 返回的函数是一个体积函数，我们可以把它和原来的体积函数一起绘制出来进行比较。

8.5.1　计算随时间变化的体积

我们将使用的基本公式如下。

T时刻的体积 = (0 时刻的体积) + (从 0 时刻到 T 时刻的体积变化值)

我们需要已知和式中的第一项，即 0 时刻油箱中的体积，因为它没有办法从流速函数中推断出来。之后就可以使用 volume_change 函数来计算从 0 时刻到 T 时刻的体积变化值了。下面是具体实现。

```
def approximate_volume(q,v0,dt,T):
    return v0 + volume_change(q,0,T,dt)
```

要柯里化这个函数，可以定义一个新的函数，把前三个参数作为输入，然后返回将最后一个参数 T 作为输入的函数。

```
def approximate_volume_function(q,v0,dt):
    def volume_function(T):
        return approximate_volume(q,v0,dt,T)
    return volume_function
```

这个函数直接从 flow_rate 函数产生一个可用于绘制的体积函数。因为以 0 为输入时，源代码中的函数 volume(0) 为 2.3，所以将这个值作为 v0。最后，尝试将 dt 值设为 0.5，这表示我们要以 0.5 小时（30 分钟）为间隔计算体积的变化。让我们看看这与原始体积函数的对比情况（见图 8-26）。

```
plot_function(approximate_volume_function(flow_rate,2.3,0.5),0,10)
plot_function(volume,0,10)
```

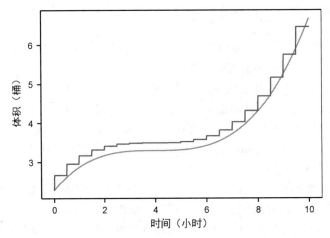

图 8-26　approximate_volume_function 的输出（锯齿线）与原始 volume 函数的输出（平滑线）的示意图

好消息是，输出的结果非常接近我们原来的体积函数！但 approximate_volume_function 输出的结果是锯齿状的，每 0.5 小时对应一段。你可能会猜测这与我们将 dt 的值设置为 0.5 有关，如果减小这个值，可以得到一个更好的近似值。这个猜测是正确的，让我们更加深入地了解体积变化是如何计算的，看看到底为什么图形看起来是现在这样的，以及为什么较小的时间间隔会得到更好的结果。

8.5.2 绘制体积函数的黎曼和

在任意时刻,通过 `volume` 函数近似计算出的油箱内石油体积,是油箱中的初始体积加上到该时刻的体积变化得到的。当 $t = 4\,\text{h}$ 时,公式如下:

$$4\,\text{h}\,的体积 = (0\,\text{h}\,的体积) + (从\,0\,\text{h}\,到\,4\,\text{h}\,的体积变化)$$

两者相加可以得到图上 4 小时处的一个点。其他时间对应的数值可以用同样的方式计算。在这种情况下,总和由 0 时刻的 2.3 bbl 加上一个黎曼和组成,该黎曼和表示 0 小时到 4 小时的变化值。这在图中是 8 个矩形的总和,每个矩形的宽度为 0.5 小时,它们均匀占据了 4 小时的间隔。得到的结果是大约 3.5 bbl(见图 8-27)。

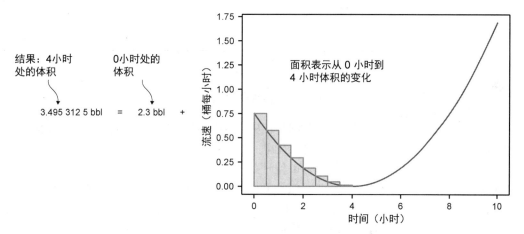

图 8-27 使用黎曼和计算 4 小时处油罐内的体积

我们可以使用相同的步骤计算其他时刻的值。例如,图 8-28 显示的是 8 小时处的结果。

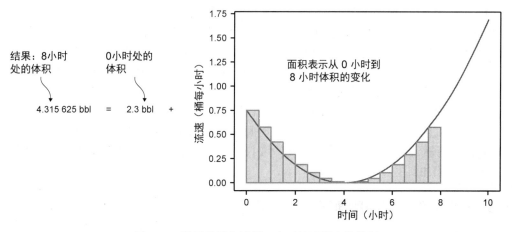

图 8-28 使用黎曼和计算 8 小时处油罐内的体积

在这种情况下，在 8 小时处，油箱中约有 4.32 bbl 石油。这需要对 8/0.5 = 16 个矩形区域进行求和。这两个数值在我们制作的图上显示为点（见图 8-29）。

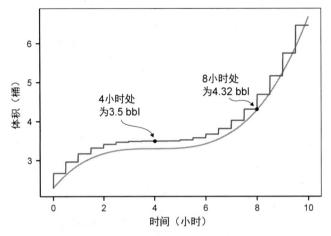

图 8-29　绘制在近似体积图上的两个结果

在这两种情况下，都可以用整数个时间步长从零走到要计算的时刻。为了生成这张图，我们的 Python 代码计算了大量黎曼和（对应整数小时和半小时），以及时间段内所有点的值。

当要计算的时刻不能整除 0.5 小时的 dt 值时（例如，要计算 3.9 小时对应的体积），我们的代码如何计算呢？回顾 volume_change(q,t1,t2,dt) 的实现，我们在体积计算上做了一个小小的改动，也就是 np.arrange(t1,t2,dt) 中每一个开始时间对应的矩形面积。当计算从 0 到 3.9 小时、dt 为 0.5 的体积变化时，我们的矩形通过以下方式给出。

```
>>> np.arange(0,3.9,0.5)
array([0. , 0.5, 1. , 1.5, 2. , 2.5, 3. , 3.5])
```

即使宽度为 0.5 小时的 8 个矩形超过了 3.9 小时对应的范围，我们还是使用所有 8 个矩形的面积来进行计算！为了让计算精确，应该将最后一个矩形的时间间隔缩短到 0.4 小时。这个矩形从第 7 个间隔末的 3.5 小时持续到结束时间 3.9 小时，不再覆盖更多范围。如果有需要，你可以尝试更新 volume_change 函数，给最后一个间隔设定更小的持续时间，以此作为本节最后的一个小项目。现在暂且忽略这个问题。

在上一节中我们看到，当缩小 dt 值时，也就是当缩小矩形的宽度时，可以得到更好的结果。越小的矩形可以越好地拟合图形，因为即使在时间段末与实际值有偏差，其误差也会较小。例如，以 0.5 小时为间隔只能累加到 3.5 小时或 4.0 小时，但不会累加到 3.9 小时，而以 0.1 小时为间隔则可以均匀地累加到 3.9 小时。

8.5.3　提升近似结果的精确度

我们尝试使用更小的 dt 值，也就是更小的矩形，来看看能得到多少提升。这里是当 dt = 0.1

小时时得到的近似值（图 8-30 是绘制后的结果）。此时图上的"台阶"更小了，几乎不可见，而且比以 0.5 小时为间隔得到的图形更接近实际的体积图。

```
plot_function(approximate_volume_function(flow_rate,2.3,0.1),0,10)
plot_function(volume,0,10)
```

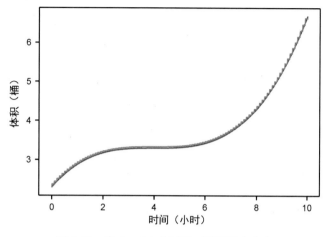

图 8-30　当 d*t* = 0.1 小时时，图形基本吻合

当使用更小的时间间隔，例如 dt = 0.01 小时时，得到的图形几乎于体积图完全重合（见图 8-31）。

```
plot_function(approximate_volume_function(flow_rate,2.3,0.01),0,10)
plot_function(volume,0,10)
```

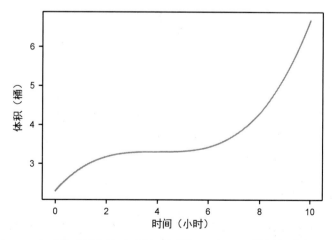

图 8-31　在 0.01 小时的时间步长下，近似得到的 volume 函数与实际 volume 函数在
　　　　图形上无法区分

尽管图形几乎已经完全重合了，但我们依旧可以提出这样一个问题：当前得到的近似结果准确度如何？随着 dt 值越来越小，volume 函数的近似图形在每一点上都越来越接近实际体积图，因此我们可以说这些值正在**收敛**到实际体积值。但在每一步中，近似值仍可能与实际体积测量值不一致。

有一种方法可以得到在任意一点处任意精度（任意容差）的体积。对于任意时间点 t，可以用越来越小的 dt 值重复计算 volume_change(q,0,t,dt)，直到输出稳定在容差范围内。这看起来很像我们之前对导数进行反复逼近，直到它稳定下来的过程。

```
def get_volume_function(q,v0,digits=6):
    def volume_function(T):
        tolerance = 10 ** (-digits)
        dt = 1
        approx = v0 + volume_change(q,0,T,dt)
        for i in range(0,digits*2):
            dt = dt / 10
            next_approx = v0 + volume_change(q,0,T,dt)
            if abs(next_approx - approx) < tolerance:
                return round(next_approx,digits)
            else:
                approx = next_approx
        raise Exception("Did not converge!")
    return volume_function
```

例如，体积 $v(1)$ 的精确值是 2.878 125 bbl，我们可以近似得到符合任意精度要求的结果。举个例子，当精度要求是三位小数时，我们得到的是：

```
>>> xv  = get_volume_function(flow_rate,2.3,digits=3)
>>> v(1)
2.878
```

当精度要求是六位小数时，我们可以到准确的答案：

```
>>> xv  = get_volume_function(flow_rate,2.3,digits=6)
>>> v(1)
2.878125
```

如果你自己运行这段代码，会发现第二次计算耗时更长。这是因为它需要计算一个由数百万个小体积变化值组成的黎曼和，才能得到这个精度的答案。这个计算任意精度体积值的函数可能没有什么实际用途，但它说明了一点：随着 dt 值越来越小，体积近似值**趋近**于 volume 函数的精确值。它所趋近的结果称为流速的**积分**。

8.5.4   定积分和不定积分

在上两节中，我们对流速函数进行**积分**，得到体积函数。和求导数一样，求积分也是一个可以用在函数上的通用过程。我们可以对表示变化率的任意函数进行积分，得到一个返回对应累积值的函数。例如，如果已知一个表示汽车速度随时间变化的函数，我们就可以将其积分，得到行驶距离随时间变化的函数。在本节中，我们将研究两种类型的积分：定积分和不定积分。

定积分可以根据一个函数的导数求得该函数在某段时间内的总变化值。一个函数，以及一对表示开始值和结束值的参数（在我们的例子中是时间），可以确定一个定积分。定积分的输出是一个数，表示累积的变化值。例如，如果 $f(x)$ 是要求导的函数，而 $f'(x)$ 是 $f(x)$ 的导数，那么从 $x = a$ 到 $x = b$，f 的变化值是 $f(b) - f(a)$。这个值可以通过定积分来计算（见图 8-32）。

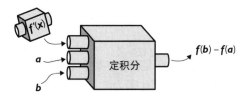

图 8-32　定积分根据一个函数的变化率（导数）以及一段指定的时间，得到
该时间段内该函数的累计变化值

在微积分中，$f(x)$ 从 $x = a$ 到 $x = b$ 的定积分记为：

$$\int_a^b f'(x)\mathrm{d}x$$

其值为 $f(b) - f(a)$。这个大的 $\int$ 符号是积分符号，a 和 b 称为**积分的界**，$f'(x)$ 是被积分的函数，$\mathrm{d}x$ 表示对 x 取积分。

`volume_change` 函数与定积分近似，正如我们在 8.4.3 节中所看到的，它也近似于流速图下方的面积。事实上，一个函数在一个时间段内的定积分等于该时间段内流速图下方的面积。对于我们遇到的大多数变化率函数，可以用越来越窄的矩形近似计算其图形下方的面积，并且得到的近似值会收敛到一个值上。

学习了定积分后，我们再来看看不定积分。**不定积分**根据一个函数的导数计算原函数。例如，如果已知 $f'(x)$ 是 $f(x)$ 的导数，那么要得到 $f(x)$，就要求 $f'(x)$ 的不定积分。

问题是，仅仅使用导数 $f'(x)$ 并不足以计算原始函数 $f(x)$。从计算定积分的 `get_volume_function` 函数中可以看到，你还需要知道 $f(x)$ 的初始值，例如 $f(0)$。之后，就可以通过 $f(0)$ 加上定积分来计算得到 $f(x)$。因为

$$f(b) - f(a) = \int_a^b f'(x)\mathrm{d}x$$

所以可以通过以下方式得到 $f(x)$ 的值：

$$f(x) - f(0) = \int_0^x f'(t)\mathrm{d}t$$

注意，这里需要用 t 来表示 f 的参数，因为 x 在这里表示积分的边界。函数 $f(x)$ 的不定积分写为

$$f(x) = \int f'(x)\mathrm{d}x$$

它看起来像一个定积分，但没有确定的边界。如果 $g(x) = \int f(x)\,dx$，就可以说 $g(x)$ 是 $f(x)$ 的一个**反导数**。反导数并不是唯一的，事实上，只要你选择任意初始值 $g(0)$，都可以得到一个导数是 $f(x)$ 的函数 $g(x)$。

我们在短时间内学习了很多术语，不过幸运的是第二部分的剩余章节会帮我们复习。我们将继续使用导数和积分来求函数及其变化率，并在它们之间进行转换。

8.6　小结

☐ 一个函数的平均变化率，比如 $f(x)$，是指 f 在某个 x 时间段内值的变化除以时间段的长度。例如，$f(x)$ 从 $x = a$ 到 $x = b$ 的平均变化率为

$$\frac{f(b) - f(a)}{b - a}$$

☐ 函数的平均变化率可以通过**割线**（即一条通过函数图形两点的直线）的斜率来表示。

☐ 放大一个平滑函数的图形，它将看起来和一条直线没有区别。这条直线就是函数在该区域的最佳线性近似，它的斜率称为函数的**导数**。

☐ 可以通过在包含该点的连续小间隔上取割线的斜率来逼近导数。这近似于函数在该点的瞬时变化率。

☐ 函数的**导数**是另一个函数，表示原函数在每一点的瞬时变化率。可以通过绘制函数的导数来查看它随时间的变化率。

☐ 已知一个函数的导数，如果把时间分成若干小的间隔，并假设每个间隔上的变化率是恒定的，就可以计算该导数随时间的变化。如果每个间隔足够小，变化率就会近似恒定，将其相加，就可以得到总的变化量。这近似于函数的定积分。

☐ 已知一个函数的初始值，并在不同的间隔上求其变化率的定积分，就可以得到该函数。这叫作函数的**不定积分**。

第 9 章

模拟运动的对象

本章内容

❑ 在代码中实现牛顿运动定律，模拟真实的运动

❑ 计算速度向量和加速度向量

❑ 使用欧拉方法来近似计算运动对象的坐标

❑ 使用微积分来计算运动对象的准确轨迹

第 7 章中的小行星游戏可以玩，但不太有挑战性。为了让游戏更有趣，需要让小行星运动起来！此外，为了让玩家有机会避开运动的小行星，也需要让飞船可以移动和转向。

为了在小行星游戏中实现运动，本章将使用第 8 章中的许多微积分概念，重点关注小行星和飞船的 x 坐标值和 y 坐标值。当小行星运动时，这些数值是随时间不断变化的，所以可以把它们看作针对时间的函数：$x(t)$ 和 $y(t)$。坐标函数相对于时间的导数叫作**速度**，速度相对于时间的导数叫作**加速度**。因为有两个坐标函数，所以有两个速度函数和两个加速度函数，这样就可以把速度和加速度也看作向量。

本章的第一个目标是让小行星运动起来。为了实现这个目标，我们会给小行星提供随机、连续的速度函数。然后要"实时"整合这些速度函数，我们使用一种叫作**欧拉方法**（又叫欧拉法、欧拉折线法）的算法来获取每一帧中每个小行星的坐标。欧拉方法在数学上与第 8 章所描述的积分类似，但它的优点是可以在游戏运行的同时进行实时计算。

之后，我们让用户可以控制飞船。当用户按下键盘上的向上箭头时，飞船应该朝它面对的方向加速。这意味着 $x(t)$ 和 $y(t)$ 各自导数的导数变成非零：速度和坐标一起开始变化。同样，用欧拉方法进行实时积分，得到加速度函数和速度函数。

欧拉方法只是对积分的近似，在这个应用中，它类似于第 8 章中的黎曼和。小行星和宇宙飞船随时间变化的精确坐标也是可以计算出来的，本章最后对欧拉方法的结果和精确结果进行了简单的比较。

9.1 模拟匀速运动

在日常使用中，**速度**是**速率**的同义词。但在数学和物理学中，速度有特殊的含义：它同时包含速率和方向。因此，这里将重点关注速度，并将它看作向量。

首先给每个小行星对象设定一个随机的速度向量，也就是一个数对(v_x, v_y)。这个保持不变的向量表示坐标相对于时间的导数，也就是说，假设 $x'(t) = v_x$，$y'(t) = v_y$。将这些信息设定好后，就可以更新游戏引擎，使小行星在游戏过程中以这些速度运动了。

因为这个游戏是二维的，所以要处理的是一对坐标和一对速度值。我将不断讨论坐标函数 $x(t)$ 和 $y(t)$ 以及速度函数 $x'(t)$ 和 $y'(t)$，并把它们写成向量值函数：$s(t) = (x(t), y(t))$，$v(t) = (x'(t), y'(t))$。这一写法表示 $s(t)$ 和 $v(t)$ 都接收时间值作为输入，返回向量作为输出，而输出分别代表当时的坐标和速度。

游戏中的小行星已经有了由 x 和 y 属性表示的坐标向量，但是还需要为其设置速度向量，表示它们在 x 和 y 方向上的运动速度。这是让它们能够逐帧运动的第一步。

9.1.1　给小行星设置速度

为了给每个小行星设置一个速度向量，我们可以将向量的两个分量 vx 和 vy 作为属性添加到 PolygonModel 对象上（参见源代码中第 9 章的 asteroids.py）。

```
class PolygonModel():
    def __init__(self,points):
        self.points = points          ←  前 4 个属性是从第 7 章
        self.angle = 0                   中这个类的原始实现中
        self.x = 0                       保留下来的
        self.y = 0
        self.vx = 0               ←  vx 和 vy 属性存储了 $v_x = x'(t)$ 和 $v_y = y'(t)$
        self.vy = 0                  当前的值。默认情况下，它们的值为 0，
                                     表示对象没有运动
```

接下来，为了使小行星无规律地运动，我们可以随机设置它们的两个速度分量。这意味着需要在 Asteroid 构造函数的底部添加如下两行代码。

```
class Asteroid(PolygonModel):           这一行之前,代码与第7章没有变化:
    def __init__(self):                  将小行星的形状初始化为一个顶点
        sides = randint(5,9)             坐标随机的多边形
        vs = [vectors.to_cartesian((uniform(0.5,1.0), 2 * pi * i / sides))
                for i in range(0,sides)]
        super().__init__(vs)
        self.vx = uniform(-1,1)      ←  在最后两行中，将 x 和
        self.vy = uniform(-1,1)         y 方向上的速度设置为
                                        -1 和 1 之间的随机值
```

请记住，为负值的导数意味着函数值在减小，而正值意味着函数值在增大。x 和 y 方向上的速度可能是正值或负值，分别表示 x 和 y 方向上的坐标可能在增大或减小。这意味着小行星的运动方向既可以向左也可以向右，既可以向上也可以向下。

9.1.2　更新游戏引擎，让小行星运动

接下来要做的是依据速度来更新坐标。不管我们谈论的是飞船、小行星还是其他 PolygonModel

对象，速度分量 v_x 和 v_y 都可以告诉我们如何更新坐标 x 和 y。

假设帧与帧之间经过了时间 Δt，我们通过 $v_x \cdot \Delta t$ 更新 x，通过 $v_y \cdot \Delta t$ 更新 y。（符号 Δ 是大写的希腊字母 delta，通常用来表示变量的变化。）这与我们在第 8 章中根据流速的微小变化求体积的微小变化的近似方法相同。对于这个游戏来说，情况比近似方法更好，因为此处速度是不变的，用速度乘以经过的时间就可以得到坐标的变化。

我们可以在 `PolygonModel` 类中添加一个 move 方法，该方法根据这个公式更新对象的坐标。因为经过的时间是未知的，所以我们把它传递进来（单位是毫秒）。

```
class PolygonModel():
    ...
    def move(self, milliseconds):
        dx, dy = (self.vx * milliseconds / 1000.0,
                  self.vy * milliseconds / 1000.0
        self.x, self.y = vectors.add((self.x,self.y),
                                     (dx,dy))
```

坐标 x 的变化称为 dx，坐标 y 的变化称为 dy。两者的计算方法都是用小行星的速度乘以经过的时间，单位是秒

通过与各自的变化量 dx 和 dy 相加更新坐标，实现该帧的运动

这是欧拉方法的第一个简单应用。该算法包括跟踪一个或多个函数的值（在我们的例子中，是坐标 $x(t)$ 和 $y(t)$ 以及它们的导数 $x'(t)=v_x$ 和 $y'(t)=v_y$），并在每一步中根据它们的导数更新函数。如果导数是恒定的，这种方法就非常有效，即使导数本身是变化的，这依旧是一个相当好的近似方法。当把注意力转移到飞船上时，我们将处理变化的速度值，并更新对欧拉方法的实现。

9.1.3 保持小行星在屏幕上

我们可以再增加一个小功能来改善游戏体验。一颗速度随机的小行星必然会在某一时刻飘离屏幕。为了保持小行星在屏幕区域内，我们可以添加一些逻辑，让两个坐标保持在最小值 –10 和最大值 10 之间。例如，当 x 属性从 10.0 增加到 10.1 时，我们就减去 20，这样它的值就变成了可接受的–9.9。这样做的效果是将小行星从屏幕右侧"传送"到左侧。这个游戏机制与物理学无关，但保持小行星始终在游戏内可以使游戏更加有趣（见图 9-1）。

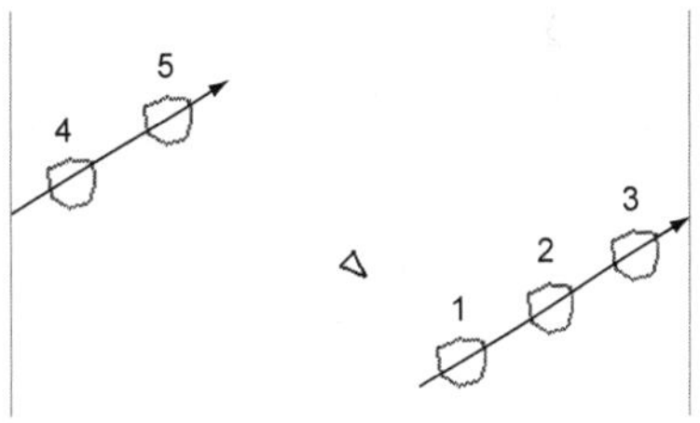

下面是实现传送效果的代码。

图 9-1　当对象即将离开屏幕时，通过"传送"将其坐标保持在–10 和 10 之间

```
class PolygonModel():
    ...
    def move(self, milliseconds):
        dx, dy = (self.vx * milliseconds / 1000.0,
                  self.vy * milliseconds / 1000.0)
        self.x, self.y = vectors.add((self.x,self.y),
                                     (dx,dy))
```

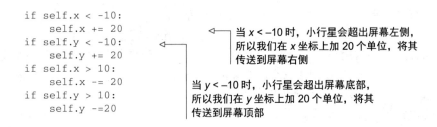

```
if self.x < -10:
    self.x += 20
if self.y < -10:
    self.y += 20
if self.x > 10:
    self.x -= 20
if self.y > 10:
    self.y -=20
```

当 x < −10 时，小行星会超出屏幕左侧，所以我们在 x 坐标上加 20 个单位，将其传送到屏幕右侧

当 y < −10 时，小行星会超出屏幕底部，所以我们在 y 坐标上加 20 个单位，将其传送到屏幕顶部

最后，对于游戏中的每一颗小行星，我们需要调用其 move 方法。要实现这一点，在开始绘图之前，需要在游戏循环中加入以下三行代码。

```
milliseconds = clock.get_time()
for ast in asteroids:
    ast.move(milliseconds)
```

计算距离上一帧已经过去了多少毫秒

向所有小行星发出信号，根据它们的速度更新其坐标

虽然在书上并不起眼，但当你自己运行这些代码时，会看到小行星在屏幕上随机运动，每个小行星的方向都是随机的。但如果你把注意力集中在一颗小行星上，会发现它的运动并不是随机的，它每过 1 秒就会在同一方向上改变相同的距离（见图 9-2）。

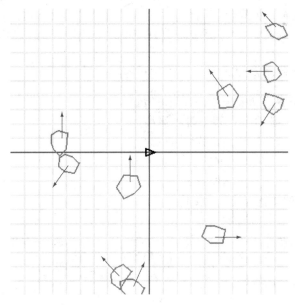

图 9-2　增加上面的代码后，每个小行星以随机、恒定的速度运动

小行星会运动之后，飞船现在就处于危险之中了——它需要通过运动来避开小行星。但以恒定的速度运动并不能拯救飞船，因为它很可能会在某个时刻撞上小行星。为此，玩家需要改变飞船的速度，也就是改变它的速率和方向。接下来，我们看看如何模拟速度的变化，也就是**加速度**。

9.1.4 练习

练习 9.1：一颗小行星的速度向量是 $v = (v_x, v_y) = (-3, 1)$。它在屏幕上正在向哪个方向运动？

(a) 右上
(b) 左上
(c) 右下
(d) 左下

解：因为此时 $x'(t) = v_x = -3$，所以小行星在向负 x 方向运动，也就是向左运动。又因为 $y'(t) = v_y = 1$，所以此时小行星在向正 y 方向运动，也就是向上运动。因此，答案(b)是正确的。

9.2 模拟加速

让我们设想一下，飞船配备了一个燃烧火箭燃料的推进器，膨胀的气体会推动飞船朝它面对的方向前进（见图 9-3）。

图 9-3 火箭推进方式示意图

我们假设在推进器启动时，火箭会朝当前方向以恒定的加速度加速。因为加速度是速度的导数，所以恒定的加速度值意味着速度相对于时间在两个方向上都以恒定的速度变化。当加速度不为零时，速度 v_x 和 v_y 不是恒定的：它们是随时间变化的函数 $v_x(t)$ 和 $v_y(t)$。我们假设加速度是恒定的，这意味着存在两个值 a_x 和 a_y，可以使得 $v'_x(t) = a_x$ 且 $v'_y(t) = a_y$。我们用向量 $a = (a_x, a_y)$ 表示加速度。

我们的目标是给 Python 飞船提供一对属性，分别代表 a_x 和 a_y，并让它根据这两个值在屏幕上加速运动。当用户不按任何键时，飞船在两个方向上的加速度应该为零，而当用户按下向上的方向键时，加速度值应该立即更新，使 (a_x, a_y) 成为一个指向飞船方向的非零向量。当用户按住向上的方向键不放时，飞船的速度和坐标都应该真实地发生变化，使其逐帧运动。

使飞船加速

无论飞船面向哪个方向，我们都希望它看起来以相同的速度加速。也就是说，当推进器启动时，向量的大小 (a_x, a_y) 应该是固定的。通过试错，我发现加速幅度为 3 时，飞船有足够的机动性。让我们在游戏代码中加入这个常数。

```
acceleration = 3
```

考虑到游戏中的距离单位是米，这就代表了 3 米每二次方秒（m/s^2）。如果飞船开始时处于静止状态，当玩家按住向上的方向键时，飞船每秒会在其面对的方向上增加 3 m/s 的速度。PyGame 的工作单位是毫秒，所以相关的速度变化是每毫秒 0.003 m/s，也就是 0.003 m/s·ms。

让我们来想一想，在按下向上的方向键时，如何计算加速度向量 **a** = (a_x, a_y)。如果飞船面对的旋转角度为 θ，那么需要用三角函数根据大小|**a**| = 3 找出加速度的垂直和水平分量。根据正弦和余弦的定义，水平和垂直分量分别为|**a**| · cos(θ)和|**a**| · sin(θ)（见图 9-4）。换句话说，加速度向量是(|**a**| · cos(θ)，|**a**| · sin(θ))。顺便说一下，也可以使用我们在第 2 章中实现的 `from_polar` 函数根据加速度的大小和方向计算得到这些分量。

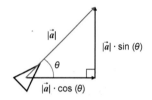

图 9-4　使用三角函数，根据加速度的大小和方向求加速度的分量

在游戏循环的每次迭代过程中，都可以在飞船运动之前更新其速度。经过时间 Δt，v_x 和 v_y 的变化量分别是 $a_x · \Delta t$ 和 $a_y · \Delta t$。在代码中，我们需要将相应的速度变化添加到飞船的 vx 和 vy 属性上。

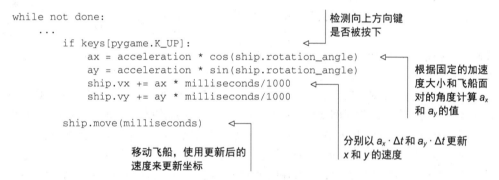

这就对了！添加了这段代码后，当你按下向上的方向键时，飞船应该会加速。按下左、右方向键旋转飞船的代码也是类似的，已经包含在源代码中，这里不再赘述。实现了左、右、上方向键的功能后，你可以操作飞船向任意方向加速，从而避开小行星。

这是欧拉方法的一个较为高级的应用，用到了**二次导数**：$x''(t) = v'_x(t) = a_x$ 和 $y''(t) = v'_y(t) = a_y$。在每一步，我们首先更新速度，然后在 move 方法中使用更新后的速度来确定新的坐标。本章的游戏编程工作已经完成了，接下来的几节将仔细研究欧拉方法，并评估它模拟运动的效果如何。

9.3　深入研究欧拉方法

欧拉方法的核心思想是从一个量的初始值（如坐标）和一个描述其导数（如速度和加速度）的方程开始，根据导数求这个量变化后的值。让我们通过一个例子来一步步回顾这是如何做到的。

假设一个对象在时间 $t = 0$ 时位于坐标(0, 0)，初速度为(1, 0)，且具有恒定的加速度(0, 0.2)。（为了符号上的清晰，本节不使用单位，但你可以认为单位是秒、米、米每秒等。）这个对象的初

速度指向 x 轴正方向，加速度指向 y 轴正方向。这意味着从平面图上看，对象一开始直接向右运动，但随着时间的变化，它会向上偏移。

我们的任务是用欧拉方法从计算从 $t = 0$ 到 $t = 10$ 每隔两秒对象的坐标向量值。首先手动进行计算，之后使用 Python 进行相同的计算。计算得到坐标后，我们将在 xy 平面上画出它们，从而展示飞船的飞行路径。

9.3.1 手动计算欧拉方法

我们将继续把坐标、速度和加速度看作时间的函数：在给定的任意时刻，都有对应的向量值表示对象的这些量。我将把这些向量值函数称为：$s(t)$、$v(t)$ 和 $a(t)$，其中 $s(t) = (x(t),\ y(t))$，$v(t) = (x'(t), y'(t))$，$a(t) = (x''(t), y''(t))$。表 9-1 给出了 $t = 0$ 时的初始值。

表 9-1

t	$s(t)$	$v(t)$	$a(t)$
0	(0, 0)	(1, 0)	(0, 0.2)

在我们的小行星游戏中，PyGame 规定了每隔多少毫秒计算一次坐标值。在这个例子中，为了快速计算，我们以 2 秒为增量计算从时间 $t = 0$ 到 $t = 10$ 的坐标。我们需要把表 9-2 填写完整。

表 9-2

t	$s(t)$	$v(t)$	$a(t)$
0	(0, 0)	(1, 0)	(0, 0.2)
2			(0, 0.2)
4			(0, 0.2)
6			(0, 0.2)
8			(0, 0.2)
10			(0, 0.2)

加速度一列已经填好，因为我们规定加速度是恒定的。从 $t = 0$ 到 $t = 2$ 的 2 秒内发生了什么？速度根据加速度进行变化，因此可以使用下面的方程进行计算。在这些方程中，我们再次使用希腊字母 Δ 来表示值在区间内的变化量。例如，Δt 是时间上的变化量，所以 5 个时间间隔都是 $\Delta t = 2\text{ s}$。因此，$t = 2$ 时的速度分量为：

$$v_x(2) = v_x(0) + a_x(0) \cdot \Delta t = 1 + 0 = 1$$
$$v_y(2) = v_y(0) + a_y(0) \cdot \Delta t = 0.2 \cdot 2 = 0.4$$

在 $t = 2$ 时，新的速度向量值为 $v(2) = (v_x(2), v_y(2)) = (1, 0.4)$。根据速度 $v(0)$，坐标也相应发生了变化：

$$x(2) = x(0) + v_x(0) \cdot \Delta t = 1 + 1 \cdot 2 = 2$$
$$y(2) = v(0) + v_y(0) \cdot \Delta t = 0 + 0 \cdot 2 = 0$$

更新后的值为 $s = (x, y) = (2, 0)$。我们得到了第二行的内容，见表 9-3。

表　9-3

t	$s(t)$	$v(t)$	$a(t)$
0	(0, 0)	(1, 0)	(0, 0.2)
2	(2, 0)	(1, 0)	(0, 0.2)
4			(0, 0.2)
6			(0, 0.2)
8			(0, 0.2)
10			(0, 0.2)

在 $t = 2$ 和 $t = 4$ 之间，由于加速度保持不变，因此速度变化量是相同的，$a \cdot \Delta t = (0, 0.2) \cdot 2 = (0, 0.4)$，得到新值 $v(4) = (1, 0.8)$。根据速度 $v(2)$ 可以计算坐标值的变化量：

$$\Delta s = v(2) \cdot \Delta t = (1, \ 0.4) \cdot 2 = (2, \ 0.8)$$

这使得新坐标变为 $s(4) = (4, 0.8)$。我们已经填上了表格中的三行，五个待求坐标中的两个已经计算得到，见表 9-4。

表　9-4

t	$s(t)$	$v(t)$	$a(t)$
0	(0, 0)	(1, 0)	(0, 0.2)
2	(2, 0)	(1, 0)	(0, 0.2)
4	(4, 0.8)	(1, 0.8)	(0, 0.2)
6			(0, 0.2)
8			(0, 0.2)
10			(0, 0.2)

虽然可以这样一直计算下去，但是如果能让 Python 来替我们完成这项工作就更好了——这就是我们要做的下一步。但首先，让我们暂停一下。在上几段中，我们已经完成了相当多的运算。先前的假设对你来说有没有值得怀疑的地方？给你一个提示：使用等式 $\Delta s = v \cdot \Delta t$ 在这里是不太合理的，所以表中的坐标只是近似值。还没看出我在哪里偷换成了近似值？别担心。一旦把坐标向量画在图上，就会清晰明了了。

9.3.2　使用 Python 实现算法

用 Python 来描述这个过程并不费力。我们首先需要设置时间、坐标、速度和加速度的初始值。

```
t = 0
s = (0,0)
v = (1,0)
a = (0,0.2)
```

接下来需要计算 0、2、4、6、8、10 秒对应的值。我们不用列出所有值，而是从 $t = 0$ 开始，指定一个常量步长 $\Delta t = 2$，总共需要 5 个时间步。

```
dt = 2
steps = 5
```

最后，在每个时间步上更新一次时间、坐标和速度。在计算过程中，可以将坐标存储在一个数组中，方便以后使用。

```
from vectors import add, scale
positions = [s]
for _ in range(0,5):
    t += 2
    s = add(s, scale(dt,v))

    v = add(v, scale(dt,a))
    positions.append(s)
```

通过将坐标变化量 $\Delta s = v \cdot \Delta t$ 与当前坐标 s 相加来更新坐标（我使用了第 2 章中的 **scale** 和 **add** 函数）

通过将速度变化量 $\Delta v = a \cdot \Delta t$ 与当前速度 v 相加来更新速度

如果运行这段代码，坐标列表中会出现向量 s 的 6 个值，分别对应 $t = 0, 2, 4, 6, 8, 10$。现在，我们已经在代码中取得了这些值，就可以将其绘制出来，进而描绘出对象的运动。如果用第 2 章和第 3 章中的绘图模块将它们在二维图形上绘制出来，可以看到对象最初向右运动，然后如预期的那样向上偏移。下面是 Python 代码，以及它生成的图（见图 9-5）。

```
from draw2d import *
draw2d(Points2D(*positions))
```

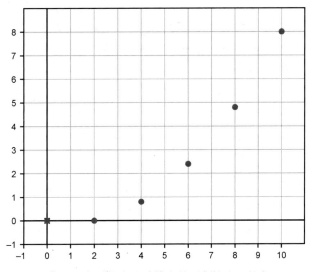

图 9-5　用欧拉方法计算出的对象轨迹上的点

在我们的近似过程中，似乎对象在 5 个时间间隔上分别以不同的速度做了 5 次直线运动（见图 9-6）。

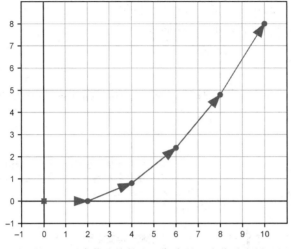

图 9-6　用直线连接轨迹上各点的 5 个位移向量

对象在整个过程中应该是不断加速的，所以你可能预期它会以平滑的曲线而不是直线运动。现在我们已经在 Python 中实现了欧拉方法，可以快速地用不同的参数重新运行它来评估近似结果的质量了。

9.4　用更小的时间步执行欧拉方法

我们可以设置 dt = 1 以及 steps = 10，使用两倍数量的时间步再次进行计算。这仍然是模拟 10 秒的运动，不过是用 10 条直线作为路径来建模（见图 9-7）。

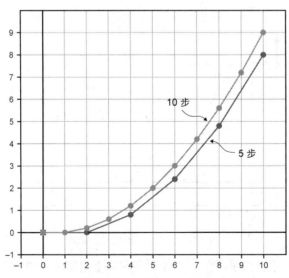

图 9-7　欧拉法在初始值相同、步数不同的情况下，产生不同的结果

然后使用 100 步、dt = 0.1 再次计算，我们又看到了同样 10 秒内的另一条轨迹（见图 9-8）。

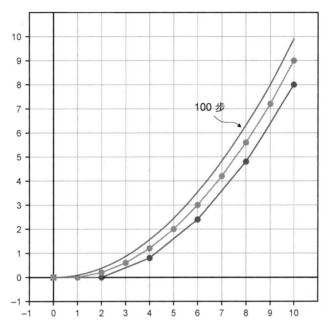

图 9-8　用 100 步而不是 5 步或 10 步，我们得到的是另一条轨迹。因为数量过多，
　　　　这个轨迹中的点被省略了

为什么三次计算使用了同样的方程式，得到的结果却不一样？似乎我们使用的时间步越多，
y 坐标值就越大。如果仔细观察前两秒，就会发现问题所在。

在 5 步近似中，因为没有加速度，所以对象仍然沿 x 轴运动。在 10 步近似中，对象有了一
次更新速度的机会，所以它可以上升到 x 轴上方。最后，在 t = 0 和 t = 1 之间，100 步近似有 19
次速度更新，所以它的速度增加得最多（见图 9-9）。

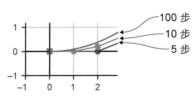

图 9-9　仔细观察前两段，100 步的近似值最大，因为它的速度更新最频繁

也就是说，等式 $\Delta s = v \cdot \Delta t$ 只在速度不变时才是正确的。当使用大量的时间步时，欧拉方法
是一个很好的近似方法，因为在较小的时间间隔上，速度不会有太大的变化。为了证实这一点，
你可以尝试较大数目的时间步和较小的 dt 值。举个例子，当有 100 步、每步 0.1 秒时，最终的坐
标为：

```
(9.99999999999998, 9.900000000000006)
```

当使用 100 000 步，每步 0.0001 秒时，最终的坐标值为：

```
(9.999999999990033, 9.999899999993497)
```

最终坐标的精确值是(10.0, 10.0)，随着我们用欧拉方法近似的步数越来越多，结果似乎越来越趋近于这个值。现在你需要相信我，(10.0, 10.0)是精确值。下一章将介绍如何通过精确积分来证明这一点。敬请期待！

练习

练习 9.2（小项目）：创建一个函数，对一个不断加速的对象自动执行欧拉方法。你需要为函数提供加速度向量、初始速度向量、初始坐标向量等参数。

解：我还把总时间和步数作为参数，以便检验解答中的各种答案。

```
def eulers_method(s0,v0,a,total_time,step_count):
    trajectory = [s0]
    s = s0
    v = v0
    dt = total_time/step_count          ← 每个时间阶段的持续时间 dt
    for _ in range(0,step_count):         是总时间除以步数
        s = add(s,scale(dt,v))          ← 对于每一步，更新坐标和速度，
        v = add(v,scale(dt,a))            并将最新坐标添加为轨迹（坐标
        trajectory.append(s)              列表）中的下一个坐标
    return trajectory
```

练习 9.3（小项目）：在 9.4 节的计算中，我们低估了 y 坐标的值，因为只在每个时间间隔结束时更新速度的 y 分量。请在每个时间间隔开始时更新速度值，并证明你随着时间的推移高估了 y 坐标的值。

解：我们可以调整小项目 9.2 中 eulers_method 函数的实现，唯一的修改是改变 s 和 v 的更新顺序。

```
def eulers_method_overapprox(s0,v0,a,total_time,step_count):
    trajectory = [s0]
    s = s0
    v = v0
    dt = total_time/step_count
    for _ in range(0,step_count):
        v = add(v,scale(dt,a))
        s = add(s,scale(dt,v))
        trajectory.append(s)
    return trajectory
```

在输入相同的情况下，这个实现确实比原来的实现方式给出了更高的 y 坐标近似值。如果你仔细观察图 9-10 中的轨迹，可以看到它在第一个时间步中就已经在向 y 方向运动了。

```
eulers_method_overapprox((0,0),(1,0),(0,0.2),10,10)
```

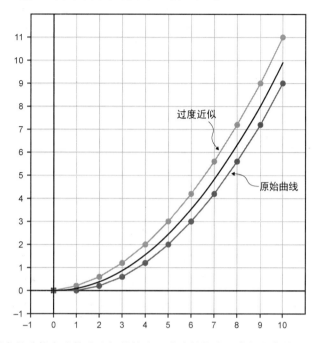

图 9-10　原来的欧拉方法轨迹和新的轨迹。准确的轨迹用中间的曲线显示，以便比较

练习 9.4（小项目）：任何抛射物，如抛出的棒球、子弹或空中的滑雪板，都有同样的加速度向量：9.81 m/s²，指向地心。如果我们把平面中的 x 轴看成平地，y 轴正方向指向上方，就相当于加速度向量为（0, –9.81）。如果在 $x = 0$ 处从肩高位置抛出一个棒球，我们可以说它的初始坐标是（0, 1.5）。假设它以 30 m/s 的初速度从 x 轴正方向向上 20°的角度抛出，用欧拉方法模拟它的轨迹。棒球沿 x 轴正方向大约走了多远才落地？

解：初始速度为(30·cos(20°), 30·sin(20°))。我们可以使用小项目 9.2 中的 eulers_method 函数来模拟棒球在几秒内的运动。

```
from math import pi,sin,cos
angle = 20 * pi/180
s0 = (0,1.5)
v0 = (30*cos(angle),30*sin(angle))
a = (0,-9.81)

result = eulers_method(s0,v0,a,3,100)
```

绘制结果轨迹，如图 9-11 所示。此图显示，棒球在空中划出一道弧线，然后在 x 轴上约 67 米处落到地面。轨迹出现了地下部分是因为我们没有让它停下来。

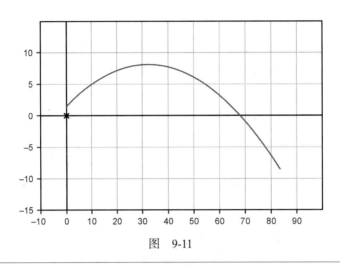

图   9-11

练习 9.5（小项目）：重新运行上一个小项目中的欧拉方法模拟，初始速度同样为 30，但初始坐标为$(0,0)$，并尝试各种角度的初始速度。什么角度能使棒球在落地前走得最远？

解：为了模拟不同的角度，可以将这段代码打包成一个函数。使用一个新的开始坐标$(0,0)$，你可以看到图 9-12 中的各种轨迹。结果发现，棒球在 45°时走得最远。（注意我已经过滤掉了轨迹上带有负 y 坐标的点，只考虑棒球落地前的运动。）

```
def baseball_trajectory(degrees):
    radians = degrees * pi/180
    s0 = (0,0)
    v0 = (30*cos(radians),30*sin(radians))
    a = (0,-9.81)
    return [(x,y) for (x,y) in eulers_method(s0,v0,a,10,1000) if y>=0]
```

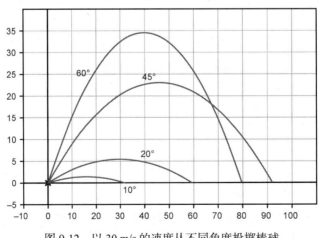

图 9-12   以 30 m/s 的速度从不同角度投掷棒球

练习 9.6（小项目）：一个对象在三维空间中运动，其初速度为(1, 2, 0)，加速度向量恒定为 (0, −1, 1)。如果它从原点出发，10 秒后会在哪里？请用第 3 章的绘图函数绘制它的三维轨迹。

解：我们的 eulers_method 函数已经可以处理三维向量了！图 9-13 显示了这个三维的轨迹。

```
from draw3d import *
traj3d = eulers_method((0,0,0), (1,2,0), (0,-1,1), 10, 10)
draw3d(
    Points3D(*traj3d)
)
```

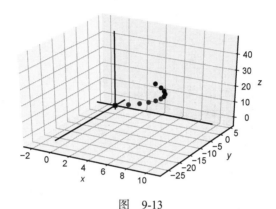

图 9-13

分成 1000 步运行来提高精度，我们可以找到最后的坐标。

```
>>> eulers_method((0,0,0), (1,2,0), (0,-1,1), 10, 1000)[-1]
(9.999999999999831, -29.949999999999644, 49.94999999999933)
```

接近(10, −30, 50)，这应该就是最后的准确坐标。

9.5 小结

- 速度是坐标相对于时间的导数。它是由每个坐标函数的导数组成的向量。在二维中，对于坐标函数 $x(t)$ 和 $y(t)$，可以将坐标向量写成函数 $s(t) = (x(t), y(t))$，将速度向量写成函数 $v(t) = (x'(t), y'(t))$。

- 在视频游戏中，通过更新对象在每一帧中的坐标，可以使其以恒定的速度运动。测量帧与帧之间的时间间隔，并将其乘以对象的速度，就可以得到对象在各帧中的坐标变化。

- 加速度是速度相对于时间的导数。它是一个向量，其分量是速度分量的导数，例如 $a(t) = (v'_x(t), v'_y(t))$。

- 要在视频游戏中模拟一个加速的对象，不仅需要更新对象在每一帧的坐标，还需要更新其速度。

- 如果你知道一个量相对于时间的变化率，就可以通过计算一个量在许多小时间间隔内的变化来计算这个量本身随时间变化的值。这就是**欧拉方法**。

第 10 章

使用符号表达式

本章内容
- 将代数表达式建模为数据结构
- 编写代码来分析、转换或计算代数表达式
- 操作定义函数的表达式来计算函数的导数
- 编写 Python 函数来计算导数公式
- 使用 SymPy 库计算积分公式

如果你学习了第 8 章和第 9 章中的所有示例代码，并完成了所有练习，就已经牢固地掌握了微积分中最重要的两个概念：导数和积分。你首先学习了通过取越来越短割线的斜率来近似计算函数在某点的导数，然后学习了通过估算多个窄长方形在图形下的面积来近似计算积分，最后学习了简单地在每个坐标上进行相关积分运算来实现向量的计算。

尽管听起来过于自信，但我真的希望这几章内容能教会你在大学微积分课中需要一年时间才能学到的重要概念。关键在于使用 Python 来学习，可以跳过大量公式的手动计算，这在传统微积分课程中是最费力的部分。这样可以计算函数的**精确**导数公式，比如 $f(x) = x^3$ 的导数 $f'(x)$。这个例子比较简单，导数是 $f'(x) = 3x^2$，如图 10-1 所示。

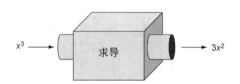

图 10-1　函数 $f(x) = x^3$ 有精确的导数公式 $f'(x) = 3x^2$

有无数的导数公式，你不可能把它们都背下来，所以微积分课上会学习一小部分法则，以及如何系统地应用这些法则来求导。大体上，这对程序员来说并不是什么有用的技能。如果你想知道一个导数的精确公式，可以使用一种叫作**计算机代数系统**的专用工具来计算。

10.1　用计算机代数系统计算精确的导数

Mathematica 是最流行的计算机代数系统之一，可以在 Wolfram Alpha 网站上免费在线使用其引擎。根据我的经验，如果你的程序需要计算精确的导数公式，最好的方法就是求助于 Wolfram Alpha。例如在第 16 章建立神经网络时，就需要知道如下函数的导数。

$$f(x) = \frac{1}{1 + e^{-x}}$$

你可以直接访问 Wolfram Alpha 网站，并在输入框中输入公式（见图 10-2），这样就可以计算这个函数的导数公式了。Mathematica 有自己的数学公式语法，但 Wolfram Alpha 对输入更加兼容，能理解大多数简单公式（包括 Python 语法）。

图 10-2　在 Wolfram Alpha 网站的输入框中输入一个函数

按下回车键后，Wolfram Alpha 的 Mathematica 引擎会计算出关于这个函数的一些信息，包括它的导数。向下滚动就可以看到函数导数的公式（见图 10-3）。

Derivative:　　　　　　　　　　　　　　　　Approximate form　　☑ Step-by-step solution

$$\frac{d}{dx}\left(\frac{1}{1+e^{-x}}\right) = \frac{e^{-x}}{(1+e^{-x})^2}$$

图 10-3　Wolfram Alpha 报告了函数的导数公式

函数 $f(x)$ 在任意值 x 处的瞬时变化率由以下公式给出。

$$f'(x) = \frac{e^{-x}}{\left(1 + e^{-x}\right)^2}$$

10

如果你理解了"导数"和"瞬时变化率"的概念，那么学会在 Wolfram Alpha 中输入公式比能在微积分课上学到的任何技能都重要。我并不是在冷嘲热讽：亲自动手计算特定函数的导数，可以学到很多关于该函数的知识。只是作为专业软件开发人员，当你有一个像 Wolfram Alpha 这样的免费工具可用时，可能永远不会需要计算导数或积分的公式。

尽管如此，你的内心可能在问："Wolfram Alpha 是怎么做到的呢？"通过在不同点上取图形的近似斜率来粗略估计导数是一回事，但得出精确的公式是另一回事。Wolfram Alpha 成功地理解了你输入的公式，用一些代数操作将其转换，然后输出一个新的公式。这种用公式本身而不是数进行计算方法称为**符号编程**。

我心中的实用主义者想告诉你"用 Wolfram Alpha 就可以了"，而我心中的数学爱好者则想教你如何动手计算导数和积分，所以本章进行折中，在 Python 中进行一些符号编程，直接操作代数公式，并最终计算其导数公式。虽然可以把这些工作直接交给计算机，但本章能让你熟悉导数公式的计算过程。

在 Python 中进行符号代数运算

首先展示如何在 Python 中表示和操作公式。如果我们有如下函数：

$$f(x) = (3x^2 + x)\sin(x)$$

在 Python 中通常将其表示为：

```
from math import sin
def f(x):
    return (3*x**2 + x) * sin(x)
```

虽然这段 Python 代码可以让我们很容易地计算公式，但它并没有提供**关于公式特性的计算**方法。例如，我们可能有如下问题。

❏ 公式是否取决于变量 x？

❏ 公式中是否包含一个三角函数？

❏ 是否涉及除法运算？

这些问题的答案很明显，分别为"是""是"和"不是"。但没有办法通过 Python 程序简单、可靠地回答这些问题。例如，几乎不可能写出一个函数 contains_division(f)，使它接收函数 f，并在该函数的定义中使用除法操作时返回 true。

它的用途的这样的。应用代数法则之前，需要知道一共有哪些操作，以及它们的顺序。例如，函数 $f(x)$ 是 $\sin(x)$ 与加法运算的乘积。有一个众所周知的代数过程，用于展开与加法运算的乘积，如图 10-4 所示。

图 10-4   因为 $(3x^2 + x)\sin(x)$ 是一个与加法运算的乘积，所以可以把它展开

我们的策略是将代数表达式建模为数据结构，而不是将它们直接翻译成 Python 代码，这样更容易操作。只要能用符号化的方式来操作函数，就可以把计算法则自动化。

对于大多数有简单公式的函数，其导数也是简单公式。例如，x^3 的导数是 $3x^2$。也就是说，给定任意的 x，$f(x) = x^3$ 的导数由 $3x^2$ 给出。完成本章的学习后，你将能够编写一个 Python 函数，它接收一个代数表达式并给出其导数的表达式。本章的代数表达式的数据结构将能够表示变量、数、和、差、积、商、幂，以及正弦和余弦等特殊函数。想一想，我们可以用这些少量的结构表示大量不同的公式，而我们的求导过程在这些公式上都有效（见图 10-5）。

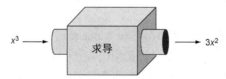

图 10-5   一个目标是在 Python 中写一个导数函数，它接收一个函数的表达式，并返回
           该函数导数的表达式

首先，我们将在 Python 代码中把表达式建模为数据结构，而不是函数。接着进行热身，用这些数据结构做一些简单的计算，比如为变量设置数字值或展开与加法运算的乘积。之后，我会教大家公式的一些导数取值法则，从而可以自己编写导数函数，并让其在符号数据结构上自动执行。

10.2　代数表达式建模

接下来重点关注函数 $f(x) = (3x^2 + x)\sin(x)$，看看如何分解它。这个函数的例子很好，因为它由很多部分组成：变量 x、数、加法、乘法、幂，以及一个有特殊命名的函数 $\sin(x)$。一旦我们有了将这个函数分解成不同概念块的策略，就可以将它转化为一个 Python 数据结构。这个数据结构不是"(3*x**2 + x) * sin(x)"这样的字符串表示，而是函数的一种**符号**表示。

首先要注意，f 只是一个任意的函数名。无论我们怎么称呼它，这个等式的右边都是一样的展开方式。因此可以只关注定义函数的表达式，在这个例子中是$(3x^2 + x)\sin(x)$。之所以称它为表达式而非方程，是因为方程必须包含等号（＝）。**表达式**是由数学符号（数、字母、运算等）以某种有效方式组合而成的。因此，我们的第一个目标是在 Python 中对这些符号以及组成这个表达式的有效方式进行建模。

10.2.1　将表达式拆分成若干部分

我们可以通过将代数表达式拆分成更小的表达式来建立模型。表达式$(3x^2 + x)\sin(x)$只有一种拆分方式，即$(3x^2 + x)$和 $\sin(x)$的乘积，如图 10-6 所示。

图 10-6　把代数表达式拆分成两个较小表达式的方法

然而，不能从加号位置拆分这个表达式。虽然拆分后两边都是有意义的表达式，但结果与原始表达式并不相同（见图 10-7）。

图 10-7　在加号处拆分表达式是没有意义的，因为原表达式不是 $3x^2$ 与 $x \cdot \sin(x)$的和

对于 $3x^2 + x$ 这个表达式，可以把它拆分成 $3x^2$ 与 x 相加。同样，按照传统的运算顺序，$3x^2$ 是 3 和 x^2 的乘积，而不是 $3x$ 整体的平方。

本章将把乘法和加法等运算看作把两个（或多个）代数表达式合并在一起，形成一个新的、更大的代数表达式的方法。运算符则是可以将现有代数表达式拆分成更小表达式的有效位置。

在函数式编程的术语中，像这样把较小对象组合成较大对象的函数通常称为**组合器**。下面是之前表达式中隐含的一些组合器。

❑ $3x^2$ 是表达式 3 和 x^2 的**乘积**。

❑ x^2 是一个**幂**：表达式 x 的 2（也是一个表达式）次方幂。

❑ 表达式 $\sin(x)$ 是一个**函数应用**。给定表达式 $\sin$ 和 x，我们可以建立一个新的表达式 $\sin(x)$。

变量 x、数 2 和函数 $\sin$ 不能进一步分解。区分于组合器，我们称其为**元素**。需要注意，虽然 $(3x^2 + x)\sin(x)$ 只是印在书上的一堆符号，但是这些符号以一定的方式组合在一起，就有了数学意义。为了让大家了解这个概念，可以用可视化方法解释元素是如何组成表达式的。

10.2.2　构建表达式树

有了 3、x、2 和 $\sin$ 等元素，以及加法、乘法、幂和函数应用等组合器，就足以构成整个表达式 $(3x^2 + x)\sin(x)$ 了。让我们一步步画出最终要构建的结构。第一个组合结构是 x^2，用幂组合器把 x 和 2 结合起来（见图 10-8）。

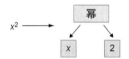

图 10-8　将 x 和 2 用幂组合器结合起来，得到更大的表达式 x^2

下一步是将 x^2 与数 3 通过乘积组合器进行组合，得到表达式 $3x^2$（见图 10-9）。

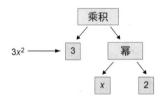

图 10-9　将数 3 与幂结合起来，得到乘积 $3x^2$

这种结构有两层：被输入乘法组合器的表达式本身就是一个组合器。随着给表达式中添加项目，它会变得越来越深。下一步是用加组合器将元素 x 与 $3x^2$ 相加（见图 10-10），它表示加法操作。

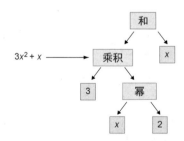

图 10-10　将表达式 $3x^2$、元素 x 和加组合器相结合，得到 $3x^2 + x$

最后用函数应用组合器将 sin 应用到 x 上，然后使用乘积组合器将 $\sin(x)$ 与当前建立的表达式结合起来（见图 10-11）。

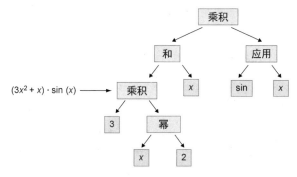

$(3x^2 + x) \cdot \sin(x) \longrightarrow$

图 10-11　显示如何用元素和组合体构建$(3x^2 + x)\sin(x)$的完整图片

你可能会发现我们建立的结构是一棵**树**。树的根是乘积组合器，它有两个分支：“和”（Sum）与“应用”（Apply）。树往下出现的每一个组合器都会增加额外的分支，直到叶节点没有额外的元素位置。任何以数、变量和命名函数等元素以及运算组合器构建的代数表达式，都对应着一棵独特的树，揭示了其结构。接下来我们在 Python 中构建同样的树。

10.2.3　使用 Python 语言实现表达式树

用 Python 构建出这棵树，就实现了用数据结构表示表达式的目标。我将使用附录 B 中涵盖的 Python 类来表示每一种元素和每一个组合器。我们会在过程中修改这些类，赋予它们更多功能。如果你想跟着下面的文字一步步地来学习，可以阅读第 10 章的 notebook，也可以直接跳到 Python 脚本文件 expressions.py 来查看更完整的实现。

在我们的实现中，会将组合器建模为容纳所有输入的容器。例如，x 的 2 次幂（x^2）有两部分数据：**基** x 和幂 2。下面是一个用于表示幂的 Python 类。

```python
class Power():
    def __init__(self,base,exponent):
        self.base = base
        self.exponent = exponent
```

然后用 Power("x",2)来表示表达式 x^2。但我不会直接使用原始字符串和数，而是创建特殊的类来表示数和变量。例如：

```python
class Number():
    def __init__(self,number):
        self.number = number

class Variable():
    def __init__(self,symbol):
        self.symbol = symbol
```

这虽然看上去没有必要，但能够正确区分变量 `Variable("x")` 和单纯的字符串`"x"`。利用这三个类，我们可以将表达式 x^2 建模为：

```
Power(Variable("x"),Number(2))
```

每一个组合器都可以被实现为一个具名的类，以存储它所组合的任意表达式的数据。例如，乘积组合器可以是存储两个相乘表达式的类：

```
class Product():
    def __init__(self, exp1, exp2):
        self.exp1 = exp1
        self.exp2 = exp2
```

乘积 $3x^2$ 可以用这个组合器来表示：

```
Product(Number(3),Power(Variable("x"),Number(2)))
```

在引入我们所需的其他类之后，就可以对原始表达式甚至无限种其他表达式进行建模。（请注意，我们允许 Sum 组合器接收任意数量的输入表达式，其实乘积组合器也可以这样做。我将乘积组合器的输入限制为两个，是为了在 10.3 节计算导数时保持代码简单。）

```
class Sum():
    def __init__(self, *exps):        ◁─┐ 允许计算任意个项的和，从而可以
        self.exps = exps                 │ 将两个或更多表达式相加

class Function():
    def __init__(self,name):       ◁─┐ 使用字符串存储函数
        self.name = name              │ 名称（如"sin"）

class Apply():
    def __init__(self,function,argument):     ◁─┐ 存储一个函数以及
        self.function = function                 │ 传入该函数的参数
        self.argument = argument

f_expression = Product(▷          ◁─┐ 为了使表达式的结构更加清晰，
                Sum(                 │ 我添加了额外的空白
                    Product(
                        Number(3),
                        Power(
                            Variable("x"),
                            Number(2))),
                    Variable("x")),
                Apply(
                    Function("sin"),
                    Variable("x")))
```

这是对原始表达式$(3x^2 + x) \sin(x)$的准确表示。在这个例子中，当看到这个 Python 对象时，就能准确地知道它描述的特定代数表达式。再来看另一个表达式：

```
Apply(Function("cos"),Sum(Power(Variable("x"),Number("3")), Number(-5)))
```

仔细阅读后，可以知道它表示的表达式是 $\cos(x^3 + (-5))$。在接下来的练习中，你可以将一些代数表达式翻译成 Python 代码，或者将 Python 代码翻译成代数表达式。你会发现，敲出一个表达式的完整代码是很乏味的。好消息是，一旦把它编码到 Python 中，手动工作就结束了。在下一节，我们将学习如何编写 Python 函数来自动处理我们的表达式。

10.2.4 练习

练习 10.1：**自然对数**是一种特殊的数学函数，写作 $\ln(x)$。使用上一节中描述的元素和组合器将表达式 $\ln(yz)$ 构建成树，并画出来。

解：最外层的组合器是"应用"。应用的函数是 ln，即自然对数，其参数是 yz。而 yz 则是一个基数为 y、指数为 z 的幂。结果如图 10-12 所示。

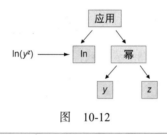

图 10-12

练习 10.2：自然对数可由 Python 函数 `math.log` 来计算，请将上一个练习中的表达式翻译成 Python 代码。同时，将其写成 Python 函数以及由元素和组合器组成的数据结构。

解：可以把 $\ln(yz)$ 看作两个变量 y 和 z 的函数。使用 `log` 作为 ln，可以将它直接翻译成 Python 代码。

```
from math import log
def f(y,z):
    return log(y**z)
```

表达式树可以这样构建：

```
Apply(Function("ln"), Power(Variable("y"), Variable("z")))
```

练习 10.3：`Product(Number(3), Sum(Variable("y"),Variable("z")))` 对应的表达式是什么？

解：这个表达式表示 $3(y + z)$。注意，考虑到运算顺序，括号是必要的。

练习 10.4：实现一个 Quotient 组合器，表示两个表达式相除。如何表示下面的表达式？

$$\frac{a+b}{2}$$

解：Quotient 组合器需要存储两个表达式，其中上面的表达式称为**分子**，下面的称为**分母**。

```
class Quotient():
    def __init__(self,numerator,denominator):
        self.numerator = numerator
        self.denominator = denominator
```

问题中的表达式是 $a+b$ 之和与数 2 的商。

```
Quotient(Sum(Variable("a"),Variable("b")),Number(2))
```

练习 10.5：实现一个 Difference 组合器，表示两个表达式相减。如何表示 $b^2 - 4ac$ 呢？

解：Difference 组合器需要存储两个表达式，表示从第一个表达式中减去第二个表达式。

```
class Difference():
    def __init__(self,exp1,exp2):
        self.exp1 = exp1
        self.exp2 = exp2
```

表达式 $b^2 - 4ac$ 是表达式 b^2 和 $4ac$ 的差，表示如下。

```
Difference(
    Power(Variable('b'),Number(2)),
    Product(Number(4),Product(Variable('a'), Variable('c'))))
```

练习 10.6：实现 Negative 组合器，表示一个表达式取反。例如，对 x^2+y 取反得到 $-(x^2+y)$。用新的组合器实现该表达式。

解：Negative 组合器是一个接收表达式的类。

```
class Negative():
    def __init__(self,exp):
        self.exp = exp
```

要对 x^2+y 取反，我们把它传递给 Negative。

```
Negative(Sum(Power(Variable("x"),Number(2)),Variable("y")))
```

练习 10.7：添加一个表示平方根的函数 Sqrt，并用它来编码下面的公式。

$$\frac{-b \pm \sqrt{b^2 - 4ac}}{2a}$$

解：为了少打一些字，我们可以先命名变量和平方根函数。

```
A = Variable('a')
B = Variable('b')
C = Variable('c')
Sqrt = Function('sqrt')
```

然后就是把代数表达式转化为相应的元素和组合器结构。在最高层次上，你可以认为这是一个和（在上面）与一个积（在下面）的商。

```
Quotient(
    Sum(
        Negative(B),
        Apply(
            Sqrt,
            Difference(
                Power(B,Number(2)),
                Product(Number(4), Product(A,C))))),
    Product(Number(2), A))
```

练习 10.8（小项目）：创建一个名为 Expression 的抽象基类，并使所有元素和组合器都继承该类。例如，class Variable()将变成 class Variable(Expression)。然后重载 Python 的运算符+、-、*和/，使它们产生 Expression 对象。例如，代码 2*Variable("x")+3 应该产生 Sum(Product(Number(2),Variable("x")),Number(3))。

解：参见本章源代码中的 expressions.py 文件。

10

10.3 符号表达式的应用

对于目前研究的函数 $f(x) = (3x^2 + x)\sin(x)$，我们写了一个 Python 函数来计算它。

```
def f(x):
    return (3*x**2 + x)*sin(x)
```

作为 Python 中的一个实体，这个函数只有一个好处：为给定的输入值 x 返回一个输出值。Python 中的值 f 并不能使我们容易地以编程方式回答本章开头提出的问题：f 是否依赖于它的输入，f 是否包含一个三角函数，或者 f 的主体以代数方式展开会得到什么？你会在本节中看到，把表达式转化为由元素和组合器构建的 Python 数据结构后，就可以回答所有这些问题，甚至更多！

10.3.1　寻找表达式中的所有变量

现在来实现一个函数，它接收一个表达式并返回其中不同变量的列表。例如，$h(z) = 2z + 3$ 包含输入变量 z，而 $g(x) = 7$ 不包含任何变量。我们可以写一个 Python 函数 distinct_variables，它接收一个表达式（指任何元素或组合器），并返回一个包含变量的 Python 集合。

当表达式是一个元素（比如 z 或 7）时，很容易得到答案。仅仅由一个变量构成的表达式只包含一个变量，而仅仅由一个数构成的表达式根本不包含任何变量。我们的函数有相应的表现。

```
>>> distinct_variables(Variable("z"))
{'z'}
>>> distinct_variables(Number(3))
set()
```

当表达式包含组合器（比如 $y \cdot z + x^z$）时，情况就比较复杂了。对于人类来说，很容易识别出所有的变量：y、z 和 x。但如何用 Python 从表达式中提取这些变量呢？这实际上是一个"和"组合器，表示 $y \cdot z$ 与 x^z 的和。第一个表达式包含 y 和 z，而第二个表达式包含 x 和 z。那么，加法运算就包含了这两个表达式中的所有变量。

这表明我们应该使用递归：组合器的 distinct_variables 是它所包含每个表达式的 distinct_variables 结果。最终会得到变量和数，很明显包含一个或零个变量。为了实现 distinct_variables 函数，需要处理构成有效表达式的每个元素和组合器。

```python
def distinct_variables(exp):
    if isinstance(exp, Variable):
        return set(exp.symbol)
    elif isinstance(exp, Number):
        return set()
    elif isinstance(exp, Sum):
        return set().union(*[distinct_variables(exp) for exp in exp.exps])
    elif isinstance(exp, Product):
        return distinct_variables(exp.exp1).union(distinct_variables(exp.exp2))
    elif isinstance(exp, Power):
        return distinct_variables(exp.base).union(distinct_variables(exp.exponent))
    elif isinstance(exp, Apply):
        return distinct_variables(exp.argument)
    else:
        raise TypeError("Not a valid expression.")
```

这段代码看起来很复杂，但其实只是一个长长的 if/else 语句，每一个可能的元素或组合器单独一行。更好的编码风格是为每个元素和组合器类添加一个 distinct_variables 方法，但这使得我们无法在一个代码块中看到全部逻辑。正如预期的那样，f_expression 只包含变量 x。

```
>>> distinct_variables(f_expression)
{'x'}
```

如果你熟悉树形数据结构，会认识到这是表达式树的递归遍历。当这个函数执行完毕时，它已经对目标表达式包含的每个表达式都调用了 `distinct_variables`，这些表达式是树中的所有节点。这就保证了我们能处理到每一个变量，并得到期望的正确答案。在本节最后的练习中，你可以使用类似的方法找到所有的数或函数。

10.3.2 计算表达式的值

现在，我们已经得到了同一个数学函数 $f(x)$ 的两种表示形式。一个是 Python 函数 `f`，很适合在给定输入 x 时计算对应的函数值。另一个是树形数据结构，描述了定义 $f(x)$ 的表达式的结构。事实上，后一种表达式在两方面都有优点：只需多做一点儿工作，也可以用它来计算 $f(x)$。

简单地讲，计算一个函数 $f(x)$ 的值，例如当 $x = 5$ 时，意味着将函数中的所有 x 替换成 5，然后进行算术运算得到结果。如果表达式是 $f(x) = x$，将 x 替换为 5 得到的是 $f(5) = 5$。另一个简单的例子是 $g(x) = 7$，在这里用 5 来代替 x 没有任何影响：右侧没有出现 x，所以 $g(5)$ 的结果是 7。

在 Python 中计算一个表达式的代码与我们刚才写的查找所有变量的代码类似。我们不再需要查找每个子表达式中出现的变量，而是要计算每个子表达式的值，然后组合器会告诉我们如何将这些结果组合起来，得到整个表达式的值。

首先，我们需要知道要替换哪些变量，以及替换成什么值。如果一个表达式有两个不同的变量，例如 $z(x, y) = 2xy^3$，就需要两个值来计算结果：如 $x = 3$，$y = 2$。在计算机科学术语中，这叫作**变量绑定**（variable binding）。经过替换，我们就可以计算得到子表达式 y^3 的值，2^3 等于 8。另一个子表达式是 $2x$，它的值是 $2 \cdot 3 = 6$。这两个子表达式通过乘积组合器进行组合，所以整个表达式的值是 6 乘 8，也就是 48。

下面采用不同于前面例子的风格，来把这个过程翻译成 Python 代码。可以在每个表示表达式的类中添加一个 `evaluate` 方法，而不是使用一个单独的函数。为此，可以创建一个抽象的 `Expression` 基类，其中有一个抽象的 `evaluate` 方法，并且让每一种表达式继承这个基类。如果你需要回顾一下 Python 中的抽象基类，可以查看我们在第 6 章中对 `Vector` 类所做的工作或附录 B 中的概述。带有 `evaluate` 方法的基类 `Expression` 如下所示。

```
from abc import ABC, abstractmethod

class Expression(ABC):
    @abstractmethod
    def evaluate(self, **bindings):
        pass
```

因为一个表达式可以包含多个变量，所以我将其设置为可以将变量绑定作为参数传入。例如，绑定 `{"x":3,"y":2}` 意味着用 3 代替 x，用 2 代替 y。这给我们在计算表达式时提供了一些很好的语法糖。如果 z 表示表达式 $2xy^3$，那么可以像下面这样使用。

```
>>> z.evaluate(x=3,y=2)
48
```

到目前为止，我们只有一个抽象类。现在需要让所有的表达式类都继承 `Expression`。例如，

10

一个 Number 实例本身就是一个合法的表达式，它是一个数，比如 7。不管提供了怎样的变量绑定，该实例的值都是这个数本身。

```
class Number(Expression):
    def __init__(self,number):
        self.number = number
    def evaluate(self, **bindings):
        return self.number
```

例如，计算 Number(7).evaluate(x=3,y=6,q=-15)，或其他任何输入参数，都会返回数 7。

处理变量也很简单。如果需要处理表达式 Variable("x")，只需要查阅绑定关系，找到变量 x 被设置为的数。然后应该可以运行 Variable("x").evaluate(x=5) 得到结果 5。如果找不到 x 对应的绑定，就无法完成计算，需要抛出一个异常。下面是更新后 Variable 类的定义。

```
class Variable(Expression):
    def __init__(self,symbol):
        self.symbol = symbol
    def evaluate(self, **bindings):
        try:
            return bindings[self.symbol]
        except:
            raise KeyError("Variable '{}' is not bound.".format(self.symbol))
```

处理好这些元素后，我们需要把注意力转移到组合器上。（请注意，我们不会将 Function 对象单独视为 Expression，因为像 sin 这样的函数不是一个独立的表达式。只有在 Apply 组合器的上下文中给它一个参数时，它才能被计算。）对于 Product 这样的组合器，计算它的法则很简单：计算乘积中包含的两个表达式，然后将结果相乘。在乘积过程中不需要进行替换，但我们会将绑定关系传递给两个子表达式，以防其中包含 Variable。

```
class Product(Expression):
    def __init__(self, exp1, exp2):
        self.exp1 = exp1
        self.exp2 = exp2
    def evaluate(self, **bindings):
        return self.exp1.evaluate(**bindings) * self.exp2.evaluate(**bindings)
```

给这三个类增加 evaluate 方法后，就可以计算任何由变量、数字和乘积组成的表达式了。比如，

```
>>> Product(Variable("x"), Variable("y")).evaluate(x=2,y=5)
10
```

同样地，可以为 Sum、Power、Difference 和 Quotient 组合器（以及你在练习中创建的任何其他组合器）添加一个 evaluate 方法。在计算出它们子表达式的值后，可以通过组合器的名字来决定使用哪种操作来获得最终结果。

注意 Apply 组合器的工作方式有些不同。需要动态地查看函数名，比如 sin 或 Sqrt，并找

出计算其值的方法。有多种方法可以做到这一点，但我选择在 `Apply` 类上维护一个已知函数的字典数据。首先，可以在求值程序中维护三个已命名函数。

```
_function_bindings = {
    "sin": math.sin,
    "cos": math.cos,
    "ln": math.log
}
class Apply(Expression):
    def __init__(self,function,argument):
        self.function = function
        self.argument = argument
    def evaluate(self, **bindings):
        return
_function_bindings[self.function.name](self.argument.evaluate(**bindings))
```

你可以自己实现其余的 `evaluate` 方法作为练习，也可以在本书的源代码中找到答案。将其全部实现后，就可以计算 10.1.3 节中的 `f_expression` 了。

```
>>> f_expression.evaluate(x=5)
-76.71394197305108
```

结果并不重要，不过它和普通 Python 函数 $f(x)$ 返回的结果是一样的。

```
>>> xf(5)
-76.71394197305108
```

实现了 `evaluate` 后，`Expression` 对象就实现了对应的普通 Python 函数相同的功能。

10.3.3　表达式展开

我们还可以用表达式数据结构做很多其他事情。在本节的练习里，你可以尝试实现一些操作表达式的 Python 函数。现在再看一个本章开头提到的例子：展开一个表达式。这意味着将和的任意乘积或幂运算出来。

在代数中，与此对应的性质是加法与乘法运算的**分配律**。这条法则的意思是，乘法运算$(a + b) \cdot c$ 与 $ac + bc$ 相等，同理，$x(y + z) = xy + xz$。例如，表达式$(3x^2 + x) \sin(x)$ 与 $3x^2 \sin(x) + x \sin(x)$相等，这叫作乘积的展开形式。你可以多次应用这条法则来展开更复杂的表达式，例如：

$$
\begin{aligned}
(x+y)^3 &= (x+y)(x+y)(x+y) \\
&= x(x+y)(x+y) + y(x+y)(x+y) \\
&= x^2(x+y) + xy(x+y) + yx(x+y) + y^2(x+y) \\
&= x^3 + x^2y + x^2y + xy^2 + yx^2 + y^2x + y^2x + y^3 \\
&= x^3 + 3x^2y + 3y^2x + y^3
\end{aligned}
$$

可以看到，只展开一个像$(x+y)^3$这样的短表达式就需要写很多内容。除了展开这个表达式，我还把结果简化了一下，比如把 xyx 或 xxy 这样的乘积改写成 x^2y。之所以可以这么做，是因为在乘法中顺序不重要。然后，我进行了进一步的简化，把类似的项进行**合并**。注意，各有三个 x^2y 和 y^2x 相加，因此把它们分别合并为 $3x^2y$ 和 $3y^2x$。在下面的例子中，我们只学习如何展开，你可以把简化过程作为练习。

我们可以先在基类 Expression 中添加一个抽象的 expand 方法。

```
class Expression(ABC):
    ...
    @abstractmethod
    def expand(self):
        pass
```

如果表达式是一个变量或数，那么它已经无法继续展开。对于这种情况，expand 方法返回对象本身。例如：

```
class Number(Expression):
    ...
    def expand(self):
        return self
```

当求和表达式中的各项都不能继续展开时，就认为它是一个展开后的表达式。例如，$5 + a(x + y)$ 是求和，其中第一项 5 是完全展开的，但第二项 $a(x + y)$ 不是。在展开求和运算时，需要展开其中的每一项并把它们相加。

```
class Sum(Expression):
    ...
    def expand(self):
        return Sum(*[exp.expand() for exp in self.exps])
```

同样的程序对函数应用也适用。我们不能展开 Apply 函数本身，但是可以展开它的参数。这将把 $\sin(x(y + z))$ 展开为 $\sin(xy + xz)$。

```
class Apply(Expression):
    ...
    def expand(self):
        return Apply(self.function, self.argument.expand())
```

复杂的地方是，当展开乘积或幂的时候，表达式的结构也会完全改变。例如，$a(b + c)$ 是一个变量与两个变量之和的乘积，而它的展开形式 $ab + ac$ 是两个变量乘积的和。为了实现分配律，我们要处理三种情况：乘积的第一项可能是求和，第二项可能是求和，或者它们都不是求和。在最后一种情况下，不需要展开。

```
class Product(Expression):
    ...
    def expand(self):
        expanded1 = self.exp1.expand()
        expanded2 = self.exp2.expand()
        if isinstance(expanded1, Sum):
            return Sum(*[Product(e,expanded2).expand()
                         for e in expanded1.exps])
```

展开乘积的两个项

如果乘积的第一个项是求和，则取其中的每项与乘积的第二个项相乘，然后在得到的结果上也调用 **expand** 方法，以防第二项也是求和

```
        elif isinstance(expanded2, Sum):
            return Sum(*[Product(expanded1,e)
                        for e in expanded2.exps])
        else:
            return Product(expanded1,expanded2)
```

如果乘积的第二项是求和，那么就把它的每项与第一项相乘

如果两项都不是求和，就不需要使用分配律

在实现了所有这些方法后，我们可以测试一下 expand 函数。实现相应的__repr__（见练习）后，可以在 Jupyter 或 Python 交互式会话中清楚地看到字符串表示的结果。它正确地将$(a + b)$ $(x + y)$展开为$ax + ay + bx + by$。

```
Y = Variable('y')
Z = Variable('z')
A = Variable('a')
B = Variable('b')

>>> Product(Sum(A,B),Sum(Y,Z))
Product(Sum(Variable("a"),Variable("b")),Sum(Variable("x"),Variable("y")))
>>> Product(Sum(A,B),Sum(Y,Z)).expand()
Sum(Sum(Product(Variable("a"),Variable("y")),Product(Variable("a"),
Variable("z"))),Sum(Product(Variable("b"),Variable("y")),
Product(Variable("b"),Variable("z"))))
```

表达式$(3x^2 + x) \sin(x)$被正确地展开为$3x^2 \sin(x) + x \sin(x)$。

```
>>> f_expression.expand()
Sum(Product(Product(3,Power(Variable("x"),2)),Apply(Function("sin"),Variable("x"))
),Product(Variable("x"),Apply(Function("sin"),Variable("x"))))
```

目前，我们已经实现了一些 Python 函数，这些函数做的是真正的代数运算，而不仅仅是算术运算。这种类型的编程（称为**符号编程**，或者更具体地说，**计算机代数**）有很多有趣的应用，本书无法涵盖全部内容。你应该尝试完成下面的练习，之后会学习最重要的例子：找到计算导数的公式。

10.3.4　练习

练习 10.9：写一个函数 contains(expression, variable)，检查给定的表达式是否包含指定的变量。

解：从 distinct_variables 的结果中你可以很容易地检查变量是否存在，下面是它的完整实现。

```
def contains(exp, var):
    if isinstance(exp, Variable):
        return exp.symbol == var.symbol
    elif isinstance(exp, Number):
        return False
    elif isinstance(exp, Sum):
        return any([contains(e,var) for e in exp.exps])
```

10

```
        elif isinstance(exp, Product):
            return contains(exp.exp1,var) or contains(exp.exp2,var)
        elif isinstance(exp, Power):
            return contains(exp.base, var) or contains(exp.exponent, var)
        elif isinstance(exp, Apply):
            return contains(exp.argument, var)
        else:
            raise TypeError("Not a valid expression.")
```

练习 10.10：实现函数 distinct_functions，接收一个表达式作为参数，并返回表达式中不重复的函数名（如 sin 或 ln）。

解：这个函数的实现与 10.3.1 节中的 distinct_variables 函数十分相似。

```
def distinct_functions(exp):
    if isinstance(exp, Variable):
        return set()
    elif isinstance(exp, Number):
        return set()
    elif isinstance(exp, Sum):
        return set().union(*[distinct_functions(exp) for exp in exp.exps])
    elif isinstance(exp, Product):
        return distinct_functions(exp.exp1).union(distinct_functions(exp.exp2))
    elif isinstance(exp, Power):
        return distinct_functions(exp.base).union(distinct_functions(exp.exponent))
    elif isinstance(exp, Apply):
        return set([exp.function.name]).union(distinct_functions(exp.argument))
    else:
        raise TypeError("Not a valid expression.")
```

练习 10.11：实现函数 contains_sum，接收一个表达式作为参数，如果表达式包含 Sum 就返回 True，否则返回 False。

解：

```
def contains_sum(exp):
    if isinstance(exp, Variable):
        return False
    elif isinstance(exp, Number):
        return False
    elif isinstance(exp, Sum):
        return True
    elif isinstance(exp, Product):
        return contains_sum(exp.exp1) or contains_sum(exp.exp2)
    elif isinstance(exp, Power):
        return contains_sum(exp.base) or contains_sum(exp.exponent)
    elif isinstance(exp, Apply):
        return contains_sum(exp.argument)
    else:
        raise TypeError("Not a valid expression.")
```

练习 10.12（小项目）：在 Expression 类上实现一个__repr__方法，使它们可以在交互式会话中输出。

解：参见第 10 章的 notebook 或者附录 B，了解__repr__和 Python 类上的其他特殊方法。

练习 10.13（小项目）：如果你会用 LaTeX 编写公式，请在 Expression 类上实现一个_repr_latex_方法，返回代表给定表达式的 LaTeX 代码。添加该方法后，应该会在 Jupyter 中看到表达式有了很好的排版效果（见图 10-13）。

```
In [41]:    1  Product(Power(Variable("x"),Number(2)),Apply(Function("sin"),Variable("y")))
Out[41]:  x² sin(y)
```

图　10-13

添加_pr_latex_方法使得 Jupyter 可以很好地在 REPL 中绘制公式。

解：参见第 10 章的 notebook。

练习 10.14（小项目）：编写一个方法来生成表示表达式的 Python 代码。使用 Python 中的 eval 函数将其转化为可执行的 Python 函数。将结果与 evaluate 方法进行比较。例如，Power(Variable("x"),Number(2))表示表达式 x^2。这应该产生 Python 代码 x**2。然后使用 Python 的 eval 函数来执行这段代码，并查看它与 evaluate 方法的结果是否匹配。

解：参见 Jupyter Notebook 上的实现。完成后，你可以运行以下内容。

```
>>> Power(Variable("x"),Number(2))._python_expr()
'(x) ** (2)'
>>> Power(Variable("x"),Number(2)).python_function(x=3)
9
```

10.4　求函数的导数

　　虽然不易发现，但函数的导数往往存在简洁的代数公式。例如，对于 $f(x)=x^3$，它的导数 $f'(x)$，也就是 f 在任意点 x 的瞬时变化率，为 $f'(x)=3x^2$。如果我们已知这个公式，就能直接计算导数的精确结果，如 $f'(2)=12$，不再需要使用短割线这样的近似方法。

　　如果在高中或大学学过微积分，你有可能花了很多时间学习和练习如何找到导数的公式。这是个机械式的工作，不需要任何创造性，而且可能很乏味。所以我们将花时间简单地学习法则，然后着重学习让 Python 做剩下的工作。

10

10.4.1　幂的导数

即使不懂微积分，你也可以计算线性函数 $f(x) = mx + b$ 的导数。这条直线上任意割线（无论多短）的斜率，都与直线 m 的斜率相同。因此，$f'(x)$ 与 x 无关。也就是说，我们可以得到 $f'(x) = m$。这是因为：线性函数 $f(x)$ 相对于输入 x 以恒定速率变化，所以它的导数是一个常数函数。另外，常数 b 对直线的斜率没有影响，所以它不会出现在导数中（见图 10-14）。

图 10-14　线性函数的导数是一个常数函数

此外，二次函数的导数是一个线性函数。例如，$q(x) = x^2$ 的导数为 $q'(x) = 2x$。如果你将 $q(x)$ 的图形绘制出来，会发现这是合理的。$q(x)$ 的斜率从负值开始不断增加，最终在 $x = 0$ 之后变为正值。函数 $q'(x) = 2x$ 与这个定性描述一致。

从另外一个例子中，我们可以看到 x^3 的导数为 $3x^2$。所有这些例子都遵循一个一般法则：x 的幂函数 $f(x)$ 的导数是一个**低一次幂**的函数。具体来说，图 10-15 显示了形式为 ax^n 的函数的导数是 nax^{n-1}。

图 10-15　幂函数导数的一般法则：取 x 的幂函数 $f(x)$ 的导数，返回低一次幂的函数

接下来用具体的例子来分步骤理解一下。对于 $g(x) = 5x^4$，这个函数的形式是 ax^n，其中 $a = 5$，$n = 4$。导数为 nax^{n-1}，也就是 $4 \cdot 5 \cdot x^{4-1} = 20x^3$。与本章涉及的其他导数一样，你可以将其与第 9 章中数值导数函数的结果一起绘制出来仔细检查。两张图应该完全吻合。

像 $f(x)$ 这样的线性函数是 x 的幂：$f(x) = mx^1$。幂法则在这里也适用。mx^1 的导数是 $1 \cdot mx^0$，因为 $x^0 = 1$。从几何学的角度来看，加入一个常数 b 并不会改变导数：它会使图形上下移动，但不会改变斜率。

10.4.2　变换后函数的导数

在函数中加入一个常数永远不会改变其导数。例如，x^{100} 的导数是 $100x^{99}$，$x^{100} - \pi$ 的导数也是 $100x^{99}$。但对函数的某些修改**确实**会改变导数。例如，如果你在函数前面加一个负号，图形就会上下颠倒过来，任意割线的图形也会颠倒过来。如果在翻转之前，割线的斜率是 m，那么翻转之后就是–m：虽然 x 的变化和之前一样，但是 y = f(x) 的变化现在方向相反（见图 10-16）。

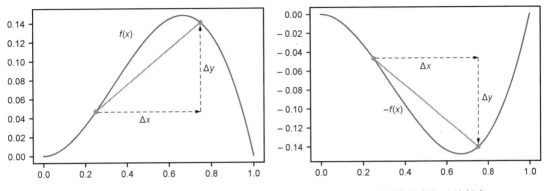

图 10-16　对于 f(x) 上的任何一条割线，–f(x) 的同一 x 区间上的割线具有相反的斜率

因为导数是由割线的斜率决定的，所以负函数–f(–x) 的导数等于负导数–f'(x)。这与公式一致：如果 f(x) = –5x²，那么 a = –5，f'(x) = –10x（相比来说，5x² 的导数为 +10x）。换句话说，如果将一个函数乘以–1，那么它的导数也会乘以–1。

同样的道理也适用于任何常数。如果将 f(x) 乘以 4 得到 4f(x)，图 10-17 显示这个新函数在每一点上都陡峭了 4 倍。因此，它的导数是 4f'(x)。

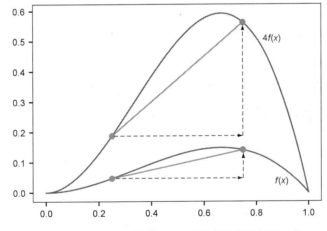

图 10-17　将一个函数乘以 4，每条割线都陡峭了 4 倍

这与我向你展示的导数的幂法则是一致的。已知 x² 的导数是 2x，那么 10x² 的导数是 20x，–3x² 的导数是 –6x，等等。尽管我们还没有讲到，但如果已知 sin(x) 的导数是 cos(x)，那么马上就可以知道 1.5 · sin(x) 的导数是 1.5 · cos(x)。

最后一个重要的变换是将两个函数相加。观察图 10-18 中 f(x) + g(x) 的图形，对于任何一对函数 f 和 g 来说，任意一条割线在垂直方向上的变化都是该区间上 f 和 g 的垂直变化之和。

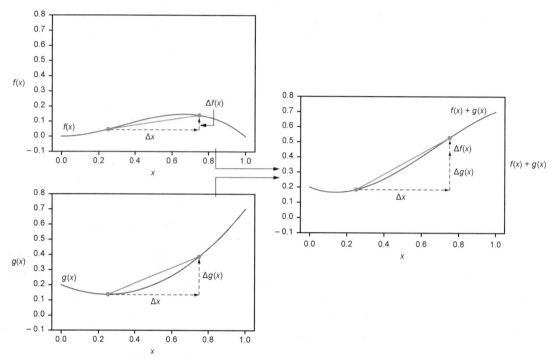

图 10-18   在 x 的某一区间上，$f(x)$ 的垂直变化是该区间上 $f(x)$ 和 $g(x)$ 的垂直变化之和

当处理公式时，我们可以独立求各项的导数，最后将这些导数相加。如果已知 x^2 的导数是 $2x$，x^3 的导数是 x^2，那么 $x^2 + x^3$ 的导数就是 $2x + 3x^2$。这条法则可以更精确地解释为什么 $mx + b$ 的导数是 m：其各项的导数分别是 m 和 0，所以整个公式的导数是 $m + 0 = m$。

10.4.3   一些特殊函数的导数

有很多函数不能写成 ax^n 的形式，甚至不能写成这种形式的和。例如，三角函数、指数函数以及对数都需要单独讲解。在微积分课上，你需要从头开始学习计算这些函数的导数，但这超出了本书的范围。我的目标是告诉你如何取导数，这样当你在工作中遇到它们时，就能解决眼前的问题。为此，我列出了一些重要导数的速查表（见表 10-1）。

表 10-1   一些基本的导数

函 数 名	公 式	导 数
正弦	$\sin(x)$	$\cos(x)$
余弦	$\cos(x)$	$-\sin(x)$
指数	e^x	e^x
指数（任意基数）	a^x	$\ln(a) \cdot a^x$
自然对数	$\ln(x)$	$1/x$
对数（任意基数）	$\log_a x$	$1/(\ln(a) \cdot x)$

你可以利用该表和前面的法则来计算更复杂的导数。例如，$f(x) = 6x + 2\sin(x) + 5e^x$。根据 10.4.1 节的幂法则，第一项的导数为 6。第二项包含 $\sin(x)$，其导数是 $\cos(x)$，而 2 使结果加倍，得到 $2\cos(x)$。最后，e^x 的导数是它自己（非常特殊的情况！），所以 $5e^x$ 的导数是 $5e^x$。最终，得到导数 $f'(x) = 6 + 2\cos(x) + 5e^x$。

你必须注意只使用到目前为止学到的法则：幂法则（10.4.1 节）、表 10-1 中的法则，以及和与倍乘的法则。对于函数 $g(x) = \sin(\sin(x))$，你可能会期望得到 $g'(x) = \cos(\cos(x))$，用余弦代替两个正弦。但这是不正确的！也不能推断出乘积 $e^x\cos(x)$ 的导数是 $-e^x\sin(x)$。当函数以加减法以外的其他方式组合时，我们需要新的法则来取其导数。

10.4.4 乘积与组合的导数

让我们来看一个乘积，比如 $f(x) = x^2\sin(x)$。这个函数可以写成两个函数的乘积：$f(x) = g(x) \cdot h(x)$，其中 $g(x) = x^2$，$h(x) = \sin(x)$。正如我刚才警告你的，$f'(x)$ 在这里不等于 $g'(x) \cdot h'(x)$。幸运的是，有一个适用于这个情况的公式，叫作导数的**乘积法则**。

> **乘积法则**：如果 $f(x)$ 可以写成另外两个函数 g 和 h 的乘积，如 $f(x) = g(x) \cdot h(x)$，那么 $f(x)$ 的导数如下所示。

$$f'(x) = g'(x) \cdot h(x) + g(x) \cdot h'(x)$$

作为练习，我们将此法则应用于 $f(x) = x^2\sin(x)$。此时，$g(x) = x^2$，$h(x) = \sin(x)$，所以 $g'(x) = 2x$，$h'(x) = \cos(x)$，与前面的结果相同。将这些结果插入乘积法则公式 $f'(x) = g'(x) \cdot h(x) + g(x) \cdot h'(x)$，得到 $f'(x) = 2x\sin(x) + x^2\cos(x)$。这就是结果了！

你可以看到，这个乘积法则与 10.4.1 节中的幂法则是兼容的。如果把 x^2 改写成 $x \cdot x$ 的乘积形式，使用乘积法则得到的导数是 $1 \cdot x + x \cdot 1 = 2x$。

10

另一个重要的法则告诉我们如何求组合函数的导数，如 $\ln(\cos(x))$。这个函数的形式是 $f(x) = g(h(x))$，其中 $g(x) = \ln(x)$，$h(x) = \cos(x)$。我们不能直接进行导数替换得到 $-1/\sin(x)$，答案比较复杂。形式为 $f(x) = g(h(x))$ 的函数的导数公式称为**链式法则**。

> **链式法则**：对于函数 g 和 h，如果 $f(x)$ 是两个函数的组合，即可以写成 $f(x) = g(h(x))$ 的形式，那么 f 的导数如下所示。

$$f'(x) = h'(x) \cdot g'(h(x))$$

本例中，由表 10-1 可得 $g'(x) = 1/x$，$h'(x) = -\sin(x)$。应用到链式法则公式中，我们得到结果：

$$f'(x) = h'(x) \cdot g'(h(x)) = -\sin(x) \cdot \frac{1}{\cos(x)} = -\frac{\sin(x)}{\cos(x)}$$

你可能还记得 $\sin(x)/\cos(x) = \tan(x)$，所以 $\ln(\cos(x))$ 的导数可以更简洁地写作 $\tan(x)$。我会在练习中多给你一些使用乘积法则和链式法则的机会，你也可以翻开任何一本微积分书，使用上面的例子来进行练习。你不需要因为我的说法就相信这些导数法则：使用导数公式，或者使用第 9 章的导数函数，你应该会得到看起来一样的结果。下一节将会介绍如何将导数法则转化为代码。

10.4.5 练习

练习 10.15：将数值导数（使用第 8 章的导数函数）与符号导数 $f'(x) = 5x^4$ 一起绘制，验证 $f(x) = x^5$ 的导数确实是 $f'(x) = 5x^4$。

解：

```
def p(x):
    return x**5
plot_function(derivative(p), 0, 1)
plot_function(lambda x: 5*x**4, 0, 1)
```

两张图完全重合，见图 10-19。

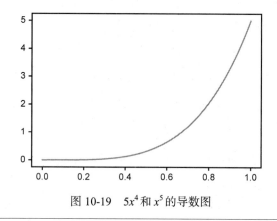

图 10-19　$5x^4$ 和 x^5 的导数图

练习 10.16（小项目）：像第 6 章一样，我们再次把只有一个变量的函数看作一个向量空间。解释为什么根据求导的法则，导数是这个向量空间的线性变换。（你只需要关注处处可导的函数。）

解：把函数 f 和 g 看作向量，我们可以用标量与它们相加或相乘。请记住，$(f + g)(x) = f(x) + g(x)$，$(c \cdot f)(x) = c \cdot f(x)$。**线性变换**是指向量和与标量乘积的不变性。

如果把导数写成函数 D，我们可以认为它把一个函数作为输入，并返回该函数的导数。例如，$Df = f'$。两个函数之和的导数就是导数之和。

$$D(f + g) = Df + Dg$$

一个函数的导数乘以一个数 c，就是 c 乘以原函数的导数。

$$D(c \cdot f) = c \cdot Df$$

这两条法则意味着 D 是一个线性变换。特别要注意的是，函数的线性组合的导数是它们导数的同一线性组合。

$$D(a \cdot f + b \cdot g) = a \cdot Df + b \cdot Dg$$

练习 10.17（小项目）：找出商 $f(x) / g(x)$ 的导数公式。

提示：利用以下性质。

$$\frac{f(x)}{g(x)} = f(x) \cdot \frac{1}{g(x)} = f(x) \cdot g(x)^{-1}$$

幂法则适用于负指数。例如，x^{-1} 的导数为 $-x^{-2} = -1/x^2$。

解：根据链式法则，$g(x)^{-1}$ 的导数是 $-g(x)^{-2} \cdot g'(x)$ 或

$$-\frac{g'(x)}{g(x)^2}$$

有了这些信息，商 $f(x)/g(x)$ 的导数与乘积 $f(x)g(x)^{-1}$ 的导数相同，根据乘积法则：

$$f'(x)g(x)^{-1} - \frac{g'(x)}{g(x)^2} f(x) = \frac{f'(x)}{g(x)} - \frac{f(x)g'(x)}{g(x)^2}$$

将第一项乘以 $g(x)/g(x)$，两项的分母相同，然后把它们相加。

$$\frac{f'(x)}{g(x)} - \frac{f(x)g'(x)}{g(x)^2} = -\frac{f'(x)g(x)}{g(x)^2} - \frac{f(x)g'(x)}{g(x)^2} = \frac{f'(x)g(x) - f(x)g'(x)}{g(x)^2}$$

练习 10.18：$\sin(x) \cdot \cos(x) \cdot \ln(x)$ 的导数是什么？

解：这里有两个乘积，但用任意顺序应用乘积法则都可以得到同样的结果。$\sin(x) \cdot \cos(x)$ 的导数为 $\sin(x) \cdot -\sin(x) + \cos(x) \cdot \cos(x) = \cos(x)^2 - \sin(x)^2$。$\ln(x)$ 的导数是 $1/x$，因此根据乘积法则，整个乘积的导数是：

$$\ln(x)(\cos(x)^2 - \sin(x)^2) + \frac{\sin(x)\cos(x)}{x}$$

练习 10.19：假设已知三个函数 f、g 和 h 的导数分别为 f'、g' 和 h'。求 $f(g(h(x)))$ 对 x 的导数是什么？

解：我们需要应用两次链式法则。一项是 $f'(g(h(x)))$，但我们需要将其乘以 $g(h(x))$ 的导数。这个导数就是 $g'(h(x))$ 乘以内部函数 $h(x)$ 的导数。因为 $g(h(x))$ 的导数是 $h'(x) \cdot g'(h(x))$，所以 $f(g(h(x)))$ 的导数是 $f'(x) \cdot g'(h(x)) \cdot f'(g(h(x)))$。

10.5 自动计算导数

尽管我只教了你几条求导数的法则，但你现在已经能处理无限可能集合中的任意函数了。只要函数是由和、积、幂、组合、三角函数和指数函数组成的，你就有能力使用链式法则、乘积法则等来计算它的导数。

这与我们在 Python 中构建代数表达式的方法相似。尽管有无限多的可能性，但它们都是由同一组元素组成的，并以少量预定义的方法组合在一起。为了自动求导数，我们需要为可表示的表达式的每一种情况（无论是元素还是组合器）匹配适当的法则来取其导数。最终的结果是一个 Python 函数，它接收一个表达式并返回表示导数的表达式。

10.5.1 实现表达式的导数方法

还是可以在每个 Expression 类上实现一个导数函数作为类的方法。为了确保它们都有这个方法，可以在抽象基类中添加一个抽象方法。

```
class Expression(ABC):
    ...
    @abstractmethod
    def derivative(self,var):
        pass
```

该方法需要一个参数 var，表示我们要对哪个变量进行导数计算。例如，$f(y) = y^2$ 需要对 y 进行导数运算。有一个容易令人迷惑的例子，我们处理过像 ax^n 这样的表达式，其中 a 和 n 表示常数，只有 x 是变量。从这个角度来看，其导数是 nax^{n-1}。然而，如果我们将其视为 a 的函数，如 $f(a)=ax^n$，则导数为 x^n，是一个常数的常数幂。如果把它看作 n 的函数，我们会得到另一个结果：若 $f(n) = ax^n$，那么 $f'(n) = a\ln(x)x^n$。为了避免混淆，在下面的讨论中，我们将把所有的表达式视为变量 x 的函数。

与之前一样，这个例子中最简单的元素是 Number 和 Variable 对象。对于 Number 来说，不管传递进来的变量是什么，导数总是表达式 0。

```
class Number(Expression):
    ...
    def derivative(self,var):
        return Number(0)
```

如果求 $f(x) = x$ 的导数，结果是 $f'(x) = 1$，对应的就是该直线的斜率。求 $f(x) = c$ 的导数应该得到 0，因为 c 在这里代表一个常数，而不是函数 f 的参数。基于这个原因，只有当一个变量是我们要进行导数计算的变量时，它的导数才是 1，否则导数就是 0。

```python
class Variable(Expression):
    ...
    def derivative(self, var):
        if self.symbol == var.symbol:
            return Number(1)
        else:
            return Number(0)
```

最容易求导数的组合器是"和"：Sum 函数的导数是其各项导数之和。

```python
class Sum(Expression):
    ...
    def derivative(self, var):
        return Sum(*[exp.derivative(var) for exp in self.exps])
```

实现了这些方法，我们就可以完成一些基本的例子。例如，表达式 Sum(Variable("x"), Variable("c"),Number(1)) 表示 $x + c + 1$，把它看成 x 的函数，我们就可以取其相对于 x 的导数。

```python
>>> Sum(Variable("x"),Variable("c"),Number(1)).derivative(Variable("x"))
Sum(Number(1),Number(0),Number(0))
```

这正确地返回了 $x + c + 1$ 相对于 x 的导数 $1 + 0 + 0$，等于 1。虽然这个报告方式十分笨拙，但至少我们做对了。

建议完成一个小项目：实现一个简化方法，去掉不相干的项，比如加零。我们可以在计算导数时添加一些逻辑来简化表达式，但现在最好先集中精力把导数做对。知道了这一点后，让我们来介绍剩余的组合器。

10.5.2 实现乘积法则和链式法则

乘积法则是剩余组合器中最容易实现的。给定构成乘积的两个表达式，乘积的导数可以用这些表达式及其导数来定义。请记住，如果乘积是 $g(x) \cdot h(x)$，那么导数就是 $g'(x) \cdot h(x) + g(x) \cdot h'(x)$。以下是它的代码实现，结果以两个乘积之和的形式返回。

```python
class Product(Expression):
    ...
    def derivative(self,var):
        return Sum(
            Product(self.exp1.derivative(var), self.exp2),
            Product(self.exp1, self.exp2.derivative(var)))
```

同样，这给我们提供了正确的（尽管并非简化的）结果。例如，cx 相对于 x 的导数是：

```python
>>> Product(Variable("c"),Variable("x")).derivative(Variable("x"))
Sum(Product(Number(0),Variable("x")),Product(Variable("c"),Number(1)))
```

这个结果表示 $0 \cdot x + c \cdot 1$，也就是 c。

现在我们已经处理了 Sum 和 Product 组合器，接下来看看 Apply。当处理 $\sin(x^2)$ 这样的函数应用时，因为括号里有 x^2，所以需要对正弦函数的导数以及链式法则进行编码。

首先用一个占位变量来编码一些特殊函数的导数，它不能与我们在实践中使用的变量冲突。导数被存储为一个从函数名到其导数表达式的字典映射。

```
                                              创建一个占位符，这样就不
                                              会与实际使用的其他符号
_var = Variable('placeholder variable')  ◁──  （如 x 或 y）混淆

_derivatives = {
    "sin": Apply(Function("cos"), _var),                        ◁─
    "cos": Product(Number(-1), Apply(Function("sin"), _var)),
    "ln": Quotient(Number(1), _var)                             正弦的导数是余弦，
}                                                               余弦用占位变量表
                                                                示为表达式
```

下一步是在 Apply 类中添加 derivative 方法，从_derivatives 字典中查找正确的导数，并适当地应用链式规法则。那么 $g(h(x))$ 的导数是 $h'(x) \cdot g'(h(x))$。例如，如果我们要研究 $\sin(x^2)$，那么 $g(x) = \sin(x)$，$h(x) = x^2$。首先在字典中获取 $\sin$ 的导数，得到的导数是 $\cos$ 的占位值。我们需要用 $h(x) = x^2$ 替换占位符，以便从链式法则得到 $g'(h(x))$。这需要一个替代函数，该函数用一个表达式替换变量的所有实例（见本章前面的一个小项目）。如果你没有做那个小项目，可以在源代码中看到它的实现。Apply 的求导方法如下所示。

```
class Apply(Expression):
    ...                                          返回链式法则公式
    def derivative(self, var):                   h'(x) · g'(h(x))中的 h'(x)
        return Product(
                self.argument.derivative(var),          ◁─
                _derivatives[self.function.name].substitute(_var,
self.argument))
                           ◁─     这是链式法则公式中的 g'(h(x))，
                                  从_derivatives 字典中查找 g'
                                  和 h(x)并插入。
```

例如，对于 $\sin(x^2)$，我们有：

```
>>> Apply(Function("sin"),Power(Variable("x"),Number(2))).derivative(x)
Product(Product(Number(2),Power(Variable("x"),Number(1))),Apply(Function("cos"),
Power(Variable("x"),Number(2))))
```

从字面上看，这个结果可以转化为 $(2x^1) \cdot \cos(x^2)$，这是链式法则的正确应用。

10.5.3　实现幂法则

最后一种需要处理的表达式是幂组合器。实际上，我们需要在 Power 类的 derivative 方法中包含三个导数法则。第一个称为幂法则，它告诉我们，当 n 是一个常数时，x^n 的导数为 nx^{n-1}。

第二个是函数 a^x 的导数，其中假设基数 a 为常数，变化的是指数。这个函数相对于 x 的导数为 $\ln(a) \cdot a^x$。

最后，我们还需要处理链式法则，因为基数或指数中都可能涉及表达式，比如 $\sin(x)^8$ 或 $15^{\cos(x)}$。还有一种情况是基数和指数都是变量，比如 x^x 或 $\ln(x)^{\sin(x)}$。在多年的求导过程中，我从来没有见过这种情况出现在实际应用中，所以将跳过对这种情况的处理，抛出一个异常。

因为 x^n、$g(x)^n$、a^x 和 $a^{g(x)}$ 在 Python 中都以 `Power(expression1,expression2)` 的形式表示，所以我们必须做一些检查来确定应该使用什么法则。如果指数是一个数，使用 x^n 法则，但如果基数是一个数，使用 a^x 法则。在这两种情况下，都默认使用链式法则。毕竟，x^n 是 $f(x)^n$ 的特殊情况，其 $f(x) = x$。下面是其代码。

```
class Power(Expression):
    ...
    def derivative(self,var):
        if isinstance(self.exponent, Number):        # 如果指数是一个数，使用幂法则
            power_rule = Product(
                Number(self.exponent.number),
                Power(self.base, Number(self.exponent.number - 1)))
            return Product(self.base.derivative(var),power_rule)
        elif isinstance(self.base, Number):          # f(x)^n 的导数是 f'(x)·nf(x)^{n-1}，所以这里根据链式法则乘以 f'(x)
            exponential_rule = Product(
                Apply(Function("ln"),
                Number(self.base.number)
            ),
            self)
            return Product(                          # 如果要求 a^{f(x)} 的导数，那么同样根据链式法则，乘以 f'(x) 的系数
                self.exponent.derivative(var),
                exponential_rule)
        else:
            raise Exception(
            "can't take derivative of power {}".format(
            self.display()))
```

检查基数是否为数：如果是，我们使用指数法则

在最后一种情况下，当基数和指数都不是数时，会抛出一个异常。实现了最后一个组合器，你就有完整的导数计算器了！它（几乎）可以处理任何由元素和组合器构建的表达式。在原始表达式 $(3x^2 + x)\sin(x)$ 上测试它，你会得到一个烦琐但正确的结果：

$$(0 \cdot x^2 + 3 \cdot 1 \cdot 2 \cdot x^1 + 1) \cdot \sin(x) + (e \cdot x^2 + x) \cdot 1 \cdot \cos(x)$$

这可以简化为 $(6x + 1)\sin(x) + (3x^2 + x)\cos(x)$，表明我们正确使用了乘积法则和幂法则。在本章中，你知道了如何使用 Python 来做算术，然后学会了如何让 Python 做代数。现在，你可以说，你也在用 Python 做微积分了！接下来，我们将学习一些在 Python 中用符号化的方式求积分的方法，使用的是一个现成的 Python 库，叫作 SymPy。

10.5.4   练习

练习 10.20：我们的代码已经处理了当乘积中的一个表达式是常数时的情况，即对于表达式 $f(x)$ 来说，乘积的形式是 $c \cdot f(x)$ 或 $f(x) \cdot c$。无论哪种方式，导数都是 $c \cdot f'(x)$。你不需要乘积法则的第二项，即 $f(x) \cdot 0 = 0$。更新求乘积导数的代码来直接处理这种情况，不再直接使用乘积法则返回一个包含零项的结果。

解：我们可以检查乘积中的表达式是否是 `Number` 类的实例。更通用的方法是查看乘积中的项是否包含求导涉及的变量。例如，$(3 + \sin(5^a))\,f(x)$ 相对于 x 的导数不需要乘积法则，因为第一项不包含 x。因此，它的导数（相对于 x）为 0。我们可以使用之前练习中的 `contains(expression, variable)` 函数来检查。

```
class Product(Expression):
    ...
    def derivative(self,var):
        if not contains(self.exp1, var):      ◄─── 如果第一个表达式没有依赖
            return Product(self.exp1, self.exp2.derivative(var))    变量，则返回第一个表达式乘
        elif not contains(self.exp2, var):                          以第二个表达式的导数
            return Product(self.exp1.derivative(var), self.exp2)  ◄─── 如果第二个表达
        else:                                                          式没有依赖变
            return Sum(                                                 量，则返回第一
                Product(self.exp1.derivative(var), self.exp2),         个表达式的导数
                Product(self.exp1, self.exp2.derivative(var)))         乘以未修改的第
                                                                        二个表达式
```

否则，使用乘积法则的一般形式

练习 10.21：将平方根函数添加到已知函数字典中，并自动求出其导数。

提示：x 的平方根等于 $x^{1/2}$。

解：利用幂法则，x 的平方根相对于 x 的导数是 $1/2 \cdot x^{-1/2}$，也可以写成下面的形式。

$$\frac{1}{2} \cdot \frac{1}{x^{1/2}} = \frac{1}{2\sqrt{x}}$$

我们可以把这个导数公式编码成这样的表达式。

```
_function_bindings = {
    ...
    "sqrt": math.sqrt
}

_derivatives = {
    ...
    "sqrt": Quotient(Number(1), Product(Number(2), Apply(Function("sqrt"), _var)))
}
```

10.6 符号化积分函数

我们在上两章中学习的另一个微积分运算是积分。导数取一个函数并返回一个描述其变化率的函数，而积分则相反，它从变化率中重建一个函数。

10.6.1 积分作为反导数

例如，当 $y = x^2$ 时，导数告诉我们，y 相对于 x 的瞬时变化率是 $2x$。如果我们从 $2x$ 出发，不定积分回答了这样一个问题：关于 x 的什么函数的瞬时变化率等于 $2x$？因此，不定积分也被称为**反导数**。

$2x$ 相对于 x 的不定积分的答案可能是 x^2，但也可能是 $x^2 - 6$ 或 $x^2 + \pi$ 等。因为任何常数项的导数都是 0，所以不定积分的结果不唯一。请记住，即使你知道汽车速度表在整个行程中的读数，也不能得知汽车的行程在哪里开始或结束。出于这个原因，我们说 x^2 是 $2x$ 的**一个**反导数，但不是**唯一**的反导数。

如果我们要谈论**唯一**的反导数或不定积分，就必须加上一个不定常数，写作 $x^2 + C$。这个 C 叫作积分常数，在微积分课上臭名昭著。它看似细节问题但很重要，如果学生忘记了这一点，大多数老师会扣分。

如果你在导数上有过足够的练习，有些积分是很明显的。例如，$\cos(x)$ 相对于 x 的积分是这样写的：

$$\int \cos(x)\mathrm{d}x$$

结果是 $\sin(x) + C$，因为对于任何常数 C，$\sin(x) + C$ 的导数都是 $\cos(x)$。如果你对幂法则记忆犹新，也许能解出积分：

$$\int 3x^2\mathrm{d}x$$

如果将幂法则应用于 x^3，将得到表达式 $3x^2$，所以积分是：

$$\int 3x^2\mathrm{d}x = x^3 + C$$

还有一些较难的积分，例如：

$$\int \tan(x)\mathrm{d}x$$

它的解无法立刻得出。你需要反向调用多个导数法则才能找到答案。在微积分课程中，很多时间都花在弄清这样棘手的积分上。更糟糕的是，有些函数是**不可积的**。一个著名的函数是

$$f(x) = \mathrm{e}^{x^2}$$

10

无法找到它的不定积分公式（除非编一个新函数来表示它）。与其用一大堆积分法则来折磨你，不如让我来告诉你如何使用一个预建的、带有 `integrate` 函数的库，这样 Python 就可以为你处理积分了。

10.6.2 SymPy 库介绍

SymPy 库是一个开源的 Python 符号数学库。它有自己的表达式数据结构，和我们构建的很像，还有重载的运算符，使它们看起来像普通的 Python 代码。这里是一些 SymPy 代码，看起来与我们一直在写的代码很像。

```
>>> from sympy import *
>>> from sympy.core.core import *
>>> Mul(Symbol('y'),Add(3,Symbol('x')))
y*(x + 3)
```

`Mul`、`Symbol` 和 `Add` 构造函数取代了我们的 `Product`、`Variable` 和 `Sum` 构造函数，但结果相似。SymPy 还鼓励你使用缩写，例如：

```
>>> y = Symbol('y')
>>> x = Symbol('x')
>>> y*(3+x)
y*(x + 3)
```

上述代码会创建一个等价的表达式数据结构。可以通过其替换和求导的能力看出这是一个数据结构。

```
>>> y*(3+x).subs(x,1)
4*y
>>> (x**2).diff(x)
2*x
```

可以肯定的是，SymPy 远比我们在本章构建的库更加强大。可以看到，输出的表达式经过了自动简化。

我之所以介绍 SymPy，是为了向你展示它强大的符号积分功能。你可以像这样计算表达式 $3x^2$ 的积分。

```
>>> (3*x**2).integrate(x)
x**3
```

这告诉我们：

$$\int 3x^2 \mathrm{d}x = x^3 + C$$

在接下来的几章中，我们将继续应用导数和积分。

10.6.3 练习

练习 10.22：$f(x)=0$ 的积分是多少？用 SymPy 确认你的答案，别忘记 SymPy 不会自动包含一个积分常数。

解：这个问题的另一种表述方式是，什么函数的导数为零。任意定值函数的斜率都处处为零，所以导数为零。积分是：

$$\int f(x)\mathrm{d}x = \int 0\mathrm{d}x = C$$

在 SymPy 中，代码 Integer(0) 给出了数 0 的表达式，所以关于变量 x 的积分就是：

```
>>> Integer(0).integrate(x)
0
```

零，作为一个函数，是零的一个反导数。再加上一个积分常数，得到 $0+C$（也就是 C），符合我们得出的结论。任何常数函数都是函数零的一个反导数。

练习 10.23：$x\cos(x)$ 的积分是多少？

提示：参考 $x\sin(x)$ 的导数。用 SymPy 确认你的答案。

解：让我们从提示开始——根据乘积法则，$x\sin(x)$ 的导数是 $\sin(x) + x\cos(x)$。这几乎就是我们想要的，但是多了一个 $\sin(x)$ 项。如果在导数中增加一个 $-\sin(x)$ 项，就会抵消这个额外的 $\sin(x)$ 项，$\cos(x)$ 的导数就是 $-\sin(x)$。也就是说，$x\sin(x)+\cos(x)$ 的导数是 $\sin(x)+x\cos(x)-\sin(x) = x\cos(x)$。这就是我们要找的结果，所以积分为：

$$\int x\cos(x)\mathrm{d}x = x\sin(x)+\cos(x)+C$$

在 SymPy 中检查我们的答案。

```
>>> (x*cos(x)).integrate(x)
x*sin(x) + cos(x)
```

这种将导数作为乘积的一个项，进行逆向工程的方法叫作**分部积分法**，是微积分老师们最喜欢的技巧之一。

练习 10.24：x^2 的积分是什么？用 SymPy 确认你的答案。

解：如果 $f'(x)=x^2$，那么 $f(x)$ 很可能包含 x^3，因为幂法则会将其幂减一。x^3 的导数是 $3x^2$，所以我们想要一个能给我们该结果三分之一的函数。我们想要的是 $x^3/3$，它的导数是 x^2。换句话说：

$$\int x^2 \mathrm{d}x = \frac{x^3}{3} + C$$

SymPy 证实了这一点。

```
>>> (x**2).integrate(x)
x**3/3
```

10.7   小结

❑ 将代数表达式建模为数据结构而不是代码字符串，可以让你编写程序来回答更多关于表达式的问题。

❑ 在代码中对代数表达式进行建模的自然方式是将其作为**树**来处理。树的节点可以分为独立表达式的元素（变量和数）以及作为子树的、包含两个或多个表达式的组合器（和、积等）。

❑ 通过递归遍历一个表达式树，可以回答关于它的一些问题，比如它包含哪些变量。你也可以对表达式进行计算或简化，或将其翻译成另一种语言。

❑ 如果知道定义一个函数的表达式，就可以应用一些法则将其转化为函数的导数表达式。这些法则包括乘积法则和链式法则，它们分别描述了如何求表达式之积和组合函数的导数。

❑ 如果为 Python 表达式树中每个组合器对应的导数规则编程，就能得到一个自动计算导数表达式的 Python 函数。

❑ SymPy 是一个强大的 Python 库，用于在 Python 代码中处理代数表达式。它有内置的简化、替换和导数函数。它还有一个符号积分函数，可用于求函数的不定积分公式。

第 11 章

模拟力场

本章内容
- 使用标量场和向量场对引力等力进行建模
- 使用梯度计算力向量
- 在 Python 中求函数的梯度
- 为小行星游戏添加重力场
- 在更高维度中计算梯度并处理向量场

就在刚刚，小行星游戏的宇宙中发生了一场灾难：屏幕中央出现了一个黑洞！由于这个新对象的出现（如图 11-1 所示），飞船和所有小行星都在一股"引力"的作用下向屏幕中央移动。这让游戏更具挑战性，也带来了新的数学挑战——理解**力场**。

引力是大家熟悉的一种远距离的作用力。也就是说，你不一定要接触到一个对象，就能感受到它的拉扯。例如，当飞机在空中飞行时，你仍然可以在机舱里正常走动，因为即使在远离地面 10 千米的高空中，地球的引力仍在把你往下拉。磁力和静电是另外两种我们熟悉的远距离作用力。在物理学中，这些力可能来自磁铁或带静电的气球，它们在周围生成了一种无形的力场。在地球引力场中的任何地方，每个对象都会感觉到来自地球的拉力。

图 11-1　不要啊，是黑洞

本章的核心编码挑战是在小行星游戏中添加一个引力场，一旦我们完成它，就可以把数学应用到更普遍的场景中。用数学函数建模的力场，称为**向量场**。向量场经常作为微积分运算的结果出现，称为**梯度**，是第三部分介绍的机器学习示例中的一个关键工具。

本章的数学知识和代码并不太难，但有很多新概念需要熟悉。为此，在认真学习之前，先来了解一下本章的梗概。

11.1　用向量场对引力建模

向量场由空间中每一点上的向量组成。**引力场**是一个向量场，它告诉我们在给定的任意一点上，引力有多强、朝向什么方向。你可以这样对向量场进行可视化：首先选取一堆点，然后从每个点出发，用箭头的形式将上面的向量画出来。例如，在小行星游戏中，由黑洞产生的引力场可能看起来如图 11-2 所示。

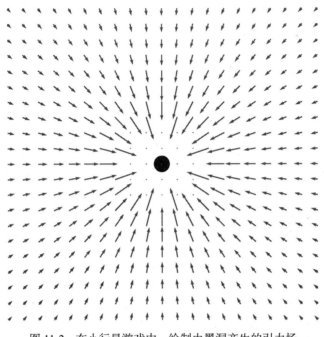

图 11-2　在小行星游戏中，绘制由黑洞产生的引力场

　　图 11-2 与我们对引力的直觉一致，黑洞周围的所有箭头都指向黑洞，所以这个区域里的任何对象都会感到被拉向黑洞。离黑洞越近，受到的引力越强，所以箭头画得越长。

　　本章首先要做的是用函数对引力场进行建模，在空间中取任意一点，会得到该点感受到的力的大小和方向。在 Python 中，二维向量场是一个函数，它接收一个用来表示点的二维向量，并返回一个表示该点受力的二维向量。

　　构建了这个函数之后，就可以用它来为小行星游戏添加一个引力场。这将告诉我们，由于位置不同，飞船和小行星感受到的引力是什么，以及它们应该以怎样的速度和方向加速。一旦引入了加速度，我们就会看到小行星游戏中的对象向黑洞加速运动。

用势能函数对引力建模

　　在对引力场建模后，我们再来看看远程作用力的第二个等价心智模型，即**势能**。你可以把势能看成存储起来的能量，随时可以转化为运动。例如，弓箭一开始没有势能，但当弓被拉开时，它就会获得势能。当弓弦被放开时，这种能量就会转化为运动（见图 11-3）。

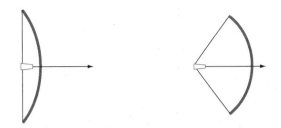

图 11-3 在左图中，弓没有势能；在右图中，它有很多势能，可以把箭射出去

想象一下，把飞船拉离黑洞，就像拉开一把想象中的弓。把飞船拉得离黑洞越远，它的势能就越大，被释放后的飞行速度也就越快。我们用另一个 Python 函数对势能进行建模，取一个对象在游戏世界中的二维位置向量，返回在该点上测量到的势能。空间中的每个点都被赋予这样一个数（而不是向量），叫作**标量场**。

有了势能函数，可以用几个 Matplotlib 可视化例子来看一下效果。一个重要的例子叫作**热图**，用较暗和较亮的颜色来显示标量场的值在二维空间中的变化（见图 11-4）。

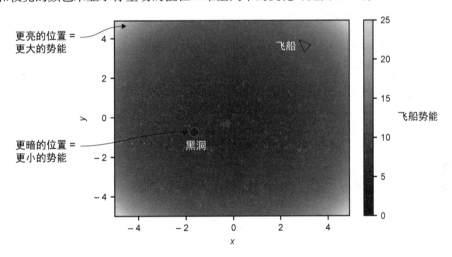

图 11-4 势能热图，用较亮的颜色代表较大的势能值

如图 11-4 所示，在这张热图上，离黑洞越远，颜色越亮，意味着势能越大。代表势能的标量场与代表引力的向量场是不同的数学模型，但它们的物理意义相同。在数学上，可以通过一种叫作**梯度**的运算将二者连接起来。

标量场的梯度是向量场，它告诉我们标量场中陡增的方向和幅度。在我们的例子中，势能随着远离黑洞而增大，所以势能的梯度是一个指向外的向量场。将梯度向量场叠加在势能热图上，如图 11-5 所示，可以看到箭头指向势能增加的方向。

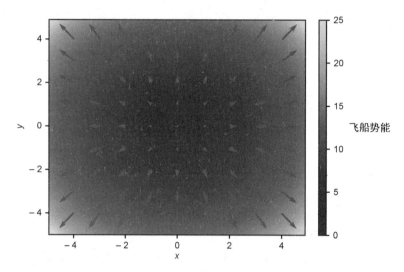

图 11-5   势能函数以热图的形式绘制，其梯度是一个向量场，被叠加在了一起。梯度
指向势能增加的方向

图 11-5 中的梯度向量场与黑洞的引力场相似，只是箭头指向的方向相反，值也是相反的。
要想从势能函数中得到引力场，需要计算梯度，然后加一个减号，将力场向量的方向反过来。在
本章的最后，会介绍如何使用导数计算标量场的梯度，届时，就可以从引力的势能模型切换到力
场模型了。

现在，你已经对本章的目标有了一个概念，可以深入研究了。我们要做的第一件事是仔细观
察向量场，思考如何将它们转化为 Python 函数。

11.2　引力场建模

向量场为空间中的每个点分配了一个向量。例
如，在小行星游戏中，为每个位置分配一个引力向
量。我们将专门研究二维向量场，给二维空间中的
每个点分配一个二维向量。首要工作是用 Python 函
数给向量场建立具体的表示，接收二维向量作为输
入并返回二维向量作为输出。源代码中已经提供了
`plot_vector_field` 函数，利用这个函数，可以
绘制出二维中大量输入点对应的输出向量所组成的
图像。

接下来，我们将编写代码，为小行星游戏添加
一个黑洞。这里的黑洞，是一个为了对其周围所有
对象施加吸引力而存在的黑色圆圈，如图 11-6 所示。

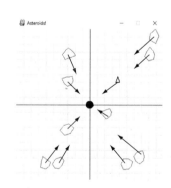

图 11-6   在小行星游戏中的黑洞是一个黑色
的圆圈，游戏中的每一个对象都会感
受到一股来自黑洞的拉扯力量

为了实现这一目标，我们实现了一个 `BlackHole` 类，将其对应的引力场定义为一个函数，然后循环更新游戏，使飞船和小行星根据牛顿定律对力做出反应。

11.2.1　定义一个向量场

我们先来介绍一下向量场的基本符号。二维平面中的向量场用函数 $F(x, y)$ 表示，输入是由坐标 x 和 y 表示的向量，返回的向量表示点 (x, y) 在引力场中的值。加粗的斜体 F 表示它的返回值是向量，可以说 F 是一个向量值函数。当我们在谈论向量场时，通常把输入解释为平面上的点，把输出解释为箭头。图 11-7 是向量场 $F(x, y) = (-2y, x)$ 的示意图。

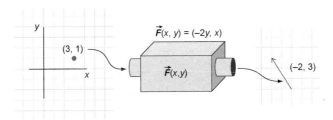

图 11-7　向量场 $F(x, y) = (-2y, x)$ 以点 $(3, 1)$ 为输入，产生箭头 $(-2, 3)$ 作为输出

通常把输出向量画成一个箭头，箭头的起点是平面上的输入向量点，这样输出向量就"附着"在输入点上了（见图 11-8）。

如果计算出了 F 的几个值，就可以一次画出许多附在点上的箭头，从而绘制出向量场的图像。图 11-9 又绘制了三个点：$(-2, 2)$、$(-1, -2)$ 和 $(3, -2)$，附在它们上面的箭头代表了 F 在各点的值。结果分别是 $(-4, -2)$、$(4, -1)$ 和 $(4, 3)$。

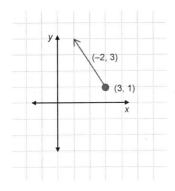

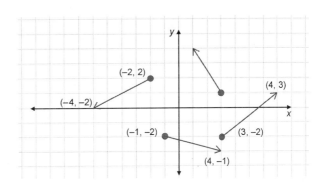

图 11-8　向量 $(-2, 3)$ "附着" 在点 $(3, 1)$ 上　　　图 11-9　箭头都附在点上，代表了向量场 $F(x, y) = (-2y, x)$ 的值

箭头画多了，就容易重叠，图就也会变得难以辨认。为了避免这种情况，通常会将向量的长度以固定的系数按比例缩小。我在 Matplotlib 顶部加入了一个名为 `plot_vector_field` 的封装函数，可以用来生成一个向量场的可视化图像。如图 11-10 所示，向量场 $F(x, y)$ 围绕原点以逆时针方向环绕。

```
def f(x,y):
    return (-2*y, x)

plot_vector_field(f, -5,5,-5,5)
```

第一个参数是向量场，接下来的参数是所绘图像的 x 边界与 y 边界

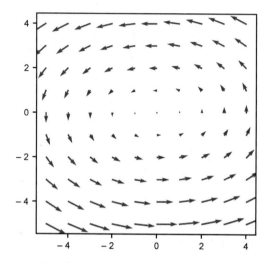

图 11-10　$F(x, y)$ 的图像是 Matplotlib 绘制的，由从 (x, y) 点出发的向量构成

物理学的重要思想之一就是如何用向量场对不同种类的力进行建模。接下来要重点介绍的示例是一个简化的引力模型。

11.2.2　定义一个简单的力场

如你所料，离引力源越近，引力就越强。尽管太阳的引力比地球强，但你离地球更近，所以只感受到地球的引力。为了简单起见，我们不会使用现实中的引力场，而是使用向量场 $F(r) = -r$，它在平面中表示为 $F(x, y) = (-x, -y)$。下面是代码及图像的绘制（见图 11-11）。

```
def f(x,y):
    return (-x,-y)

plot_vector_field(f,-5,5,-5,5)
```

这个向量场就像一个引力场，其中每个点都指向原点，而且移动距离越远，力场就越强。这就保证了模拟的对象不会达到逃逸速度，以至于完全从视野中消失。每一个即将逃逸的对

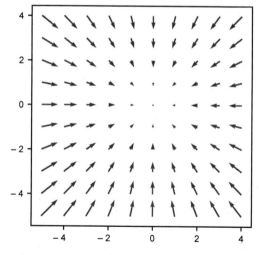

图 11-11　向量场 $F(x, y) = (-x, -y)$ 的可视化结果

象最终都会到达一个极限点，在这个点上，力场大到足以让它减速，并把它拉向原点。让我们在小行星游戏中实现黑洞的引力场，来证实这一点。

11.3 把引力加入小行星游戏

在小行星游戏中，黑洞是一个 `PolygonModel` 对象，有 20 个等距顶点，近似为圆形。我们用一个数来指定黑洞的引力强度，简称为引力。这个数被传递给黑洞的构造函数。

```
class BlackHole(PolygonModel):
    def __init__(self,gravity):
        vs = [vectors.to_cartesian((0.5, 2 * pi * i / 20))
                for i in range(0,20)]
        super().__init__(vs)
        self.gravity = gravity #<2>
```

将黑洞的顶点定义为 `PolygonModel`

请注意，`BlackHole` 中的 20 个顶点都距离原点 0.5 个单位，且角度间隔相等，所以黑洞看起来近似于圆形。调用：

```
black_hole = BlackHole(0.1)
```

创建一个 `gravity` 值为 `0.1` 的 `BlackHole` 对象，它在默认情况下位于原点。为了使黑洞出现在屏幕上（如图 11-12 所示），在每次游戏循环的迭代中都要绘制它。

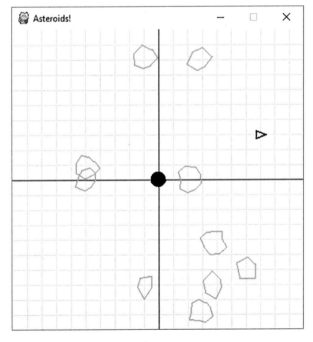

图 11-12　将黑洞显示在游戏画面的中央

接下来，在 draw_poly 函数中添加 fill 关键字参数，把黑洞填充成黑色。

```
draw_poly(screen, black_hole, fill=True)
```

黑洞产生的引力场符合向量场 $F(x, y) = (-x, -y)$，指向原点。如果黑洞以 (x_{bh}, y_{bh}) 为中心，则向量场 $g(x, y) = (x_{bh} - x, y_{bh} - y)$ 指向从 (x, y) 到 (x_{bh}, y_{bh}) 的方向。也就是说，作为附在点 (x, y) 上的箭头，它指向黑洞的中心。为了使力场的强度与黑洞的引力成比例，可以将向量场的向量乘以引力值。

```
def gravitational_field(source, x, y):
    relative_position = (x - source.x, y - source.y)
    return vectors.scale(- source.gravity, relative_position)
```

在这个函数中，source 是一个 BlackHole 对象，它的 x 和 y 属性表示 PolygonModel 的中心，gravity 属性是传递到构造函数中的值。力场可用下面的数学公式表示。

$$g(x, y) = G_{bh} \cdot (x - x_{bh}, y - y_{bh})$$

G_{bh} 代表黑洞的 gravity 属性，而 (x_{bh}, y_{bh}) 代表黑洞的位置。下一步就是利用这个引力场来影响对象的移动。

11.3.1　让游戏中的对象感受到引力

如果这个向量场和引力场的工作原理相同，它就代表了单位质量的对象在 (x, y) 位置上受到的力。换句话说，质量为 m 的对象所受的力为 $F(x, y) = m \cdot g(x, y)$。如果这是对象受到的唯一的力，就可以用牛顿第二运动定律来计算它的加速度。

$$a = \frac{F_{净}(x, y)}{m} = \frac{m \cdot g(x, y)}{m}$$

这个加速度的表达式在分子和分母中都有质量 m，可以抵消掉。这说明引力场向量等于引力引起的加速度向量，与对象的质量无关。这种计算方式也适用于真实的引力场，这也是为什么不同质量的对象在地球表面附近都以约 9.81 m/s 的速度下落。一次游戏循环的迭代耗时为 Δt，飞船或小行星的速度变化由它的 (x, y) 位置决定。

$$\Delta v = a \cdot \Delta t = g(x, y) \cdot \Delta t$$

我们需要添加一些代码来更新飞船和小行星在每次游戏循环迭代中的速度。代码的组织方式有几种选择，此处选择将所有的物理现象封装到 PolygonModel 对象的 move 方法中。你可能还记得，为了避免对象飞出屏幕，我们将其传送到屏幕的另一边。这里的另一个小改动是添加了一个全局 bounce 标识，表示对象被传送还是在屏幕边缘反弹。之所以这么做，是因为如果对象被传送，它们会立即感受到不同的引力场；如果反弹，则会得到更直观的物理学效果。下面是新的 move 方法。

将推力向量（可以是(0, 0)）
和引力源（黑洞）作为参数
传入 move 方法

这里的净力是推力向量
和引力向量之和。假设质
量 $m = 1$，那么加速度是
推力和引力场之和

```
def move(self, milliseconds,
        thrust_vector, gravity_source):
    tx, ty = thrust_vector
    gx, gy = gravitational_field(src, self.x, self.y)
    ax = tx + gx
    ay = ty + gy
    self.vx += ax * milliseconds/1000
    self.vy += ay * milliseconds/1000

    self.x += self.vx * milliseconds / 1000.0
    self.y += self.vy * milliseconds / 1000.0

    if bounce:
        if self.x < -10 or self.x > 10:
            self.vx = - self.vx
        if self.y < -10 or self.y > 10:
            self.vy = - self.vy
    else:
        if self.x < -10:
            self.x += 20
        if self.y < -10:
            self.y += 20
        if self.x > 10:
            self.x -= 20
        if self.y > 10:
            self.y -=20
```

像之前一样更新速度，
使用 $\Delta v = a*t$

像之前一样更新位置向量，
使用 $\Delta s = v*t$

如果全局 bounce 标识为 true，当对
象要从屏幕左边或右边离开时，会翻转
速度的 x 分量；当对象要从屏幕顶部或
底部离开时，则翻转速度的 y 分量

否则，在对象即将离开
屏幕时，使用与之前相
同的传送效果

剩下的工作就是在游戏循环中，为飞船和每个小行星调用 move 方法。

```
while not done:
    ...
    for ast in asteroids:
        ast.move(milliseconds, (0,0), black_hole)

    thrust_vector = (0,0)

    if keys[pygame.K_UP]:
        thrust_vector=vectors.to_cartesian((thrust, ship.rotation_angle))

    elif keys[pygame.K_DOWN]:
        thrust_vector=vectors.to_cartesian((-thrust, ship.rotation_angle))

    ship.move(milliseconds, thrust_vector, black_hole)
```

对每颗小行星调用 move
方法，推力向量为 0

飞船的推力向量
默认也是(0,0)

调用 move 方法，
使飞船移动

如果按下向上或向下的箭头，
则根据飞船的方向和固定的推
力标量值计算出推力向量

现在运行游戏，对象会被黑洞吸引。飞船速度从零开始，直接飞进了黑洞！图 11-13 是飞船

加速的延时照片。

在没有推力的情况下，如果飞船以非零的起始速度开始飞行，会绕着黑洞运动，勾勒出一个椭圆的形状，或者说拉伸的圆形（见图 11-14）。

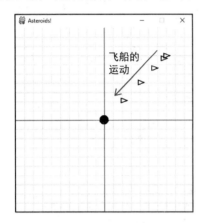
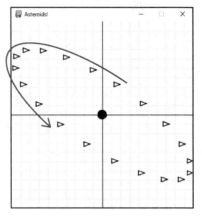

图 11-13　在没有初速度的情况下，飞船落入黑洞　　图 11-14　以某种垂直于黑洞的初始速度开始飞行，
　　　　　　　　　　　　　　　　　　　　　　　　　　　　　　　飞船进入了椭圆形轨道

结果发现，如果除了黑洞的引力之外没有其他的力，那么对象要么直接掉进黑洞，要么进入椭圆形轨道。图 11-15 显示了一颗随机初始化的小行星和飞船一起运动，该小行星的轨迹是不同的椭圆形。

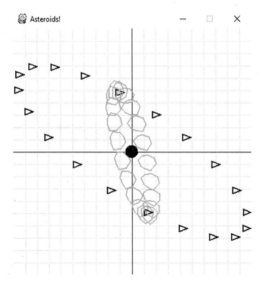

图 11-15　一颗小行星绕着黑洞运行在另一个椭圆轨道上

试着把所有的小行星都添加回来，你会看到 11 个同时加速的对象，游戏变得更有趣了！

11.3.2　练习

练习 11.1：向量场$(-2-x, 4-y)$中的所有向量都指向哪里？绘制出向量场来确认你的答案。

解：这个向量场与位移向量$(-2, 4) - (x, y)$是一样的，它是一个从点(x, y)指向$(-2, 4)$的向量。因此，这个向量场中的每个向量都指向$(-2, 4)$。画出这个向量场就可以证实这一点（见图 11-16）。

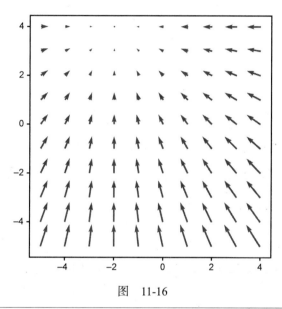

图　11-16

练习 11.2（小项目）：假设有**两个黑洞**，引力都是 0.1，分别位于$(-3, 4)$和$(2, 1)$。引力场分别为$g_1(x, y) = 0.1 \cdot (-3-x, 4-y)$和$g_2(x, y) = 0.1 \cdot (2-x, 1-y)$。写出两个黑洞引起的总引力场$g(x, y)$的计算公式。总引力场是否相当于一个黑洞的？如果是，为什么？

解：在每一个位置(x, y)上，一个质量为m的对象受到两个引力：$m \cdot g_1(x, y)$和$m \cdot g_2(x, y)$。这些力的向量和是$m(g_1(x, y) + g_2(x, y))$。也就是说，对于每单位质量，对象感受到的力是$g_1(x, y) + g_2(x, y)$。这就证实了总引力场向量是每个黑洞的引力场向量之和。总引力场是：

$$g(x, y) = g_1(x, y) + g_2(x, y) = 0.1 \cdot (-3-x, 4-y) + 0.1 \cdot (2-x, 1-y)$$

从括号里提取因子 2，得到：

$$g(x, y) = 0.1 \cdot 2 \cdot (-0.5-x, 2.5-y) = 0.2 \cdot (-0.5-x, 2.5-y)$$

这和一个引力为 0.2、位于$(-0.5, 2.5)$的单个黑洞一样。

练习 11.3（小项目）：在小行星游戏中，加入两个黑洞，并让这两个黑洞感受到对方的引力。然后让这两个黑洞移动，它们也同时对小行星和飞船施加引力。

解：完整的实现，请参见源代码。新增的主要内容是在游戏的每次循环中调用每个黑洞的 move 方法，将所有其他黑洞组成一个列表，作为引力源传入。

```
for bh in black_holes:
    others = [other for other in black_holes if other != bh]
    bh.move(milliseconds, (0,0), others)
```

11.4　引入势能

我们已经看到了宇宙飞船和小行星在引力场中的行为，接下来用**势能**来建立第二个行为模型。我们已经把黑洞加入小行星游戏了，本章余下几节意在拓宽你的基础数学视野。向量场，包括引力场，常用来表示称为梯度的微积分运算结果，这是本书其余章节的关键工具。

基本思路如下。之前把引力想象成每个点上的力向量，总是把对象拉向一个源头，但我们也可以这样想：引力场中的对象就像在碗里滚来滚去的弹珠一样。弹珠可能会来回滚动，但它们在滚开后，总是被"拉"回碗底。势能函数基本上定义了这个碗的形状。碗的样子可以在图 11-17 的中间看到。

我们把势能写成一个函数，接收点(x, y)并返回一个数值，这个数值代表了点(x, y)处的重力势能。用碗来比喻的话，某一点处的势能值就像碗在这一点处的高度。一旦在 Python 中实现了势能函数，我们就可以用以下三种方式进行可视化：本章开头提到的热图、三维图表以及等高线图，如图 11-17 所示。

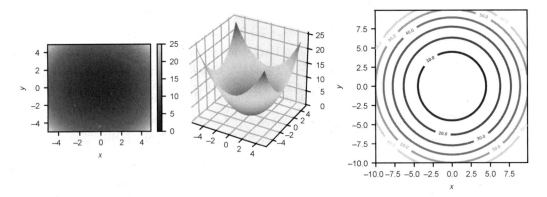

图 11-17　标量场的三种图像：热图、图表和等高线图

这些可视化结果将帮助我们在本章最后和其余各章中描绘势能函数。

11.4.1 定义势能标量场

和向量场一样，我们可以把标量场看作以(x, y)点作为输入的函数。然而，这个函数的输出不是向量，而是标量。例如，用函数$U(x, y) = 1/2(x^2 + y^2)$来定义一个标量场。如图 11-18 所示，可以输入一个二维向量，输出是由公式 $U(x, y)$决定的一些标量。

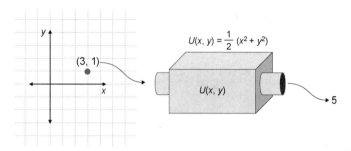

图 11-18　作为一个函数，标量场在平面上取一点作为输入，然后产生一个相应的数作为输出。当$(x, y) = (3, 1)$时，$U(x, y)$的值为 $1/2 \cdot (3^2 + 1^2) = 5$

其实，函数 $U(x, y)$是对应于向量场 $\boldsymbol{F}(x, y) = (-x, -y)$的势能函数。从数学上解释这一点还需要一些工作，但可以通过绘制标量场 $U(x, y)$来确认。

绘制 $U(x, y)$的一种方法是画出如图 11-19 所示的三维图表，其中 $U(x, y)$是点(x, y, z)形成的表面，即 $z = U(x, y)$。例如，$U(3, 1) = 5$，所以我们要画出 xy平面内的第一个点$(3, 1)$，对应的 z坐标为 5。

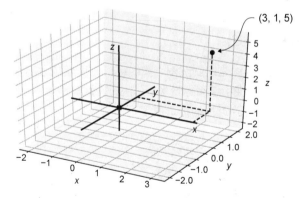

图 11-19　要绘制 $U(x, y) = 1/2(x^2 + y^2)$的一个点，取$(x, y) = (3, 1)$，则 $U(3, 1) = 5$作为 z坐标

在三维中为(x, y)的每个值绘制一个点可以得到完整的曲面，来表示标量场 $U(x, y)$以及它在平面上的变化。在源代码中，`plot_scalar_field` 函数接收一个定义标量场的函数，以及 x和 y的边界，并绘制出代表该场的三维点的表面。

```
def u(x,y):
    return 0.5 * (x**2 + y**2)

plot_scalar_field(u, -5, 5, -5, 5)
```

标量场有几种可视化方法，这里选择图 11-20 所示的图形来表示函数 $U(x, y)$。

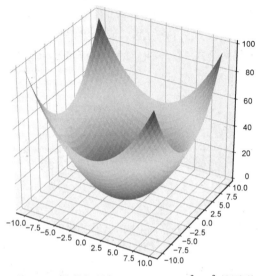

图 11-20 势能标量场 $U(x, y) = 1/2(x^2 + y^2)$的图形

这就是前面比喻中的"碗"。结果表明，这个势能函数给出了与向量场 $F(x, y) = (-x, -y)$相同的引力模型。11.5 节会讲到具体的原因，但现在可以确认，随着距离原点$(0, 0)$越来越远，势能也会越来越大。在所有的径向方向上，图形的高度都会增加，即 U 值增大。

11.4.2 将标量场绘制成热图

标量函数的另一种可视化方法是绘制热图。我们可以使用颜色方案，而不是使用 z 坐标来可视化 $U(x, y)$的值。这样就能在二维中绘制标量场了。在图表侧面添加一个颜色图例（见图 11-21），通过图上点(x, y)处的颜色就能得到近似的标量值了。

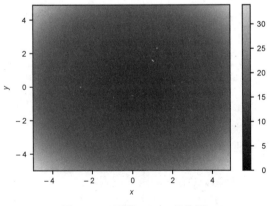

图 11-21 函数 $U(x, y)$的热图

在图 11-21 的中心，也就是靠近(0, 0)的地方，颜色较深，意味着 $U(x, y)$ 的值较小。在图的边缘，颜色较浅，意味着 $U(x, y)$ 的值较大。可以使用源代码中的 `scalar_field_heatmap` 函数来绘制势能函数。

11.4.3　将标量场绘制成等高线图

与热图类似的是**等高线图**。你以前可能见过等高线图，它是地形图的一种格式，显示了地理区域上地形的海拔。这种地图由海拔高度恒定的路径组成，所以如果沿着地图上显示的路径行走，你既不会上坡也不会下坡。图 11-22 是 $U(x, y)$ 的等高线图，显示了 xy 平面内 $U(x, y)$ 等于 10、20、30、40、50 和 60 的路径。

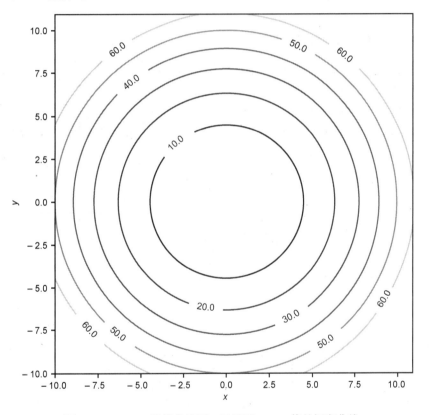

图 11-22　$U(x, y)$ 的等高线图，显示了 $U(x, y)$ 值的恒定曲线

可以看到，这些曲线都是圆形的，而且随着曲线向外延伸，它们之间的距离越来越近。可以将其解释为 $U(x, y)$ 在离原点越远的地方越陡峭。例如，$U(x, y)$ 从 30 增加到 40 的距离比从 10 增加到 20 的距离要短。源代码中的 `scalar_field_contour` 函数可以将标量场 U 绘制成等高线图。

11.5 用梯度连接能量和力

陡度的概念很重要，势能函数的陡度告诉我们一个对象向指定方向运动需要消耗多少能量。如你所料，向某方向移动所需的能量可以用于衡量**方向相反**的力。在本节余下的内容中，我们将对此进行深入研究。

正如本章开头提到的，梯度是一种运算，它接收像势能一样的标量场，并生成像引力场一样的向量场。在平面上的每一个位置(x, y)，梯度向量场都指向标量场增大最快的方向。本节将介绍如何计算标量场$U(x, y)$的梯度，这需要U分别对x和y求导。我们也会证明，一直在研究的势能函数$U(x, y)$的梯度是$-F(x, y)$，其中$F(x, y)$是在小行星游戏中实现的引力场。梯度这一概念将在本书的其余章节中广泛使用。

11.5.1 用横截面测量陡度

还有一种对函数$U(x, y)$进行可视化的方法，能够很容易观察到不同点上的陡峭程度。以$(x, y) = (-5, 2)$这个具体的点为例。在如图 11-23 所示的等高线图上，这个点位于$U = 10$和$U = 20$两条曲线之间，事实上$U(-5, 2) = 14.5$。如果向x轴正方向移动，就会碰到$U = 10$曲线，也就是说，U在x轴正方向上减小。如果改向y轴正方向移动，就会撞上$U = 20$曲线，意味着U在y轴正方向上增大。

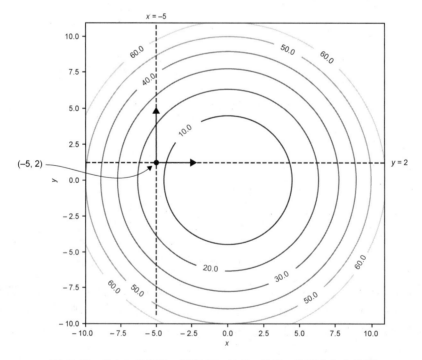

图 11-23　从$(-5, 2)$出发，探究$U(x, y)$在x轴和y轴正方向上的值

图 11-23 表明，$U(x, y)$的陡度取决于方向。可以通过绘制 $U(x, y)$的横截面来说明这一结论，其中 $x = -5$，$y = 2$。**横截面**是 $U(x, y)$的图形在固定 x 或 y 值处的切片。如图 11-24 所示，$U(x, y)$在 $x = -5$ 处的横截面是 $U(x, y)$的切片，即 $x = -5$ 确定的平面。

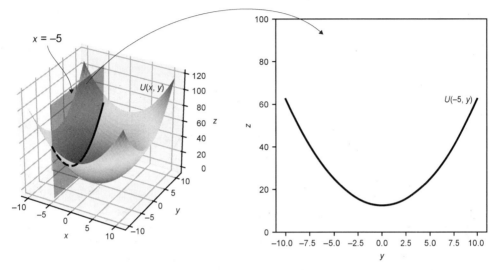

图 11-24　$U(x, y)$在 $x = -5$ 处的横截面

使用第 4 章中的函数式编程思想，将 $x = -5$ 应用到 U 上，可以得到一个接受单一 y 值、返回 U 值的函数。在$(-5, 2)$处还有一个 y 方向的截面。这就是当 $y = 2$ 时的 $U(x, y)$的截面。图 11-25 显示了当 $y = 2$ 时对应的 $U(x, y)$的图形。

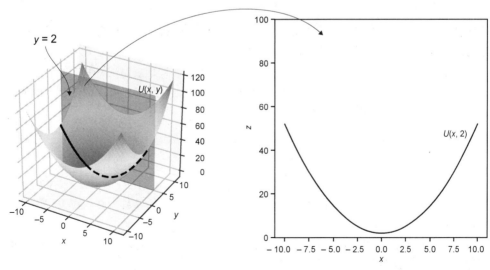

图 11-25　当 $y = 2$ 时，$U(x, y)$的横截面

这些截面展示了 U 在 $(-5, 2)$ 位置的 x 和 y 方向上是如何变化的。当 $x = -5$ 时，$U(x, 2)$ 的斜率为负，即从 $(-5, 2)$ 向 x 轴正方向移动会导致 U 减小。同样，当 $y = 2$ 时，$U(-5, y)$ 的斜率为正，即从 $(-5, 2)$ 向 y 轴正方向移动会使 U 增大（见图 11-26）。

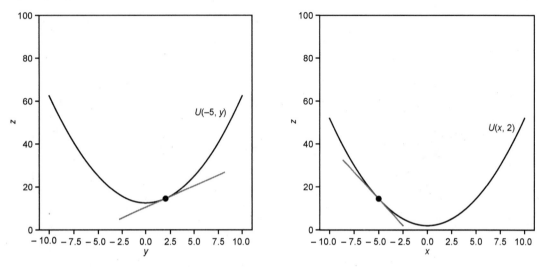

图 11-26 横截面显示了 $U(x, y)$ 在 y 轴正方向上增大，在 x 轴正方向上减小

我们还没有找到标量场 $U(x, y)$ 在这一点的斜率，但是已经找到了它在 x 方向和 y 方向上的斜率。这些值称为 U 的**偏导数**。

11.5.2 计算偏导数

前面已经介绍了很多关于找到斜率的方法。$U(-5, y)$ 和 $U(x, 2)$ 都是只有一个变量的函数，因此可以通过计算短割线的斜率来近似它们的导数。

例如，我们要求点 $(-5, 2)$ 处 $U(x, y)$ 相对于 x 的偏导数，即求 $U(x, 2)$ 在 $x = -5$ 处的斜率。也就是说，想知道在点 $(x, y) = (-5, 2)$ 处，$U(x, y)$ 在 x 方向上的变化有多快。可以通过在下面的斜率计算公式中插入一个小值 Δx 来近似计算。

$$\frac{U(-5 + \Delta x,\ 2) - U(-5,\ 2)}{\Delta x}$$

也可以通过列出 $U(x, 2)$ 的公式来精确计算导数。因为 $U(x, y) = 1/2(x^2 + y^2)$，即有 $U(x, 2) = 1/2(x^2 + 2^2) = 1/2(x^2 + 4) = 2 + x^2/2$。利用导数的幂律，$U(x, 2)$ 关于 x 的导数为 $0 + 2x/2 = x$。当 $x = -5$ 时，导数为 -5。

注意，在求近似斜率和符号求导的过程中，y 都没有出现，而是取常数 2。这是因为求 x 方向的偏导数时，y 并没有改变。计算偏导数的一般方法是：只把需要求导的符号（如 x）当作变量处理，而其他所有符号（如 y）是常数。

使用这种方法，$U(x, y)$关于x的偏导数是$1/2(2x + 0) = x$，关于y的偏导数是$1/2(0 + 2y) = y$。顺便说一下，我们以前喜欢用$f'(x)$来表示函数$f(x)$的偏导数，但这不足以推广到全部的偏导数。在求偏导数时，可以对不同的变量求导数，并且指明对哪个变量求导。对于导数$f'(x)$，还有另一个等价的表示法。

$$f'(x) \equiv \frac{\mathrm{d}f}{\mathrm{d}x}$$

（我用$\equiv$符号表示左右两边是等价的，即二者代表相同的概念。）虽然让人联想到斜率公式$\Delta f/\Delta x$，但在这个表示法中，$\mathrm{d}f$和$\mathrm{d}x$表示f和x值的**极小**变化。$\mathrm{d}f/\mathrm{d}x$尽管与$f'(x)$表达的意思相同，但它更清楚地表明，导数是针对x的。对于像$U(x, y)$这样的函数的偏导数，可以对x或y取导数。传统的做法是用不同形状的d表明我们不是在求普通导数（称为**全导数**）。U对x和y的偏导数如下。

$$\frac{\partial U}{\partial x} = x \quad \text{和} \quad \frac{\partial U}{\partial y} = y$$

下面是另一个函数$q(x, y) = x \sin(xy) + y$的例子。如果把y当作一个常数，对x取导数，要用到乘积法则和链式法则。对x求偏导数的结果为：

$$\frac{\partial q}{\partial x} = \sin(xy) + xy \cos(xy)$$

求相对于y的偏导数，则需要将x视为常数，要用到链式法则和求和法则。

$$\frac{\partial q}{\partial y} = x^2 \cos(xy) + 1$$

的确，每一个偏导数都只描述了像$U(x, y)$这样的函数在任意点上的部分变化。把它们结合起来，才能完整地理解函数变化，即求一个变量函数的全导数。

11.5.3 用梯度求图形的陡度

让我们放大$U(x, y)$图形上的点$(-5, 2)$（见图11-27）。正如任何平滑函数$f(x)$在足够小的x值范围内看起来像一条直线一样，平滑标量场的图形在xy平面上足够小的范围内看起来像一个平面。

正如导数$\mathrm{d}f/\mathrm{d}x$近似于给定点处$f(x)$的直线斜率一样，偏导数$\partial U/\partial x$和$\partial U/\partial y$近似于给定点处$U(x, y)$的平面。图11-27中的虚线显示了$U(x, y)$在图中固定点处的x和y截面。在这个窗口中，它们近似为直线，在xz和yz平面上的斜率分别接近于偏导数$\partial U/\partial x$和$\partial U/\partial y$。

尽管还没有证明，但可以先假设在$(-5, 2)$附近有一个平面最接近$U(x, y)$。因为无法辨别，所以假设图11-27中的图形就是那个平面。偏导数代表了它在x和y方向上的倾斜度有多大。平面上有两个方向比较特别。首先，沿着其中一个方向走，海拔高度不会增大或者减小。这个方向所在的直线就是平面上与 xy 平面平行的那条直线。对于在$(-5, 2)$处近似于 $U(x, y)$ 的平面，它的方向是$(2, 5)$，如图 11-28 所示。

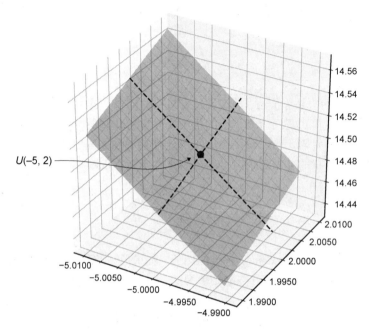

图 11-27　近看，$U(x, y)$图形在$(x, y) = (-5, 2)$附近的区域像一个平面

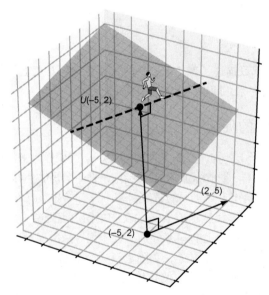

图 11-28　在 $U(x, y)$的图形上沿$(x, y) = (-5, 2)$到$(2, 5)$的方向行走，海拔高度不变

　　图 11-28 中的步行者很轻松，因为当沿着这个方向行走时，并没有爬升或下降。但如果向左转 90°，就可能沿着最陡峭的方向上坡行走。也就是沿着与(2, 5)垂直的方向(−5, 2)走。

　　这个最陡的上升方向恰好是一个向量，它的分量是 U 在给定点处的偏导数。我举了一个例子来说明这一点，虽然没有证明，但足以说明问题。对于函数 $U(x, y)$，偏导数的向量称为**梯度**，记为 ∇U。它指出了给定点处上升最陡的幅度和方向。

$$\nabla U(x, y) = \left(\frac{\partial U}{\partial x}, \ \frac{\partial U}{\partial y} \right)$$

　　我们以函数 $\nabla U(x, y) = (x, y)$ 为例，用偏导数公式来求导。函数 ∇U 是 U 的梯度，其平面上的每一点都对应一个向量，所以它确实是一个向量场！∇U 的曲线图显示了在 $U(x, y)$ 的每一点 (x, y) 处，哪个方向是上坡，以及它有多陡（见图 11-29）。

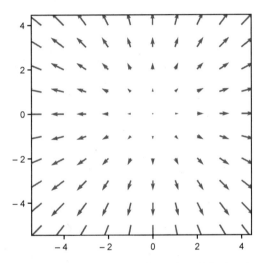

图 11-29　梯度 ∇U 是一个向量场，告诉我们图形 U 在任意一点 (x, y) 处最陡上升
　　　　　的幅度和方向

　　梯度可以把标量场和向量场连接起来，无形中给出了势能和力之间的联系。

11.5.4　用势能的梯度计算力场

　　梯度类似于标量场的普通导数。它提供了足够的信息来找到标量场的最陡上升方向、x 或 y 方向上的斜率以及最佳近似平面。但从物理学的角度来看，最陡上升方向并不是我们要寻找的。毕竟，自然界中没有对象会自发地向上移动。

　　无论是小行星游戏中的宇宙飞船，还是在碗里滚动的球，都不会受到推动其向更高势能区域移动的力。正如前面讨论的那样，它们需要外部施加一个力或者牺牲一些动能来获得更大的势能。因此，对象感受到的力应该用势能的负梯度来描述，它指向最陡的下降方向，而不是最陡的上升方向。如果 $U(x, y)$ 表示势能的标量场，则相关的力场 $\boldsymbol{F}(x, y)$ 可通过以下公式计算。

$$\boldsymbol{F}(x, y) = -\nabla U(x, y)$$

我们来举个新的例子。下面的势能函数会产生什么样的力场？

$$V(x, y) = 1 + y^2 - 2x^2 + x^6$$

把这个函数绘制出来，从而了解它的行为（见图 11-30）。

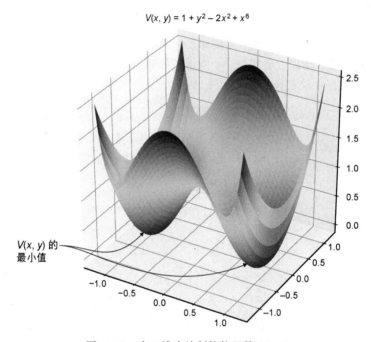

图 11-30　在三维中绘制势能函数 $V(x, y)$

图 11-30 说明了这个势能函数的形状是双碗形，有两个最低点，中间像驼峰一样。要想知道与这个势能函数相关的力场是什么样的，我们需要计算 V 的负梯度。

$$\boldsymbol{F}(x, y) = -\nabla V(x, y) = -\left(\frac{\partial V}{\partial x}, \frac{\partial V}{\partial y} \right)$$

把 y 当作常数来处理，就能得到 V 相对于 x 的偏导数，所以第一项和 y^2 不起作用。结果变为 $-2x^2 + x^6$ 相对于 x 的导数，即 $-4x + 6x^5$。

求 V 相对于 y 的偏导数，要把 x 当作一个常数，所以唯一有用的是 y^2，导数为 $2y$。因此，$V(x, y)$ 的负梯度为：

$$\boldsymbol{F}(x, y) = -\nabla V(x, y) = (4x - 6x^5, -2y)$$

图 11-31 描绘了这个向量场，表明力场指向势能最小的点。力场中的对象会感受到来自这两个点的吸引力。

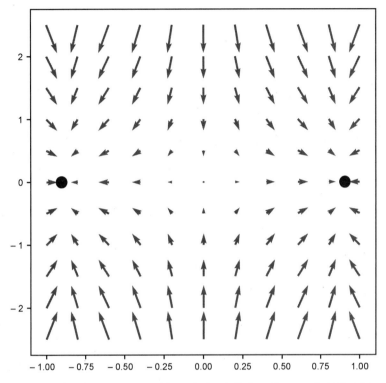

图 11-31 向量场$-\nabla V(x, y)$的图像显示了，与势能函数 $V(x, y)$相关的力场。吸引力指向两个点

势能的负梯度是自然界喜欢的方向，是释放已存储能量的方向。对象会被自然地推向其势能最小化的状态。梯度是寻找标量场最优值的重要工具，下一章会介绍这一点。在本书的最后一部分中，你会看到如何遵循负梯度来寻找最优值，模仿某些机器学习算法中的"学习"过程。

11

11.5.5 练习

练习 11.4：绘制 $h(x, y) = e^y \sin(x)$的横截面，其中 $y = 1$。然后绘制 $h(x, y)$的横截面，其中 $x = \pi/6$。

解：当 $y = 1$ 时，$h(x, y)$的横截面仅是 x 的函数，即 $h(x, 1) = e^1 \sin(x) = e \cdot \sin(x)$，如图 11-32 所示。

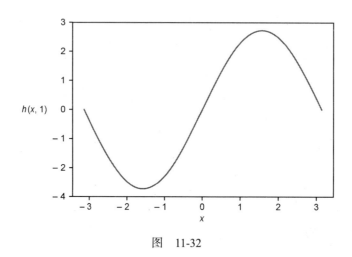

图   11-32

由于 $x = \pi/6$，$h(x, y)$的值只取决于 y，即 $h(\pi/6, y) = e^y \sin(\pi/6) = e^y/2$（如图 11-33 所示）。

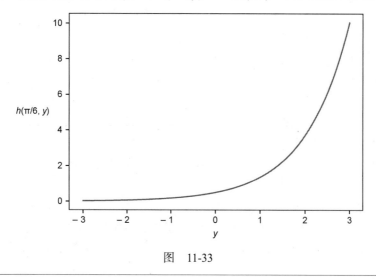

图   11-33

练习 11.5：上一个练习中的函数 $h(x, y)$的偏导数是什么？梯度是多少？$(x, y) = (\pi/6, 1)$时的梯度值是多少？

解：想计算 $e^y \sin(x)$相对于 x 的偏导数，需要将 y 作为一个常数，因此 e^y 也被视为常数，结果是：

$$\frac{\partial h}{\partial x} = e^y \cos(x)$$

同样，将 x 和 $\sin(x)$ 作为常数来计算关于 y 的偏导数。

$$\frac{\partial h}{\partial y} = \mathrm{e}^y \sin(x)$$

梯度 $\nabla h(x, y)$ 是向量场，其分量是偏导数。

$$\nabla h(x, y) = \left(\frac{\partial h}{\partial x}, \ \frac{\partial h}{\partial y} \right) = (\mathrm{e}^y \cos(x), \ \mathrm{e}^y \sin(x))$$

当 $(x, y) = (\pi/6, 1)$ 时，该向量场的计算如下。

$$\nabla h\left(\frac{\pi}{6}, 1 \right) = \left(\mathrm{e}^1 \cos\left(\frac{\pi}{6} \right), \ \mathrm{e}^1 \sin\left(\frac{\pi}{6} \right) \right) = \frac{\mathrm{e}}{2} \cdot (\sqrt{3}, 1)$$

练习 11.6：证明 $(-5, 2)$ 垂直于 $(2, 5)$。

解：这是对第 2 章的回顾。这两个向量是垂直的，因为它们的点积为零：$(-5, 2) \cdot (2, 5) = -10 + 10 = 0$。

练习 11.7（小项目）：设 $z = p(x, y)$ 为 $(-5, 2)$ 处最接近 $U(x, y)$ 的平面的方程。（从头）找出 $p(x, y)$ 的一个方程，满足在 p 中通过点 $(-5, 2)$ 的直线平行于 xy 平面。这条直线应该像上一个练习中所说的那样，平行于向量 $(2, 5, 0)$。

解：$U(x, y)$ 的公式是 $1/2(x^2 + y^2)$，则 $U(-5, 2)$ 的值为 14.5，因此点 $(x, y, z) = (-5, 2, 14.5)$ 在 $U(x, y)$ 的三维图形上。

在思考 $U(x, y)$ 的最佳近似平面的公式之前，先来回顾一下我们是如何得到函数 $f(x)$ 的最佳近似直线的。函数 $f(x)$ 在点 x_0 处的最佳近似直线是通过点 x_0 且斜率为 $f'(x_0)$ 的直线。这两个条件保证了 $f(x)$ 的值和导数都与它的近似直线一致。

根据这个模型，我们来寻找平面 $p(x, y)$，它的值和**两个偏导数**在 $(x, y) = (-5, 2)$ 处一致。这意味着 $p(-5, 2) = 14.5$，且 $\partial p/\partial x = -5$，$\partial p/\partial y = 2$。对于一些数 a 和 b 来说，$p(x, y)$ 的公式为 $p(x, y) = ax + by + c$。（你记得为什么吗？）偏导数如下：

$$\frac{\partial p}{\partial x} = a \quad \text{和} \quad \frac{\partial p}{\partial y} = b$$

将上述条件代入公式得 $p(x, y) = -5x + 2y + c$，要使 $p(-5, 2) = 14.5$ 成立，则 $c = -14.5$。因此，最佳近似平面的公式为 $p(x, y) = -5x + 2y - 14.5$。

现在来寻找平面 $p(x, y)$ 中穿过 $(-5, 2)$ 的直线，它平行于 xy 平面。点 (x, y) 满足 $p(x, y) = p(-5, 2)$，这意味着 $(-5, 2)$ 和 (x, y) 之间没有高程变化。

令 $p(x, y) = p(-5, 2)$，则 $-5x + 2y - 14.5 = -5 \cdot -5 + 2 \cdot 2 - 14.5$。这就简化为了直线方程：$-5x + 2y = 29$。这条直线相当于向量集 $(-5, 2, 14.5) + r \cdot (2, 5, 0)$，其中 r 是实数，因此它确实平行于 $(2, 5, 0)$。

11.6　小结

- ❏ 向量场是一个将向量既作为输入又作为输出的函数。具体来说，我们所绘制空间中的每个点都被赋予了一个箭头向量。

- ❏ 引力可以用向量场来模拟。空间中任意一点处向量场的值描述了对象被引力拉动的强度和方向。

- ❏ 要模拟对象在向量场中的运动，需要用它的位置信息来计算其所在力场的强度和方向。反过来，力场的值表明对象所受的力，牛顿第二定律表明了由此产生的加速度。

- ❏ **势能**是存储起来、可以产生运动的能量。对象在力场中的势能由对象所在的位置决定。

- ❏ 势能可以被建模为一个标量场：给空间中的每个点分配一个数值，即对象在该点上的势能的量。

- ❏ 有几种方法可以在二维中描绘标量场：三维曲面、热图、等高线图或一对横截面图。

- ❏ 标量场的偏导数给出了标量场值相对于坐标的变化率。例如，如果 $U(x, y)$ 是一个二维的标量场，则存在相对于 x 和 y 的偏导数。

- ❏ 偏导数与标量场横截面的导数相同。通过将其他变量视为常数，可以计算一个变量的偏导数。

- ❏ 标量场 U 的梯度是一个向量，其分量是 U 相对于每个坐标的偏导数。梯度指向 U 最陡的上升方向或 U 增长最快的方向。

- ❏ 与力场对应的势能函数的负梯度告诉我们该点处的力场向量值。这意味着对象被推向较低势能的区域。

第 12 章

优化物理系统

本章内容

☐ 炮弹的模拟与可视化
☐ 利用导数求函数的最大值和最小值
☐ 模拟调参
☐ 可视化输入参数空间并进行模拟
☐ 实现梯度上升法，最大化多元函数

在最后几章里，我们基本上会将重点放在视频游戏的物理模拟上。这是一个有趣而简单的示例。在实际生活中，还有很多重要的应用场景，比如发射火箭到火星、建造一座桥梁或者钻一口油井。在尝试这些伟大的工程壮举之前，一定要保障安全和成功，而且要在预算之内。每个项目都有要优化的目标。例如，尽量减少火箭的飞行时间，尽量减少桥梁中混凝土的用量或成本，或者尽量增加油井的产量。

为了学习关于优化的知识，我们将重点介绍一个关于炮弹的简单示例——从炮筒发射炮弹。假设炮弹每次以相同的速度从炮筒中射出，发射角度将决定弹道（见图 12-1）。

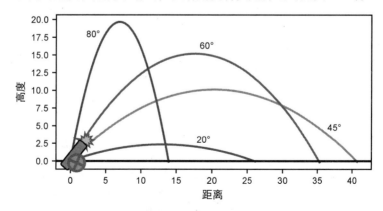

图 12-1　以四种发射角度发射的炮弹的轨迹

如图 12-1 所示，四种不同的发射角度会产生四种不同的轨迹，其中 45°是将炮弹发射得最远的角度，而 80°是将炮弹发射得最高的角度。这里只选取了 0 和 90°之间的几个角度，所以不能确定它们是最好的。我们的目标是系统地探索可能的发射角度范围，以确保得到使炮弹射程最优的角度。

为此，我们首先为炮弹建立一个模拟器。这个模拟器将是一个 Python 函数，以发射角度作为输入，运行欧拉方法（正如我们在第 9 章中所做的那样）来模拟炮弹的逐点运动，直到它落至地面，并输出一个炮弹随时间变化的位置列表。我们将从结果中得到炮弹的最终水平位置，即落地位置或射程。把这些步骤整合在一起，就实现了一个接收发射角度并返回炮弹射程的函数（见图 12-2）。

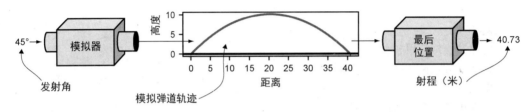

图 12-2　使用模拟器计算炮弹的射程

将所有这些逻辑封装在一个名为 landing_position 的 Python 函数中，它是关于发射角的函数，可以计算炮弹的射程。接下来，就可以考虑如何找到使射程最大化的发射角度了。可以用两种方法来实现这一点。第一种方法是，绘制一张射程与发射角的关系图，并寻找最大值（见图 12-3）。

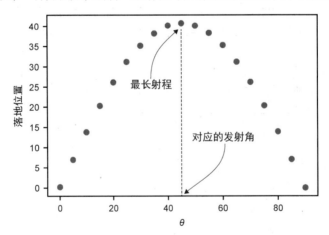

图 12-3　观察射程与发射角的关系图，可以看到产生最远射程的发射角的近似值

第二种方法是把模拟器放在一边，找出炮弹射程 $r(\theta)$ 与发射角 θ 的函数关系式。这应该与模拟的结果相同，但因为这是一个数学公式，所以可以使用第 10 章的内容对其求导。从这个导数可以得知，如果发射角稍有增大，射程会增加多少。在某些角度上，射程是递减的——增加发射角度会导致射程**变短**，这说明已经超过了最佳值。在这之前，某个瞬间 $r(\theta)$ 的导数为零，而在导数为零的地方，射程正好是最大值。

在二维模拟中使用这两种优化技术进行热身之后，来尝试一下更具挑战性的三维模拟吧。三维模拟可以控制炮弹的上升角度以及横向发射方向。如果炮弹周围的地形高度不同，那么发射方向就会对炮弹在落地前的飞行距离产生影响（见图 12-4）。

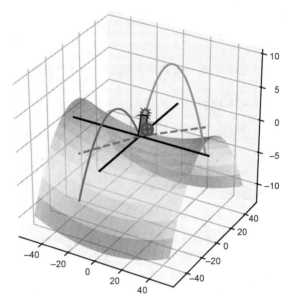

图 12-4　在地形不平坦的情况下，炮弹的发射方向也会影响炮弹的射程

对于本例，我们会构建一个函数 $r(\theta, \phi)$，输入两个角度 θ 和 ϕ，然后输出落地位置。挑战在于找到能使炮弹射程最大化的一对 (θ, ϕ)。这个例子会涉及第三种也是最重要的优化技术：**梯度上升**。

正如在上一章所学到的，$r(\theta, \phi)$ 在一点 (θ, ϕ) 处的梯度是一个指向使 r 增长最快的方向的向量。我们将编写一个名为 `gradient_ascent` 的 Python 函数，该函数接收一个要优化的函数以及一对起始输入，并使用梯度来寻找越来越大的值，直到达到最优值。

最优化是一个广阔的数学领域，希望能以此帮助你了解一些基本技术。我们将用到的所有函数都是平滑的，所以到目前为止学到的许多微积分工具都可以用起来了。此外，本章使用的优化方法为机器学习算法中的计算机"智能"优化奠定了基础，这些算法将在本书的最后几章中讨论。

12.1　测试炮弹模拟器

我们的第一个任务是建立一个模拟器来计算炮弹的飞行轨迹。模拟器是一个名为 `trajectory` 的 Python 函数。它接收发射角度以及其他一些控制参数，并返回炮弹随时间变化的位置，直到炮弹掉落在地球上。建立这个模拟器，需要求助于我们在第 9 章中认识的老朋友——欧拉方法。

接下来，用欧拉方法模拟运动，以很小的时间增量（这里用 0.01 秒）推移。我们能够得到炮弹在每一时刻的位置及导数：速度和加速度。通过速度和加速度可推出下一时刻位置的近似变化，重复这个过程，直到炮弹落地。在这个过程中，保存炮弹在每次运动时的时间以及 x 和 y 的位置，并输出它们作为 trajectory 函数的结果。

最后，编写一些函数，把从 trajectory 函数返回的结果作为输入，分析炮弹飞行中的一些数值属性。landing_position、hang_time 和 max_height 函数分别输出炮弹的射程、在空中的时间和最大高度。每个输出都是一个数值，随后我们会进行优化。

12.1.1   用欧拉方法建立模拟器

在第一个二维模拟器中，我们称水平方向为 x 方向，垂直方向为 z 方向。这样添加另一个水平方向时不必重命名这两个方向。我们称炮弹的发射角度为 θ，速度为 v，如图 12-5 所示。

运动对象的**速度** v 被定义为其速度向量的大小，即 $v = |v|$。给定发射角 θ，则炮弹速度的 x 和 z 分量分别为 $v_x = |v| \cdot \cos(\theta)$ 和 $v_z = |v| \cdot \sin(\theta)$。假设炮弹离开炮筒的时刻为 $t = 0$，坐标 (x, z) 为 $(0, 0)$，还要再引入一个可配置的发射高度。以下是使用欧拉方法的基本模拟器。

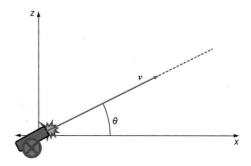

图 12-5   炮弹模拟器中的变量

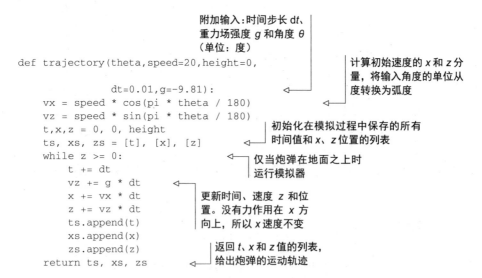

附加输入：时间步长 dt、重力场强度 g 和角度 θ（单位：度）

计算初始速度的 x 和 z 分量，将输入角度的单位从度转换为弧度

初始化在模拟过程中保存的所有时间值和 x、z 位置的列表

仅当炮弹在地面之上时运行模拟器

更新时间、速度 z 和位置。没有力作用在 x 方向上，所以 x 速度不变

返回 t、x 和 z 值的列表，给出炮弹的运动轨迹

```
def trajectory(theta,speed=20,height=0,
              dt=0.01,g=-9.81):
    vx = speed * cos(pi * theta / 180)
    vz = speed * sin(pi * theta / 180)
    t,x,z = 0, 0, height
    ts, xs, zs = [t], [x], [z]
    while z >= 0:
        t += dt
        vz += g * dt
        x += vx * dt
        z += vz * dt
        ts.append(t)
        xs.append(x)
        zs.append(z)
    return ts, xs, zs
```

在本书的源代码中，有一个 plot_trajectories 函数，它将 trajectory 函数的输出结果作为输入，并将其传给 Matplotlib 的 plot 函数，绘制曲线来显示每个炮弹的飞行轨迹。例如，

图 12-6 显示了发射角为 45°与 60°的发射曲线，代码如下。

```
plot_trajectories(
    trajectory(45),
    trajectory(60))
```

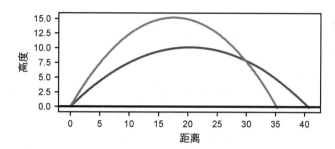

图 12-6 `plot_trajectories` 函数的输出显示了 45°和 60°发射角的运行结果

从图 12-6 中可以看到，45°发射角产生了更长的射程，而 60°发射角产生了更高的高度。为了优化这些特性，需要在弹道中测量这些指标。

12.1.2 测量弹道的属性

保留弹道的原始输出很有用，以便将来绘制，但有些时候需要关注一个最重要的数字。例如，炮弹的射程是弹道的最后一个 x 坐标，也就是炮弹落地前的最后一个 x 位置。这里有一个函数，它将 `trajectory` 函数的输出（带有时间和 x、z 位置信息的列表）作为输入，提取出射程或落地位置。对于输入的轨迹 `traj`，`traj[1]` 列出了 x 坐标，而 `traj[1][-1]` 是列表中的最后一个条目。

```
def landing_position(traj):
    return traj[1][-1]
```

射程是炮弹弹道的主要指标，不过也可以测量其他一些指标。例如，我们可能想知道滞空时间（炮弹在空中停留的时间）或者飞行的最大高度。创建另一些 Python 函数，从模拟的弹道中提取出这些属性即可，例如：

```
def hang_time(traj):
    return traj[0][-1]
```
滞空时间等于最后的时间值，即弹道接触地面时的时间

```
def max_height(traj):
    return max(traj[2])
```
最大高度是 z 位置的最大值，即弹道输出的第三个列表中的最大值

为了找到这些指标的最优值，需要研究发射角度参数是如何影响它们的。

12

12.1.3　探索不同的发射角度

trajectory 函数接收发射角度，并生成炮弹飞行过程中的全部时间和位置数据。像 landing_position 这样的函数则将这些数据作为输入并返回一个数。将这两个函数组合在一起（见图 12-7），就能得到一个以发射角为输入的落地位置函数，假定其中所有的其他模拟属性都为常数。

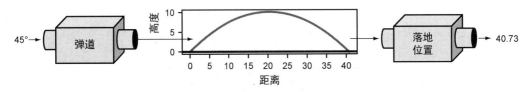

图 12-7　落地位置关于发射角的函数

测试发射角对落地位置影响的一种方法是，将几种不同的发射角对应的落地位置绘制成图（见图 12-8）。为此，需要对几个不同的 θ（theta）值计算组合函数 landing_position (trajectory(theta)) 的结果，并将其传递给 Matplotlib 的 scatter 函数。例如，发射角取 range(0, 90, 5)，即从 0 到 90°的角度，以 5°为增量。

```
import matplotlib.pyplot as plt
angles = range(0,90,5)
landing_positions = [landing_position(trajectory(theta))
                        for theta in angles]
plt.scatter(angles,landing_positions)
```

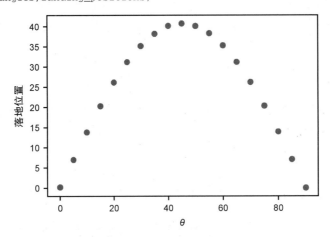

图 12-8　对于几种不同的发射角取值，炮弹落地位置与发射角的关系图

可以根据图 12-8 猜出最优值是多少。在 45°发射角下，落地位置在距发射位置 40 米多一点儿的地方达到最大。也就是说，45°是使落地位置最大化的发射角**精确**值。在下一节中，我们将用微积分而非模拟来确认这个最大值。

12.1.4 练习

练习 12.1：炮弹以初始高度为 0、发射角为 50°发射，能飞多远？如果以 130°的角度发射呢？

解：在 50°时，炮弹朝正方向前进了约 40.1 米，而在 130°时，朝负方向前进了约 40.1 米。

```
>>> landing_position(trajectory(50))
40.10994684444007
>>> landing_position(trajectory(130))
-40.10994684444007
```

这是因为 x 轴正方向的 130°与 x 轴负方向的 50°相同。

练习 12.2（小项目）：增强 plot_trajectories 函数，每过 1 秒就在轨迹图上画一个大圆点，从而在图上体现时间的流逝。

解：以下是对函数的更新。在每整数秒后查找最近时间的索引，并在每个索引处绘制(x, z)值的散点图。

```
def plot_trajectories(*trajs,show_seconds=False):
    for traj in trajs:
        xs, zs = traj[1], traj[2]
        plt.plot(xs,zs)
        if show_seconds:
            second_indices = []
            second = 0
            for i,t in enumerate(traj[0]):
                if t>= second:
                    second_indices.append(i)
                    second += 1
            plt.scatter([xs[i] for i in second_indices],
                        [zs[i] for i in second_indices])
    ...
```

这样就可以绘制出每条轨迹的经过时间，例如（见图 12-9）：

```
plot_trajectories(
    trajectory(20),
    trajectory(45),
    trajectory(60),
    trajectory(80),
    show_seconds=True)
```

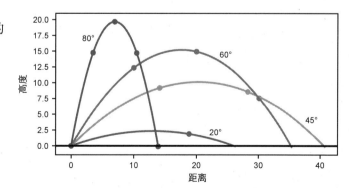

图 12-9 四条弹道轨迹的曲线图，其中的圆点显示了炮弹在每整数秒的位置

练习 12.3：绘制当发射角为 0° 到 180° 时飞行时间与角度关系的散点图。哪个发射角可以得到最长的飞行时间？

解：

```
test_angles = range(0,181,5)
hang_times = [hang_time(trajectory(theta)) for theta in test_angles]
plt.scatter(test_angles, hang_times)
```

从图 12-10 可以看出，约 90° 的发射角产生的空中飞行时间最长，仅约 4 秒。这是有道理的，因为在 $\theta = 90°$ 时产生的初速度垂直分量最大。

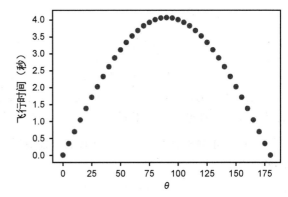

图 12-10   炮弹在空中的飞行时间与发射角度的函数关系图

练习 12.4（小项目）：编写函数 `plot_trajectory_metric`，在给定的一组 θ 值集合上绘制想要的任何度量结果。例如：

```
plot_trajectory_metric(landing_position,[10,20,30])
```

绘制当发射角为 10°、20° 和 30° 时落地位置与发射角关系的散点图。

另外，将 `plot_trajectory_metric` 的关键字参数传递给内部调用的 `trajectory` 函数，这样可以使用不同的模拟参数重新运行测试。例如，用如下代码绘制相同的图，但模拟的初始发射高度设为 10 米。

```
plot_trajectory_metric(landing_position,[10,20,30], height=10)
```

解：

```
def plot_trajectory_metric(metric,thetas,**settings):
    plt.scatter(thetas,
                [metric(trajectory(theta,**settings))
                 for theta in thetas])
```

运行下面的命令来绘制上一个练习中的内容。

```
plot_trajectory_metric(hang_time, range(0,181,5))
```

练习 12.5（小项目）：如果炮弹的初始发射高度为 10 米，那么它达到最大射程的近似发射角度是多少？

解：可以运行上一个小项目中的 `plot_trajectory_metric` 函数（见图 12-11）。

```
plot_trajectory_metric(landing_position,range(0,90,5), height=10)
```

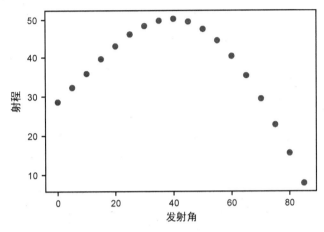

图 12-11　当发射高度 10 米时，炮弹射程与发射角的关系图

从 10 米高发射的最佳角度约为 40°。

12.2　计算最佳射程

利用微积分，可以计算出炮弹的最大射程，以及最大射程对应的发射角。这实际上需要两个独立的微积分应用。首先，需要得到射程 r 关于发射角 θ 的精确函数。注意，这需要相当多的代数运算。我会细致地引导你完成所有步骤，因此不必担心。你也可以直接跳到函数 $r(\theta)$ 的最终形式并继续阅读。

接着，了解如何用导数来求函数 $r(\theta)$ 的最大值以及对应的角度 θ。也就是说，使导数 $r'(\theta)$ 等于零的 θ 值也是使 $r(\theta)$ 到达最大值的 θ 值。也许你现在还不清楚为什么这样做，等我们研究了 $r(\theta)$ 的图形与它的斜率变化之后，你就会明白了。

12.2.1　求炮弹射程关于发射角的函数

炮弹飞行的水平距离其实很容易计算。速度的 x 分量 v_x 在整个飞行过程中是不变的。对于总的飞行时间 Δt，炮弹的总飞行距离为 $r = vx \cdot \Delta t$。难点在于求出精确的飞行时间 Δt。

这个时间又决定了炮弹随时间变化的 z 位置，即函数 $z(t)$。假设炮弹从初始高度为零的地方发射，那么 $z(t)$ 第一次为零发生在 $t = 0$ 时，第二次就是我们要找的时间。图 12-12 是模拟当 $\theta = 45°$ 时 $z(t)$ 的图形。需要注意的是，图的形状看起来很像弹道轨迹，但横轴（t）表示的是时间。

```
trj = trajectory(45)
ts, zs = trj[0], trj[2]
plt.plot(ts,zs)
```

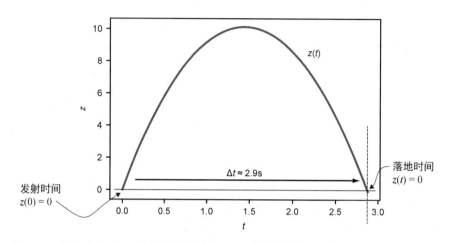

图 12-12　炮弹的函数 $z(t)$ 的图形显示了在 $z = 0$ 时的发射时间和落地时间。从图中可以看出，经过的时间约为 2.9 秒

我们知道 $z''(t) = g = -9.81$，这是重力加速度。还知道对于初始的速度 z，有 $z'(0) = |\boldsymbol{v}| \cdot \sin(\theta)$，以及对于初始的位置 z，有 $z(0) = 0$。要得到位置函数 $z(t)$，需要对加速度 $z''(t)$ 进行两次积分。第一次积分可以得到速度。

$$z'(t) = z'(0) + \int_0^t g\mathrm{d}\tau = |\boldsymbol{v}| \cdot \sin(\theta) + gt$$

第二次积分可以得到位置。

$$z(t) = z(0) + \int_0^t z'(\tau)\mathrm{d}\tau = \int_0^t |\boldsymbol{v}| \cdot \sin(\theta) + g\tau \mathrm{d}\tau = |\boldsymbol{v}| \cdot \sin(\theta) \cdot t + \frac{g}{2}t^2$$

将这个公式绘制出来，可以证实它与模拟结果相吻合（见图 12-13）。几乎看不出二者的差别。

```
def z(t):
    return 20*sin(45*pi/180)*t + (-9.81/2)*t**2
```
　　　　　　　　　　　　　　　　　　　　　　　　将积分的结果 $z(t)$ 直接
　　　　　　　　　　　　　　　　　　　　　　　　转换成 Python 代码
```
plot_function(z,0,2.9)
```

为了简化，把初始速度$|v| \cdot \sin(\theta)$写成v_z，即$z(t) = v_z t + g t^2/2$。目标是找到使$z(t) = 0$的t值，即炮弹的总飞行时间。你可能还记得如何用高中数学找到这个值。如果不记得，我们来快速回忆一下。要想解出方程$at^2 + bt + c = 0$中的t值，需要把a、b和c的值代入如下**二次方程求根公式**。

$$t = \frac{-b \pm \sqrt{b^2 - 4ac}}{2a}$$

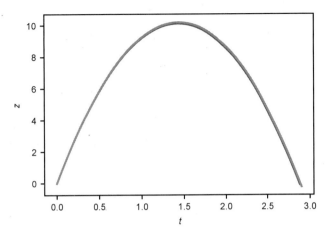

图 12-13　在模拟值上绘制精确值函数$z(t)$

形如$at^2 + bt + c = 0$的方程有两个解：炮弹两次接触地面，即$z = 0$时。符号±是速记符号，表明方程在这一点上使用+或-可以得到两个不同（但合法）的答案。

对于$z(t) = v_z t + g t^2/2 = 0$，有$a = g/2$、$b = v_z$和$c = 0$。代入公式可以得到：

$$t = \frac{-v_z \pm \sqrt{v_z^2}}{g} = \frac{-v_z \pm v_z}{g}$$

将±视为+（加号），则结果为：$t = (-v_z + v_z)/g = 0$。这表示当$z = 0$时，$t = 0$。这跟事实相符，证实了炮弹开始位于$z = 0$。将±视为-（减号），则结果是$t = (-v_z - v_z)/g = -2v_z/g$。

我们来确认一下结果。根据模拟中的数据，初始速度为 20 m/s，发射角为 45°，那么z方向的初始速度v_z是$20 \cdot \sin(45°)$，则t为$-2 \cdot (20 \cdot \sin(45°))/-9.81 \approx 2.88$。这与我们从图中看到的 2.9 秒非常接近。

因此，我们能自信地计算出飞行时间$\Delta t = -2v_z/g$或$\Delta t = -2|v|\sin(\theta)/g$。因为射程为$r = v_x \cdot \Delta t = |v|\cos(\theta) \cdot \Delta t$，所以射程$r$关于发射角$\theta$的完整函数表达式为：

$$r(\theta) = -\frac{2|v|^2}{g}\sin(\theta)\cos(\theta)$$

12

把这个函数和对应角度在模拟中得到的落地位置并排绘制出来，可以看到它们是一致的，如图 12-14 所示。

```
def r(theta):
    return (-2*20*20/-9.81)*sin(theta*pi/180)*cos(theta*pi/180)

plot_function(r,0,90)
```

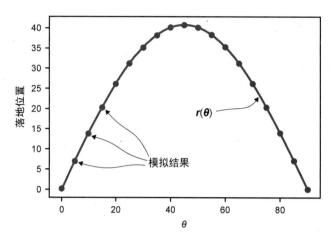

图 12-14　关于发射角的射程函数 $r(\theta)$ 的计算结果，与模拟的落地位置相吻合

　　$r(\theta)$ 函数比反复运行模拟器更具优势。首先，函数能计算机出炮弹在**每个**发射角度的射程，而不仅仅局限于模拟的几个角度。其次，该函数的计算成本比运行欧拉方法的数百次迭代要低得多。对于更复杂的模拟，优势就更明显了。此外，函数计算能够得出精确的结果，而不是近似值。最后，也就是我们接下来要利用的一个优势，就是函数 $r(\theta)$ 是平滑的，所以通过对其求导，就可以了解炮弹的射程随发射角度的变化。

12.2.2　求最大射程

　　观察图 12-15 中的 $r(\theta)$ 图形，可以设定对导数 $r'(\theta)$ 的期望值。当从零开始增大发射角时，射程也会在一段时间内增大，但增大的速率是递减的。接着，发射角继续增大但射程开始减小。

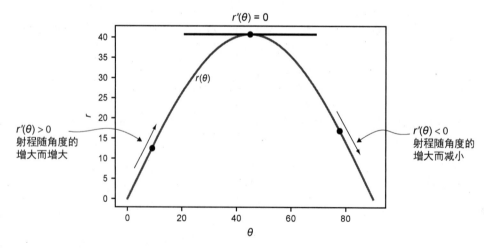

图 12-15　当导数为零时，$r(\theta)$ 的曲线图达到最大值，因此曲线图在这一点的斜率为零

关键的是，当 $r'(\theta)$ 为正时，射程随 θ 的增大而增大。然后，导数 $r'(\theta)$ 越过零变为负值，射程开始减小。恰恰在这个角度上（导数为零），函数 $r(\theta)$ 达到最大值。从图 12-15 中可看到，$r(\theta)$ 的图像在斜率为零时达到其最大值。

我们可以符号化地求 $r(\theta)$ 的导数，找到它在 0° 和 90° 之间等于零的位置。这个位置应该与发射角为 45° 时近似的最大值一致。注意 r 的公式是：

$$r(\theta) = -\frac{2|v|^2}{g}\sin(\theta)\cos(\theta)$$

因为 $-2|v|^2/g$ 相对于 θ 是常数，难点只在于使用乘积法则计算 $\sin(\theta)\cos(\theta)$。结果是：

$$r'(\theta) = -\frac{2|v|^2}{g}\left(\cos^2(\theta) - \sin^2(\theta)\right)$$

注意，这里的负号不见了。你以前可能没见过 $\sin^2(\theta)$，它表示 $(\sin(\theta))^2$。当表达式 $\sin^2(\theta) - \cos^2(\theta)$ 为零时，导数 $r'(\theta)$ 的值为零（等式中的常数可忽略）。有几种方法可以计算出这个表达式在何处为零，其中一个特别好的方法是使用三角恒等式 $\cos(2\theta) = \cos^2(\theta) - \sin^2(\theta)$。这样问题就简化了，只需要找出 $\cos(2\theta)$ 在何处为零即可。

对于 $\pi/2$ 或其加上 π 的任意倍数，即对于 90° 或其加上 180° 的任意倍数（90°、270°、450° 等），余弦函数都为零。如果 2θ 等于这些值，那么 θ 就是其一半：45°、135°、225° 等。

这里面有两个有趣的值。第一，$\theta = 45°$ 是 $\theta = 0$ 和 $\theta = 90°$ 之间的解，所以我们要找的解与期望一致！第二个有趣的解是 135°，因为它与以相反方向上 45° 发射炮弹的结果相同（见图 12-16）。

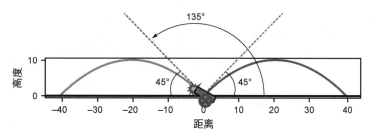

图 12-16　在模型中，以 135° 发射炮弹就像以相反方向上 45° 发射一样

在 45° 和 135° 的发射角度下，得出的射程是：

```
>>> r(45)
40.774719673802245
>>> r(135)
-40.77471967380224
```

事实证明，在所有其他参数相同的情况下，这两个值是炮弹落地的极值。45° 的发射角可以得到落地位置的最大值，135° 的发射角可以得到落地位置的最小值。

12.2.3 确定最大值和最小值

为了进一步研究 45°处的最大射程和 135°处的最小射程之间的差异，我们继续扩展 $r(\theta)$。记住，我们是在导数 $r'(\theta)$ 为 0 的位置上找到这两个角度的（见图 12-17）。

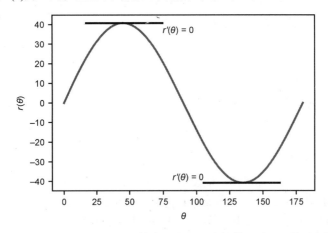

图 12-17 $\theta = 45°$和 $\theta = 135°$是在 0 和 180°之间使 $r'(\theta) = 0$ 的两个值

虽然平滑函数的**最大值**都出现在导数为零的地方，但反过来说不一定成立，并不是每一个导数为零的地方都会产生最大值。如图 12-17 所示，当 $\theta = 135°$时，导数为零也可以产生函数的**最小值**。

还要谨慎对待函数的全局行为，因为在所谓的**局部**最大值或最小值处，导数可能为零，即函数短暂地达到最大值或最小值，但是真实的**全局**最大值或最小值在其他地方。图 12-18 展示了一个典型的例子：$y = x^3 - x$。只看$-1 < x < 1$ 的区域，有两个地方的导数为零，看起来分别是最大值和最小值。而当着眼于更大的区域时，你会发现这两个地方都不是整个函数的最大值和最小值，因为函数在两个方向上都趋向无穷。

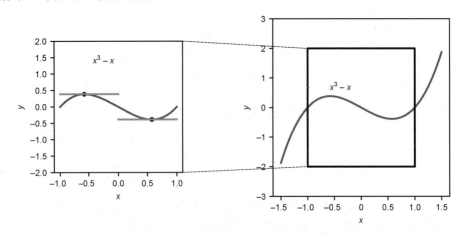

图 12-18   左图中的这两个点分别为**局部最小值**和**局部最大值**，但不是函数的最小值和最大值

另一种让人吃惊的情况是，导数为零的点甚至可能不是局部最小值或最大值。例如，函数 $y = x^3$ 在 $x = 0$ 处的导数为零（见图 12-19）。这一点恰好是函数 x^3 暂时停止增加的地方。

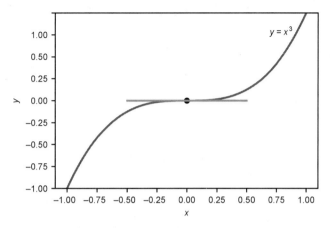

图 12-19   对于 $y = x^3$，虽然导数在 $x = 0$ 时为零，但这不是最小值或最大值

我们不讨论如何判断一个导数为零的点是最小值、最大值，还是两者都不是，也不讨论如何区分局部与全局的最小值和最大值等技术问题。这里的核心思想是，只有完全理解一个函数的行为，才能有信心地说找到了一个最优值。考虑到这一点，我们将继续讨论一些更复杂的待优化函数和新的优化技术。

12.2.4   练习

练习 12.6：使用关于发射角 θ 的飞行时间 Δt 的公式，求出炮弹最长飞行时间对应的发射角度。

解：炮弹在空中的飞行时间为 $t = 2v_z/g = 2v\sin(\theta)/g$，其中初始速度为 $v = |\boldsymbol{v}|$。当 $\sin(\theta)$ 最大时，飞行时间最长，这不需要计算。当 $0 \leq \theta \leq 180°$ 时，$\sin(\theta)$ 的最大值出现在 $\theta = 90°$。换句话说，当所有其他参数不变时，炮弹直接向上发射在空中停留的时间最长。

12

练习 12.7：确认 $\sin(x)$ 的导数在 $x = 11\pi/2$ 处为零。这是 $\sin(x)$ 的最大值还是最小值？

解：$\sin(x)$ 的导数为 $\cos(x)$，并且

$$\cos\left(\frac{11\pi}{2}\right) = \cos\left(\frac{3\pi}{2} + 4\pi\right) = \cos\left(\frac{3\pi}{2}\right) = 0$$

所以 $\sin(x)$ 的导数在 $x = 11\pi/2$ 时确实为零。因为 $\sin(11\pi/2) = \sin(3\pi/2) = -1$，而正弦函数的取值范围在 -1 和 1 之间，所以可以肯定这是一个局部最小值。下面用 $\sin(x)$ 的图形来证实这一点，见图 12-20。

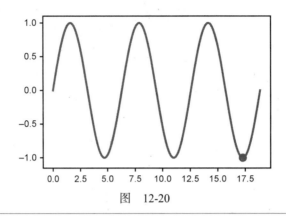

图　12-20

练习 12.8：$f(x) = x^3 - x$ 的局部最大值和最小值在哪里？值分别是多少？

解：从函数图中可以看出，$f(x)$ 在某些 $x > 0$ 的地方达到局部最小值，在某些 $x < 0$ 的地方达到局部最大值。下面来找出这两个点。

因为导数是 $f'(x) = 3x^2 - 1$，所以有 $3x^2 - 1 = 0$。虽然可以用二次方程来求解 x，但是本题很简单，可以一眼看出来。如果 $3x^2 - 1 = 0$，那么 $x^2 = 1/3$，所以 $x = -1/\sqrt{3}$ 或 $x = 1/\sqrt{3}$。这些都是 $f(x)$ 达到局部最小值和最大值时的 x 值。

局部最大值为：

$$f\left(\frac{-1}{\sqrt{3}}\right) = \frac{-1}{3\sqrt{3}} - \frac{-1}{\sqrt{3}} = \frac{2}{3\sqrt{3}}$$

局部最小值为：

$$f\left(\frac{1}{\sqrt{3}}\right) = \frac{1}{3\sqrt{3}} - \frac{1}{\sqrt{3}} = \frac{-2}{3\sqrt{3}}$$

练习 12.9（小项目）：当 $a \neq 0$ 时，二次函数 $q(x) = ax^2 + bx + c$ 的图形是一条**抛物线**，只有一个最大值或最小值。已知数 a、b 和 c，使 $q(x)$ 最大或最小的 x 值是多少？如何判断这个点是最小值还是最大值？

解：导数 $q'(x) = 2ax + b$。当 $x = -b/2a$ 时，该导数为零。

如果 a 为正值，则导数在 x 值较小时为负值，然后在 $x = -b/2a$ 处达到零，并从这一点开始为正值。这意味着 q 在 $x = -b/2a$ 之前是递减的，此后递增。这意味着 $x = -b/2a$ 是 $q(x)$ 的**最小值**。

如果 a 为负值，则整体是反过来的。因此，如果 a 为正值，则 $x = -b/2a$ 对应的 $q(x)$ 是最小值；如果 a 为负值，则它是最大值。

12.3 增强模拟器

随着模拟器变得越来越复杂，可能有多个参数来控制其行为。对于最初的炮弹，发射角 θ 是唯一的参数。为了优化炮弹的射程，我们设计了只有一个变量的函数：$r(\theta)$。在本节中，我们将在三维空间里发射炮弹，这意味着需要两个发射角度作为参数来优化炮弹的射程。

12.3.1 添加另一个维度

首先，要在模拟器中增加 y 维度。想象一下炮弹位于 xy 平面的原点，以一定的角度射向 z 方向。在这个版本的模拟器中，你可以控制角度 θ 以及第二个角度 ϕ（希腊字母 phi），后者表示炮弹从 x 轴正方向横向旋转的角度（见图 12-21）。

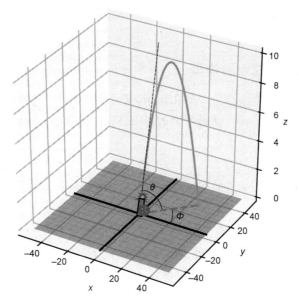

图 12-21 在三维空间中发射的炮弹，角度 θ 和 ϕ 决定了炮弹的发射方向

要在三维中模拟炮弹，需要在 y 方向上添加运动。z 方向上的物理性质与原来完全相同，但是水平速度要在 x 和 y 方向上拆分，这取决于角度 ϕ 的值。之前初始速度的 x 分量是 $v_x = |v|\cos(\theta)$，现在添加 $\cos(\phi)$ 因子来表示 $v_x = |v|\cos(\theta)\cos(\phi)$。初始速度的 y 分量是 $v_y = |v|\cos(\theta)\sin(\phi)$。因为重力不作用在 y 方向上，所以不需要在模拟过程中更新 v_y。更新后的弹道函数如下。

```
def trajectory3d(theta,phi,speed=20,
                 height=0,dt=0.01,g=-9.81):
    vx = speed * cos(pi*theta/180)*cos(pi*phi/180)      ← 横向角度 φ 是模拟器的
    vy = speed * cos(pi*theta/180)*sin(pi*phi/180)      ←   输入参数
    vz = speed * sin(pi*theta/180)                      ← 计算初始 y 速度
    t,x,y,z = 0, 0, 0, height
```

```
ts, xs, ys, zs = [t], [x], [y], [z]                存储在整个模拟过程中的时间
while z >= 0:                                       值以及 x、y 和 z 的位置
    t += dt
    vz += g * dt
    x += vx * dt
    y += vy * dt
    z += vz * dt                     在每次迭代中更新
    ts.append(t)                     y 的位置
    xs.append(x)
    ys.append(y)
    zs.append(z)
return ts, xs, ys, zs
```

如果这种模拟成功,我们不希望产生最大射程的角度 θ 发生改变。无论是在 x 轴正方向、x 轴负方向还是平面内的任何其他方向上,以水平面之上 45° 的角度发射炮弹,炮弹的飞行距离应该是一样的。也就是说,ϕ 并不影响飞行距离。接下来,在发射点周围加上高度可变的地形,让飞行距离发生变化。

12.3.2 在炮弹周围建立地形模型

炮弹周围的山丘和山谷意味着,当在不同的位置发射炮弹时,炮弹在空中停留的时间不同。我们用一个函数来模拟平面 $z = 0$ 上方或下方的海拔高度,它为每一个 (x, y) 点返回一个数。例如:

```
def flat_ground(x,y):
    return 0
```

表示平坦的地面,其中每个 (x, y) 点的海拔高度都为零。用另一个函数表示两个山谷之间的山脊。

```
def ridge(x,y):
    return (x**2 - 5*y**2) / 2500
```

在这个山脊上,地面从原点开始,在 x 轴正负方向同时向上倾斜,在 y 轴正负方向同时向下倾斜。(可以在 $x = 0$、$y = 0$ 处绘制此函数的横截面来证实这一点。)

无论是模拟平地上还是山脊上的炮弹,都得调整 trajectory3d 函数,使其在炮弹落地时停止,而不是在海拔高度为零时停止。为此,在函数中用关键字参数 elevation 来定义地形(默认为平地),并调整检验炮弹是否高于地面的测试。以下是更改后的函数。

```
def trajectory3d(theta,phi,speed=20,height=0,dt=0.01,g=-9.81,
                 elevation=flat_ground):
    ...
    while z >= elevation(x,y):
        ...
```

在源代码中,还有一个名为 plot_trajectories_3d 的函数,可以绘制 trajectory3D 的结果以及指定的地形。为了证实模拟结果,从图中可以看到当炮弹向下坡方向发射时,炮弹落在 $z = 0$ 以下;当向上坡方向发射时,则落在 $z = 0$ 以上(见图 12-22)。

```
plot_trajectories_3d(
    trajectory3d(20,0,elevation=ridge),
    trajectory3d(20,270,elevation=ridge),
    bounds=[0,40,-40,0],
    elevation=ridge)
```

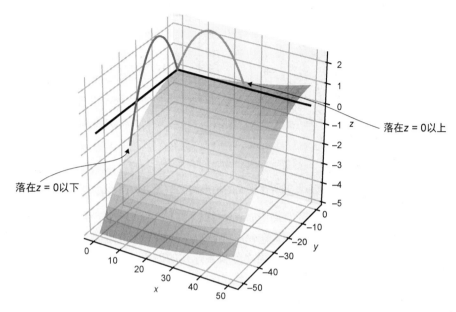

图 12-22　当炮弹向下坡方向发射时落在 $z = 0$ 以下，向上坡方向发射时落在 $z = 0$ 以上

大胆猜测一下，炮弹的最大射程是在下坡方向而不是上坡方向达到的。这似乎是合理的。因为在下坡的过程中，炮弹还可以进一步下降，飞得更久、更远。目前还不清楚垂直角 θ 是否会产生最佳范围，因为 45° 的计算结果基于地面是平的这一假设。为了回答这个问题，需要把炮弹的射程 r 写成 θ 和 ϕ 的函数。

12.3.3　在三维空间中求炮弹的射程

尽管在最新的模拟中，炮弹是在三维空间中发射的，但它的轨迹位于一个垂直面上。因此，给定一个角度 ϕ，只需要在炮弹发射方向上处理地形的切片即可。例如，如果炮弹以角度 $\phi = 240°$ 发射，只需要考虑 (x, y) 从原点开始以 240° 方向发射的沿线地形值。也就是只考虑弹道投射到地面上的阴影点对应的地形高度（见图 12-23）。

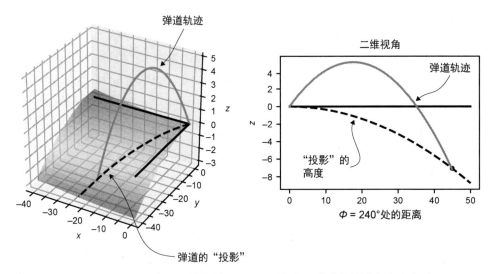

图 12-23 只需要考虑炮弹发射所在平面的地形高度，弹道的投影会在这个平面上

我们的目标是在弹道投影所在的平面上进行计算，在 xy 平面上以距原点长度为 d 的点为坐标，而不是 x 和 y 本身。在某个距离上，炮弹的弹道轨迹和地形的高度将具有相同的 z 值，这就是炮弹落地的地方。这个距离就是我们要为之寻找表达式的射程。

继续将炮弹的高度设为 z。它作为时间的函数，高度与二维示例中的完全相同。

$$z(t) = v_z \cdot t + \frac{1}{2} g t^2$$

v_z 是初始速度的 z 分量。x 和 y 的位置也可以用简单的时间函数 $x(t) = v_x t$ 和 $y(t) = v_y t$ 表示，因为没有力作用在 x 或 y 方向上。

在山脊上，地形高度是 x 和 y 位置的函数：$(x^2 - 5y^2)/2500$。这个高度可以写为 $h(x, y) = Bx^2 - Cy^2$，其中 $B = 1/2500 = 0.0004$，$C = 5/2500 = 0.002$。知道在给定时刻 t 炮弹正下方的地形高度是很有用的，可以用 $h(t)$ 表示。用它能够计算出炮弹于时刻 t 在任意一点处对应的 h 值，因为炮弹的 x 和 y 位置由 $v_x t$ 和 $v_y t$ 给出，同一 (x, y) 点的高度为 $h(v_x t, v_y t) = Bv_x^2 t^2 - Cv_y^2 t^2$。

炮弹在某一时刻 t 离地的高度是 $z(t)$ 和 $h(t)$ 的差值。落地时间是该差值为零（$z(t) - h(t) = 0$）的时间。代入 $z(t)$ 和 $h(t)$ 的定义可得：

$$\left(v_z \cdot t + \frac{1}{2} g t^2 \right) - \left(Bv_x^2 t^2 - Cv_y^2 t^2 \right) = 0$$

进一步，可将其变为 $at^2 + bt + c = 0$ 的形式。

$$\left(\frac{g}{2} - Bv_x^2 + Cv_y^2 \right) t^2 + v_z t = 0$$

具体来说，$a = g/2 - Bv_x{}^2 + Cv_y{}^2$，$b = v_z$，$c = 0$。要找到满足这个方程的时间 t，可以使用如下二次方程求根公式。

$$t = \frac{-b \pm \sqrt{b^2 - 4ac}}{2a}$$

因为 $c = 0$，所以形式就更简单了。

$$t = \frac{-b \pm b}{2a}$$

当使用+运算符时，会有 $t = 0$，这说明炮弹在发射的瞬间是在地面上的。使用-运算符也能得到一个有趣的解，这个解是炮弹落地的时间。时间 $t = (-b - b)/2a = -b/a$。将 a 和 b 的表达式代入，会得到用已知量表示落地时间的表达式。

$$t = \frac{-v_z}{\dfrac{g}{2} - Bv_x{}^2 + Cv_y{}^2}$$

在 t 时刻，炮弹在 xy 平面上的落地距离为 $\sqrt{x(t)^2 + y(t)^2}$。进一步展开为 $\sqrt{(v_x t)^2 + (v_y t)^2} = t\sqrt{v_x^2 + v_y^2}$。你可以把 $\sqrt{v_x^2 + v_y^2}$ 看成平行于 xy 平面的初速度的分量，所以称它为 v_{xy}。落地时的距离是：

$$d = \frac{-v_z \cdot v_{xy}}{\dfrac{g}{2} - Bv_x{}^2 + Cv_y{}^2}$$

表达式中的所有数要么是指定的常数，要么是根据初始速度 $v = |v|$ 和发射角 θ、ϕ 计算得到的。将其转换为 Python 非常简单（尽管有些乏味）。在 Python 中，可以清楚地看到如何将距离作为 θ 和 ϕ 的函数。

```
B = 0.0004        ◄─── 山脊形状、发射
C = 0.005              速度和重力加速
v = 20                 度常数
g = -9.81

def velocity_components(v,theta,phi):        ◄─── 一个辅助函数，用于求初始
    vx = v * cos(theta*pi/180) * cos(phi*pi/180)   速度的 x、y 和 z 分量
    vy = v * cos(theta*pi/180) * sin(phi*pi/180)
    vz = v * sin(theta*pi/180)
    return vx,vy,vz

def landing_distance(theta,phi):
    vx, vy, vz = velocity_components(v, theta, phi)   初始速度的水平分量
    v_xy = sqrt(vx**2 + vy**2)        ◄─── （平行于 xy 平面）
```

12

常数 a 和 b

```
a = (g/2) - B * vx**2 + C * vy**2
b = vz
landing_time = -b/a                     求解落地时间的
landing_distance = v_xy * landing_time  二次方程, 即-b/a
return landing_distance                 水平距离
```

水平距离等于水平速度乘以经过的时间。沿着模拟轨迹绘制落地位置对应的点, 可以验证得出, 计算出的落地位置值与欧拉方法的模拟值相吻合 (见图 12-24)。

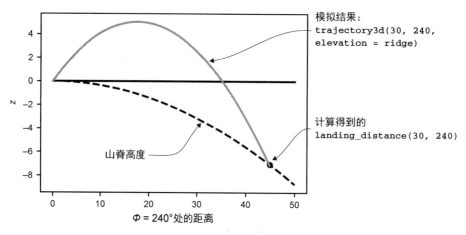

模拟结果:
`trajectory3d(30, 240, elevation = ridge)`

计算得到的
`landing_distance(30, 240)`

山脊高度

$\Phi = 240°$ 处的距离

图 12-24　比较当 $\theta = 30°$、$\phi = 240°$时计算出的落地点与模拟结果

现在, 我们已经有了关于发射角 θ 和 ϕ 的炮弹射程函数 $r(\theta, \phi)$, 可以把注意力转向寻找优化射程的角度了。

12.3.4　练习

练习 12.10: 如果$|v| = v$是炮弹的初始速度, 验证初始速度向量的大小是否等于 v。换句话说, 证明向量$(v\cos\theta\cos\phi, v\cos\theta\sin\phi, v\sin\theta)$的长度为 v。

提示: 根据正弦、余弦的定义和勾股定理可得, 对于任何 x 值, 都有 $\sin^2 x + \cos^2 x = 0$。

解: $(v\cos\theta\cos\phi, v\cos\theta\sin\phi, v\sin\theta)$的长度由以下公式给出。

$$\sqrt{v^2\cos^2\theta\cos^2\phi + v^2\cos^2\theta\sin^2\phi + v^2\sin^2\theta}$$
$$= \sqrt{v^2(\cos^2\theta\cos^2\phi + \cos^2\theta\sin^2\phi + \sin^2\theta)}$$
$$= \sqrt{v^2(\cos^2\theta(\cos^2\phi + \sin^2\phi) + \sin^2\theta)}$$
$$= \sqrt{v^2(\cos^2\theta\cdot 1 + \sin^2\theta)}$$
$$= \sqrt{v^2\cdot 1}$$
$$= v$$

练习 12.11：明确写出炮弹在山脊上的射程公式，其中地形高度 $Bx^2 - Cy^2$ 是关于 θ 和 ϕ 的函数。公式中出现的常数有 B 和 C，以及初始发射速度 v 和重力引起的加速度 g。

解：先列出公式。

$$d = \frac{-v_z \cdot v_{xy}}{\dfrac{g}{2} - Bv_x^2 + Cv_y^2}$$

代入 $v_z = v\sin\theta$，$v_{xy} = v\cos\theta$，$v_y = v\cos\theta\sin\phi$ 和 $v_x = v\cos\theta\cos\phi$，可得：

$$d(\theta, \phi) = \frac{-v^2 \sin\theta\cos\theta}{\dfrac{g}{2} - Bv^2\cos^2\theta\cos^2\phi + Cv^2\cos^2\theta\sin^2\phi}$$

把分母稍微简化一下，就变成了：

$$d(\theta, \phi) = \frac{-v^2 \sin\theta\cos\theta}{\dfrac{g}{2} + v^2\cos^2\theta \cdot (C\sin^2\phi - B\cos^2\phi)}$$

练习 12.12（小项目）：当炮弹这样的对象在空中快速运动时，会受到来自空气的摩擦力，这种摩擦力称为**阻力**，方向与对象的运动方向相反。阻力取决于许多因素，包括炮弹的大小和形状以及空气密度，但简单起见，假设它的工作原理如下。如果 v 是炮弹位于任意一点的速度向量，则阻力 $\boldsymbol{F}_d$ 为：

$$\boldsymbol{F}_d = -\alpha\boldsymbol{v}$$

其中 α（希腊字母 alpha）是一个数，表示空气中特定对象所受阻力的大小。阻力与速度成正比，这意味着随着对象的加速,感受到的阻力越来越大。如何向炮弹模拟中添加阻力参数？请说明阻力会导致炮弹减速。

解：我们想在模拟中加入一个基于阻力的加速度。阻力用 $-\alpha v$ 表示，所以它引起的加速度是 $-\alpha v/m$。因为炮弹的质量不变，所以可以使用一个阻力常数，即 α/m。阻力引起的加速度分量为 $v_x\alpha/m$、$v_y\alpha/m$ 和 $v_z\alpha/m$。以下是代码的更新部分。

```
def trajectory3d(theta,phi,speed=20,height=0,dt=0.01,g=-9.81,
                 elevation=flat_ground, drag=0):
    ...
    while z >= elevation(x,y):
        t += dt
        vx -= (drag * vx) * dt      ← 根据阻力的比例
        vy -= (drag * vy) * dt          减小 vₓ 和 v_y
        vz += (g - (drag * vz)) * dt  ← 通过重力和阻力的作用
        ...                              改变 z 速度（v_z）
    return ts, xs, ys, zs
```

12

一个很小的阻力常数 0.1 就会显著减慢炮弹的速度，导致射程比没有阻力的情况下短（见图 12-25）。

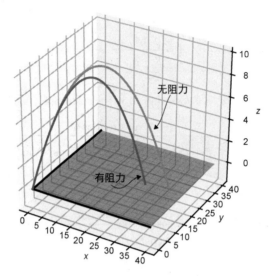

图 12-25　当阻力常数为 `drag = 0` 和 `drag = 0.1` 时，炮弹的轨迹

12.4　利用梯度上升优化范围

我们继续假设，在山脊地形上以角度 θ 和 ϕ 发射炮弹，其他发射参数都设置为默认值。在这种情况下，从函数 $r(\theta, \phi)$ 可知在这些发射角度下炮弹的射程是多少。为了定性地了解角度对射程的影响，可以绘制出函数 r。

12.4.1　绘制射程与发射参数的关系图

上一章展示了几种不同的方法来绘制有两个变量的函数。我更喜欢使用热图来绘制 $r(\theta, \phi)$。在二维画布上，可以在一个方向上改变 θ，在另一个方向上改变 ϕ，然后使用颜色来表示炮弹的相应射程（见图 12-26）。

这个二维空间是一个抽象的空间，有坐标 θ 和 ϕ。也就是说，这个矩形并不是我们所模拟的三维世界的二维切片。它只用来方便显示射程 r 如何随着两个参数的变化而变化。

在图 12-27 中，越亮的值表示射程越远，图上有两个最亮的点。这两个点可能是射程的最大值。

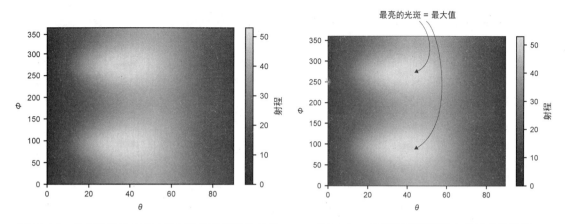

图 12-26 关于发射角 θ 和 ϕ 的炮弹射程函数的热图　　图 12-27 炮弹射程最远处出现最亮的光斑

这些光斑出现在 $\theta = 40°$、$\phi = 90°$ 和 $\phi = 270°$ 附近。ϕ 值比较有意义，因为它们是山脊的下坡方向。我们的下一个目标是找到 θ 和 ϕ 的精确值以使射程最大化。

12.4.2　射程函数的梯度

就像我们用单变量函数的导数来求其最大值一样，也可以用函数 $r(\theta, \phi)$ 的梯度 $\nabla r(\theta, \phi)$ 来求它的最大值。对于只有一个变量的平滑函数 $f(x)$，当 f 达到最大值时，$f'(x) = 0$。此时，$f(x)$ 的图像是平的。这意味着，$f(x)$ 的斜率为零。更准确地说，逼近这一位置的直线斜率为零。类似地，绘制 $r(\theta, \phi)$ 的一幅三维图，会看到它在最大值处也是平的（见图 12-28）。

让我们来把这件事情弄清楚。因为 $r(\theta, \phi)$ 是平滑的，所以存在一个最佳近似平面。该平面在 θ 和 ϕ 方向上的斜率分别为偏导数 $\partial r/\partial \theta$ 和 $\partial r/\partial \phi$。只有当这两个值都为零时，平面才是平的，这意味着 $r(\theta, \phi)$ 的图形是平的。

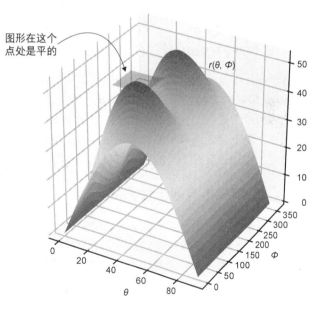

图 12-28　$r(\theta, \phi)$ 的图形在其最大值处是平的

因为 r 的偏导数被定义为 r 梯度的分量，所以平面平坦的条件等价于 $\nabla r(\theta, \phi) = 0$。为了找到这样的点，需要求解 $r(\theta, \phi)$ 的全梯度公式，找到使其为零的 θ 和 ϕ 值。求解这些导数是一件很麻

烦的事情，而且没有什么启发性，所以请把它作为练习。下面介绍一种方法，沿着图形的**近似梯度**上坡，直到最高点。这不需要任何代数运算。

在继续阅读之前，先回顾一下上一节的一个观点：在图形上找到一个梯度为零的点，并不意味着它是一个最大值。例如，在 $r(\theta, \phi)$ 的图形上，在两个极大值之间有一个点，此处的图形是平的且梯度为零（见图 12-29）。

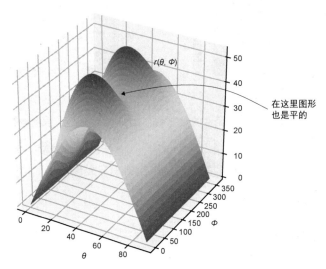

图 12-29　在点 (θ, ϕ) 处，$r(\theta, \phi)$ 的图形是平的。虽然此处梯度为零，但函数未达到最大值

这个点并不是毫无意义的，它恰好说明了以 $\phi = 180°$ 的角度射出炮弹时的最佳 θ 角度，其中 $\phi = 180°$ 是最坏的方向，因为它是最陡的上坡方向。这样的点叫作**鞍点**，即函数相对于一个变量最大化而相对于另一个变量最小化。这个名字的由来是，这个图形看起来像一个马鞍。

同样，我不会详细介绍如何识别最大值、最小值、鞍点或其他梯度为零的地方，但要注意：随着维度的增加，有更奇怪的方式可以把图变平。

12.4.3　利用梯度寻找上坡方向

与其符号化地求出复杂函数 $r(\theta, \phi)$ 的偏导数，不如求它们的近似值。梯度的方向告诉我们，对于任意给定的点，函数在哪个方向上增大得最快。如果在这个方向上跳到一个新的点，我们应该是在向上并朝着一个最大值移动。这个过程称为**梯度上升**，接下来用 Python 进行实现。

第一步是要能够近似地计算出任意一点的梯度。为此，可使用第 9 章中介绍的方法：取短割线的斜率。下面是相关函数，可以回顾一下。

```
def secant_slope(f,xmin,xmax):
    return (f(xmax) - f(xmin)) / (xmax - xmin)
```
求 x 值在 **xmin** 和 **xmax** 之间的割线 $f(x)$ 的斜率

```
def approx_derivative(f,x,dx=1e-6):
    return secant_slope(f,x-dx,x+dx)
```
近似导数是 $x - 10^{-6}$ 和 $x + 10^{-6}$ 之间的一条割线

为了求函数 $f(x,y)$ 在点 (x_0,y_0) 处的近似偏导数，可以固定 $x=x_0$，求相对于 y 的导数；或者固定 $y=y_0$，求相对于 x 的导数。换句话说，在 (x_0,y_0) 处的偏导数 $\partial f/\partial x$ 是 $f(x,y_0)$ 在 $x=x_0$ 时相对于 x 的普通导数。同样，在 $y=y_0$ 时，偏导数 $\partial f/\partial y$ 是 $f(x_0,y)$ 相对于 y 的普通导数。梯度是这些偏导数的向量（元组）。

```python
def approx_gradient(f,x0,y0,dx=1e-6):
    partial_x = approx_derivative(lambda x: f(x,y0), x0, dx=dx)
    partial_y = approx_derivative(lambda y: f(x0,y), y0, dx=dx)
    return (partial_x,partial_y)
```

在 Python 中，函数 $r(\theta,\phi)$ 被实现为 `landing_distance` 函数。我们可以实现一个特殊函数 `approx_gradient`，表示它的梯度。

```python
def landing_distance_gradient(theta,phi):
    return approx_gradient(landing_distance_gradient, theta, phi)
```

这和所有梯度一样，定义了一个向量场：由空间中每个点上的向量构成。在这种情况下，向量场表明了 r 在任意点 (θ,ϕ) 处的最大增量向量。图 12-30 显示了在 $r(\theta,\phi)$ 热图上绘制的 `landing_distance_gradient`。

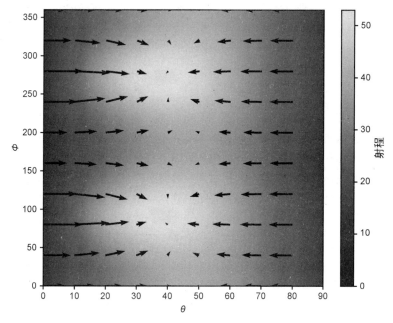

图 12-30 在函数 $r(\theta,\phi)$ 的热图上绘制梯度向量场 $\nabla r(\theta,\phi)$。箭头指向 r 增加的方向，也就是热图上较亮的点

如果把图放大，就会更清楚地看到梯度箭头收敛到函数的最大值点上（见图 12-31）。

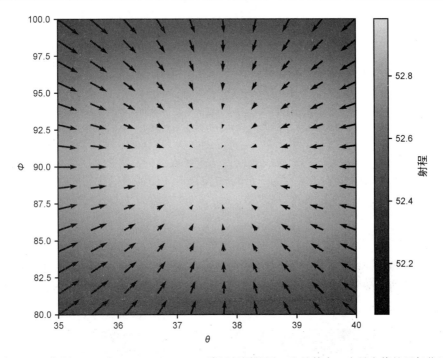

图 12-31　与图 12-30 在$(\theta, \phi) = (37.5°, 90°)$附近相同的图，这是其中一个最大值的近似位置

下一步是实现**梯度上升**算法：选择任意点(θ, ϕ)开始，并跟随梯度场到达最大值。

12.4.4　实现梯度上升

梯度上升算法的输入是需要最大化的函数和一个起点位置。在算法的实现中，会首先计算起点的梯度，并将其与起点位置相加，得到在梯度方向上、离原点有一定距离的新点。重复这个过程，就可以移动到越来越接近最大值的点。

最终，当接近一个最大值时，梯度会随着图形到达一个高点而接近零。当梯度接近零时，再也没有上坡路可走了，算法就此终止。为此可以传入一个**容差**（tolerance），表示应该遵循的最小梯度值。如果梯度小于容差，就可以确保图形是平的，已经达到了函数的最大值。以下是其代码实现。

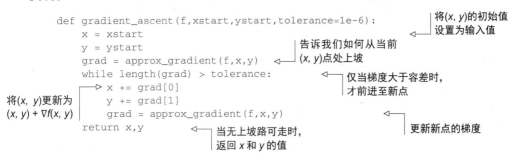

让我们在$(\theta, \phi) = (36°, 83°)$处测试一下，这似乎已经非常接近最大值了。

```
>>> gradient_ascent(landing_distance,36,83)
(37.58114751557887, 89.99992616039857)
```

这个结果很可信！在如图 12-32 所示的热图上可以看到，从$(\theta, \phi) = (36°, 83°)$的起点移动到了大致为$(\theta, \phi) = (37.58, 90.00)$的新位置，看起来后者亮度最大。

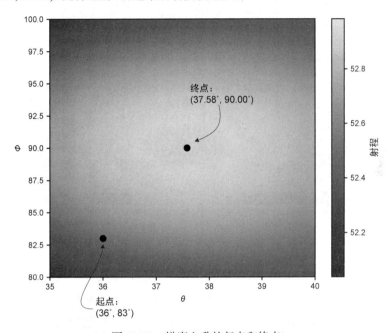

图 12-32　梯度上升的起点和终点

为了更好地了解该算法的工作原理，我们可以在 $\theta\phi$ 平面上跟踪梯度上升的轨迹。这与通过欧拉方法迭代跟踪时间和位置值的方式类似。

```
def gradient_ascent_points(f,xstart,ystart,tolerance=1e-6):
    x = xstart
    y = ystart
    xs, ys = [x], [y]
    grad = approx_gradient(f,x,y)
    while length(grad) > tolerance:
        x += grad[0]
        y += grad[1]
        grad = approx_gradient(f,x,y)
        xs.append(x)
        ys.append(y)
    return xs, ys
```

实现了它，就可以运行：

```
gradient_ascent_points(landing_distance,36,83)
```

运行后，我们会得到两个列表，分别由每一步上升的 θ 值和 ϕ 值组成。这两个列表都有 855 个数，也就是说，这个梯度上升花了 855 步才完成。把列表中的 θ 和 ϕ 绘制在热图上（见图 12-33），就可以看到算法解出的上升路径图了。

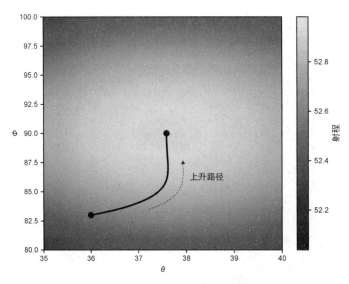

图 12-33   梯度上升算法求出的射程函数最大值的路径

注意，因为有两个最大值，所以路径和终点取决于起点的选择。如果起点接近 $\phi = 90°$，很可能会达到前面计算出的最大值，但如果起点接近 $\phi = 270°$，算法就会找到另一个最大值（见图 12-34）。

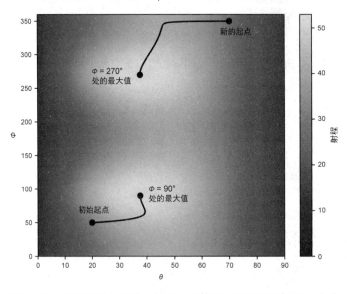

图 12-34   从不同的点开始，梯度上升算法可以找到不同的最大值

发射角(37.58°, 90°)和(37.58°, 270°)都能使函数 $r(\theta, \phi)$ 达到最大值，因此，这两个发射角都能使炮弹产生最大射程。该射程约为 53 米。

```
>>> landing_distance(37.58114751557887, 89.99992616039857)
52.98310689354378
```

我们可以绘制相关轨迹，如图 12-35 所示。

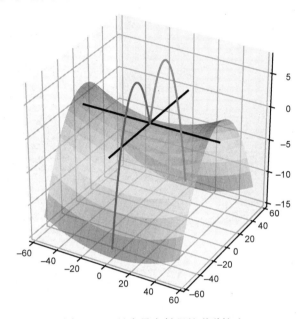

图 12-35　具有最大射程的弹道轨迹

当探索机器学习的一些应用程序时，我们将继续依靠梯度来优化函数。具体来说，我们将使用梯度上升的反面，即**梯度下降**。沿梯度**相反**方向（向下移动，而不是向上移动）探索参数空间，可以找到函数的最小值。因为梯度上升和下降可以自动执行，所以这两种方法可以让机器自己学习问题的最优解。

12.4.5　练习

练习 12.13：在热图上，同时绘制 20 个随机点的梯度上升路径。所有的路径都应该以两个最大值中的一个为终点。

解：在已经绘制好热图的情况下，我们可以运行以下程序来执行并绘制 20 个随机点的梯度上升路径。

```
from random import uniform
for x in range(0,20):
```

```
gap = gradient_ascent_points(landing_distance,
                             uniform(0,90),
                             uniform(0,360))
plt.plot(*gap,c='k')
```

结果表明所有的路径都通向同一个地方（见图 12-36）。

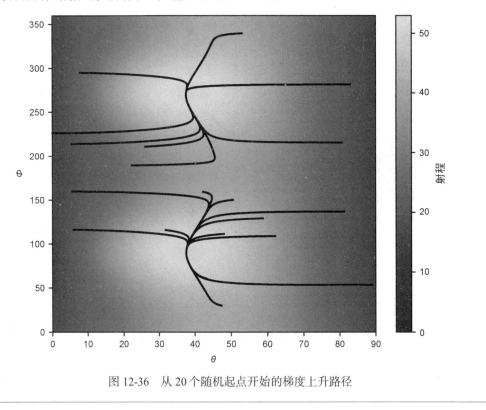

图 12-36　从 20 个随机起点开始的梯度上升路径

练习 12.14（小项目）：用符号法求偏导数 $\partial r/\partial\theta$ 和 $\partial r/\partial\phi$，并写出梯度 $\nabla r(\theta,\phi)$ 的公式。

练习 12.15：在 $r(\theta,\phi)$ 上找到梯度为零但函数没有最大化的点。

解：可以从 $\phi=180°$ 开始来模拟梯度上升。根据设置的对称性，可以看到无论在哪里，只要 $\phi=180°$，都有 $\partial r/\partial\phi=0$。所以梯度上升没有理由离开 $\phi=180°$ 的沿线。

```
>>> gradient_ascent(landing_distance,0,180)
(46.122613357930206, 180.0)
```

如果固定 $\phi=0$ 或 $\phi=180°$，这就是最佳发射角度，也是最差的角度，因为在往上坡方向发射（见图 12-37）。

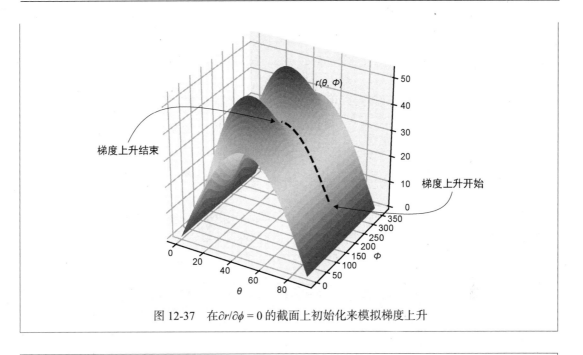

图 12-37   在 $\partial r/\partial \phi = 0$ 的截面上初始化来模拟梯度上升

练习 12.16：从(36, 83)到起点的梯度上升需要多少步？从 1 个梯度单位改为 1.5 个，表明可以用更少的步数到达。如果每一步跳得更远，会发生什么？

解：让我们在梯度上升计算中引入一个参数 rate，它表示上升的速度。速度越快，当前计算的梯度就越可信，并朝该方向跳跃。

```
def gradient_ascent_points(f,xstart,ystart,rate=1,tolerance=1e-6):
    ...
    while length(grad) > tolerance:
        x += rate * grad[0]
        y += rate * grad[1]
        ...
    return xs, ys
```

下面是计算梯度上升过程收敛所需步数的函数。

```
def count_ascent_steps(f,x,y,rate=1):
    gap = gradient_ascent_points(f,x,y,rate=rate)
    print(gap[0][-1],gap[1][-1])
    return len(gap[0])
```

当 rate 参数等于 1 时，原来的上升需要 855 步。

```
>>> count_ascent_steps(landing_distance,36,83)
855
```

当 rate=1.5 时，每一步跳一个半梯度。不出所料，只需 568 步就能更快地达到最大值。

```
>>> count_ascent_steps(landing_distance,36,83,rate=1.5)
568
```

尝试更多的值，会发现提高速度可以用更少的步数得到答案。

```
>>> count_ascent_steps(landing_distance,36,83,rate=3)
282
>>> count_ascent_steps(landing_distance,36,83,rate=10)
81
>>> count_ascent_steps(landing_distance,36,83,rate=20)
38
```

不过，不要太贪心哦！当把速度设为 20 时，虽然可以用更少的步数得到答案，但有些步似乎越过了答案，下一步则会折返回来。如果把速度设置得太高，算法会离解越来越远。在这种情况下，它是发散而不是收敛的（见图 12-38）。

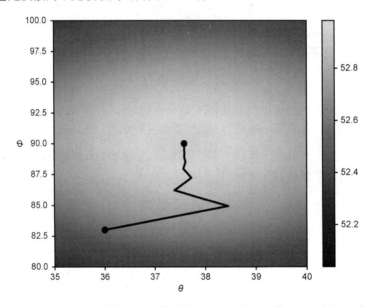

图 12-38　以 20 的速度爬升。算法最初超出了最大 θ 值，还要折返回来

如果把速度提高到 40，梯度上升就不会收敛。每一次跳跃都会比上一次跳得更远，对参数空间的探索就会奔向无穷远。

练习 12.17：直接用模拟的 $r(\theta, \phi)$ 函数代替计算得到的 $r(\theta, \phi)$ 函数运行 gradient_ascent，会发生什么？

解：结果并不理想。因为模拟结果依赖于数值估计（比如确定炮弹何时落地），因此发射角的微小变化会导致这些结果的迅速波动。图 12-39 是导数近似器在计算偏导数 $\partial r/\partial \theta$ 时参考的截面图 $r(\theta, 270°)$。

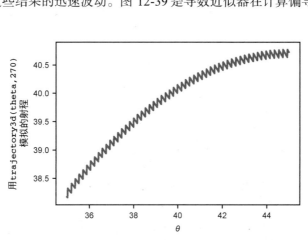

图 12-39　模拟弹道轨迹的截面图表明，模拟器并没有产生一个平滑函数 $r(\theta, \phi)$

导数值的波动很大，所以梯度上升的方向是随机的。

12.5　小结

- 利用欧拉方法，可以模拟运动对象的轨迹，并记录运动过程中的所有时间和位置。我们可以计算出关于轨迹的真实数据，比如最后的位置或经过的时间。
- 改变模拟的参数，如炮弹的发射角度，会导致不同的结果，如不同的射程。如果想找到最大射程的发射角度，可以把射程写成角度的函数，即 $r(\theta)$。
- 平滑函数 $f(x)$ 的最大值出现在导数 $f'(x)$ 为零的地方。但需要小心的是，当 $f'(x)=0$ 时，函数 f 可能处于最大值、最小值或函数 f 暂时停止变化的点。
- 要优化有两个变量的函数（二元函数），比如关于垂直发射角 θ 和侧向发射角 ϕ 的射程函数 r，需要探索所有可能的输入 (θ, ϕ) 构成的二维空间，确定哪一对能得到最优值。
- 二元平滑函数 $f(x, y)$ 的最大值和最小值出现在两个对应偏导数**都**为零的地方，即 $\partial f/\partial x = 0$ 且 $\partial f/\partial y = 0$。因此根据定义，$\nabla f(x, y) = 0$。偏导数为零的点也可能是一个**鞍点**，它使函数相对于一个变量最小化，而相对于另一个变量最大化。
- 梯度上升法从二维中任意选择的一点开始，沿着梯度 $\nabla f(x, y)$ 的方向移动，找到函数 $f(x, y)$ 的近似最大值。由于选择的梯度点在函数 f 增加最快的方向上，所以该算法可以找到使 f 值增加的 (x, y) 点。当梯度接近零时，算法终止。

12

第 13 章

用傅里叶级数分析声波

本章内容
- 使用 Python 和 PyGame 定义和播放声波
- 将正弦函数转化为可播放的音符
- 通过叠加声波函数来合并声音
- 将声波函数分解为其傅里叶级数来查看其中的音符

第二部分用了很长的篇幅来介绍用微积分模拟运动的对象。本章会介绍另一个完全不同的应用：处理音频数据。数字音频数据是用计算机表示的**声波**，而声波其实是气压的重复变化，在我们的耳朵听起来就是声音。接下来，我们将把声波当作函数，并将其作为向量进行叠加和缩放，然后用积分来理解它表示什么样的声音。因此研究声波需要结合前面几章中的线性代数和微积分知识。

虽然不需要深入学习关于声波的物理学知识，但理解它的基本原理很有价值。我们听到的声音不是气压本身，而是气压快速变化导致的鼓膜振动。比如拉小提琴的时候，琴弓划过琴弦使它振动。振动的琴弦会让它周围的气压快速变化，这一变化以声波的形式通过空气传播。当声波到达你的耳朵时，鼓膜就会以同样的频率振动，你就听到了声音（见图 13-1）。

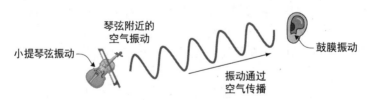

图 13-1　小提琴声音到达鼓膜的示意图

数字音频文件描述了振动随时间变化的函数。音频软件解释该函数并控制扬声器相应地振动，在扬声器周围产生类似形状的声波。该函数表示的内容并不重要，我们只需要知道它大概表示气压随时间的变化（见图 13-2）。

有趣声音（如音符）的声波具有重复的模式，如图 13-2 所示。函数重复的速率称为**频率**（frequency），描述音符的高低。声音的质量或**音色**（timbre）由重复模式的形状来控制，能让人区别出音源到底是小提琴、小号还是人。

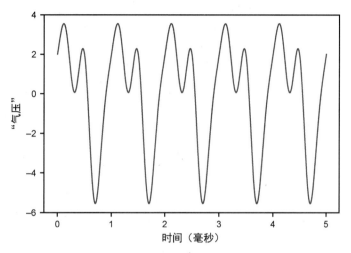

图 13-2 把声波当作表示气压随时间变化的函数

13.1 声波的组合和分解

本章对函数进行数学运算，并使用 Python 来播放实际的声音。我们要做的两件事情主要是：(1)将现有的声波组合成新的声波，(2)将复杂的声波分解成简单的声波。例如，我们可以将几个音符组合成一个和弦，也可以分解一个和弦来查看组成它的音符。

不过在这之前，我们需要介绍一下声音的基本要素：声波和音符。首先展示如何使用 Python 将表示声波的一连串数字变成从你的扬声器中发出的真实声音。为了播放函数表示的声音，需要从函数图形中提取一些 y 值，并将其作为一个数组传递给音频库。这个过程称为采样（见图 13-3）。

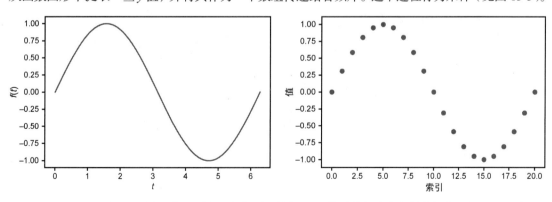

图 13-3 从函数 $f(t)$ 的图形（左）采样一些 y 值（右）来发送给音频库

我们主要使用**周期性函数**（periodic function）作为声波函数，其图形是由相同的重复形状构成的。具体来说，我们将使用**正弦函数**（sinusoidal function），这是一个包括正弦和余弦在内的周期函数系列，能产生自然的音符。通过采样把它们变成数字序列后，再编写 Python 函数来播放音符。

能产生单独的音符之后，我们将编写 Python 代码来把不同的音符组合起来构造和弦和其他复杂的声音。这可以通过将定义每个声波的函数叠加在一起来实现。我们将看到，通过组合几个音符可以组成和弦，而组合几十个音符可以产生一些相当有趣的、音质不同的声音。

最后一个目标是将表示任意声波的函数分解成一系列（纯）音符和对应的音量，正是它们构成了声波（见图 13-4）。这样的分解称为**傅里叶级数**（Fourier series）。只要能找到傅里叶级数里的声波，就能一起播放它们来还原声音。

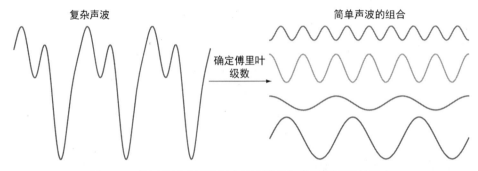

图 13-4　使用傅里叶级数把声波函数分解为简单函数的组合

从数学上而言，寻找傅里叶级数意味着把函数写成正弦函数和余弦函数之和的形式，即线性组合的形式。这个过程及其变体一直在最重要的算法之列，下面将给出介绍。类似方法有一些常见的应用（比如 MP3 压缩），也有更大的用途（比如获得诺贝尔奖的引力波探测）。

看到这些声波的图形是一回事，但实际听到它们从扬声器里播放出来是另一回事。让我们"噪"起来！

13.2　用 Python 播放声波

在 Python 里，我们用 PyGame 库来播放声音，之前几章也使用过这个库。这个库里有个函数，可以接收一个数字数组作为输入来播放声音。我们首先在 Python 里生成一个随机数字序列，并编写代码，通过 PyGame 来解释和播放这个声音。虽然现在只会播放（技术上的）**噪声**而非美妙的音乐，但这只是一个起点。

在产生一些噪声之后，我们构造一个具有重复模式（而不是完全随机）的数字序列来执行同样的过程，来使声音更好听一些。这为下一节做好了准备，我们将通过对一个周期函数进行采样来得到一个重复的数字序列。

13.2.1　产生第一个声音

在给 PyGame 传递表示声音的数字数组之前，需要告诉它应该如何解释这些数。我会介绍音频数据的几个相关技术细节，让你知道 PyGame 是如何理解这些数据的，但这些细节不会影响本章的其他内容。

在这个应用里，我们参照 CD 音频使用的技术标准。具体来说，每秒的音频用 44 100 个值的数组表示，每个值是一个 16 位整数（在–32 768 和 32 767 之间）。这些数大致表示每个时间步长内的声音强度，每秒 44 100 步。这类似于第 6 章里的图像表示方式。只是数组里的值本来表示每个像素的亮度，现在则表示声波在不同时间的响度。最终，我们会从声波图的 y 坐标上得到这些数，但现在只需要随机地选择一些数来制造噪声即可。

我们采用单**通道**，意味着只播放一个声波。相反，**立体声**会同时产生两个声波，左侧扬声器一个，右侧扬声器一个。另一个要配置的是声音的位深（bit depth）。频率相当于图像的分辨率，而**位深**则相当于允许的颜色数，位深越大意味着声音响度的范围越精细。像素的颜色用三个 0 到 255 的数表示，但某一时刻声音的响度用单个 16 位的数表示。选择这些参数后，代码的第一步是引入 PyGame 并初始化声音库。

```
>>> import pygame, pygame.sndarray
>>> pygame.mixer.init(frequency=44100,
                      size=-16,
                      channels=1)
```

–16 表示位深为 16，输入为 16 位有符号整数，从 –32 768 到 32 767

我们从最简单的例子开始，创建一个有 44 100 个随机整数（从–32 768 到 32 767）的 NumPy 数组，来产生 1 秒的音频。借助 NumPy 的 randint 函数可以用一行代码实现。

```
>>> import numpy as np
>>> arr = np.random.randint(-32768, 32767, size=44100)
>>> arr
array([-16280, 30700, -12229, ..., 2134, 11403, 13338])
```

要将这个数组解释为声波，可以先在散点图上画出它的前几个值。本书的源代码里有一个 plot_sequence 函数，可以快速地绘制这样的整数数组。执行 plot_sequence(arr,max=100) 即可得到数组前 100 个值对应的散点图。相比于从平滑函数上采样的数，这些数遍布整张图（见图 13-5）。

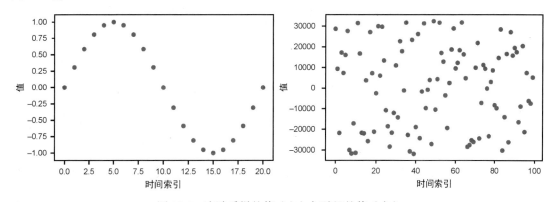

图 13-5　声波采样的值（左）与随机的值（右）

　　把这些点连接起来，就可以定义一个随时间变化的函数。图 13-6 中的两张图分别连接了前 100 个数和前 441 个数。该数据完全是随机的，所以看不出什么来，但这就是我们首先要播放的声波。

　　因为 1 秒的声音需要 44 100 个值来定义，所以这 441 个值定义了前 1/100 秒的声音。然后调用库来进行播放。

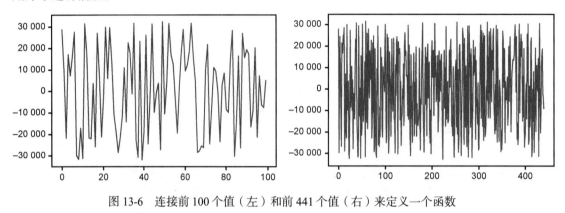

图 13-6　连接前 100 个值（左）和前 441 个值（右）来定义一个函数

注意： 在执行下面几行 Python 代码之前，确保扬声器的音量不是很大。我们生成的第一个声音并不好听，别伤到你的耳朵！

　　执行以下代码来播放声音。

```
sound = pygame.sndarray.make_sound(arr)
sound.play()
```

　　结果听起来像持续一秒的静电声，就像打开收音机后还没调到电台时一样。像这样由一段时间的随机值组成的声波，称为**白噪声**。

　　白噪声唯一能调整的就是音量。人耳可以感知压力的变化，声波越大，压力的变化就越大，人听到的声音也就越大。如果这段白噪声音量太大，可以用较小的数组成声音数据来产生一个更安静的版本。例如，下面的白噪声是由 -10 000 到 10 000 的数生成的。

```
arr = np.random.randint(-10000, 10000, size=44100)
sound = pygame.sndarray.make_sound(arr)
sound.play()
```

　　这段声音和前面播放的白噪声几乎是完全一样的，只是更安静一些。声波的音量取决于函数值有多大，可以用**振幅**（amplitude）来衡量声音大小。在之前的情况中，因为取值在均值 0 上下的 10 000 个单位内，所以振幅是 10 000。

　　有人可能觉得白噪声听起来比较舒缓，但它着实并不有趣。让我们来产生一些更有趣的音符吧。

13.2.2 演奏音符

当听到音符时，我们的耳朵会检测到白噪声没有的振动模式。可以让 44 100 个数构成明显的模式，从而听到它们产生的音符。具体来说，我们先把 10 000 重复 50 次，然后再把-10 000 重复 50 次。选择 10 000 是因为它的振幅足够大，这样才听得见。以下代码片段会生成前 100 个数，如图 13-7 所示。

```
form = np.repeat([10000,-10000],50)     ← 以指定次数重复
plot_sequence(form)                        列表里的每个值
```

把上述 100 个数的序列重复 441 次，就可以得到定义 1 秒音频的 44 100 个值。为此，可以使用另一个叫 `tile` 的 NumPy 函数，它可以把数组重复指定的次数。

```
arr = np.tile(form,441)
```

把数组前 1000 个值的点连起来如图 13-8 所示。可以看到，它以 50 个数为一组在 10 000 和-10 000 之间来回跳动。也就是说每 100 个数重复一次。

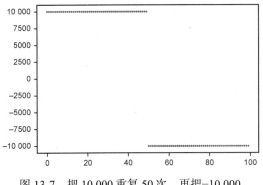

图 13-7　把 10 000 重复 50 次，再把-10 000
重复 50 次组成的序列的图

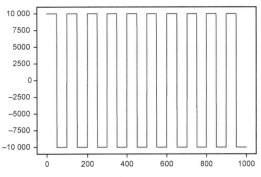

图 13-8　44 100 个数中的前 1000 个数显示了
重复的模式

这个波形称为**方波**（square wave），因为它的图形有尖锐的 90°角。（注意，之所以存在垂直线，是因为 Matplotlib 连接了所有的点。在 10 000 和-10 000 之间并没有值，只是 10 000 处的点被连接到了-10 000 处的点。）

44 100 个数表示 1 秒，所以图 13-8 所示的 1000 个数表示 1/44.1 秒（或约 0.023 秒）的音频。用下面的几行代码播放这个声音数据，会产生一个清晰的音符。大约是音符 A（或科学音调记号法中的 A4）。可以用 13.2.1 节中使用过的 `play()` 方法来播放。

```
sound = pygame.sndarray.make_sound(arr)
sound.play()
```

重复的速率（本例中是每秒 441 次）称为声波的**频率**，它决定了音符的**音高**（pitch），即音符听起来的高低。重复频率的单位是**赫兹**，简写为 Hz，441 赫兹与每秒 441 次是一个意思。音高 A 最常见的定义是 440 赫兹，但 441 已经很接近了，它简单地划分了 CD 采样率每秒的 44 100 个值。

有趣的声波由**周期**函数产生，它们在固定的时间间隔上重复，比如图 13-8 中的方波。方波的重复序列由 100 个数组成，重复 441 次得到 44 100 个数，构成 1 秒的音频。也就是说，频率为 441 Hz 或每 0.0023 秒一次。我们的耳朵检测到的音符就是这个重复频率。下一节会用不同的频率播放最重要的周期函数（正弦函数和余弦函数）对应的声音。

13.2.3 练习

练习 13.1：音符 A 是 1 秒内重复 441 次的模式。创建一个类似的模式，在 1 秒内重复 350 次，从而产生音符 F。

解：44 100 Hz 的频率正好可以被 350 整除：44100 / 350 = 126。用 63 个 10 000 和 63 个 −10 000，重复 350 次可以产生 1 秒的音频。由此产生的音符听起来比 A 低，确实是 F。

```
form = np.repeat([10000,-10000],63)
arr = np.tile(form,350)
sound = pygame.sndarray.make_sound(arr)
sound.play()
```

13.3 把正弦波转化为声音

用方波可以播放可辨认的音符，但听起来不太自然。这是因为在自然界中，物体的振动通常不是方波。更多的时候，振动为**正弦波**，也就是说，如果对自然界的波进行测量和作图，会得到类似于正弦函数或余弦函数的图形。这些函数的数学表达也很自然，所以可以把它们当作基础模块来构建音乐。把采样后的音符传递给 PyGame 后，你就能听到方波和正弦波的区别了。

13.3.1 用正弦函数制作音频

正弦函数和余弦函数在本书中已经有过多次使用，它们本质上是周期函数。这是因为它们的输入被解释为角度。如果你旋转 360° 或 2π 弧度，就会回到起点，即此时正弦函数或余弦函数会返回与之前相同的值。因此，$\sin(t)$ 和 $\cos(t)$ 每隔 2π 个单位重复一次，如图 13-9 所示。

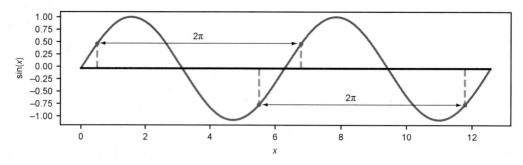

图 13-9 每 2π 个单位，函数 $\sin(t)$ 重复一次相同的值

这个重复的时间间隔称为周期函数的**周期**，所以正弦函数和余弦函数的周期都是 2π。把正弦函数画出来（见图 13-10）就可以看到在 0 和 2π 之间的形状与在 2π 和 4π 之间的形状是一样的，与在 4π 和 6π 之间的形状也是一样的，以此类推。

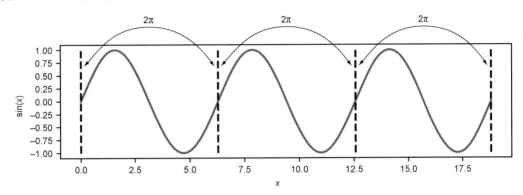

图 13-10　因为正弦函数的周期是 2π，它的图形每隔 2π 个单位会重复一次

余弦函数与之的唯一区别是，图形被左移了 π/2 个单位，但仍然每隔 2π 个单位重复相同的形状（见图 13-11）。

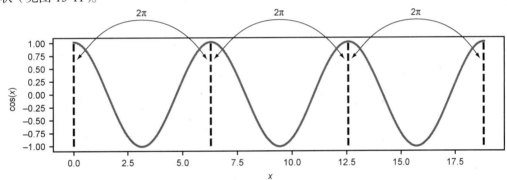

图 13-11　余弦函数和正弦函数的图形有相同的形状，但是被左移了。它也
每隔 2π 个单位重复一次

就音频而言，每 2π 秒重复一次意味着频率为 1/2π，即约 0.159 Hz。但这个频率太低了，人耳无法听到。16 位音频里 1.0 的振幅也太小了，人耳也无法听到。为此，我们写一个 Python 函数 make_sinusoid(frequency,amplitude) 来产生一个在垂直和水平方向上伸缩过的正弦函数，使其具有更理想的频率和振幅。频率为 441 Hz、振幅为 10 000 应该是可以听到的声波。

制作好这个函数后，需要均匀地提取 44 100 个函数值传递给 PyGame。像这样提取函数值的过程叫作**采样**，所以可以写一个名为 sample(f,start,end,count) 的函数，在 start 和 end 之间的 t 值上获取指定数目个 f(t) 的值。一旦有了我们想要的正弦函数，就可以执行 sample(sinusoid,0,1,44100) 来得到包含 44 100 个样本的数组传递给 PyGame，我们就可以

13

听到正弦波的声音了。

13.3.2 改变正弦函数的频率

第一个例子是创建一个频率为 2 的正弦函数，也就是创建一个在 0 和 1 之间正好重复两次的正弦函数。正弦函数的周期是 2π，所以默认情况下需要 4π 个单位才能重复两次（见图 13-12）。

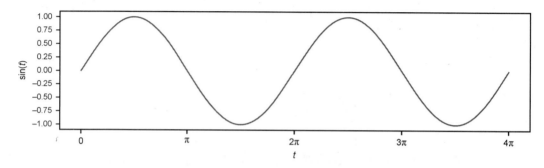

图 13-12 正弦函数在 $t=0$ 和 $t=4\pi$ 之间重复两次

为了得到正弦函数图的两个周期，需要让正弦函数接收从 0 到 4π 的值，但我们希望输入变量 t 从 0 到 1 变化。为此，可以使用函数 $\sin(4\pi t)$。从 $t=0$ 到 $t=1$，所有在 0 和 4π 之间的值都会被传递给正弦函数。图 13-13 中 $\sin(4\pi t)$ 的图形与图 13-12 相同，但正弦函数的两个完整周期被挤到了前 1.0 个单位。

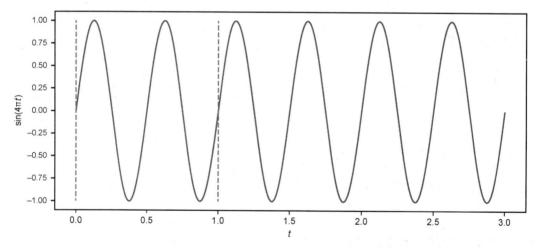

图 13-13 $\sin(4\pi t)$ 的图形是正弦波，在 t 的每个单位里重复两次，频率为 2

函数 $\sin(4\pi t)$ 的周期是 1/2 而不是 2π，所以"压扁因子"是 4π。也就是说，原来的周期是 2π，而新的周期缩短到了其 $1/4\pi$。一般来说，对于任意常数 k，形式为 $f(t)=\sin(kt)$ 的函数的周期都会缩小为原来的 $1/k$，变成 $2\pi/k$。频率从原来的 $1/2\pi$ 变为 $k/2\pi$，增加到了原来的 k 倍。

如果想要一个频率为 441 的正弦函数，那么 k 的值就是 $441 \cdot 2 \cdot \pi$。这样频率就是：

$$\frac{441 \cdot 2 \cdot \pi}{2\pi} = 441$$

相比之下，增加正弦函数的振幅就简单多了。只需要把正弦函数乘以一个固定的系数，振幅就会以同样的倍数增加。这样就完成了 make_sinusoid 函数的定义。

```
def make_sinusoid(frequency,amplitude):          定义 f(t)，即要返回
    def f(t):                                    的正弦函数
        return amplitude * sin(2*pi*frequency*t)  把输入的 t 乘以 2·π 倍
    return f                                      的频率，把正弦函数的
                                                 输出乘以振幅
```

可以测试一下，写一个频率为 5、振幅为 4 的正弦函数，并绘制出它从 $t = 0$ 到 $t = 1$ 的图形（见图 13-14）。

```
>>> plot_function(make_sinusoid(5,4),0,1)
```

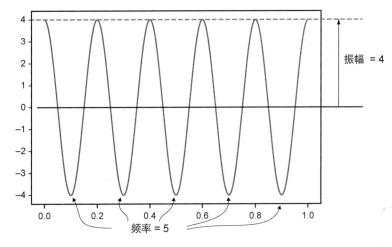

图 13-14 make_sinusoid(5,4) 的图，高（振幅）为 4，$t = 0$ 到 $t = 1$ 之间重复 5 次，因此频率为 5

接下来要使用的声波函数是 make_sinusoid(441,8000) 生成的结果，其频率为 441 Hz、振幅为 8000。

13.3.3 对声波进行采样和播放

为了播放上一节提到的声波，需要对它进行抽样来得到 PyGame 可以播放的数字数组。因为设置：

```
sinusoid = make_sinusoid(441,8000)
```

所以 sinusoid 函数从 $t=0$ 到 $t=1$ 的值表示了要播放的 1 秒的声波。我们在 0 和 1 之间均匀地选择 44 100 个 t 值，可以得到它们对应的 sinusoid(t) 的函数值。

可以使用 NumPy 函数 np.arrange 生成指定均匀间隔的数字数组。例如，np.arrange(0, 1,0.1) 会产生 10 个均匀间隔的数值，从 0 到 1、间隔为 0.1。

```
>>> np.arange(0,1,0.1)
array([0. , 0.1, 0.2, 0.3, 0.4, 0.5, 0.6, 0.7, 0.8, 0.9])
```

对于我们的应用，需要 0 和 1 之间的 44 100 个均匀间隔的时刻，间隔为 1/44 100 个单位。

```
>>> np.arange(0,1,1/44100)
array([0.00000000e+00, 2.26757370e-05, 4.53514739e-05, ...,
       9.99931973e-01, 9.99954649e-01, 9.99977324e-01])
```

现在需要将正弦函数应用于这个数组的每一个条目，来得到另一个 NumPy 数组。NumPy 函数 np.vectorize(f) 接收 Python 函数 f 并生成一个新的函数，这个新的函数会对数组的**每一个条目**应用同样的操作。所以 np.vectorize(sinusoid)(arr) 会把正弦函数应用于数组的每一个条目。

以上是一个比较完整的函数采样过程。还需要注意的一个细节是，要对 NumPy 数组应用 astype 方法，将输出值转换为 16 位整数。结合这些步骤，就得到了下面的通用采样函数。

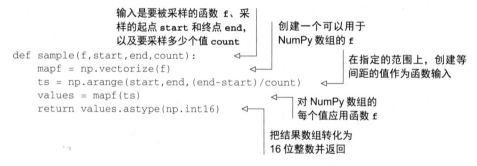

有了下面的函数，就可以听到 441 Hz 正弦波的声音了。

```
sinusoid = make_sinusoid(441,8000)
arr = sample(sinusoid, 0, 1, 44100)
sound = pygame.sndarray.make_sound(arr)
sound.play()
```

把它和 441 Hz 的方波一起播放，就会发现它们播放的是同一个音符，即音高是一样的。但是声音的质量却大不相同：正弦波播放的声音更加平稳。它听起来更像长笛的声音，而不是老式视频游戏的声音。声音的质量称为**音色**。

本章接下来重点关注由正弦波组合而成的声波。事实证明，它们的组合可以近似任何波形，因此可以得到你想要的任何音色。

13.3.4 练习

练习 13.2: 绘制正切函数 $\tan(t) = \sin(t)/\cos(t)$。它的周期是多少？

解: 正切函数在每个周期里都会变得无限大，所以绘图时需要限制 y 值的范围。

```
from math import tan
plot_function(tan,0,5*pi)
plt.ylim(-10,10)
```
限制绘图窗口的 y 值范围为 $-10 < y < 10$

$\tan(x)$ 的图形是周期性的，见图 13-15。

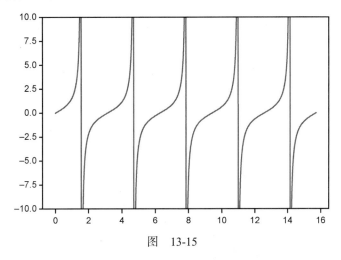

图　13-15

因为 $\tan(t)$ 只依赖 $\cos(t)$ 和 $\sin(t)$ 的值，所以至少每 2π 个单位会重复一次。事实上，每 2π 个单位会重复**两次**，从图 13-15 中可以看到它的周期是 π。

练习 13.3: $\sin(3\pi t)$ 的频率是多少？周期是多少？

解: $\sin(t)$ 的频率是 $1/2\pi$，参数乘以 3π 会把频率增加到 3π 倍。因此得到的频率是 $3\pi/2\pi = 3/2$。周期是这个值的倒数，为 $2/3$。

练习 13.4: 找到一个 k 值，使得 $\cos(kt)$ 的频率为 5。对于得到的函数 $\cos(kt)$，在 0 和 1 之间绘图，验证它确实重复了 5 次。

解: $\cos(t)$ 的默认频率是 $1/2\pi$，所以 $\cos(kt)$ 的频率是 $k/2\pi$。如果要使它的值为 5，需要让 $k = 10\pi$。得到的函数是 $\cos(10\pi t)$。

```
>>> plot_function(lambda t: cos(10*pi*t),0,1)
```

13

它的图形如图 13-16 所示，在 $t = 0$ 到 $t = 1$ 之间重复了 5 次。

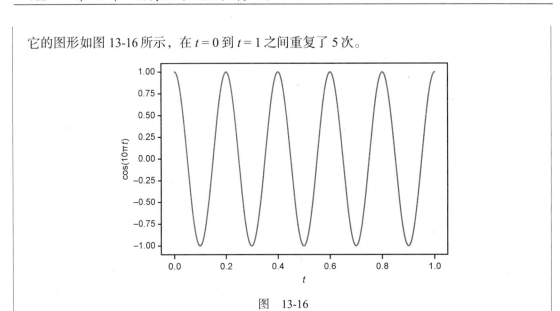

图　　13-16

13.4　组合声波得到新的声波

在第 6 章中，你学会了把函数当作向量来处理，可以把函数相加或乘以标量来产生新的函数。把定义声波的函数进行线性组合，就可以创建新的、有趣的声音。

在 Python 中组合两个声波的最简单方法是对两个声波进行采样，然后将两个数组对应的值相加来创建新的声波。我们先写一些 Python 代码来叠加不同频率的声波样本，产生的结果听起来类似于音乐和弦，就像同时拨动吉他的几根弦一样。

一旦做到了这一点，就可以实现一个更高级的例子：把几十种不同频率的正弦波按固定的线性组合叠加在一起，结果看起来和听起来都很像之前的方波。

13.4.1　叠加声波的样本来构造和弦

在 Python 中，NumPy 数组可以用普通的+运算符进行加法运算，所以叠加声波的样本很简单。下面是一个小例子，展示了 NumPy 在做加法时，会把数组的每个对应值相加，创建一个新的数组。

```
>>> np.array([1,2,3]) + np.array([4,5,6])
array([5, 7, 9])
```

对两个声波的样本进行叠加操作，产生的声音和同时播放这两个声波是一样的。这里有两个样本：一个 441 Hz 的正弦波（样本 1），以及一个 551 Hz 的正弦波（样本 2），后者的频率大约是前者的 5/4。

```
sample1 = sample(make_sinusoid(441,8000),0,1,44100)
sample2 = sample(make_sinusoid(551,8000),0,1,44100)
```

让 PyGame 播放第一个样本，再立即开始播放第二个，它会几乎同时播放这两个声音。运行下面的代码，可以听到由两个不同音符组成的和弦。单独运行最后两行中的任何一行，可以听到其中一个音符。

```
sound1 = pygame.sndarray.make_sound(sample1)
sound2 = pygame.sndarray.make_sound(sample2)
sound1.play()
sound2.play()
```

现在用 NumPy 把两个样本数组相加，生成一个新的数组，并用 PyGame 播放。将 sample1 和 sample2 相加会得到长度为 44 100 的新数组，包含 sample1 和 sample2 中每一项的和。播放这个结果，可以听到它和刚才播放的声音是一样的。

```
chord = pygame.sndarray.make_sound(sample1 + sample2)
chord.play()
```

13.4.2　两个声波叠加后的图形

我们看看声波的波形是怎样的。sample1（441 Hz）和 sample2（551 Hz）的前 400 个点如图 13-17 所示，可以看到样本 1 经过了 4 个周期，而样本 2 经过了 5 个周期。

虽然 sample1 和 sample2 是两个正弦波，但它们叠加之后并没有产生正弦波。序列 sample1 + sample2 表示的是一个振幅似乎在波动的波。图 13-18 显示了叠加后的波形。

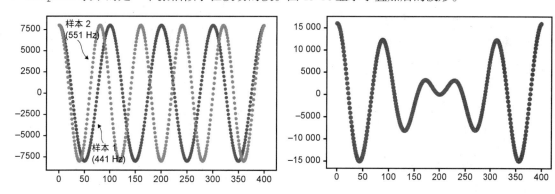

图 13-17　sample1 和 sample2 的前 400 个点的图示　图 13-18　两个波叠加后的和 sample1 + sample2

让我们仔细观察这个和，看看是如何得到该形状的。在样本的第 85 个点附近，两个波的值都是大的正数，所以和的第 85 个点处的值也是大的正数。在第 350 个点附近，两个波的值都是大的负数，所以它们的和也是大的负数。当两个波对齐时，它们的和会更大（声音也更大），这就是所谓的**相长干涉**。

图 13-19 显示了当数值相反（在第 200 个点处）时会产生的有趣效果。例如，在 sample1

大而正、`sample2` 大而负的时候，它们的和会接近于零，即使两个波本身都不接近于零。两个波像这样互相抵消，称为**相消干涉**。

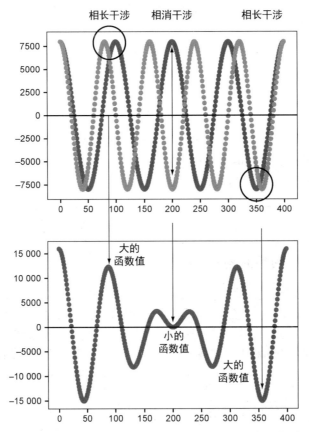

图 13-19　当相长干涉时，叠加波的绝对值较大；当相消干涉时，叠加波的绝对值较小

　　由于波的频率不同，它们之间会时而同步、时而不同步，交替出现相长干涉和相消干涉。因此波的和并不是正弦波，振幅会随时间变化。图 13-19 把两张图并排显示，展示了两个样本及其和之间的关系。

　　正如你所看到的，正弦波之和的相对频率对所得图形的形状有影响。接下来，我向大家展示一个更极端的例子：用几十个正弦函数建立一个线性组合。

13.4.3　构造正弦波的线性组合

　　首先介绍一个由不同频率的正弦函数组成的集合。下面这个正弦函数的列表可以无限长。

$$\sin(2\pi t),\ \sin(4\pi t),\ \sin(6\pi t),\ \sin(8\pi t),\ \cdots$$

这些函数的频率为 1、2、3、4，等等。与之类似，下面是余弦函数的列表。

$$\cos(2\pi t), \cos(4\pi t), \cos(6\pi t), \cos(8\pi t), \cdots$$

对应的频率为 1、2、3、4，等等。我们的想法是，有这么多不同的频率可以用，就可以通过这些函数的线性组合来创建各种不同的形状。此外，还要在线性组合中加入一个常数函数 $f(x)=1$（稍后会介绍原因）。选定某个最高频率 N，那么最普遍的正弦函数、余弦函数和常数函数的线性组合由图 13-20 给出。

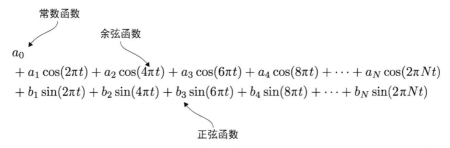

图 13-20　线性组合中的正弦函数和余弦函数

这个线性组合是一个傅里叶级数，它本身是变量 t 的函数。它由 $2N+1$ 个数指定：常数项 a_0，余弦函数上的系数 a_1 到 a_N，正弦函数上的系数 b_1 到 b_N。把指定的 t 值代入每个正弦函数和余弦函数中，再把结果的线性组合相加，就得到了函数值。下面来用 Python 做这件事，这样可以方便地测试一些不同的傅里叶级数。

`fourier_series` 函数取一个常数 a_0，以及 a 和 b 的列表，分别包含系数 $a_1,\cdots,a_N$ 和 $b_1,\cdots,b_N$。即使数组的长度不同，这个函数也能正常执行，未指定的系数会被当作 0。注意，因为正弦和余弦频率从 1 开始，而 Python 的枚举从 0 开始，所以数组索引 n 处的系数对应的频率是 $n+1$。

```python
def const(n):
    return 1                           ←─┐ 创建一个常数函数，对
                                           任何输入都返回 1

def fourier_series(a0,a,b):
    def result(t):
        cos_terms = [an*cos(2*pi*(n+1)*t)       ←─┐ 用对应的常数计算所有余弦项，
            for (n,an) in enumerate(a)]              并把结果加起来
        sin_terms = [bn*sin(2*pi*(n+1)*t)       ←─┐ 用对应的常数计算所有正弦项，
            for (n,bn) in enumerate(b)]              并把结果加起来
        return a0*const(t) + \
            sum(cos_terms) + sum(sin_terms)     ←─┐ 将二者的结果相加，再加
    return result                                   上常数系数 $a_0$ 乘以常数
                                                    函数值（1）
```

下面是一个例子，用 $b_4 = 1$ 和 $b_5 = 1$（其余常数为 0）来调用这个函数。这是一个非常短的傅里叶级数，即 $\sin(8\pi t)+\sin(10\pi t)$，其图形如图 13-21 所示。因为频率之比是 4∶5，所以结果的形状应该和前面的图 13-19 一样。

```python
>>> f = fourier_series(0,[0,0,0,0,0],[0,0,0,1,1])
>>> plot_function(f,0,1)
```

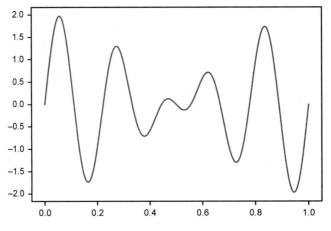

图 13-21　傅里叶级数 $\sin(8\pi t)+\sin(10\pi t)$ 的图形

这个测试验证了函数 `fourier_series` 确实有效，但还没有显示出傅里叶级数的强大功能。接下来，我们给傅里叶级数添加更多的项。

13.4.4　用正弦波构造一个熟悉的函数

创建这样一个傅里叶级数：它没有常数和余弦项，但有很多正弦项。具体来说，b_1、b_2、b_3 等常数的值为以下序列：

$$b_1 = \frac{4}{\pi}$$
$$b_2 = 0$$
$$b_3 = \frac{4}{3\pi}$$
$$b_4 = 0$$
$$b_5 = \frac{4}{5\pi}$$
$$b_6 = 0$$
$$b_7 = \frac{4}{7\pi}$$
$$\cdots$$

或者说，当 n 为偶数时，$b_n = 0$；当 n 为奇数时，$b_n = 4/n\pi$。以此为基础，可以得到傅里叶级数的任意多个项。例如，第一个非零项为：

$$\frac{4}{\pi}\sin(2\pi t)$$

再加上第二个非零项，级数就变成了：

$$\frac{4}{\pi}\sin(2\pi t)+\frac{4}{3\pi}\sin(6\pi t)$$

下面是代码，把这两个函数都画出来，如图 13-22 所示。

```
>>> f1 = fourier_series(0,[],[4/pi])
>>> f3 = fourier_series(0,[],[4/pi,0,4/(3*pi)])
>>> plot_function(f1,0,1)
>>> plot_function(f3,0,1)
```

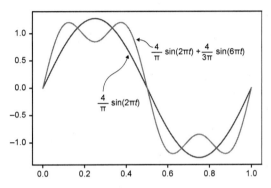

图 13-22　傅里叶级数的第一项和前两项的图形

利用列表推导式，可以让包含 b_n 的系数列表变得更长，并以编程方式构造傅里叶级数。可以把余弦系数列表留空，所有的 a_n 值都会被当作 0。

```
b = [4/(n * pi)
     if n%2 != 0 else 0 for n in range(1,10)]
f = fourier_series(0,[],b)
```
◁——— 给出一个列表，当 n 为奇数时有
$b_n = 4/n\pi$，否则 $b_n = 0$

这个列表覆盖了范围 $1 \leqslant n < 10$，所以非零系数是 b_1、b_3、b_5、b_7 和 b_9。有了这些项，傅里叶级数如图 13-23 所示。

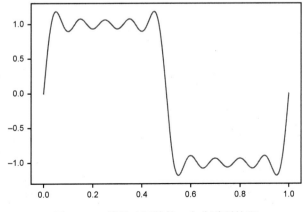

图 13-23　傅里叶级数前 5 个非零项的和

13

这是一种有趣的相长干涉和相消干涉模式！在 $t = 0$ 和 $t = 1$ 附近，所有正弦函数同时递增，而在 $t = 0.5$ 附近，它们同时递减。相长干涉是最主要的效应，而交替的相长干涉和相消干涉使图形在其他区域保持相对水平。如图 13-24 所示，当 n 的上限达到 19 时有 10 个非零项，这种效应更加明显。

```
>>> b = [4/(n * pi) if n%2 != 0 else 0 for n in range(1,20)]
>>> f = fourier_series(0,[],b)
```

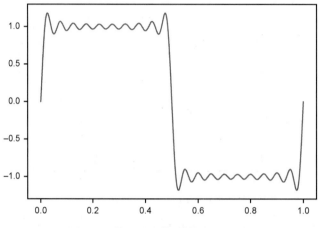

图 13-24　傅里叶级数的前 10 个非零项

如果把 n 的上限提高到 99，就会得到 50 个正弦函数的和。除了几个大的跳跃之外，函数变得几乎完全水平（见图 13-25）。

```
>>> b = [4/(n * pi) if n%2 != 0 else 0 for n in range(1,100)]
>>> f = fourier_series(0,[],b)
```

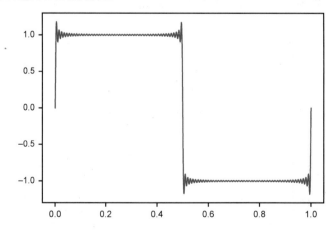

图 13-25　在有 99 个项的情况下，除了在 0、0.5 和 1.0 处有很大的跳动外，傅里叶级数的图形几乎是平的

如果缩小图形，可以看到这个傅里叶级数接近于本章开始时绘制的方波（见图 13-26）。

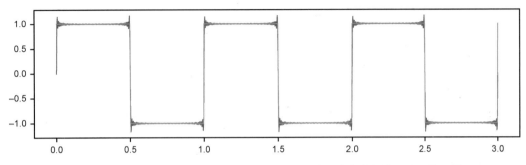

图 13-26　傅里叶级数的前 50 个非零项接近于方波，像本章的第一个函数一样

这里我们做的就是为方波函数构造了一个近似的正弦波线性组合。这看起来很反直觉！毕竟傅里叶级数中所有的正弦波都是圆滑的，而方波是平的、参差的。在本章的最后，我们将展示如何对这种近似进行逆向工程：从任意周期函数开始，得到与之近似的傅里叶级数的系数。

13.4.5　练习

> **练习 13.5（小项目）**：创建一个方波傅里叶级数的修改版本，使其频率为 441 Hz，然后对其进行采样，并确认它不仅看起来像方波，而且听起来也像方波。

13.5　将声波分解为傅里叶级数

最后一个问题是，如何把任意的周期函数（比如方波）写成（至少是近似写成）正弦函数的线性组合。也就是说，如何把任意声波分解为纯音符的组合。作为基本的例子，我们通过研究一个和弦声波来确定它由哪些音符组成。更有意义的是，我们可以把任何声音分解成音符：无论是人说话的声音、狗叫的声音，还是汽车引擎的声音。这些结果的背后是一些优雅的数学思想，而你现在已经有了理解它们所需的所有背景知识。

把函数分解为傅里叶级数类似于把向量写成基向量的线性组合（见第一部分）。下面来看其中的原理。在函数的向量空间中，以方波函数为例，基向量的集合由 $\sin(2\pi t)$、$\sin(4\pi t)$ 和 $\sin(6\pi t)$ 等函数组成。在 13.3 节中，方波被近似地表示为如下线性组合。

$$\frac{4}{\pi}\sin(2\pi t) + \frac{4}{3\pi}\sin(6\pi t) + \cdots$$

$\sin(2\pi t)$ 和 $\sin(6\pi t)$ 这两个基向量在无限维的函数空间中定义了两个垂直的方向，另外还有许多由其他基向量定义的方向。方波在 $\sin(2\pi t)$ 方向上的分量长度为 $4/\pi$，在 $\sin(6\pi t)$ 方向上的分量长度为 $4/3\pi$。这是方波在这些基向量上的无限坐标列表中的前两个坐标（见图 13-27）。

13

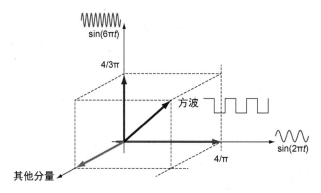

图 13-27　把方波视为函数空间中的一个向量，它在 $\sin(2\pi t)$ 方向上的分量长度为 $4/\pi$，在 $\sin(6\pi t)$
　　　　　方向上的分量长度为 $4/3\pi$。方波除了这两个分量外，还有无限多的分量

可以实现一个 fourier_coefficients(f,N) 函数，它接收一个周期为 1 的函数 f 和表示所需系数数目的数 N。该函数将常数函数以及 $\cos(2n\pi t)$ 和 $\sin(2n\pi t)$（其中 $1 \leqslant n < N$）作为函数向量空间的方向，并找到 f 在这些方向上的分量。它返回傅里叶系数 a_0（表示常数函数），傅里叶系数 $a_1, a_2, \cdots, a_N$ 的列表，以及傅里叶系数 $b_1, b_2, \cdots, b_N$ 的列表。

13.5.1　用内积确定向量分量

在第 6 章中，基于二维和三维向量的运算，我们介绍了如何对函数做向量加法和标量乘法。现在我们需要的另一个工具是，点积在函数向量中的类比。点积是一种**内积**，是将两个向量相乘得到标量的方法，用来衡量两个向量的对齐程度。

回想一下在三维世界中如何使用点积来确定三维向量的分量，然后做同样的事情来确定作为正弦函数基向量的函数的分量。假设我们要在标准基向量 $e_1 = (1, 0, 0)$、$e_2 = (0, 1, 0)$ 和 $e_3 = (0, 0, 1)$ 各自的方向上确定向量 $v = (3, 4, 5)$ 的分量。这个问题的答案很明显，分量分别是 3、4、5，这就是坐标 $(3, 4, 5)$ 的含义！

现在我会告诉你另一种方法，用点积来求 $v = (3, 4, 5)$ 的分量。这么做没什么必要，因为已经知道答案了，但它对于函数向量的情况来说是有价值的。注意，v 与每一个标准基向量的点积都会返回对应的分量。

$$v \cdot e_1 = (3, 4, 5) \cdot (1, 0, 0) = 3 + 0 + 0 = 3$$
$$v \cdot e_2 = (3, 4, 5) \cdot (0, 1, 0) = 0 + 4 + 0 = 4$$
$$v \cdot e_3 = (3, 4, 5) \cdot (0, 0, 1) = 0 + 0 + 5 = 5$$

这些点积直接告诉我们如何用基向量的线性组合来构建 v：$v = 3e_1 + 4e_2 + 5e_3$。要小心的是，只有当点积符合我们对长度和角度的定义时，这才成立。任意一对垂直的标准基向量的点积都是零。

$$e_1 \cdot e_2 = e_2 \cdot e_3 = e_3 \cdot e_1 = 0$$

标准基向量与自己的点积则是它们的长度（的平方），为 1。

$$e_1 \cdot e_1 = e_2 \cdot e_2 = e_3 \cdot e_3 = |e_1|^2 = |e_2|^2 = |e_3|^2 = 1$$

从另一个角度来看这种关系：根据点积的定义，每个标准基向量在其他标准基向量的方向上都没有分量。而且，每个标准基向量在自己方向上的分量为 1。如果想发明一个内积来计算函数的分量，就需要我们的基向量仍然具有同样的特性。换句话说，需要 $\sin(2\pi t)$ 和 $\cos(2\pi t)$ 等基函数互相正交，并且长度均为 1。下面为函数创建一个内积，并检验这些特性。

13.5.2　定义周期函数的内积

设 $f(t)$ 和 $g(t)$ 是定义在从 $t = 0$ 到 $t = 1$ 区间上的两个函数，并且这两个函数每隔一个单位的 t 就会重复一次。那么 f 和 g 的内积记为 $<f, g>$，定义为定积分。

$$\langle f, g \rangle = 2 \cdot \int_0^1 f(t)g(t)\mathrm{d}t$$

接下来用 Python 代码来实现它，通过黎曼和来近似积分（见第 8 章），所以可以看到这个内积和我们熟悉的点积非常相似。这个黎曼和默认分为 1000 个时间步。

```
def inner_product(f,g,N=1000):
    dt = 1/N
    return 2*sum([f(t)*g(t)*dt
                  for t in np.arange(0,1,dt)])
```

d*t* 的大小默认为 1/1000 = 0.001

每个时间步对积分的贡献是 *f*(*t*) * *g*(*t*) * d*t*。根据公式把积分的结果乘以 2

像点积一样，这个积分近似的是输入向量每步内值的乘积之和。只是它不是坐标的乘积之和，而是函数值的乘积之和。你可以把函数的值看作一组无限多的坐标，而这个内积就是这些坐标的一种"无限点积"。

我们来测试一下这个内积。为方便起见，先定义一些 Python 函数来创建基向量里的第 n 个正弦函数和余弦函数，然后可以用 `inner_product` 来测试这些函数。这些函数是 13.3.2 中 `make_sinusoid` 函数的简化版本。

```
def s(n):
    def f(t):
        return sin(2*pi*n*t)
    return f
```

`s(n)` 接收一个整数 n 并返回函数 $\sin(2n\pi t)$

```
def c(n):
    def f(t):
        return cos(2*pi*n*t)
    return f
```

`c(n)` 接收一个整数 n 并返回函数 $\cos(2n\pi t)$

对于两个像(1, 0, 0)和(0, 1, 0)这样的三维向量，点积会返回零，确认它们是正交的。这个内积证明每一对基函数（大概）都是正交的。例如：

13

```
>>> inner_product(s(1),c(1))
4.2197487366314734e-17
>>> inner_product(s(1),s(2))
-1.4176155163484784e-18
>>> inner_product(c(3),s(10))
-1.7092447249233977e-16
```

这些数非常接近零，确认了 $\sin(2\pi t)$ 和 $\cos(2\pi t)$ 是正交的。$\sin(2\pi t)$ 和 $\sin(4\pi t)$ 是正交的，$\cos(6\pi t)$ 和 $\cos(20\pi t)$ 也是正交的。使用精确的积分公式（在此不做介绍），可以**证明**对于任意整数 n 和 m，有：

$$\langle \sin(2n\pi t), \cos(2m\pi t) \rangle = 0$$

对于任意不相等的整数 n 和 m，有：

$$\langle \sin(2n\pi t), \sin(2m\pi t) \rangle = 0$$

且

$$\langle \cos(2n\pi t), \cos(2m\pi t) \rangle = 0$$

另一种描述是，在这个内积下，所有的基函数都是正交的，每个基函数在其他方向上都没有分量。还需要检查的是，内积要求我们的基向量在自己方向上的分量为 1。事实上，在数值误差范围内，看起来是对的。

```
>>> inner_product(s(1),s(1))
1.0000000000000002
>>> inner_product(c(1),c(1))
0.9999999999999999
>>> inner_product(c(3),c(3))
1.0
```

尽管这里不再赘述，但利用积分公式可以直接证明对于任意整数 n 来说：

$$\langle \sin(2n\pi t), \sin(2n\pi t) \rangle = 1$$

且

$$\langle \cos(2n\pi t), \cos(2n\pi t) \rangle = 1$$

最后的整理工作就是加入常数函数。我之前承诺过，会解释为什么需要在傅里叶级数中加入一个常数项，现在就来给出一个初步的解释。常数函数是构造完整的函数基底所必需的，不包含它就好比从三维空间的基向量中去掉 e_2，直接使用 e_1 和 e_3 一样。这样就会有一些函数无法用基向量表达出来。

任意常数函数都垂直于基向量中的所有正弦函数和余弦函数，但仍然需要确定常数函数的值，使它在自己方向上的分量为 1。也就是说，把它实现成 Python 函数 const(t)，inner_product(const,const) 就应该返回 1。const 常量正确的值是 $1/\sqrt{2}$。（你可以在下面的练习中检查这个值是否正确！）

```
from math import sqrt

def const(n):
    return 1 /sqrt(2)
```

有了定义之后，就可以确认它是否有正确的特性了。

```
>>> inner_product(const,s(1))
-2.2580204307905138e-17
>>> inner_product(const,c(1))
-3.404394821604484e-17
>>> inner_product(const,const)
1.0000000000000007
```

我们现在有了计算周期函数的傅里叶系数所需的工具。这些系数就是函数在我们定义的基向量上的分量。

13.5.3　实现一个函数来计算傅里叶系数

在三维例子中，我们看到向量 v 与基向量 e_i 点乘可以得到 v 在 e_i 方向上的分量。下面对周期函数 f 做同样的操作。

系数 a_n（$n \geqslant 1$）表示 f 在基函数 $\cos(2n\pi t)$ 方向上的分量。计算方法是求 f 与基函数的内积。

$$a_n = \langle f, \cos(2n\pi t) \rangle, \quad n \geqslant 1$$

同样，傅里叶系数 b_n 表示 f 在基函数 $\sin(2n\pi t)$ 方向上的分量，也可以用内积计算。

$$b_n = \langle f, \sin(2n\pi t) \rangle$$

最后，数 a_0 是 f 与常数函数的内积，值为 $1/\sqrt{2}$。所有这些傅里叶系数都可以用我们已经写好的 Python 函数来计算，所以接下来就着手组装我们要实现的 `fourier_coefficients` 函数吧。注意，函数的第一个参数是要分析的函数，第二个参数是所需正弦项和余弦项的最大数目。

```
def fourier_coefficients(f,N):
    a0 = inner_product(f,const)
    an = [inner_product(f,c(n))
            for n in range(1,N+1)]
    bn = [inner_product(f,s(n))
            for n in range(1,N+1)]
    return a0, an, bn
```

常数项 a_0 是 f 和常量基函数的点积

系数 a_n（$1 \leqslant n < N+1$）由 f 和 $\cos(2n\pi t)$ 的内积给出

系数 b_n（$1 \leqslant n < N+1$）由 f 和 $\sin(2n\pi t)$ 的内积给出

作为合理性检查，傅里叶级数应该返回自己的系数。例如：

```
>>> f = fourier_series(0,[2,3,4],[5,6,7])
>>> fourier_coefficients(f,3)
(-3.812922200197022e-15,
 [1.9999999999999887, 2.999999999999999, 4.0],
 [5.000000000000002, 6.000000000000001, 7.0000000000000036])
```

13

注意   如果想让输入和输出匹配非零常数项，需要修改常数函数为 $f(t) = 1/\sqrt{2}$，而不是 $f(t) = 1$。
参见练习 13.8。

现在我们可以自动计算傅里叶系了。最后，选一些有趣的周期函数，为它构造傅里叶近似来结束我们的探索。

13.5.4   求方波的傅里叶系数

在上一节我们看到，除了关于奇数 n 值的 b_n 系数之外，方波的其余傅里叶系数均为零。也就是说，它的傅里叶级数是由关于奇数 n 的 sin($2n\pi t$)函数的线性组合。对于奇数 n，系数 $b_n = 4/n\pi$。我没有解释为什么是这些系数，现在来检查一下。

为了使方波每隔 1 个单位的 t 就重复一次，可以使用 Python 中的值 t%1 得到 t 的小数部分。例如，2.3%1 是 0.3，0.3%1 是 0.3。因此，以 t%1 为单位的函数可以自动获得长为 1 的周期。当 t%1 < 0.5 时，方波的值为+1，否则为−1。

```
def square(t):
    return 1 if (t%1) < 0.5 else -1
```

运行下面的代码来查看方波的前 10 个傅里叶系数。

```
a0, a, b = fourier_coefficients(square,10)
```

你会发现 a_0 和 a 的项都很小，b 的偶数条目也一样。b_1、b_3、b_5 等系数的值分别为 b[0]、b[2]、b[4]等，因为 Python 数组索引从 0 开始。它们都接近预期值。

```
>>> b[0], 4/pi
(1.273235355942202, 1.2732395447351628)
>>> b[2], 4/(3*pi)
(0.4244006151333577, 0.42441318157838876)
>>> b[4], 4/(5*pi)
(0.2546269646514865, 0.25464790894703254)
```

前面已经看到，以这些值为系数的傅里叶级数是方波图的可靠近似。在本节的最后，再来看两个以前没有见过的函数，并将傅里叶级数与原始函数一起绘制，来证明这种近似确实可行。

13.5.5   其他波形的傅里叶系数

接下来考虑方波之外的其他函数，并用傅里叶变换来建模。图 13-28 展示了一种有趣的新波形，称为**锯齿波**（sawtooth wave）。

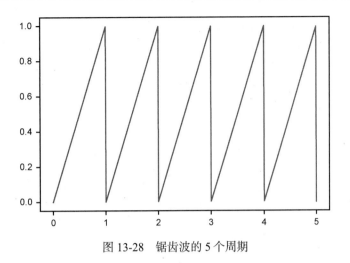

图 13-28 锯齿波的 5 个周期

在从 $t = 0$ 到 $t = 1$ 的区间上，锯齿波与函数 $f(t) = t$ 相同。然后，它每隔 1 个单位就会重复一次。可以简单地把锯齿波定义为一个 Python 函数。

```
def sawtooth(t):
    return t%1
```

为了得到它的 10 个正弦项和余弦项的傅里叶级数近似，可以把傅里叶系数直接传递给傅里叶级数的函数。如图 13-29 所示，把它和锯齿图一起展示，可以看到拟合度很高。

```
>>> approx = fourier_series(*fourier_coefficients(sawtooth,10))
>>> plot_function(sawtooth,0,5)
>>> plot_function(approx,0,5)
```

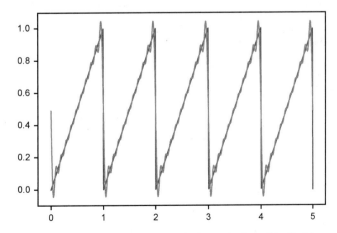

图 13-29 图 13-28 中的原始锯齿波和它的傅里叶级数近似

我们再一次被傅里叶级数的近似程度震惊。只用平滑的正弦波和余弦波进行线性组合，就能接近一个具有尖角的函数。这个函数正好有非零的常数系数 a_0。这个系数必须存在，因为这个函数的值都在零以上，而正弦函数和余弦函数会贡献负值。

最后一个例子是下面的函数，在本书的源代码里定义为 speedbumps(t)，如图 13-30 所示。

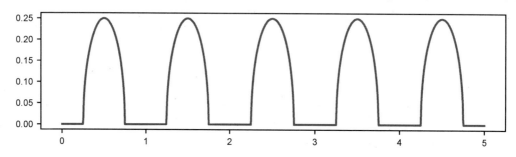

图 13-30　speedbumps(t) 函数，交替地水平延伸和圆形突起

该函数的实现并不重要，有趣的是它的余弦函数有非零系数，而正弦函数系数均为零。即使只用 10 项，也可以得到很好的近似。图 13-31 展示了有 a_0 项和 10 个余弦项的傅里叶级数（b_n 系数均为零）。

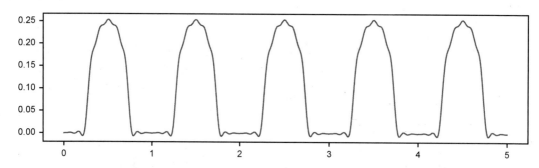

图 13-31　speedbumps(t) 函数的傅里叶级数的常数项和前 10 个余弦项

可以看到近似图中的一些晃动，但把这些波形转化为声音后，傅里叶级数已经足够好了。能够将各种形状的波形转化为傅里叶系数列表，就可以有效地存储和传输音频文件了。

13.5.6　练习

练习 13.6：向量 $u_1 = (2, 0, 0)$、$u_2 = (0, 1, 1)$ 和 $u_3 = (1, 0, -1)$ 组成了 $\mathbb{R}^3$ 的一个基底。对于向量 $v = (3, 4, 5)$，计算三个点积 $a_1 = v \cdot u_1$、$a_2 = v \cdot u_2$ 和 $a_3 = v \cdot u_3$。说明 v 不等于 $a_1 u_1 + a_2 u_2 + a_3 u_3$。它们为什么不相等？

解：点积分别如下所示。

$$a_1 = v \cdot u_1 = (3, 4, 5) \cdot (2, 0, 0) = 6$$
$$a_2 = v \cdot u_2 = (3, 4, 5) \cdot (0, 1, 1) = 9$$

$$a_3 = \boldsymbol{v} \cdot \boldsymbol{u}_3 = (3, 4, 5) \cdot (1, 0, -1) = -2$$

因此线性组合是 $6 \cdot (2, 0, 0) + 9 \cdot (0, 1, 1) - 2 \cdot (1, 0, -1) = (10, 9, 11)$，不等于$(3, 4, 5)$。这种方法之所以不能得到正确的结果，是因为这些基向量的长度不为 1，而且相互不正交。

练习 13.7（小项目）：设 $f(t)$ 为常数，即 $f(t) = k$。用内积的积分公式找到一个 k 值，使得 $<f, f> = 1$。（是的，我已经告诉过你 $k = 1/\sqrt{2}$，看你能否自己算出这个值！）

解：如果 $f(t) = k$，那么$<f, f>$的值为如下积分。

$$2 \cdot \int_0^1 f(t) \cdot f(t) \mathrm{d}t = 2 \cdot \int_0^1 k \cdot k \mathrm{d}t = 2k^2$$

（在 0 到 1 的区间上，常数函数 k^2 之下的面积是 k^2。）如果想让 $2k^2$ 等于 1，那么 $k^2 = 1/2$，$k = 1/\sqrt{2} = 1/\sqrt{2}$。

练习 13.8：更新 `fourier_series` 函数，用 $f(t) = 1/\sqrt{2}$ 替换 $f(t) = 1$ 作为常数函数。

解：

把线性组合里的系数 a_0 乘以常数函数 $f(t) = 1/\sqrt{2}$，则无论 t 为何值，都给最终的傅里叶级数贡献 $a_0/\sqrt{2}$

```
def fourier_series(a0,a,b):
    def result(t):
        cos_terms = [an*cos(2*pi*(n+1)*t) for (n,an) in enumerate(a)]
        sin_terms = [bn*sin(2*pi*(n+1)*t) for (n,bn) in enumerate(b)]
        return a0/sqrt(2) + sum(cos_terms) + sum(sin_terms)
    return result
```

练习 13.9（小项目）：播放 441 Hz 的锯齿波，并将其与在该频率下播放的方波和正弦波进行比较。

解：可以创建一个锯齿波函数的修改版，振幅为 8000、频率为 441 Hz。对它进行采样后传递给 PyGame。

```
def modified_sawtooth(t):
    return 8000 * sawtooth(441*t)
arr = sample(modified_sawtooth,0,1,44100)
sound = pygame.sndarray.make_sound(arr)
sound.play()
```

人们常常把锯齿波的声音与小提琴等弦乐器的声音相比较。

13

13.6　小结

- 声波是随时间发生的气压变化，它通过空气传入我们的耳朵里，所以我们就听到了声音。可以用一个函数来表示声波，这个函数大概表示了气压随时间的变化。

- PyGame 和大多数数字音频系统使用**采样**后的音频。这样的音频不直接定义声波的函数，而是用在统一间隔上取的函数值数组来表示函数。例如，CD 音频通常用 44 100 个值表示 1 秒音频。

- 形状随机的声波听起来像噪声，而形状在固定间隔上重复的声波会产生清晰的音符。函数值以一定间隔重复的函数称为**周期函数**。

- 正弦函数和余弦函数是周期性函数，其图形中重复的曲线称为**正弦曲线**（sinusoid）或**正弦波**。

- 正弦函数和余弦函数每隔 2π 个单位重复一次。这个值称为**周期**。周期函数的**频率**是周期的倒数，正弦和余弦的频率是 $1/2\pi$。

- 形如 $\sin(2n\pi t)$ 或 $\cos(2n\pi t)$ 的函数的频率为 n。高频声波函数产生高音调的音符。

- 周期函数的最大高度称为**幅度**。把正弦函数或余弦函数乘以一个数，函数的振幅和相应声波的音量就会变化。

- 为了创造同时播放两个声音的效果，可以将定义其声波的相应函数加在一起，创建新的函数和新的声波。一般来说，将现有的声波进行任意的线性组合，就可以创建新的声波。

- 常数函数与不同 n 值的 $\sin(2n\pi t)$ 和 $\cos(2n\pi t)$ 函数的线性组合称为**傅里叶级数**。尽管傅里叶级数是由平滑的正弦函数和余弦函数构成的，但是它可以很好地近似任何周期性函数，甚至像方波这样有尖角的函数。

- 常数函数与不同频率的正弦函数和余弦函数一起构成了周期函数向量空间的基底。最接近给定函数的这些基向量的线性组合，称为**傅里叶系数**。

- 可以用二维或三维向量与标准基向量的点积来确定它在该基向量方向上的分量。

- 类似地，可以用一个周期函数与正弦函数或余弦函数的特殊内积来确定该函数相应的分量。周期函数的内积是在指定范围内的定积分，在我们的例子中是从 0 到 1。

Part 3

第三部分

机器学习的应用

第三部分会应用前面所学的数学函数、向量和微积分来实现一些机器学习算法。我们已经听了太多关于机器学习的宣传，现在来看看它到底是什么。机器学习是**人工智能（AI）**领域的一部分，它研究的是如何编写计算机程序来智能地完成任务。你在游戏中与计算机对战，实际上就是在和人工智能进行互动。这种游戏里的对手（通常）是根据一套规则编程实现的，以便超越你或者通过其他方式来打败你。

一个算法要被归类为**机器学习**，不仅要自主智能地运行，而且要学习既往经验。这意味着它收到的数据越多，表现就会越好。接下来的三章将重点介绍一种特殊的机器学习，称为**监督学习**。在编写监督学习算法时，需要提供**训练数据集**，包含成对的输入和输出。然后算法就能根据新的输入自己计算得到输出。从这个意义上说，训练的结果是一个新的数学函数，它可以有效地将特定输入数据映射为某种决策作为输出。

第 14 章会介绍一种名为**线性回归**的简单监督学习算法，并使用它根据里程数来预测二手车的价格。训练数据集由许多二手车的已知里程数和价格组成，在没有关于汽车如何估值的先验知识的情况下，算法会学习如何根据汽车的里程数来定价。线性回归算法的工作原理是，对于里程数 x 和价格 p 组成的数据对 (x, p)，找到最接近它们的线性函数。这相当于在二维空间中找到最接近所有已知点 (x, p) 的直线方程。我们的大部分工作是搞清楚"最接近"这个词是什么意思！

第 15 章和第 16 章将介绍另一类称为**分类**的监督学习问题。对于任意的数值输入数据点，我们要回答一个是/否或多选问题。第 15 章会创建一个算法，给定两种不同型号汽车的里程和价格数据作为训练数据集，尝试根据新的数据来识别汽车的型号。这同样相当于寻找一个与训练数据集中的值"最接近"的函数。我们需要确定的是，对于这个回答是或否问题的函数来说，"接近"是什么意思。

第 16 章的分类问题更困难。输入的数据集是手写数字（从 0 到 9）的图像，所需的输出是图像里的数字。我们在第 6 章中看到图像由很多数据组成，可以认为图像处于多维向量空间中。为了处理这种复杂性，我们会使用一种特殊的数学函数，称为**多层感知机**。这是一种特殊的人工神经网络，是当今最受关注的机器学习算法之一。

虽然在这短短的三章结束时，你可能还不是机器学习专家，但我希望这能为你进一步探索这个主题打下坚实的基础。具体来说，这些章节应该能为你揭开机器学习的神秘面纱。我们并没有神奇地赋予计算机类似人类的知觉，而是用 Python 来处理真实世界的数据，然后创造性地应用前面学到的数学知识。

数据的函数拟合

14

　　第二部分中的微积分技术只适用于良态的函数。若要存在导数，函数必须足够平滑，而若要计算精确的导数或积分，则函数必须有简单的公式。对于现实世界的大多数数据而言，我们并没有这么幸运。由于随机性或测量误差，很少能遇到完全平滑的函数。本章将介绍如何用一个简单的数学函数对混乱的数据进行建模，这个过程叫作回归。

　　我会用一个真实的数据集作为例子，这些数据来自 CarGraph 网站上销售的 740 辆二手车。这些车都是丰田普锐斯，而且有相应的里程数和销售价格。把这些数据绘制在散点图上（见图14-1），可以看到随着里程数的增加，价格有下降的趋势。这反映出汽车会因为使用而贬值。我们的目标是得到一个简单的函数，来描述二手普锐斯的价格如何随着里程数的增加而变化。

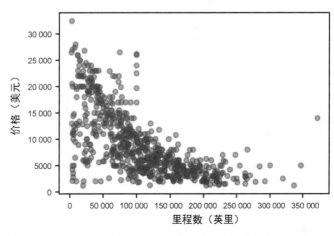

图 14-1　CarGraph 网站上二手丰田普锐斯的价格与里程数关系图

我们无法画出通过所有这些点的平滑函数，即使能画出来也毫无意义。很多点是**异常值**（outlier），而且很可能是错误的（比如图 14-1 中少数几辆售价低于 5000 美元、几乎全新的车）。当然，还有其他因素会影响二手车的销售价格。我们不能指望仅凭里程数就能得到确切的价格。

但是可以找到一个近似于这些数据的趋势的函数。我们的函数 $p(x)$ 接收里程数 x 作为输入，并返回行驶了给定里程的普锐斯的典型价格。要做到这一点，需要**假设**这是一个什么样的函数。可以从最简单的例子开始：线性函数。

第 7 章研究了多种形式的线性函数，但本章使用 $p(x) = ax + b$ 的形式，其中 x 是汽车的里程数，p 是它的价格，而 a 和 b 两个数决定函数的形状。选定 a 和 b，这个函数就成了一台虚拟的机器，它取一辆丰田普锐斯的里程数并预测其价格，如图 14-2 所示。

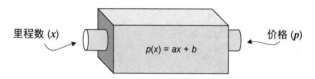

图 14-2　根据里程数 x 预测价格 p 的线性函数示意图

记住，a 是直线的斜率，b 是它的截距。给定 $a = -0.05$ 和 $b = 20\,000$，函数的图形是一条直线，从 20 000 美元的价格开始，每增加 1 英里就减少 0.05 美元（见图 14-3）。

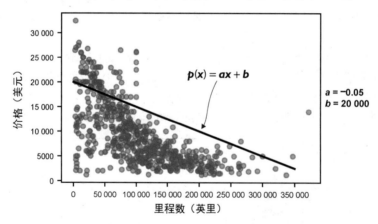

图 14-3　根据里程数预测普锐斯的价格，使用形为 $p(x) = ax + b$ 的函数，其中 $a = -0.05$，
$b = 20\,000$

选择该预测函数意味着一辆新普锐斯值 20 000 美元，它的折旧率（贬值率）为每英里 0.05 美元。这些数值可能正确，也可能不正确。事实上，我们有理由相信它并不完美，因为这条直线的图形并不接近大多数数据。寻找 a 和 b 的值使 $p(x)$ 尽可能符合数据趋势的任务叫作**线性回归**。一旦我们找到了最佳值，就可以说 $p(x)$ 是**最佳拟合线**。

如果要让 $p(x)$ 接近真实数据，那么合理的斜率 a 应该是负数，这样预测价格就会随着里程数的增加而降低。但我们不必这样假设，因为可以实现一种算法，直接从原始数据中得到它。这就是为什么回归是机器学习算法的一个简单例子：它仅根据已有数据就能推断出一种趋势，用来对新的数据点进行预测。

我们施加的唯一约束是，要寻找线性函数。**线性函数**假设了折旧率是恒定的——汽车在头1000英里内的价值损失与10万至10.1万英里内的价值损失是一样的。从传统观点上讲，事实并非如此，汽车在驶出车场的那一刻，就已经失去了很大一部分价值。所以目标不是找到一个完美的模型，而是找到一个简单但好用的模型。

第一件要做的事是衡量一个给定的线性函数，也就是说，给定的 a 和 b 对价格的预测有多好。为此，我们在 Python 中实现一个称为**代价函数**（cost function）的函数，它取函数 $p(x)$ 作为输入，并返回一个数，表示 $p(x)$ 离原始数据有多远。然后就可以对任意数对 a 和 b 用这个代价函数来衡量函数 $p(x) = ax + b$ 与数据集的拟合程度。每一个数对 (a, b) 都对应一个线性函数，所以可以把这个任务看作探索这种数对的二维空间，并评估它们所表示的线性函数。

图 14-4 显示，选取正的 a 和 b 会产生一条向上倾斜的直线。如果它是我们的价格函数，那就意味着汽车在行驶过程中增值，而这是不可能的。

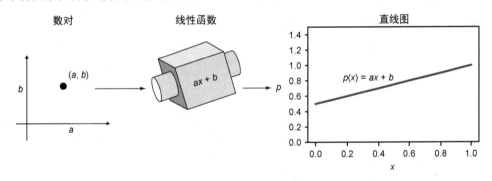

图 14-4　数对 (a, b) 定义了一个线性函数，把它作为一条直线画在图上。对于正的 a 值，图形向上倾斜

代价函数将这样的直线与实际数据进行比较，返回了一个很大的数，表示这条直线离数据很远。直线离数据越近，代价越低，拟合度越高。

我们需要的 a 和 b 的值不仅能使代价函数变小，而且能使它变为尽可能精确的最小函数。第二个要写的函数叫作 `linear_regression`，它能自动找到 a 和 b 的最佳值，即最佳拟合线。为此，我们建立一个函数，计算任意给定 a 和 b 值的代价，并使用第 12 章的梯度下降技术将其最小化。现在，在 Python 中实现一个代价函数来衡量函数对数据集的拟合程度吧！

14.1　衡量函数的拟合质量

我们要编写的代价函数可用于任何数据集，而不仅仅是二手车集合。这样就可以在更简单的（虚构）数据集上测试它并了解它是如何工作的。因此，代价函数是一个有两个输入的 Python 函数。一个输入是要测试的 Python 函数 $f(x)$，另一个是要测试的数据集，即 (x, y) 对的集合。对于二手车的例子，$f(x)$可能是一个线性函数，给出任意里程数对应的价格（以美元为单位），而(x, y)对则是数据集里里程数和价格的实际值。

代价函数的输出是一个数，衡量$f(x)$的值与正确y值之间的距离。如果对于每一个x都有$y = f(x)$，这个函数就是对数据的完美拟合，那么代价函数返回零。更现实的情况是，函数不会与所有数据点完全一致，代价函数会返回某个正数。我们实际写两个代价函数来比较一下，让你了解代价函数的工作原理。

❑ sum_error：把数据集里每一个(x, y)对应的从$f(x)$到y的距离加起来。

❑ sum_square_error：把这些距离的平方加起来。

第二个是实践中最常用的代价函数，你很快就会明白为什么。

14.1.1   计算数据与函数的距离

在本书的源代码中，有一个名为 test_data 的虚构数据集。它是一个由(x, y)值构成的 Python 列表，其中x值的范围为从–1 到 1。我特意选择了靠近$f(x) = 2x$这条直线的一些点的y值。图 14-5 是这条直线旁边的 test_data 数据集的散点图。

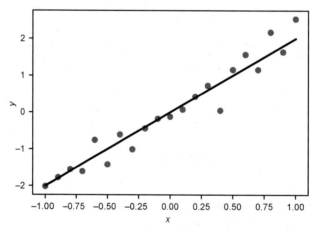

图 14-5　一组随机生成的数据，有意保持在接近直线$f(x) = 2x$的地方

事实上，$f(x) = 2x$接近数据集，意味着对于数据集中的任何x值，$2x$都能很好地猜测出相应的y值，例如下面这个点。

$$(x, y) = (0.2, 0.427)$$

它是来自数据集的实际值。如果只给定值$x = 0.2$，$f(x) = 2x$就能预测出$y = 0.4$。差值的绝对值$|f(0.2) - 0.4|$为误差的大小，大约是 0.027。

误差值是实际y值与预测值$f(x)$之间的差，在图 14-6 中表示为点(x, y)到f的垂直距离。

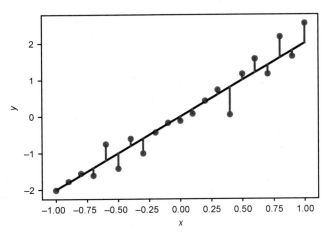

图 14-6　误差值是函数 $f(x)$ 与实际值 y 之间的差

图中的误差大小不一，如何量化拟合的质量呢？用另一个函数 $g(x)=1-x$ 的图来比较一下，这显然是一个很差的拟合（见图 14-7）。

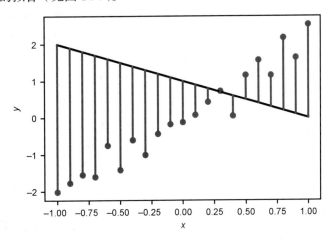

图 14-7　误差值较大的函数图

函数 $g(x)=1-x$ 恰好接近其中一个点，但误差的总和要大得多。因此可以把所有的误差加起来，实现第一个代价函数。误差总和越大意味着拟合度越低，而总和越小意味着拟合度越高。要实现这个函数，只需迭代所有的 (x,y) 对，取 $f(x)$ 和 y 之差的绝对值，然后将结果相加。

```
def sum_error(f,data):
    errors = [abs(f(x) - y) for (x,y) in data]
    return sum(errors)
```

为了测试这个函数，可以先把 $f(x)$ 和 $g(x)$ 翻译成代码。

```
def f(x):
    return 2*x

def g(x):
    return 1-x
```

不出所料，$f(x) = 2x$ 的总误差比 $g(x) = 1 - x$ 小。

```
>>> sum_error(f,test_data)
5.021727176394801
>>> sum_error(g,test_data)
38.47711311130152
```

这些输出的确切值并不重要，重要的是它们之间的差异。由于 $f(x)$ 的误差总和小于 $g(x)$ 的，我们可以得出结论：$f(x)$ 是对给定数据的更好拟合。

14.1.2 计算误差的平方和

虽然 sum_error 函数是测量直线与数据距离的最直观的方法，但我们在实践中会使用将所有误差的**平方**相加的代价函数。有几个很好的理由。最简单的是，因为平方距离函数是平滑的，可以用导数来最小化它；而绝对值函数不平滑，不是处处可导的。回顾 $|x|$ 和 x^2 的函数图像（见图 14-8），当 x 离 0 越远时，这两个函数的返回值都越大，但只有后者在 $x = 0$ 处是平滑、存在导数的。

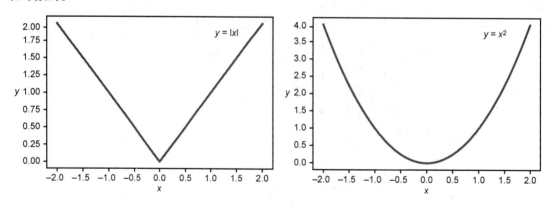

图 14-8　当 $x = 0$ 时，$y = |x|$ 的图形不平滑，但 $y = x^2$ 的图形平滑

给定一个测试函数 $f(x)$，可以查看每一个 (x, y) 对，并将 $(f(x) - y)^2$ 的值加到代价上。这就是 sum_squared_error 函数的工作。它的实现类似于 sum_error，只需要把对误差取绝对值变成求其平方。

```
def sum_squared_error(f,data):
    squared_errors = [(f(x) - y)**2 for (x,y) in data]
    return sum(squared_errors)
```

这个代价函数也可以可视化：把这些距离看作正方形的边，而不是点和函数之间的垂直距离。

每个方块的面积就是该数据点的平方误差，所有方块的总面积就是 `sum_squared_error` 的结果。图 14-9 中的方块总面积显示的是 `test_data` 和 $f(x) = 2x$ 之间的误差平方和。（注意，这些方块看起来不太方是因为 x 轴和 y 轴的单位不同！）

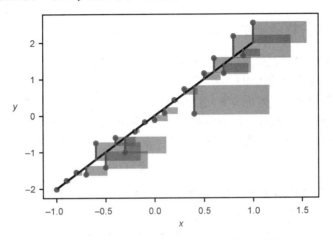

图 14-9　函数与数据集之间的误差平方和的图

在图 14-9 中，一个 2 倍的 y 值对误差平方和的贡献是 4 倍。采用这个代价函数的另一个原因是，它对差的拟合进行了更积极的惩罚。对于 $h(x) = 3x$，可以看到方差大了很多（见图 14-10）。

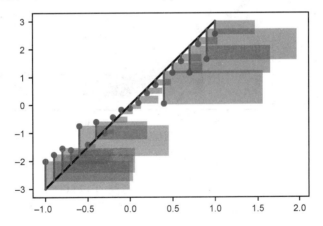

图 14-10　$h(x) = 3x$ 相对于测试数据的 `sum_squared_error`

没有必要画出 $g(x) = 1 - x$ 的平方误差，因为这些方块太大了，几乎能填满整个图，而且相互重叠。不过可以看到 $f(x)$ 和 $g(x)$ 的 `sum_squared_error` 值的差比 `sum_error` 值的差更大。

```
>>> sum_squared_error(f,test_data)
2.105175107540148
>>> sum_squared_error(g,test_data)
97.1078879283203
```

很明显，图 14-8 中 $y = x^2$ 的图形是平滑的。事实上，改变定义它的参数 a 和 b 来移动这条直线，代价函数也会发生"平滑"的变化。为此，我们将继续使用 sum_squared_error 代价函数。

14.1.3　计算汽车价格函数的代价

我首先要根据经验对普锐斯的折旧情况和里程数之间的关系进行预测。丰田普锐斯有几种不同的型号，我猜平均零售价约为 25 000 美元。为了使计算简单化，第一个简单的模型假设它在路上行驶 125 000 英里之后正好值 0 美元，也就是说平均折旧率是每英里 0.2 美元。也就是说，一辆普锐斯的价格 p 与其里程数 x 的关系是，从 25 000 美元的初始价格中减去 $0.2x$ 美元的折旧，即 $p(x)$ 是一个线性函数，它具有我们熟悉的形式：$p(x) = ax + b$，其中 $a = -0.2$，$b = 25\ 000$。

$$p(x) = -0.2x + 25\ 000$$

在 CarGraph 数据旁边绘制函数图来查看它的效果（见图 14-11）。在本章的源代码中有数据和绘制数据的 Python 代码。

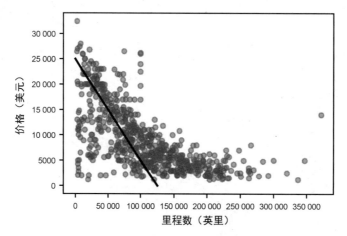

图 14-11　二手普锐斯价格和里程数的散点图，采用了我假设的折旧函数

显然，数据集中许多汽车的里程数已经超过了我猜测的 125 000 英里。这可能意味着我对折旧率的猜测过高。试试每英里 0.1 美元的折旧率，定价函数为：

$$p(x) = -0.1x + 25\ 000$$

这也不完美。可以从图 14-12 上看到，这个函数高估了大部分汽车的价格。

也可以改变初始值实验一下，之前假设为 25 000 美元。听说一辆车在驶出车场的那一刻就失去了大部分价值，所以对一辆里程数很少的二手车来说，25 000 美元的价格可能是高估了。如果汽车在驶离车场时损失了 10%的价值，那么让零里程对应 22 500 美元的价格可能会得到更好的结果（见图 14-13）。

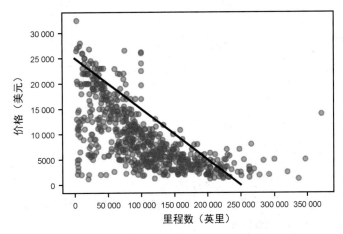

图 14-12 另一个函数的图，假设每英里折旧 0.1 美元

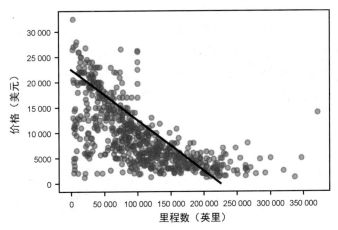

图 14-13 用起始值 22 500 美元来测试二手丰田普锐斯的价格

我们可以继续花时间去猜测最佳拟合的线性函数，但想要知道是否有所改善，就需要代价函数了。借助 sum_squared_error 函数，可以衡量这些经验猜测中的哪个最接近数据。下面是三个写成 Python 代码的定价函数。

```python
def p1(x):
    return 25000 - 0.2 * x

def p2(x):
    return 25000 - 0.1 * x

def p3(x):
    return 22500 - 0.1 * x
```

sum_squared_error 函数接收一个函数以及代表数据的数对列表。在本例中，需要的是里程和价格对。

14

```
prius_mileage_price = [(p.mileage, p.price) for p in priuses]
```

对三种定价函数运行 sum_squared_error 函数，可以比较它们的拟合质量。

```
>>> sum_squared_error(p1, prius_mileage_price)
88782506640.24002
>>> sum_squared_error(p2, prius_mileage_price)
34723507681.56001
>>> sum_squared_error(p3, prius_mileage_price)
22997230681.560013
```

这些数值都很大，分别约为 888 亿、347 亿和 230 亿。同样，数值并不重要，只看它们的相对大小。因为最后一个值最低，所以可以得出结论，p3 是三个定价函数中最好的。鉴于我构造这些函数的方式非常不科学，继续猜测下去很有可能找到代价更低的线性函数。但与其猜测和检查，不如看看如何系统地探索可能的线性函数空间。

14.1.4　练习

练习 14.1：创建一组在一条直线上的数据点，并证明 sum_error 和 sum_squared_error 代价函数对适当的线性函数都返回精确的零。

解：这是一个线性函数和其图形上的一些点（见图 14-14）。

```
def line(x):
    return 3*x-2
points = [(x,line(x)) for x in range(0,10)]
```

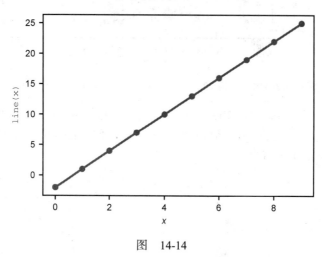

图　14-14

sum_error(line,point) 和 sum_squared_error(line,point) 都返回零，因为从任何一个点到直线都没有距离。

练习 14.2：计算 $x+0.5$ 和 $2x-1$ 这两个线性函数的代价值。哪一个相对于 `test_data` 产生的误差平方和比较低？这说明了什么？

解：

```
>>> sum_squared_error(lambda x:2*x-1,test_data)
23.1942461283472
>>> sum_squared_error(lambda x:x+0.5,test_data)
16.607900877665685
```

函数 $x+0.5$ 产生的 `sum_squared_error` 值较低，所以它对 `test_data` 的拟合度更高。

练习 14.3：找到一个比 p1、p2 和 p3 拟合度更高的线性函数 p4。通过证明它的代价函数比 p1、p2 和 p3 更低来证明它的拟合度更高。

解：至此，我们找到的最佳拟合函数是 p3，表示为 $p(x)=22\,500-0.1\cdot x$。为了得到更高的拟合度，你可以尝试调整这个公式中的常数，直到代价降低。你可能会发现 p3 是我们把 b 值从 25 000 减少到 22 500 才得到的更好拟合。如果稍微再减少一点儿，拟合度会变得更高。定义一个 b 值为 20 000 的新函数 p4。

```
def p4(x):
    return 20000 - 0.1 * x
```

结果发现它的 `sum_squared_error` 更低。

```
>>> sum_squared_error(p4, prius_mileage_price)
18958453681.560005
```

这个数比前面的三个函数给出的都要低，说明新函数对数据的拟合度更高。

14.2　探索函数空间

在上一节的最后，我们猜测了一些形式为 $p(x)=ax+b$ 的定价函数，其中 x 表示二手丰田普锐斯的里程数，p 是对其价格的预测。通过选择不同的 a 和 b 值，并将所得函数 $p(x)$ 绘制成图，我们可以判断出哪些选择更好。代价函数提供了一种衡量函数与数据的接近程度的方法，比目测更好。本节的目标是系统地尝试不同的 a 和 b 值，使代价函数尽可能小。

如果你做了 14.1.4 节的最后一个练习，手动搜索出了一个更好的拟合，你可能已经注意到挑战在于需要同时调整 a 和 b。你也许还记得第 6 章的内容，形如 $p(x)=ax+b$ 的所有函数的集合形成了一个二维向量空间。当你猜测和检查的时候，就是在这个二维空间中盲目地选取不同方向的点，并希望代价函数减小。

本节将尝试通过绘制代价函数 `sum_squared_error` 与定义线性函数的参数 a 和 b 之间的关系图来理解线性函数的二维空间。具体来说，把代价当作 a 和 b 的函数来作图（见图 14-15）。

14

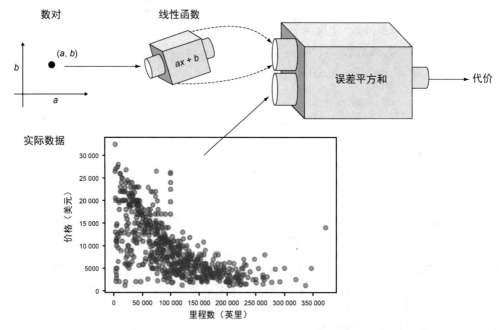

图 14-15　数对(*a*, *b*)定义了一个线性函数。将其与固定的实际数据进行比较，得到一个
　　　　　表示代价的数

　　我们要绘制的函数需要两个数 *a* 和 *b*，并返回一个数，即函数 $p(x) = ax + b$ 的代价。我们称这个函数为 `coefficient_cost(a,b)`，因为数 *a* 和 *b* 是**系数**。可以使用第 12 章中提到的热力图来绘制该函数。

　　作为热身，我们可以尝试将函数 $f(x) = ax$ 拟合到之前使用的 `test_data` 数据集上。这是一个比较简单的问题，因为 `test_data` 没有那么多数据点，而且只需要调整一个参数。$f(x) = ax$ 是一个线性函数，*b* 的值固定为零。这种形式函数的图形是一条通过原点的直线，系数 *a* 控制其斜率。也就是说，只有一个维度可以探索，我们可以画出误差平方和与 *a* 的关系，这就是一个普通的函数图。

14.2.1　绘制通过原点的直线的代价

　　使用和之前相同的 `test_data` 数据集，并计算形如 $f(x) = ax$ 的函数的 `sum_squared_error`。然后实现一个 `test_data_coefficient_cost` 函数，取参数 *a*（斜率）并返回 $f(x) = ax$ 的代价。要做到这一点，首先根据输入的 *a* 值创建函数 *f*，然后把它和测试数据传递给代价函数 `sum_squared_error`。

```
def test_data_coefficient_cost(a):
    def f(x):
        return a * x
    return sum_squared_error(f,test_data)
```

　　该函数的每个值都对应于一个选定的斜率 a，因此它表示针对 `test_data` 绘制的一条直线的代价。图 14-16 显示了几个 a 值和它们对应的直线。注意 $a = -1$ 的斜率产生了最高的代价和最差的拟合直线。

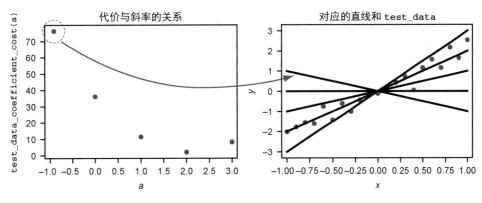

图 14-16　不同的斜率 a 对应的代价和直线

　　`test_data_coefficient_cost` 是一个平滑的函数，可以在选定的 a 值范围上把它画出来。如图 14-17 所示，代价随着 a 增大而降低，直到在 $a = 2$ 左右达到最小值，然后开始提高。

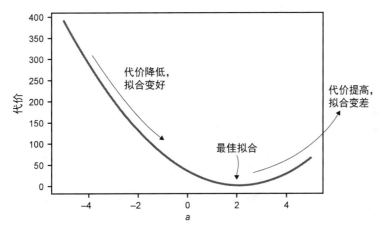

图 14-17　代价与斜率 a 的关系图，显示了不同斜率值的拟合质量

　　如图 14-17 所示，通过原点的直线在斜率大约为 2（我们很快就能找到确切的数值）时得到最低的代价，此时为**最佳拟合**。为了找到最佳拟合二手车数据的线性函数，我们再添加一个维度来看看代价。

14.2.2　所有线性函数的空间

　　我们要寻找一个函数 $p(x) = ax + b$ 来根据里程数预测普锐斯的价格，并根据 `sum_squared_error`

函数来评估效果。为了评估系数 a 和 b 的不同选择，需要先实现函数 coefficient_cost(a,b)，给出 $p(x) = ax + b$ 相对于汽车数据的误差平方和。它类似于 test_data_coefficient_cost 函数，只是有两个参数，而且使用不同的数据集。

```
def coefficient_cost(a,b):
    def p(x):
        return a * x + b
    return sum_squared_error(p,prius_mileage_price)
```

现在，有一个由系数对构成的二维空间(a, b)，其中每个系数对都指定了一个不同的候选函数 $p(x)$ 来与价格数据进行比较。图 14-18 显示了 ab 平面上的两个点和它们对应的直线。

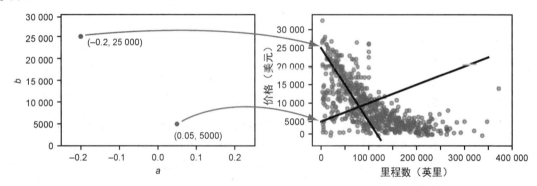

图 14-18　不同的(a, b)对应的价格函数

对于每一对(a, b)和对应的函数 $p(x) = ax + b$，我们可以计算 sum_squared_error 函数。coefficient_cost 函数已经为我们做了这件事情。这样就得到了 ab 平面上每一个点的代价值，可以把它绘制成热力图（见图 14-19）。

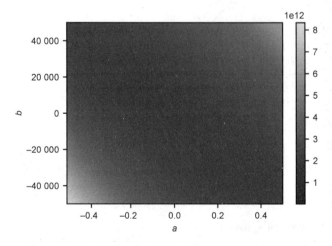

图 14-19　在不同的 a 和 b 值上，线性函数代价的热力图

在图 14-19 这张热力图上可以看到，当(a, b)取其极端值时，代价函数很高。虽然热力图中间的颜色最深，但并不能直观地看出代价是否存在一个最小值，或者最小值到底在哪里。幸运的是，有一种方法可以找到在(a, b)平面上使代价函数最小化的位置——梯度下降法。

14.2.3 练习

练习 14.4：找出通过原点和点$(3, 4)$的直线的精确公式。求出函数$f(x) = ax$，使得它对于这一点构成的数据集的误差平方和最小。

解：我们只需要确定系数a。误差平方和就是$f(3) = a \cdot 3$ 和 4 之差的平方。这就是$(3a - 4)^2$，展开为$9a^2 - 24a + 16$。可以将其视为a的函数，即$c(a) = 9a^2 - 24a + 16$。

a的最佳值是使这个代价最小化的值。该a值使得代价函数的导数为零。利用第 10 章的求导规则，我们得出$c'(a) = 18a - 24$。解为$a = 4/3$，即最佳拟合是：

$$f(x) = \frac{4}{3}x$$

这显然包含原点和点$(3, 4)$。

练习 14.5：假设用一个线性函数来模拟跑车的价格与里程数的关系，系数$(a, b) = (-0.4, 80\,000)$。这说明了汽车会随着时间的推移如何贬值？

解：当$x = 0$时，$ax + b$的值为$b = 80\,000$。也就是说，在里程数为 0 时，预期这辆车的售价为 8 万美元。a值为–0.4，意味着x每增加 1 个单位，函数值$ax + b$就减少 0.4 个单位。也就是说，这辆车每行驶 1 英里，其价值平均减少 40 美分。

14.3 使用梯度下降法寻找最佳拟合线

第 12 章介绍了使用梯度下降法来最小化$f(x, y)$形式的平滑函数。也就是找到使$f(x, y)$尽可能小的x和y的值。因为已经实现了 gradient_descent 函数，所以直接把想要最小化的 Python 函数传递给它，它就会自动找到使其最小化的输入。

现在，我们要找到使$p(x) = ax + b$的代价尽可能小的a和b值，也就是最小化 Python 函数 coefficient_cost(a,b) 的a和b值。把 coefficient_cost 传递给 gradient_descent 函数就会得到对(a, b)，这样$p(x) = ax + b$就是最佳拟合线。可以用找到的a和b值来绘制直线$ax + b$，从视觉上确认它与数据的拟合度确实很高。

14.3.1 缩放数据

在应用梯度下降法之前，还需要处理一个微妙的细节。我们处理的数的量级有很大的差异：

14

折旧率在–1 和 0 之间，价格以万美元为单位，而代价函数返回的结果以千亿为单位。如果不另外指定，我们会用步长 dx 为 10^{-6} 来计算导数的近似值。因为这些数的量级相差很大，所以直接运行梯度下降法会产生很大的数值误差。

注意   我不会深入探讨这些数值问题，因为我的目标不是教你编写稳健的数值代码，而是教你应用数学概念。所以接下来只介绍如何通过数据缩放来解决问题。

为了得到最佳拟合线，可以根据直觉对 a 和 b 设置保守的边界。a 值代表折旧率，所以以最佳值的量级可能大于 0.5（即 50 美分每英里）。b 值表示一辆里程数为零的普锐斯的价格，肯定低于 50 000（美元）。

通过 $a = 0.5 \cdot c$ 和 $b = 50\,000 \cdot d$ 来定义变量 c 和 d，则当 c 和 d 的量级小于 1 时，a 和 b 的量级分别小于 0.5 和 50 000，此时代价函数小于 10^{13}。将代价函数的结果除以 10^{13}，并用 c 和 d 来表示，就得到了　个新的代价函数，其输入和输出的绝对值都在 0 和 1 之间。

```
def scaled_cost_function(c,d):
    return coefficient_cost(0.5*c,50000*d)/1e13
```

一旦找到了能让这个缩放过的代价函数最小化的 c 和 d 值，就可以利用 $a = 0.5 \cdot c$ 和 $b = 50\,000 \cdot d$，得到让原始函数最小化的 a 和 b 值。

这个缩放数据的方法其实有些落后，我们会在第 15 章介绍更科学的方法。如果你想了解更多，这个过程在机器学习文献中通常叫作**特征缩放**。现在我们已经得到了可以传递给梯度下降算法的函数。

14.3.2 找到并绘制最佳拟合线

我们要优化的函数是 `scaled_cost_function`，可以期望最小值出现在点(c, d)处，其中 $|c| < 1$，$|d| < 1$。因为最优的 c 和 d 离原点很近，所以可以从(0, 0)开始梯度下降。执行下面的代码可以得到最小值，不过需要运行一段时间，具体运行多久取决于你使用的机器。

```
c,d = gradient_descent(scaled_cost_function,0,0)
```

运行后会得到 c 和 d 的值。

```
>>> (c,d)
(-0.12111901781176426, 0.314954228880049895)
```

为了重新找到 a 和 b，需要将 c 和 d 乘以各自的系数。

```
>>> a = 0.5*c
>>> b = 50000*d
>>> (a,b)
(-0.06055950890588213, 15747.711444024948)
```

最后就得到了我们要找的系数！四舍五入后得到价格函数：

$$p(x) = -0.060\ 6 \cdot x + 15\ 700$$

这就是（大概）能使整个汽车数据集的误差平方和最小的线性函数。它意味着一辆行驶里程为零的丰田普锐斯的价格平均为 15 700 美元，平均折旧率为每英里 6 美分多一点儿，如图 14-20 所示。

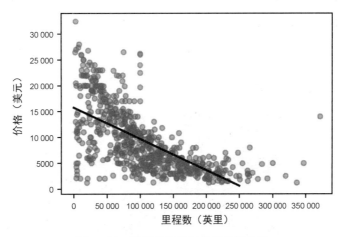

图 14-20　汽车价格数据的最佳拟合线

这条线看起来至少和我们尝试过的其他线性函数 $p_1(x)$、$p_2(x)$ 和 $p_3(x)$ 一样好，甚至更好。可以肯定的是，按照代价函数的衡量方式，它对数据有更高的拟合度。

```
>>> coefficient_cost(a,b)
14536218169.403479
```

自动找到使代价函数最小化的最佳拟合线后，就可以说这个算法"学会"了如何根据里程数对普锐斯进行估值。我们实现了本章的主要目标。

计算线性回归来获得最佳拟合线有很多方法，其中有一些优化过的 Python 库。不管用哪种方法，都应该得到相同的线性函数，使误差平方和最小化。我之所以选择梯度下降法，既因为这样能够很好地应用第一部分和第二部分涉及的概念，也因为它有高度的可推广性。本章最后会介绍梯度下降法在回归中的另一个应用，接下来的两章也会用到梯度下降法和回归。

14.3.3　练习

练习 14.6：使用梯度下降法找到对测试数据有最佳拟合度的线性函数。结果函数应该在 $2x + 0$ 附近，但也不会完全是这条直线，因为数据是在该直线附近随机生成的。

解：首先需要实现一个函数来计算 $f(x) = ax + b$ 对于测试数据的代价，它是系数 a 和 b 的函数。

```
def test_data_linear_cost(a,b):
    def f(x):
        return a*x+b
    return sum_squared_error(f,test_data)
```

使这个函数最小化的 a 和 b 值给出了最佳拟合的线性函数。我们预计 a 和 b 分别在 2 和 0 附近，所以在这个点附近绘制热力图，有助于理解这个函数（见图 14-21）。

```
scalar_field_heatmap(test_data_linear_cost,-0,4,-2,2)
```

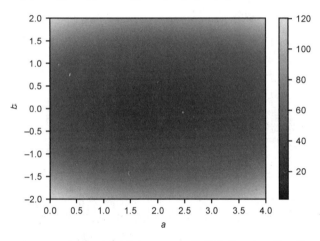

图 14-21　相对于测试数据，$ax+b$ 的代价是 a 和 b 的函数

不出所料，这个代价函数的最小值似乎在 $(a, b) = (2, 0)$ 附近。使用梯度下降法来最小化这个函数，可以得到确切的数值。

```
>>> gradient_descent(test_data_linear_cost,1,1)
(2.103718204728344, 0.0021207385859157535)
```

即测试数据的最佳拟合线大概是 $2.103\,72 \cdot x + 0.002\,12$。

14.4　非线性函数拟合

在我们目前的工作中，每一步都没有**要求**价格函数 $p(x)$ 是线性的。我们选择线性函数是因为它简单，但同样的方法也可以应用于由两个常数定义的任意函数。作为例子，我们会寻找形式为 $p(x) = qe^{rx}$ 的最佳拟合函数，并使它最小化汽车数据的误差平方和。在这个方程中，e 是特殊常数 $2.718\,28\ldots$，我们会找到产生最佳拟合的 q 和 r 的值。

14.4.1　理解指数函数的行为

考虑到你可能已经有一段时间没有用过指数函数了，我们来快速回顾一下。当参数 x 为指数时，函数 $f(x)$ 就是指数函数。例如，$f(x) = 2^x$ 是一个指数函数，但 $f(x) = x^2$ 不是。事实上，$f(x) = 2^x$ 是我们最熟悉的指数函数之一。当 x 为整数时，2^x 的值是 x 个 2 相乘。表 14-1 给出了 2^x 的一些值。

表 14-1　指数函数 2^x 的值

x	0	1	2	3	4	5	6	7	8	9
2^x	1	2	4	8	16	32	64	128	256	512

被升至 x 次方的数称为**基数**，所以在 2^x 中基数为 2。如果基数大于 1，函数值会随着 x 的增大而增大；如果小于 1，则函数值随着 x 的增大而减小。例如对于 $(1/2)^x$，每一个整数 x 对应的值都是前一个的一半，如表 14-2 所示。

表 14-2　递减指数函数 $(1/2)^x$ 的值

x	0	1	2	3	4	5	6	7	8	9
$(1/2)^x$	1	0.5	0.25	0.125	~0.06	~0.03	~0.015	~0.008	~0.004	~0.002

这就是所谓的**指数衰减**（exponential decay），它更像我们想要的汽车折旧模型。指数衰减意味着对于每个固定大小的 x 区间，价格函数以相同的比例递减。这个模型表明，一辆普锐斯每行驶 5 万英里就会损失一半的价值，行驶到 10 万英里时价值变成原价的 1/4，以此类推。

直观地讲，这可能是一种更好的折旧模型。丰田汽车是可靠的汽车，可以使用很长时间，只要能开就能保留一定的价值。然而在线性模型里，它的价值会在很久之后变成负值（见图 14-22）。

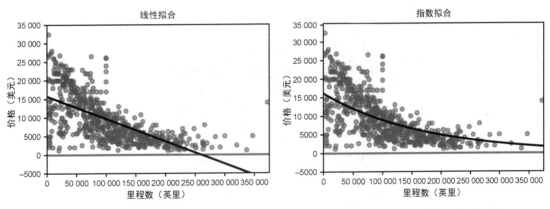

图 14-22　线性模型预测的普锐斯价格存在负值，而在指数模型中，任何里程数下都为正值

我们用的指数函数形式是 $p(x) = qe^{rx}$，其中 e = 2.718 28... 是固定的基数，r 和 q 是可以调整的系数。（使用基数 e 可能看起来很随意，也不方便，但 e^x 是标准的指数函数，所以你需要习惯一下。）在指数衰减的情况下，r 的值是负数。因为 $e^{r \cdot 0} = e^0 = 1$，所以我们有 $p(0) = qe^{r \cdot 0} = q$，所以 q 仍然表示普锐斯在零里程时的价格。而常数 r 决定折旧率。

14

14.4.2 寻找最佳拟合的指数函数

有了公式 $p(x) = qe^{rx}$，就可以用前面几节的方法来寻找最佳拟合的指数函数了。第一步是实现一个函数，取系数 q 和 r 并返回相应函数的代价。

```
def exp_coefficient_cost(q,r):
    def f(x):
        return q*exp(r*x)
    return sum_squared_error(f,prius_mileage_price)
```

> Python 的 **exp** 函数可以
> 计算指数函数 e^x

接下来需要做的是为系数 q 和 r 选择一个合理的范围，它们分别用来设定初始价格和折旧率。对于 q，我们希望它能接近线性模型中的 b 值，因为 q 和 b 都代表了汽车在行驶零里程时的价格。安全起见，使用从 0 到 30 000 美元的范围。

理解和限制控制折旧率的 r 则比较微妙。在等式 $p(x) = qe^{rx}$ 中，当 r 值为负时，x 每增加 $1/r$ 个单位，价格就会减少到原来的 $1/e$，也就是乘以 $1/e$（即约 0.36）。（我在本节最后增加了一个练习，可以帮助你理解！）

让我们保守一些，假设一辆车在行驶了最初的 10 000 英里后，价格降低到原来的 $1/e$，即原价的约 36%。这样 $r = 10^{-4}$。r 值越小意味着折旧越慢。以这些量级作为基准重新缩放函数，再除以 10^{11} 使得代价函数的值也比较小。以下是缩放代价函数的实现，图 14-23 展示了它输出的热力图。

```
def scaled_exp_coefficient_cost(s,t):
    return exp_coefficient_cost(30000*s,1e-4*t) / 1e11

scalar_field_heatmap(scaled_exp_coefficient_cost,0,1,-1,0)
```

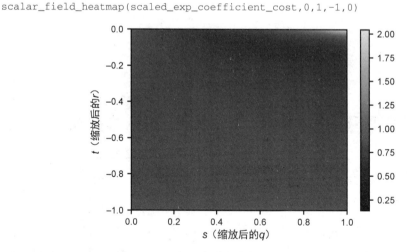

图 14-23 q 和 r 分别缩放为 s 和 t 之后的代价函数

热力图顶部的暗部区域表明，最低代价出现在较小的 t 值以及 0 和 1 中间的 s 值处。接下来把缩放后的代价函数传给梯度下降算法。梯度下降函数的输出是使代价函数最小化的 s 和 t 值，再撤销缩放得到 q 和 r。

```
>>> s,t = gradient_descent(scaled_exp_coefficient_cost,0,0)
>>> (s,t)
(0.6235404892859356, -0.07686877731125034)
>>> q,r = 30000*s,1e-4*t
>>> (q,r)
(18706.214678578068, -7.686877731125035e-06)
```

这意味着，能根据里程数最好地预测普锐斯价格的指数函数大概是：

$$p(x) = 18\,700 \cdot e^{-0.000\,007\,68\,\cdot\,x}$$

图 14-24 显示了实际价格的数据。

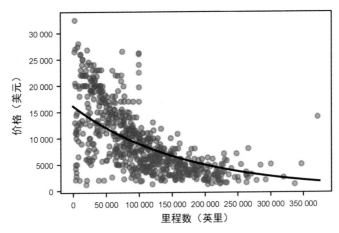

图 14-24 普锐斯价格和里程数的最佳拟合的指数函数

你可以说这个模型甚至比前面的线性模型更好，因为它产生的误差平方和更小。这意味着按照代价函数的衡量方式，它能（稍微）更好地拟合数据。

```
>>> exp_coefficient_cost(q,r)
14071654468.28084
```

使用像指数函数这样的非线性函数只是这种回归技术的众多变体之一。我们也可以使用其他的非线性函数、由两个以上的常数定义的函数，或者用于拟合两个以上维度的数据。接下来的两章会继续使用代价函数来衡量回归模型的拟合质量，然后使用梯度下降法得到尽可能好的拟合效果。

14.4.3 练习

练习 14.7：选择 r 的一个样本值，确认每当 x 增加 $1/r$ 个单位时，e^{-rx} 减少到原来的 $1/e$。

解：设 $r = 3$，我们要测试的函数是 e^{-3x}。要确认的是，每当 x 增加 $1/3$ 个单位时，这个函数就会减少到原来的 $1/e$。在 Python 中定义该函数如下。

```
def test(x):
    return exp(-3*x)
```

可以看到，在 $x=0$ 时它的值为 1。每当我们在 x 上增加 1/3 时，它的值就减少到原来的 1/e。

```
>>> test(0)
1.0
>>> from math import e
>>> test(1/3), test(0)/e
(0.36787944117144233, 0.36787944117144233)
>>> test(2/3), test(1/3)/e
(0.1353352832366127, 0.1353352832366127)
>>> test(1), test(2/3)/e
(0.049787068367863944, 0.04978706836786395)
```

在上述每一种情况中，只要 test 的输入增加 1/3，得到的结果就等于前一个结果除以 e。

练习 14.8：根据最佳拟合指数函数，普锐斯每行驶 1 万英里损失百分之多少的价值？

解：价格函数为 $p(x) = 18\,700 \cdot e^{-0.000\,007\,68} \cdot x$，其中 $q = 18\,700$ 美元，它表示的是初始价格而不是价格下降的速度。然后关注 $e^{rx} = e^{-0.000\,007\,68} \cdot x$，看看它在 1 万英里内的变化。当 $x = 0$ 时，它的值是 1；当 $x = 10\,000$ 时，它的值是：

```
>>> exp(r * 10000)
0.9422186306357088
```

这意味着，在 1 万英里之后普锐斯只值原价的 94.2%，价格下降了 5.8%。根据指数函数的行为可知，里程数每增加 1 万英里价格都会下降 5.8%。

练习 14.9：假设零售价（零里程时的价格）是 25 000 美元，那么能最佳拟合数据的指数函数是什么？换句话说，固定 $q = 25\,000$，那么当 r 值为多少时 qe^{rx} 才是最佳拟合？

解：可以单独实现一个函数，对于单个未知系数 r，给出对应指数函数的代价。

```
def exponential_cost2(r):
    def f(x):
        return 25000 * exp(r*x)
    return sum_squared_error(f,prius_mileage_price)
```

图 14-25 可以证实，在 -10^{-4} 和 0 之间存在一个 r 值，使代价函数最小化。

```
plot_function(exponential_cost2,-1e-4,0)
```

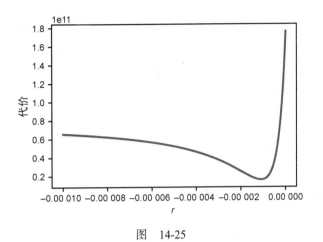

图 14-25

看起来大概在 $r = -10^{-5}$ 时，代价函数会被最小化。为了自动地最小化这个函数，需要实现一个一维版本的梯度下降，或者使用其他最小化算法。如果你愿意可以试试，由于只有一个参数，我们可以简单地猜测和检查一下，大概 $r = -1.12 \cdot 10^{-5}$ 可以产生最小代价。即最佳拟合函数是 $p(x) = 25\,000 \cdot e^{-0.000\,011\,2 \cdot x}$。图 14-26 展示了新的指数拟合的图形，与原始价格数据画在了一起。

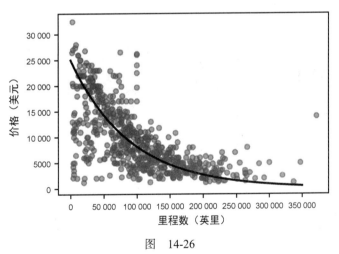

图 14-26

14.5 小结

☐ 回归是找到一个模型来描述各种数据集之间关系的过程。本章使用线性回归方法，用线性函数根据汽车的里程数来近似预测汽车的价格。

❑ 对于一组由许多(x, y)数据点组成的数据，不太可能有一条线穿过所有的点。

❑ 对于模型函数 $f(x, y)$，可以通过测量指定点(x, y)的 $f(x)$ 和 y 之间的距离来衡量它与数据的接近程度。

❑ 衡量模型对数据集拟合程度的函数称为**代价函数**。一个常用的代价函数是点(x, y)到相应模型值 $f(x)$ 的距离的平方和。能最佳拟合数据的函数具有最低的代价函数值。

❑ 考虑 $f(x)$ 形式的线性函数，每一对系数(a, b)都唯一定义了一个线性函数。这样的二元组可以生成一个二维空间，因此需要在二维空间中探索拟合线。

❑ 取一对系数(a, b)并计算 $ax + b$ 的代价的函数，其输入为一个二维点，输出为一个数。将这个代价函数最小化，就能得到定义最佳拟合线的系数。

❑ 当 x 以恒定的量变化时，线性函数 $p(x)$ 以恒定的量增大或减小，而指数函数以恒定的比值增大或减小。

❑ 要将指数方程拟合到数据上，可以采用与线性方程相同的过程。寻找定义指数函数 qe^{rx} 的一对(q, r)，使代价函数最小化。

第 15 章

使用 logistic 回归对数据分类

本章内容

- ❏ 理解分类问题，评估分类器
- ❏ 寻找决策边界来对两种数据分类
- ❏ 用 logistic 函数逼近分类数据集
- ❏ 为 logistic 回归编写代价函数
- ❏ 采用梯度下降法寻找最佳拟合的 logistic 函数

分类是机器学习中最重要的问题之一，本书的最后两章将重点讨论。分类问题是指，对于一条或多条原始数据，我们想知道每条数据代表什么**类别**的对象。例如，我们可能需要一种算法来查看收件箱的电子邮件数据，并将每封邮件分类为感兴趣的邮件或不想要的垃圾邮件。举一个影响更大的例子，可以写一个分类算法来分析医学扫描的数据集，并判断结果是良性肿瘤还是恶性肿瘤。

在构建用于分类的机器学习算法时，使用的真实数据越多，算法学到的就越多，在分类任务中表现得也越好。例如，每当用户将一封邮件标记为垃圾邮件或者放射科医生识别出恶性肿瘤时，这些数据都可以被传回以改进算法。

本章将继续研究与上一章相同的简单数据集：二手车的里程数和价格。与之前使用单一车型的数据不同，本次将研究两款车型：丰田普锐斯和宝马 5 系轿车。仅基于汽车的里程数和价格数据，以及已知例子的参考数据集，我们希望算法能给出一个"是"或"否"的答案，即汽车是否为宝马。与接收一个数并产生另一个数的回归模型不同，分类模型将接收一个向量并产生一个介于 0 和 1 之间的数，表示该向量代表宝马而不是普锐斯的置信度（见图 15-1）。

图 15-1 分类器采用两个数字的向量，即二手车的行驶里程和价格，并返回一个数字，表示这辆汽车是宝马的置信度

尽管分类模型的输入和输出与回归模型的不同，但实际上可以使用一种回归类型来构建分类器。我们将本章中实现的算法称为 logistic 回归。为了训练这个算法，从已知的二手车里程和价格数据集开始着手：如果是宝马，标记为 1；如果是普锐斯，标记为 0。表 15-1 显示了用来训练这个算法的数据集的样本点。

表 15-1   用于训练算法的样本数据点

里程（英里）	价格（美元）	是宝马吗
110 890.0	13 995.00	1
94 133.0	13 982.00	1
70 000.0	9 900.00	0
46 778.0	14 599.00	1
84 507.0	14 998.00	0
…	…	…

这里需要一个函数，它接收前两列的值，并生成一个介于 0 和 1 之间的值，希望该结果能够接近实际的结果。本章将介绍一种特殊的函数，叫作 logistic 函数，它接收一对输入数，并输出一个始终在 0 和 1 之间的数。这个分类函数就是"最佳拟合"所提供样本数据的 logistic 函数。

分类函数并非总能找到正确的答案，但同样，人类也做不到。宝马 5 系轿车是豪华车，因此我们预计普锐斯的价格会低于相同里程的宝马。出乎意料的是，表 5-1 中的最后两行数据显示，尽管这两辆普锐斯和宝马的价格大致相同，但普锐斯的里程几乎是宝马的两倍。由于有这样的偶然例子，我们不会期望 logistic 函数为每辆宝马或普锐斯都精确地产生 1 或 0。它可以返回 0.51，这是函数在表达结果不确定，但数据代表宝马的可能性稍大。

在上一章中，线性函数是由公式 $f(x) = ax + b$ 中的两个参数 a 和 b 决定的，而本章中要使用的 logistic 函数接收三个参数，所以 logistic 回归的任务归根结底是要找到三个数，使 logistic 函数尽可能接近样本数据。本章将为 logistic 函数创建一个特殊的代价函数，并使用梯度下降法找到使代价函数最小化的三个参数。这里有很多步骤，但幸运的是，它们都与上一章中所做的相似。如果你是第一次接触回归问题，可以回顾一下上一章的内容。

编写 logistic 回归算法来对汽车进行分类是本章的重点，但在此之前，需要花些时间熟悉分类过程。在训练计算机进行分类之前，先衡量一下我们能够多好地完成任务。一旦建立了 logistic 回归模型，就可以通过比较来评估它的表现了。

15.1   用真实数据测试分类函数

下面介绍如何使用一个简单的标准来识别数据集中的宝马。也就是说，如果二手车的价格高于 25 000 美元，那么对于一辆普锐斯来说可能太贵了（毕竟可以用接近这个金额的价格买到一辆全新的普锐斯）。如果价格高于 25 000 美元，就认为这是一辆宝马；否则，就认为它是一辆普锐斯。用 Python 函数实现这种分类很容易。

```
def bmw_finder(mileage,price):
    if price > 25000:
        return 1
    else:
        return 0
```

这个分类器的表现可能没有那么好，因为行驶里程多的宝马可能卖不到 25 000 美元。但我们不必推测，可以用真实数据衡量这个分类器的表现。

本节通过编写一个名为 test_classifier 的函数来衡量算法的效果，该函数接收一个分类函数（比如 bmw_finder）和一个用于测试的数据集。数据集是一个数组，包含由里程数、价格和 1 或 0（表示该车是宝马还是普锐斯）组成的元组。一旦使用真实数据运行 test_classifier 函数，它将返回一个百分比值，表明可以正确识别多少辆汽车。在本章最后，实现了 logistic 回归之后，可以把 logistic 分类函数传入 test_classifier，看看它的相对效果如何。

15.1.1 加载汽车数据

如果先加载汽车数据，编写 test_classifier 函数会更容易。与其大费周章地从 CarGraph 网站或文本文件中加载数据，本书的源代码中提供了一个名为 car_data.py 的 Python 文件，可以轻松地完成任务。该文件包含两个数据数组：一个用于普锐斯，另一个用于宝马。导入方式如下所示。

```
from car_data import bmws, priuses
```

如果查看 car_data.py 文件中宝马或普锐斯的原始数据，会发现这个文件包含的数据比实际需要的多。目前，主要关注每辆车的行驶里程和价格，并能根据其所属的列表知道它是什么汽车。例如，宝马列表的开头是这样的。

```
[('bmw', '5', 2013.0, 93404.0, 13999.0, 22.09145859494213),
 ('bmw', '5', 2013.0, 110890.0, 13995.0, 22.216458611342592),
 ('bmw', '5', 2013.0, 94133.0, 13982.0, 22.09145862741898),
 ...
```

每个元组代表一辆待售汽车，其里程数和价格分别由元组的第四项和第五项给出。在 car_data.py 中，它们都被转换为 Car 对象，例如可以将价格写作 car.price 而不是 car[4]。通过从宝马元组和普锐斯元组中提取所需项，可以创建一个名为 all_car_data 的列表。

```
all_car_data = []
for bmw in bmws:
    all_car_data.append((bmw.mileage,bmw.price,1))
for prius in priuses:
    all_car_data.append((prius.mileage,prius.price,0))
```

运行后，all_car_data 是一个 Python 列表，从宝马开始、到普锐斯结束，分别用 1 和 0 标记。

15

```
>>> all_car_data
[(93404.0, 13999.0, 1),
 (110890.0, 13995.0, 1),
 (94133.0, 13982.0, 1),
 (46778.0, 14599.0, 1),
 ....
 (45000.0, 16900.0, 0),
 (38000.0, 13500.0, 0),
 (71000.0, 12500.0, 0)]
```

15.1.2　测试分类函数

有了格式合适的数据，现在可以编写 `test_classifier` 函数了。`bmw_finder` 的工作是查看汽车的行驶里程数和价格，并给出结果表明它们是否为宝马：如果是，返回 1；否则，返回 0。如果它预测一辆车是宝马（返回 1），但实际上是一辆普锐斯，称为**假阳性**（false positive）。如果它预测一辆车是普锐斯（返回 0），但实际上是一辆宝马，称为**假阴性**（false negative）。如果正确地识别出了宝马或普锐斯，则分别称为**真阳性**（true positive）或**真阴性**（true negative）。

要针对 `all_car_data` 数据集进行分类函数测试，需要对该列表中的每一个里程和价格运行分类函数，并查看结果 1 或 0 是否与给定值匹配。代码如下所示。

```
def test_classifier(classifier, data):
    trues = 0
    falses = 0
    for mileage, price, is_bmw in data:
        if classifier(mileage, price) == is_bmw:    ←┐ 如果分类正确，trues
            trues += 1                                │ 计数器加 1
        else:                                        ←┐ 否则，falses
            falses += 1                               │ 计数器加 1
    return trues / (trues + falses)
```

如果对 `bmw_finder` 分类函数和 `all_car_data` 数据集运行这个函数，会看到准确率为 59%。

```
>>> test_classifier(bmw_finder, all_car_data)
0.59
```

结果不算太坏，大多数答案是对的。但其实可以做得更好！下一节将把数据集绘制出来，以了解 `bmw_finder` 函数的本质错误。这有助于了解如何使用 logistic 分类函数改进分类。

15.1.3　练习

练习 15.1：更新 `test_classifier` 函数，打印真阳性、真阴性、假阳性和假阴性的数量。为 `bmw_finder` 分类器打印这些内容，分类器的效果如何？

解：除了跟踪正确和不正确的预测，还可以分别追踪真阳性、真阴性、假阳性和假阴性。

```
def test_classifier(classifier, data, verbose=False):
    true_positives = 0
    true_negatives = 0
    false_positives = 0
    false_negatives = 0

    for mileage, price, is_bmw in data:
        predicted = classifier(mileage,price)
        if predicted and is_bmw:
            true_positives += 1
        elif predicted:
            false_positives += 1
        elif is_bmw:
            false_negatives += 1
        else:
            true_negatives += 1

    if verbose:
        print("true positives %f" % true_positives)
        print("true negatives %f" % true_negatives)
        print("false positives %f" % false_positives)
        print("false negatives %f" % false_negatives)

    total = true_positives + true_negatives

    return total / len(data)
```

指定是否打印数据（我们可能不想每次都打印）

现在，要跟踪 4 个计数器

根据该车是普锐斯还是宝马，以及分类是否正确，给其中一个计数器加 1

打印每个计数器的结果

返回正确分类的数量（真阳性或真阴性）除以数据集的长度

对于 bmw_finder 函数，将打印以下文本。

```
true positives 18.000000
true negatives 100.000000
false positives 0.000000
false negatives 82.000000
```

分类器没有返回假阳性，也就是说它始终可以正确地识别汽车何时**不是**宝马。这并不值得骄傲，因为它判断大多数汽车不是宝马，但其中有很多确实是宝马！在下一个练习中，可以放宽约束以获得更高的总体成功率。

练习 15.2：找到方法来更新 bmw_finder 函数以提升其效果，并使用 test_classifier 函数来确认改进后函数的准确率高于 59%。

解：如果你完成了上一个练习，会发现 bmw_finder 在判断汽车不是宝马时过于激进。可以将价格阈值降至 20 000 美元，看看是否有所不同。

```
def bmw_finder2(mileage,price):
    if price > 20000:
        return 1
    else:
        return 0
```

15

事实上，通过降低这个阈值，`bmw_finder` 将成功率提高到了 73.5%。

```
>>> test_classifier(bmw_finder2, all_car_data)
0.735
```

15.2 绘制决策边界

在实现 logistic 回归函数之前，再来看一个衡量分类成功与否的方法。因为里程数和价格这两个数定义了二手车数据点，所以可以把这些数据点看作二维向量，并将其绘制为二维平面上的点。这样的图能让我们更好地了解分类函数在宝马和普锐斯之间的"边界"，并且看到如何对其进行改进。事实证明，使用 `bmw_finder` 函数就相当于在二维平面上画了一条直线，并且把直线上方的点视为宝马，把直线下方的点视为普锐斯。

本节将使用 Matplotlib 来绘图，并查看 `bmw_finder` 将宝马和普锐斯的分界线放在哪里。这条线称为**决策边界**，因为知道一个点位于该线的哪一边有助于确定该点所属的分类。根据图上的汽车数据，可以找出在哪里能绘制更好的分界线。这样就可以定义一个改进版的 `bmw_finder` 函数，并且准确地评估它的表现。

15.2.1 绘制汽车的向量空间

在数据集中，所有的汽车都有里程数和价格，但其中一些代表宝马，另一些代表普锐斯，取决于它们的标记是 1 还是 0。为了让图简单易懂，可以让宝马和普锐斯在散点图上有明显的区别。

源代码中的 `plot_data` 辅助函数将获取整个汽车数据列表，并用×代表宝马，用圆点代表普锐斯，如图 15-2 所示。

```
>>> plot_data(all_car_data)
```

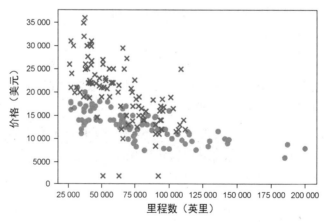

图 15-2   数据集中所有汽车的价格与里程数的关系图，宝马用×表示，而普锐斯用圆点表示

从总体上可以看到，宝马比普锐斯更贵，因为大多数宝马车在价格轴上的位置更高。这证明了将更贵的车归为宝马的策略是正确的。当前的解决方案是在 25 000 美元的价格处绘制这条线（见图 15-3）。在图 15-3 上，这条直线将上方较贵的汽车和下方较便宜的汽车分开。

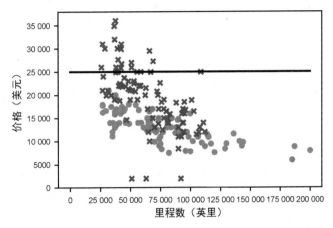

图 15-3　显示绘制了汽车数据的决策线

这就是决策边界。直线上方的每一个×都被正确地识别为宝马，而直线下方的每一个圆点都被正确识别为普锐斯。其他所有的点都被错误地分类了。很明显，如果移动此决策边界，就可以提高准确率。让我们试一试吧。

15.2.2　绘制更好的决策边界

根据图 15-3，可以降低直线的位置来正确地识别出更多的宝马，同时不会错误地识别出任何普锐斯。图 15-4 显示了，当将临界价格降低到 21 000 美元时，决策边界的情况。

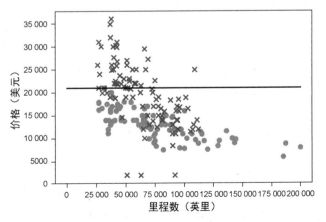

图 15-4　降低决策边界线似乎可以提高准确率

21 000 美元的临界价格对于行驶里程不多的汽车来说可能是一个很好的界限，但里程越多，阈值越低。例如，看起来大多数里程数在 75 000 英里或以上的宝马低于 21 000 美元。为了对此建模，可以让临界价格**取决于**里程数。在几何上，这意味着绘制一条向下倾斜的直线（见图 15-5）。

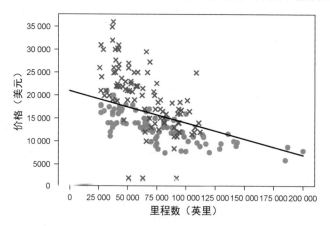

图 15-5   使用向下倾斜的决策边界

这条直线由函数 $p(x) = 21\,000 - 0.07 \cdot x$ 给出，其中 p 为价格，x 为里程。这个方程没有什么特别的：我只是随意调整了这些系数，直到绘制出一条看起来合理的直线。看起来，它正确识别的宝马比以前更多，只有少量的假阳性（普锐斯被错误地归类为宝马）。接下来，我们将决策边界转换为分类器函数并衡量它们的表现。

15.2.3   实现分类函数

要把决策边界转换为分类函数，需要实现一个 Python 函数，该函数接收汽车里程数和价格，并根据该点在直线上方还是直线下方返回 1 或 0。也就是说，将给定的里程数插入决策边界函数 $p(x)$ 中，以查看阈值价格是多少，并将结果与给定的价格进行比较。函数实现如下。

```
def decision_boundary_classify(mileage,price):
    if price > 21000 - 0.07 * mileage:
        return 1
    else:
        return 0
```

测试一下，可以看到它比第一个分类器好得多，80.5%的汽车都能通过这条线正确分类。还不错！

```
>>> test_classifier(decision_boundary_classify, all_car_data)
0.805
```

你可能会问，为什么不能对定义决策边界的参数进行梯度下降。尽管 21 000 和 0.07 不能给出最精确的决策边界，但是它们附近的某个数对也许可以。这并不是一个疯狂的想法。当实现

logistic 回归的时候，你会发现它其实就是在底层使用梯度下降法移动决策边界，直到找到最佳边界。

出于两个重要的原因，我们将实现更复杂的 logistic 回归算法，而不是对决策边界函数 $ax + b$ 的参数 a 和 b 进行梯度下降。一是，如果决策边界在梯度下降过程中的任意一步接近垂直，则 a 和 b 可能会变得非常大，导致数值异常问题；二是没有明显的代价函数。在下一节中，你将看到 logistic 回归是如何解决这两个问题的，从而可以使用梯度下降法来寻找最佳的决策边界。

15.2.4 练习

练习 15.3（小项目）：在测试数据集上给出最佳分类精度的 $p = constant$ 形式的决策边界是什么？

解：下面的函数为任意指定的恒定临界价格建构建分类器函数。换句话说，如果测试车的价格高于临界价格，返回 1；否则返回 0。

```
def constant_price_classifier(cutoff_price):
    def c(x,p):
        if p > cutoff_price:
            return 1
        else:
            return 0
    return c
```

可以通过将得到的分类器传递给 test_classify 函数来衡量这个函数的准确性。这里有一个辅助函数，可以自动检查我们想要测试的任何价格（作为临界值）。

```
def cutoff_accuracy(cutoff_price):
    c = constant_price_classifier(cutoff_price)
    return test_classifier(c,all_car_data)
```

最佳临界价格在价格列表之中。只要检查每个价格，查看它是否是最佳临界价格就可以了。在 Python 中，可以使用 max 函数快速完成此操作。关键参数 key 让我们可以选择用什么函数来进行最大化。在本例中，我们想在列表中找到最好的临界价格，所以可以通过 cutoff_accuracy 函数来进行最大化。

```
>>> max(all_prices,key=cutoff_accuracy)
17998.0
```

这就是说，根据我们的数据集，在决定一辆车是宝马 5 系还是普锐斯的时候，17 998 美元是最佳临界价格。结果证明，对于我们的数据集来说，它是相当准确的，准确率为 79.5%。

```
>>> test_classifier(constant_price_classifier(17998.0), all_car_data)
0.795
```

15

15.3   将分类问题构造为回归问题

将分类任务重新构造为回归问题的方法是创建一个函数，它接收汽车的里程数和价格，并返回一个数来衡量汽车是宝马而不是普锐斯的可能性有多大。本节将实现一个名为 logistic_classifier 的函数。从外部看，该函数和目前已经建立的分类器非常相似：它接收一个里程数和一个价格，并输出一个数来告诉我们这辆车是宝马还是普锐斯。唯一不同的是，它不是输出 1 或 0，而是输出一个介于 0 和 1 之间的数值，告诉我们这辆车是宝马的可能性有多大。

可以把这个数看作相应里程数和价格代表宝马的概率，或者更抽象地说，看作数据点的"宝马性"（见图 15-6）。（"宝马性"是我自造的词，意思是一辆车看起来有多像宝马。也许我们可以把它的反义词叫作"普锐斯性"。）

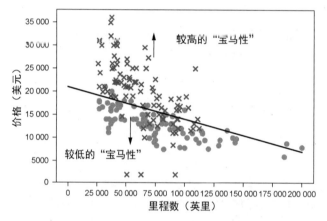

图 15-6   "宝马性"的概念描述了平面上的一个点是宝马的可能性有多大

为了建立 logistic 分类器，我们从猜测良好的决策边界开始。该直线上方的点具有较高的"宝马性"，这意味着这些点很可能是宝马，函数应该返回接近于 1 的值。该直线下方的点具有较低的"宝马性"，这意味着这些点更可能是普锐斯，函数应该返回接近于 0 的值。在决策边界上，"宝马性"的值将是 0.5，这意味着那里的点是宝马的可能性和是普锐斯的可能性是一样的。

15.3.1   缩放原始汽车数据

在回归过程中的某个阶段，我们需要处理一些琐事，所以不妨现在就做好。正如上一章讨论的那样，较大的里程数和价格可能会导致数值误差，因此最好按照一致的尺寸重新将其缩小。如果将所有里程和价格线性地缩小到 0 到 1 之间，那么应该是安全的。

为了能够对里程和价格分别进行缩放和还原，总共需要四个函数。为了减少这种麻烦，我编写了一个辅助函数，它接收一个数字列表并返回一组缩放函数，根据列表中的最大值和最小值在 0 和 1 之间线性地缩放和还原这些数据。将这个辅助函数应用到整个里程和价格列表中，就得到了所需的四个函数。

最大和最小值确定了
当前数据集的范围

把 `min_val` 和 `max_val` 之间的
数据点等比缩小到 0 和 1 之间

把缩放后 0 和 1 之间的数据点等
比还原到 `min_val` 和 `max_val`
之间

```
def make_scale(data):
    min_val = min(data)
    max_val = max(data)
    def scale(x):
        return (x-min_val) / (max_val - min_val)
    def unscale(y):
        return y * (max_val - min_val) + min_val
    return scale, unscale

price_scale, price_unscale =\

    make_scale([x[1] for x in all_car_data])
mileage_scale, mileage_unscale =\

    make_scale([x[0] for x in all_car_data])
```

如果想对这个数据集进
行缩放或还原,就返回相
应的函数(闭包)

返回两套函数,一套用于价格,
一套用于里程数

现在,可以将这些缩放函数应用于列表中的每个汽车数据点,以获取数据集的缩放版本。

```
scaled_car_data = [(mileage_scale(mileage), price_scale(price), is_bmw)
                   for mileage,price,is_bmw in all_car_data]
```

好消息是这幅图看起来是一样的(见图 15-7),只是轴上的值不同。

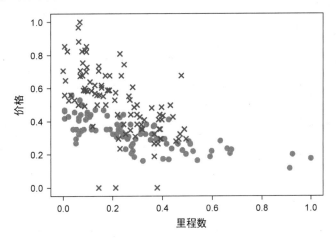

图 15-7 里程和价格数据按比例缩放,使所有数值都在 0 和 1 之间。该图看起来和以前
一样,但数值误差风险降低了

因为缩放数据集的几何形状相同,所以我们有理由相信这个缩放数据集的良好决策边界可以
转化为原始数据集的良好决策边界。

15.3.2 衡量汽车的"宝马性"

先来介绍一个与上一节类似的决策边界。函数 $p(x) = 0.56 - 0.35 \cdot x$ 给出了决策边界上价格与

15

里程的函数关系。这与上一节中的边界非常接近，但适用于缩放数据集（见图 15-8）。

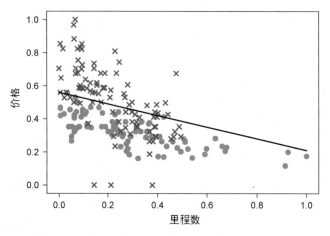

图 15-8　缩放数据集的决策边界 $p(x) = 0.56 - 0.35 \cdot x$

可以继续使用 `test_classifier` 函数在缩放数据集上测试分类器，只需要注意传入的是缩放数据而不是原始数据。事实证明，这个决策边界对数据的分类准确率达到了 78.5%。

事实还证明，这个决策边界函数可以重新调整，用来衡量一个数据点的"宝马性"。为了简化这个公式，将决策边界写为：

$$p = ax + b$$

其中 p 是价格，x 是里程，a 和 b 分别是直线的斜率和截距（在本例中，$a = -0.35$，$b = 0.56$）。除了将其视为函数之外，还可以将其视为决策边界上的点(x, p)满足的方程。两边都减去 $ax + b$，就得到了另一个正确的方程：

$$p - ax - b = 0$$

决策边界上的每一个点(x, p)也满足这个方程。换句话说，对于决策边界上的每一个点来说，$p - ax - b$ 为 0。

这个公式的要点是：$p - ax - b$ 是对点(x, p)的"宝马性"的度量。如果(x, p)在决策边界之上，说明 p 大于 $ax + b$，所以 $p - ax - b > 0$。相反，如果(x, p)在决策边界之下，说明 p 小于 $ax + b$，那么 $p - ax - b < 0$。否则，表达式 $p - ax - b$ 正好为 0，该点正好处于被判断为普锐斯或宝马的临界点。乍看起来可能有些抽象，所以表 15-2 列出了这三种情况。

表 15-2　可能情况的总结

(x, p) 在决策边界之上	$p - ax - b > 0$	很可能是一辆宝马
(x, p) 在决策边界上	$p - ax - b = 0$	两种车型都有可能
(x, p) 在决策边界之下	$p - ax - b < 0$	很可能是一辆普锐斯

如果不相信 $p - ax - b$ 是与决策边界一致的"宝马性"的衡量标准，更简单的方法是查看带有数据的 $f(x, p) = p - ax - b$ 的热力图（见图 15-9）。当 $a = -0.35$、$b = 0.56$ 时，函数为 $f(x, p) = p - 0.35 \cdot x - 0.56$。

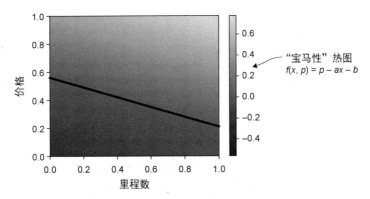

图 15-9　热图和决策边界图，展示出亮值（正"宝马性"）位于决策边界之上，暗值（负"宝马性"）位于决策边界之下

函数 $f(x, p)$ **几乎**满足要求。该函数接收里程数和价格，如果这两个数值可能与宝马匹配，则输出的数值会更高；如果这两个数值可能与普锐斯匹配，则输出的数值会更低。唯一缺少的是输出没有被限制在 0 和 1 之间，并且临界值是 0，而不是我们想要的 0.5。幸运的是，有一种方便的数学辅助函数可以用来调整输出。

15.3.3　sigmoid 函数

函数 $f(x, p) = p - ax - b$ 是线性的，但本章的主题不是线性回归！当前的主题是 logistic 回归，要做 logistic 回归，需要用到 logistic 函数。最基本的 logistic 函数如下，通常称为 sigmoid 函数。

$$\sigma(x) = \frac{1}{1 + \mathrm{e}^{-x}}$$

可以在 Python 中使用 exp 函数来实现此函数。exp 函数代表 e^x，其中 $\mathrm{e} = 2.718\,28\ldots$是之前章节中用于表示指数底数的常数。

```
from math import exp
def sigmoid(x):
    return 1 / (1+exp(-x))
```

函数曲线图如图 15-10 所示。

15

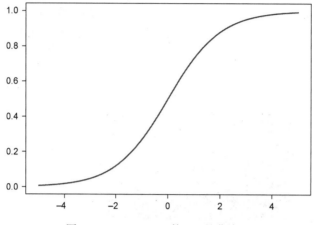

图 15-10　sigmoid 函数 $\sigma(x)$ 的曲线图

我们在这个函数中使用希腊字母 σ（sigma），因为 σ 是字母 S 的希腊语版本，并且 $\sigma(x)$ 的曲线图看起来有点儿像字母 S。有时，logistic 函数和 sigmoid 函数这两个词可以互换使用，以表示像图 15-10 所示的函数——从一个值平滑地上升到另一个值。在本章（以及下一章）中，当提到 sigmoid 函数时，我们将讨论这个特定的函数：$\sigma(x)$。

不必太关心这个函数是如何定义的，但需要了解其图形的形状和含义。这个函数将输入的数转换为一个介于 0 和 1 之间的值，大的负数产生的结果更接近于 0，大的正数产生的结果更接近于 1。$\sigma(0)$ 的结果是 0.5。可以认为 σ 把范围 $-\infty$ 到 $+\infty$ 转换为更容易管理的 0 到 1。

15.3.4　将 sigmoid 函数与其他函数组合

回到函数 $f(x, p) = p - ax - b$，我们看到它接收一个里程值和一个价格值，并返回一个数，该数衡量这些值在多大程度上更像宝马而不是普锐斯。这个数可能很大，可能是正数，也可能是负数。0 表示它处于宝马和普锐斯之间的边界上。

我们希望函数返回的是一个介于 0 和 1 之间的数值（数值接近于 0 和 1），表示汽车可能是普锐斯或宝马。0.5 表示是普锐斯或宝马的可能性相等。要将 $f(x, p)$ 的输出调整到预期范围内，只需通过如图 15-11 所示的 sigmoid 函数 $\sigma(x)$ 即可。也就是说，我们要的函数是 $\sigma(f(x, p))$，其中 x 和 p 分别是里程数和价格。

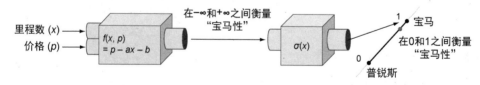

图 15-11　"宝马性"函数 $f(x, p)$ 与 sigmoid 函数 $\sigma(x)$ 组合的示意图

将得到的函数称为 $L(x, p)$，也就是说，$L(x, p) = \sigma(f(x, p))$。在 Python 中实现函数 $L(x, p)$ 并绘

制其热图（见图 15-12），可以看到它与 $f(x, p)$ 同向增长，但数值不同。

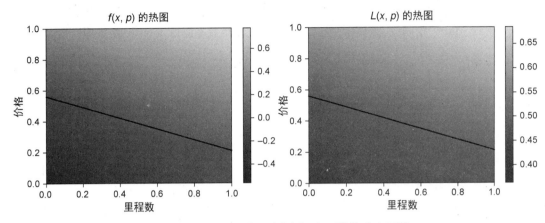

图 15-12　热图看起来基本相同，但函数值略有不同

基于图 5-12，你可能想知道我们为什么要大费周章地让"宝马性"函数通过 sigmoid。从这个角度看，这两个函数看起来基本相同。然而，如果将它们的图形绘制为三维中的二维曲面（见图 15-13），就可以看到 sigmoid 的效果区别。

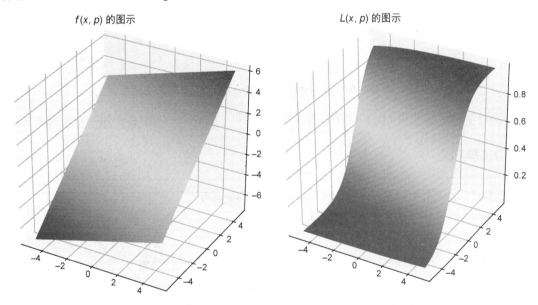

图 15-13　$f(x, p)$ 呈线性上升，而 $L(x, p)$ 则从最小值 0 向上弯曲到最大值 1

公平地说，必须放大 (x, p) 空间才能使曲率更清晰。关键在于，如果用 0 或 1 表示汽车的类型，那么函数 $L(x, p)$ 的值实际上会接近这些数，而 $f(x, p)$ 的值则会走向正无穷和负无穷！

图 15-14 展示了两张夸张的图来加深理解。请记住，在数据集 scaled_car_data 中，将普

锐斯表示为三元组形式(mileage, price, 0)，宝马表示为(mileage, price, 1)。可以将这些点看作为三维空间中的点，其中宝马位于平面 $z = 1$ 上，而普锐斯位于平面 $z = 0$ 上。将 scaled_car_data 绘制成三维散点图，可以看到线性函数不能像 logistic 函数那样接近许多数据点。

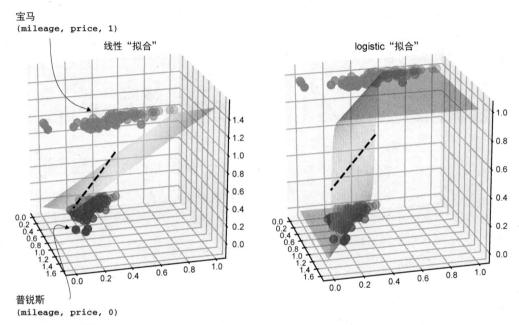

图 15-14 三维中的线性函数图无法像 logistic 函数图那样靠近数据点

实际上，我们希望用 $L(x, p)$ 这样的函数来拟合数据。你在下一节中将看到如何做到这一点。

15.3.5 练习

练习 15.4：求一个函数 $h(x)$，x 的大正值使 $h(x)$接近 0，x 的大负值使 $h(x)$接近 1，$h(3) = 0.5$。

解：函数 $y(x) = 3 - x$ 且 $y(3) = 0$，当 x 大且为负时，它趋于正无穷，当 x 大且为正时，它趋于负无穷。这意味着将 $y(x)$ 的结果传递到 sigmoid 函数中，可以得到一个具有上述性质的函数。具体来说，$h(x) = \sigma(y(x)) = \sigma(3 - x)$ 是可行的，函数曲线如图 15-15 所示。

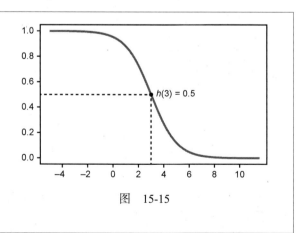

图 15-15

> **练习 15.5（小项目）**：实际上，$f(x, p)$的结果是有下限的，因为x和p不能是负数（毕竟负的里程和价格没有意义）。你能算出一辆车可以产生的f的最小值吗？
>
> **解**：根据热图可知，函数$f(x, p)$随着向下、向左移动而变小。方程也证实了这一点。如果减小x或p，$f = p - ax - b = p + 0.35 \cdot x - 0.56$的值会变小。因此，$f(x, p)$的最小值出现在$(x, p) = (0, 0)$处，此时$f(0, 0) = -0.056$。

15.4 探索可能的 logistic 函数

快速回顾一下所有步骤。在散点图上绘制普锐斯和宝马的里程数和价格，并尝试在这些值之间画一条直线，称为决策边界，它定义了区分普锐斯和宝马的规则。把决策边界当成一条形式为$p(x) = ax + b$的直线，而-0.35和0.56是a和b的合理选择，使得分类正确率达到 80% 左右。

重新整理这个函数，可以发现函数$f(x, p) = p - ax - b$接收里程数和价格(x, p)，并返回一个数。这个数如果在决策边界的宝马一侧，则大于 0；如果在决策边界的普锐斯一侧，则小于 0。在决策边界上，$f(x, p)$返回 0，意味着汽车是宝马或普锐斯的可能性相等。因为我们用 1 表示宝马、用 0 表示普锐斯，所以需要一个返回值介于 0 和 1 之间的$f(x, p)$版本，其中 0.5 表示汽车是宝马或普锐斯的可能性相等。将f的结果传递到一个 sigmoid 函数中，得到一个新的函数$L(x, p) = \sigma(f(x, p))$，以满足这个要求。

我们想要的不是通过观察最佳决策边界得出的$L(x, p)$，而是**最佳拟合数据**的$L(x, p)$。在执行过程中，我们发现可以控制三个参数来编写通用的 logistic 函数，该函数接收二维向量并返回 0 和 1 之间的数，并且具有决策边界$L(x, p) = 0.5$，这是一条直线。接下来编写 Python 函数 `make_logistic(a,b,c)`，接收三个参数a、b和c，并返回由它们所定义的 logistic 函数。正如在第 14 章中探索参数值(a, b)的二维空间来选择线性函数一样，我们将探索参数值(a, b, c)的三维空间来定义 logistic 函数（见图 15-16）。

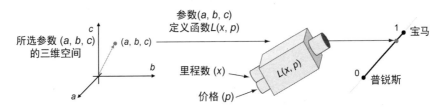

图 15-16   探索参数值(a, b, c)的三维空间以定义函数$L(x, p)$

创建一个代价函数，与我们为线性回归创建的函数类似。这个代价函数（称为 `logistic_cost(a,b,c)`）接收参数a、b和c，它们定义了一个 logistic 函数并产生一个数，该数衡量 logistic 函数与汽车数据集的距离。`logistic_cost` 函数的实现方式应确保其值越低，相关 logistic 函数的预测就越好。

15

15.4.1   参数化 logistic 函数

第一个任务是找到 logistic 函数 $L(x, p)$ 的通用形式，返回值的范围为 0 到 1，并且其决策边界 $L(x, p) = 0.5$ 是一条直线。我们在上一节中已经很接近了：从决策边界 $p(x) = ax + b$ 开始，反向推导出 logistic 函数。唯一的问题是 $ax + b$ 形式的线性函数不能表示平面上的任意直线。例如，图 15-17 显示了一个数据集，$x = 0.6$ 是一条有意义的垂直决策边界。然而，这种直线不能用 $p = ax + b$ 的形式表示。

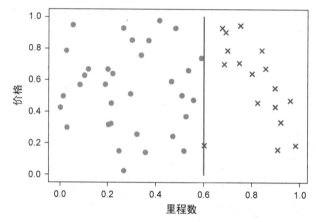

图 15-17   垂直的决策边界可能有意义，但不能用 $p = ax + b$ 的形式表示

直线的通用形式应该如第 7 章所示：$ax + by = c$。因为我们的变量是 x 和 p，所以可写为 $ax + bp = c$。给定这样的方程，函数 $z(x, p) = ax + bp - c$ 在直线上为 0，在直线一侧为正值，在另一侧为负值。对于本例来说，$z(x, p)$ 为正值的直线一侧代表宝马，$z(x, p)$ 为负值的直线一侧代表普锐斯。

将 $z(x, p)$ 传递给 sigmoid 函数，得到通用的 logistic 函数 $L(x, p) = \sigma(z(x, p))$，且当 $z(x, p)$ 在直线 $z(x, p) = 0$ 上时，$L(x, p) = 0.5$。换句话说，函数 $L(x, p) = \sigma(ax + bp - c)$ 是我们要找的通用形式。这很容易用 Python 表示：提供一个输入参数是 a、b 和 c 的函数，该函数返回相应的 logistic 函数 $L(x, p) = \sigma(ax + bp - c)$。

```
def make_logistic(a,b,c):
    def l(x,p):
        return sigmoid(a*x + b*p - c)
    return l
```

下一步是衡量此函数与 scaled_car_data 数据集的匹配程度。

15.4.2   衡量 logistic 函数的拟合质量

任意一辆宝马都对应 scaled_car_data 列表中形式为 $(x, p, 1)$ 的项；而普锐斯则对应形式为 $(x, p, 0)$ 的项，其中 x 和 p 分别表示（缩放的）里程数和价格。如果对 x 和 p 值应用 logistic 函数 $L(x, p)$，会得到一个介于 0 和 1 之间的结果。

要衡量函数 L 的误差或代价，一个简单的方法是找出它与正确值（0 或 1）之间的误差。如果把所有误差加起来，得到的总值就表明函数 $L(x, p)$ 与数据集的差距。代码如下所示。

```
def simple_logistic_cost(a,b,c):
    l = make_logistic(a,b,c)
    errors = [abs(is_bmw-l(x,p))
              for x,p,is_bmw in scaled_car_data]
    return sum(errors)
```

这个代价函数很好地报告了误差，但不足以使梯度下降收敛到 a、b 和 c 的最佳值。本节不会详细解释为什么，但是会讲解大概的思路。

假设有两个 logistic 函数 $L_1(x, p)$ 和 $L_2(x, p)$，我们想比较两者的表现。对于相同的数据点 $(x, p, 0)$，即代表普锐斯的数据点，假设 $L_1(x, p)$ 返回 0.99（大于 0.5），因此它错误地预测该汽车是宝马。这一点处的误差是 $|0 - 0.99| = 0.99$。如果另一个 logistic 函数 $L_2(x, p)$ 的预测值为 0.999，它更确定地预测该车是宝马，也就错得更离谱。这一点处的误差是 $|0 - 0.999| = 0.999$，与 0.99 没有多大区别。

更恰当的说法是，L_1 预测数据点代表宝马的可能性为 99%，代表普锐斯的可能性为 1%，而 L_2 预测数据点代表宝马的可能性为 99.9%，代表普锐斯的可能性为 0.1%。与其说 L_2 对普锐斯的预测比 L_1 差 0.09%，不如认为前者比后者差 90%。因此，可以认为 L_2 比 L_1 的错误多 10 倍。

我们想要创造一个代价函数，使得如果 $L(x, p)$ 预测了错误的答案，那么 L 的代价就会很高。为此，可以分析 $L(x, p)$ 和错误答案之间的差值，并将它传递给一个可以把小值变大的函数。例如，对于普锐斯，$L_1(x, p)$ 的返回值是 0.99，与错误答案相差 0.01 个单位，而 $L_2(x, p)$ 返回值是 0.999，与错误答案相差 0.001 个单位。一个较好的使小值变大的函数是 $-\log(x)$，其中 $\log$[①]是特殊的自然对数函数。重要的不是知道 $-\log$ 函数的作用，而是知道它可以接收小值并返回大值。$-\log(x)$ 的曲线如图 15-18 所示。

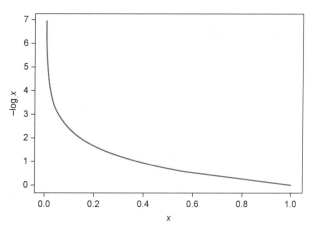

图 15-18　函数 $-\log(x)$ 接收小值并返回大值，并且 $-\log(1) = 0$

---

① 自然对数函数一般用 ln 表示，此处为与 Python math 库中的 log 函数一致，采用 log 的写法。——编者注

为了熟悉 $-\log(x)$，可以用一些小的输入值来测试它。$L_1(x, p)$ 与错误答案相差 0.01 个单位，代价比与错误答案相差 0.001 个单位的 $L_2(x, p)$ 小。

```
from math import log
>>> -log(0.01)
4.605170185988091
>>> -log(0.001)
6.907755278982137
```

如果 $L(x, p)$ 对于普锐斯返回 0，就是给出了正确答案。此时，与错误答案相距 1 个单位，并且 $-\log(1) = 0$，所以正确答案的代价为 0。

现在，可以实现一开始要创建的 logistic_cost 函数了。为了得到给定点的代价，首先计算给定的 logistic 函数与错误答案的接近程度，然后取结果的负对数。总代价是 scaled_car_data 数据集中每个数据点的代价之和。

```
def point_cost(l,x,p,is_bmw):        ← 确定单个数据
    wrong = 1 - is_bmw                   点的代价
    return -log(abs(wrong - l(x,p)))

def logistic_cost(a,b,c):            logistic 函数的总代价与以前相同，只是对
    l = make_logistic(a,b,c)         每个数据点使用新的 point_cost 函数，
    errors = [point_cost(l,x,p,is_bmw)   而不仅仅是误差的绝对值
             for x,p,is_bmw in scaled_car_data]  ←
    return sum(errors)
```

事实证明，如果尝试使用梯度下降法来最小化 logistic_cost 函数，会得到很好的结果。但在此之前，先进行一次完整的检查，确认 logistic_cost 对于具有（明显）更好决策边界的 logistic 函数会返回更低的值。

15.4.3　测试不同的 logistic 函数

尝试两个具有不同决策边界的 logistic 函数，确认代价更低的函数是否具有更好的决策边界。举两个例子，先选择一个 $p = 0.56 - 0.35 \cdot x$，它是我的最佳猜测决策边界，也就是 $0.35 \cdot x + 1 \cdot p = 0.56$；再任意选择一个，比如 $x + p = 1$。显然，前者是普锐斯和宝马之间更好的分界线。

在源代码中有一个 plot_line 函数，该函数基于公式 $ax + by = c$ 中的 a、b 和 c 值绘制一条直线。（作为本节最后的练习，你可以尝试自己实现这个函数。）(a, b, c) 的值分别是 $(0.35, 1, 0.56)$ 和 $(1, 1, 1)$。可以把这两条直线与汽车数据的散点图一起绘制出来（见图 15-19）。

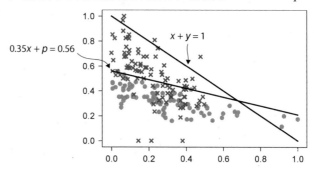

图 15-19　两条决策边界的图像。在区分普锐斯和宝马方面，其中一个明显优于另一个

```
plot_data(scaled_car_data)
plot_line(0.35,1,0.56)
plot_line(1,1,1)
```

两条决策边界对应的 logistic 函数分别为 $\sigma(0.35 \cdot x + p - 0.56)$ 和 $\sigma(x + p - 1)$，并预期第一个函数的代价相对较低。可以用 logistic_cost 函数来确认这一点。

```
>>> logistic_cost(0.35,1,0.56)
130.92490748700456
>>> logistic_cost(1,1,1)
135.56446830870456
```

正如预期的那样，直线 $x + p = 1$ 是较差的决策边界，因此 logistic 函数 $\sigma(x + p - 1)$ 的代价更高。第一个函数 $\sigma(0.35 \cdot x + p - 0.56)$ 具有更低的代价和更好的拟合度。但它是最佳拟合吗？在下一节对 logistic_cost 函数进行梯度下降时，我们将找到答案。

15.4.4　练习

练习 15.6：实现 15.4.3 节中提到的函数 plot_line(a,b,c)，绘制直线 $ax + by = c$，其中 $0 \leq x \leq 1$，$0 \leq y \leq 1$。

解：请注意，我在函数参数中没有使用 a、b 和 c，而是用了其他名称，因为 c 是 Matplotlib 的 plot 函数的一个关键字参数，用于设置绘图线的颜色。

```
def plot_line(acoeff,bcoeff,ccoeff,**kwargs):
    a,b,c = acoeff, bcoeff, ccoeff
    if b == 0:
        plt.plot([c/a,c/a],[0,1])
    else:
        def y(x):
            return (c-a*x)/b
        plt.plot([0,1],[y(0),y(1)],**kwargs)
```

练习 15.7：使用 sigmoid 函数 σ 的公式写出 $\sigma(ax + by - c)$ 的展开式。

解：已知 sigmoid 函数 σ 的公式如下所示。

$$\sigma(x) = \frac{1}{1 + e^{-x}}$$

所以可将 $\sigma(ax + by - c)$ 写为：

$$\sigma(ax + by + c) = \frac{1}{1 + e^{c - ax - by}}$$

15

练习 15.8（小项目）：$k(x, y) = \sigma(x^2 + y^2 - 1)$ 的曲线图是什么样的？决策边界是什么样的？也就是说 $k(x, y) = 0.5$ 的点集是什么样的？

解：已知 $\sigma(x^2 + y^2 - 1) = 0.5$，其中 $x^2 + y^2 - 1 = 0$ 或 $x^2 + y^2 = 1$。可知方程的解是距离原点为 1 的点或半径为 1 的圆。在圆内，各点与原点的距离较小，所以 $x^2 + y^2 < 1$ 且 $\sigma(x^2 + y^2 - 1) < 0.5$；而在圆外，$x^2 + y^2 > 1$，所以 $\sigma(x^2 + y^2 - 1) > 0.5$。沿任意方向远离原点时，此函数的图形趋于 1，而在圆内，它在原点处的最小值约为 0.27（见图 15-20）。

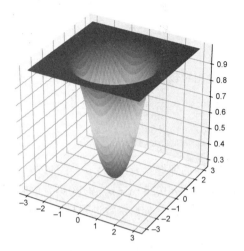

图 15-20　$\sigma(x^2 + y^2 - 1)$ 的图。在半径为 1 的圆内，其值小于 0.5；而在该圆外的各个方向上，其值均增大到 1

练习 15.9（小项目）：方程 $2x + y = 1$ 和方程 $4x + 2y = 2$ 定义了相同的直线，因此它们的决策边界也相同。$\sigma(2x + y - 1)$ 和 $\sigma(4x + 2y - 2)$ 是否相同？

解：不相同，它们不是同一个函数。随着 x 和 y 的增大，$4x + 2y - 2$ 增长更快，所以后一个函数的图形更陡峭（见图 15-21）。

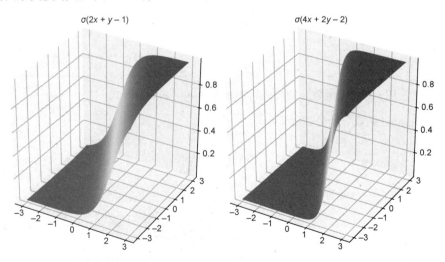

图 15-21　第二个 logistic 函数的图形比第一个更陡峭

练习 15.10（小项目）：给定直线 $ax + by = c$，定义这条直线的上方和下方代表什么并不容易。请描述一下函数 $z(x, y) = ax + by - c$ 在这条直线的哪一侧会返回正值？

解：直线 $ax + by = c$ 是满足 $z(x, y) = ax + by - c = 0$ 的点集。我们在第 7 章中看到过这种形式的方程，$z(x, y) = ax + by - c = 0$ 的图形是一个平面，所以它沿直线的一个方向增大，沿另一个方向减小。$z(x, y)$ 的梯度为 $\nabla z(x, y) = (a, b)$，所以 $z(x, y)$ 在向量方向 (a, b) 上增大得最快，而在相反方向 $(-a, -b)$ 上减小得最快。这两个方向都与直线的方向垂直。

15.5　寻找最佳 logistic 函数

现在，有一个简单的最小化问题要解决：我们希望找到使 `logistic_cost` 函数尽可能小的 a、b 和 c 值。如此一来，相应的函数 $L(x, p) = \sigma(ax + bp - c)$ 便可以最佳拟合数据。使用该函数构建一个分类器，传入未知汽车的里程数 x 和价格 p，如果 $L(x, p) > 0.5$，则将其标记为宝马，否则标记为普锐斯。我们称这个分类器为 `best_logistic_classifier(x,p)`，并把它传递给 `test_classifier` 来查看其效果如何。

要做的主要工作就是升级 `gradient_descent` 函数。截至目前，我们只对接收二维向量并返回数的函数进行了梯度下降。`logistic_cost` 函数接收三维向量 (a, b, c) 并输出一个数，因此需要一个新版本的梯度下降函数。幸运的是，对于使用过的每个二维向量操作，我们都曾针对三维向量运用过，所以这个过程不会太难。

15.5.1　三维中的梯度下降法

回顾一下第 12 章和第 14 章中处理二元函数的梯度计算函数。函数 $f(x, y)$ 在点 (x_0, y_0) 处的偏导数是分别对自变量 x 和 y 求导（同时假设另一个自变量是常数）的结果。例如，将 y_0 代入 $f(x, y)$，得到 $f(x, y_0)$，可将其视为 x 的函数并对其求导。把两个偏导数作为二维向量的两个分量放在一起，得到梯度。

```
def approx_gradient(f,x0,y0,dx=1e-6):
    partial_x = approx_derivative(lambda x:f(x,y0),x0,dx=dx)
    partial_y = approx_derivative(lambda y:f(x0,y),y0,dx=dx)
    return (partial_x,partial_y)
```

三元函数的不同之处在于，还要求另一个偏导数。在点 (x_0, y_0, z_0) 处观察 $f(x, y, z)$，我们可以把 $f(x, y_0, z_0)$、$f(x_0, y, z_0)$ 和 $f(x_0, y_0, z)$ 分别看成 x、y、z 的函数，对它们求导得到三个偏导数。将这三个偏导数放在一个向量中，就能得到梯度的三维版本。

```
def approx_gradient3(f,x0,y0,z0,dx=1e-6):
    partial_x = approx_derivative(lambda x:f(x,y0,z0),x0,dx=dx)
    partial_y = approx_derivative(lambda y:f(x0,y,z0),y0,dx=dx)
    partial_z = approx_derivative(lambda z:f(x0,y0,z),z0,dx=dx)
    return (partial_x,partial_y,partial_z)
```

15

要在三维中进行梯度下降,过程与你想象中一样:从三维中的某个点开始,计算梯度,然后朝一个方向移动一小步到达一个新点,希望 $f(x, y, z)$ 的值在该点处更小。再额外增加一个参数 max_steps,用来设置在梯度下降过程中的最大步数。有了合理的限制,即使算法没有收敛到容差范围内的某个点,也不用担心程序崩溃。Python 代码如下所示。

```
def gradient_descent3(f,xstart,ystart,zstart,
                      tolerance=1e-6,max_steps=1000):
    x = xstart
    y = ystart
    z = zstart
    grad = approx_gradient3(f,x,y,z)
    steps = 0
    while length(grad) > tolerance and steps < max_steps:
        x -= 0.01 * grad[0]
        y -= 0.01 * grad[1]
        z -= 0.01 * grad[2]
        grad = approx_gradient3(f,x,y,z)
        steps += 1
    return x,y,z
```

剩下的工作就是插入 logistic_cost 函数,gradient_descent3 函数就能找到使其最小化的输入了。

15.5.2　使用梯度下降法寻找最佳拟合

谨慎起见,先给 max_steps 赋一个小值,比如 100。

```
>>> gradient_descent3(logistic_cost,1,1,1,max_steps=100)
(0.21114493546399946, 5.04543972557848, 2.1260122558655405)
```

如果将 max_steps 赋值为 200 而不是 100,还有进一步的结果。

```
>>> gradient_descent3(logistic_cost,1,1,1,max_steps=200)
(0.884571531298388, 6.657543188981642, 2.955057286988365)
```

请记住,这些结果不仅是用于定义 logistic 函数的参数,而且是定义决策边界 $ax + bp = c$ 的参数(a, b, c)。如果执行梯度下降 100 步、200 步或者 300 步等,并用 plot_line 绘制相应的直线,就可以看到决策边界的收敛情况,如图 15-22 所示。

在 7000 和 8000 步之间,算法已经收敛,这意味着它找到了一个梯度长度小于 10^{-6} 的点。大致来说,这就是我们要找的最小点。

```
>>> gradient_descent3(logistic_cost,1,1,1,max_steps=8000)
(3.7167003153580045, 11.422062409195114, 5.596878367305919)
```

可以看到这个决策边界相对于之前使用的边界是什么样的(如图 15-23 所示)。

```
plot_data(scaled_car_data)
plot_line(0.35,1,0.56)
plot_line(3.7167003153580045, 11.422062409195114, 5.596878367305919)
```

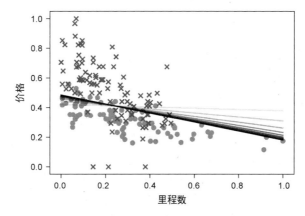

图 15-22 随着步数越来越多, 梯度下降法返回的(a, b, c)的值似乎稳定在一个明确的决策边界上

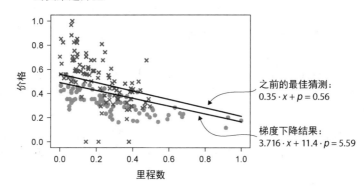

图 15-23 比较之前的最佳猜测决策边界与梯度下降结果表明的边界

这个决策边界与我们的猜测相差不大。logistic 回归的结果使决策边界略微低于我们的猜测, 虽然多了几个假阴性（在图 15-23 中, 有些普锐斯现在错误地位于直线上方）, 但也多了几个真阳性（一些宝马现在正确地位于直线上方）。

15.5.3 测试和理解最佳 logistic 分类器

将值(a, b, c)插入 logistic 函数中, 然后使用它来制作汽车分类函数。

```
def best_logistic_classifier(x,p):
    l = make_logistic(3.7167003153580045, 11.422062409195114, 5.596878367305919)
    if l(x,p) > 0.5:
        return 1
    else:
        return 0
```

将这个函数传递给 `test_classifier` 函数, 可以看到它在测试数据集上的准确率和我们通过最佳尝试得到的数据差不多, 正确率为 80%。

15

```
>>> test_classifier(best_logistic_classifier,scaled_car_data)
0.8
```

因为两者的决策边界相当接近，所以它的表现与 15.2 节的猜测相差不大是有道理的。如果我们之前已经很接近了，为什么决策边界会如此果断地收敛于目前的位置呢？

事实证明，logistic 回归不只是简单地找到最佳决策边界。实际上，15.2 节猜测的一个决策边界比最佳拟合 logistic 分类器的准确性高出 0.5%，可以看到 logistic 分类器甚至无法最大化测试数据集的准确性。相反，logistic 回归是从整体上观察数据集，并在给定的所有例子中找到最可能准确的模型。该算法基于对数据集的整体观察来调整决策边界，而不是稍微移动决策边界以获得测试集上的一两个准确率百分点。如果我们的数据集具有代表性，就可以相信 logistic 分类器在未知的数据上也会有很好的表现，而不是只适用于当前训练集中的数据。

关于 logistic 分类器，我们还需要知道的一点是：它描述了所分类的每个点的确定性。对于仅仅依赖决策边界的分类器，可以百分之百确定边界上方的点是宝马，边界下方的点是普锐斯；但是我们的 logistic 分类器却与之不同，可以将它的返回值（取值范围为 0 和 1 之间）解释为一辆车是宝马而不是普锐斯的概率。对于现实世界的应用，不仅要知道机器学习模型的最佳猜测，还要知道其置信度有多高。当根据医学扫描对良性肿瘤和恶性肿瘤进行分类时，如果算法告诉我们一个肿瘤是恶性的，且确定性是 99%，而不是 51%，我们可能会采取截然不同的行动。

系数(a, b, c)的大小也会影响分类器的形状。举例来说，你可以看到猜测值$(0.35, 1, 0.56)$中(a, b, c)之间的比值与最优值$(3.717, 11.42, 5.597)$中的比值相似。对于每一项，最优值大约是最佳猜测值的 10 倍。造成这种差距的原因是 logistic 函数的陡峭度存在区别。最优 logistic 函数比第一个函数的决策边界的确定性更大。它告诉我们，一旦越过决策边界，结果的确定性就会大大增加，如图 15-24 所示。

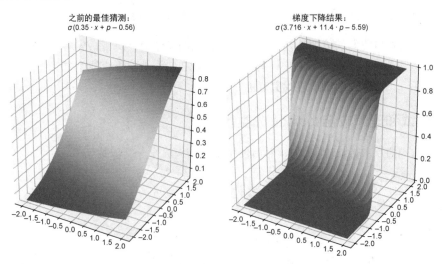

图 15-24   优化后的 logistic 函数更陡峭，这意味着当你越过决策边界时，其确定一辆车是宝马而不是普锐斯的确定性会迅速增加

在最后一章中，当我们使用神经网络实现分类时，将继续使用 sigmoid 函数来度量 0 和 1 之间结果的确定性。

15.5.4 练习

练习 15.11：修改 `gradient_descent3` 函数，在返回结果之前，打印出总步数。对于 `logistic_cost`，梯度下降需要多少步才能收敛？

解：需要做的就是在 `gradient_descent3` 之前添加一行 `print(steps)` 来返回总步数。

```
def gradient_descent3(f,xstart,ystart,zstart,tolerance=1e-6,max_steps=1000):
    ...
    print(steps)
    return x,y,z
```

运行下面的梯度下降函数。

```
gradient_descent3(logistic_cost,1,1,1,max_steps=8000)
```

打印出的数是 `7244`，这意味着算法在 7244 步收敛。

练习 15.12（小项目）：写一个 `approx_gradient` 函数，计算任意维度下函数的梯度。然后写一个可以在任意维度上运行的 `gradient_descent` 函数。为了在 n 维函数上测试 `gradient_descent`，可以尝试使用 $f(x_1, x_2, \cdots, x_n) = (x_1 - 1)^2 + (x_2 - 1)^2 + \cdots + (x_n - 1)^2$，其中 $x_1, x_2, \cdots, x_n$ 是函数 f 的 n 个输入变量。函数的最小值应该是一个 n 维的向量 $(1, 1, \cdots, 1)$，每一项中的数都是 1。

解：将任意维度的向量建模为数字列表。为了对向量 $v = (v_1, v_2, \cdots, v_n)$ 在第 i 个坐标处求偏导数，我们要求第 i 个坐标处 x_i 的导数。函数如下：

$$f(v_1, v_2, \cdots, v_{i-1}, x_i, v_{i+1}, \cdots, v_n)$$

也就是说，将 v 的每个坐标代入函数 f，第 i 项除外，因为它被作为变量 x_i 保留。这为我们提供了单个变量 x_i 的函数，它的导数是第 i 个坐标处的偏导数。偏导数的代码如下所示。

```
def partial_derivative(f,i,v,**kwargs):
    def cross_section(x):
        arg = [(vj if j != i else x) for j,vj in enumerate(v)]
        return f(*arg)
    return approx_derivative(cross_section, v[i], **kwargs)
```

注意，我们的坐标是 0 索引的，f 的输入维数可以从 v 的长度推断出来。

15

相比之下，剩下的工作就很简单了。为了建立梯度，只需要求 n 个偏导数，并将它们按顺序放入列表中即可。

```
def approx_gradient(f,v,dx=1e-6):
    return [partial_derivative(f,i,v) for i in range(0,len(v))]
```

为了进行梯度下降，将所有已命名坐标变量（如 x、y 和 z）的操作替换为坐标列表向量 v 上的列表操作。

```
def gradient_descent(f,vstart,tolerance=1e-6,max_steps=1000):
    v  = vstart
    grad = approx_gradient(f,v)
    steps = 0
    while length(grad) > tolerance and steps < max_steps:
        v  = [(vi - 0.01 * dvi) for vi,dvi in zip(v,grad)]
        grad = approx_gradient(f,v)
        steps += 1
    return v
```

为了实现练习中的测试函数，可以写一个通用版本，该函数接收任意数量的输入，并返回它们与 1 之差的平方和。

```
def sum_squares(*v):
    return sum([(x-1)**2 for x in v])
```

函数结果不能小于零，因为它是平方和，而平方不能小于 0。如果输入向量 v 的每一项都是 1，就会得到零值，所以这就是最小值。我们的梯度下降函数证实了这一点（只有很小的数值误差），所以一切看起来都不错！请注意，因为初始向量 v 是五维向量，所以计算中的所有向量都自动是五维的。

```
>>> v  = [2,2,2,2,2]
>>> gradient_descent(sum_squares,v)
[1.0000002235452137,
 1.0000002235452137,
 1.0000002235452137,
 1.0000002235452137,
 1.0000002235452137]
```

练习 15.13（小项目）：尝试使用 `simple_logistic_cost` 代价函数运行梯度下降。结果如何？

解：结果似乎没有收敛。即使决策边界趋于稳定，a、b 和 c 的值仍会无限增加。这意味着随着梯度下降探索越来越多的 logistic 函数，这些函数保持在相同的方向上，但变得无限陡峭。它越来越接近大部分的点，忽略已经被错误标记的点。正如我所提到的，可以通过惩罚 logistic 函数置信度最高的错误分类来解决这一点，`logistic_cost` 函数就很好地解决了这个问题。

15.6 小结

- 分类是一种机器学习任务，要求算法检查未标记的数据点，并将每个数据点识别为一个类型的成员。在本章的例子中，我们查看了二手车的里程和价格数据，并编写了一个算法将数据点分类为宝马 5 系或丰田普锐斯。

- 在二维中对向量数据进行分类的一个简单方法是建立一个决策边界。这意味着在数据所在的二维空间中绘制边界，边界一侧的点被归为一类，另一侧的点被归为另一类。简单的决策边界就是一条直线。

- 如果决策边界采用 $ax + by = c$ 的形式，那么 $ax + by - c$ 在直线的一侧为正，另一侧为负。我们可以把这个值解释为衡量数据点像宝马的程度。正值意味着数据点看起来像宝马，而负值意味着它看起来更像普锐斯。

- sigmoid 函数取 $-\infty$ 和 $+\infty$ 之间的数，并将它们压缩到 0 和 1 之间的有限区间，定义如下所示。

$$\sigma(x) = \frac{1}{1 + e^{-x}}$$

- 将 sigmoid 与函数 $ax + by - c$ 组合，得到一个新的函数 $\sigma(ax + by - c)$。它也可以衡量数据点应当归属为宝马的程度，但只返回 0 和 1 之间的值。这个函数是二维的 logistic 函数。

- logistic 分类器输出的数值介于 0 和 1 之间，可以被解释为一个数据点属于一类而不是另一类的置信度。例如，返回值为 0.51 或 0.99 都表明模型认为我们看到的是一辆宝马，但后者的置信度更高。

- 通过适当的代价函数来惩罚置信度高却不正确的分类，我们可以使用梯度下降法来寻找最佳拟合 logistic 函数。这是基于数据集的最佳 logistic 分类器。

15

训练神经网络

16

在本书最后一章中，我们将结合目前所学的所有内容来介绍当今最著名的机器学习工具之一：人工神经网络。**人工神经网络**，简称神经网络，是一种数学函数，其结构近似于人脑结构。之所以称之为人工神经网络，是为了区别于大脑中"生物学"意义上的神经网络。简化大脑的工作原理听起来似乎是一个庞大而复杂的目标，但这是我们继续深入的前提和基础。

在解释如何简化之前，先强调一下，我不是神经学家。简单来说，人类的大脑是由相互连接的大量细胞（称为**神经元**）组成的，人类的思考实际上就是特定神经元之间产生的脑电活动。通过对大脑进行扫描来查看这种脑电活动，可以看到大脑的许多部位会因为这样的活动而亮起来（见图 16-1）。

相比于人脑中的上百亿个神经元，我们在 Python 中构建的神经网络只有几十个神经元，一个具体神经元被激活的程度用一个数来表示，叫作它的**激活值**（activation）。当大脑或人工神经网络中的神经元被激活时，相邻的神经元也会被激活。这样一来，一个想法可以引出另一个想法，这就是创造性思维的底层原理。

在数学上，神经网络中一个神经元的激活值是其相连神经元激活值的函数。如果一个神经元分别与激活值为 a_1、a_2、a_3 和 a_4 的四个神经元相连，那么它的激活值将是应用于这四个值的数学函数，比如 $f(a_1, a_2, a_3, a_4)$。

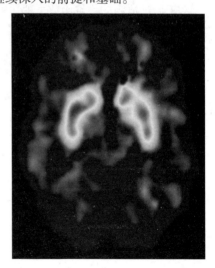

图 16-1　不同类型的大脑活动激活不同的神经元产生电活动，从而在大脑扫描中显示出明亮的区域

在图 16-2 所示的示意图中，所有神经元都被绘制为圆圈。我们用颜色深浅来表示激活值。神经元的激活值不同，颜色的深浅程度也不同，有点像扫描大脑看到的亮区或暗区。

如果 a_1、a_2、a_3 和 a_4 都分别依赖于其他神经元的激活值，那么 a 的值就依赖于更多的数。有了更多的神经元和更多的连接，就可以构建任意的复杂数学函数，从而对任意的复杂思想进行建模。

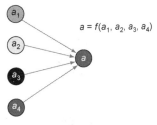

上面是对神经网络的一些偏哲学的介绍，并不足以让你开始编程。本章将详细介绍如何运用这些想法来构建自己的神经网络。与上一章一样，我们要使用神经网络解决**分类**问题。构建神经网络并训练它很好地进行分类包含很多步骤，所以在深入研究之前，我们先列出计划。

图 16-2 将神经元激活值绘制成一个数学函数，其中 a_1、a_2、a_3 和 a_4 是应用于函数 f 的激活值

16.1 用神经网络对数据进行分类

本节将重点介绍神经网络的一个经典应用：图像分类。具体来说，我们将使用分辨率较低的手写数字（从 0 到 9 的数）图像，希望神经网络能够识别给定图像中的数字。图 16-3 展示了几个数字的图像示例。

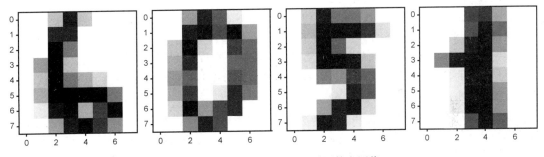

图 16-3 一些分辨率较低的手写数字图像

如果你能从图 16-3 中识别出数字 6、0、5 和 1，那么恭喜你！你的生物神经网络（也就是你的大脑）已经训练有素了。我们的目标是建立一个人工神经网络，它可以像人脑一样观察这样的图像并将其归类为十个可能的数字之一。

在第 15 章中，分类问题着眼于一个二维向量并将其归类为两个类别之一。在本章的问题中，我们将着眼于 8 像素 × 8 像素的灰度图像，并用一个数来表明每像素的亮度。正如在第 6 章中将图像作为向量一样，这里把 64 像素的亮度值作为 64 维向量。我们要把每一个 64 维向量归为 10 个类别中的一个，以指示它代表的数字。因此，与第 15 章中的分类函数相比，本章的分类函数具有更多的输入和输出。

具体来说，我们将在 Python 中构建的神经网络分类函数具有 64 个输入和 10 个输出。换句话说，它是一个从 $\mathbb{R}^{64}$ 到 $\mathbb{R}^{10}$ 的（非线性！）向量变换。输入值代表像素的暗度，取值范围为 0 到 1，

10 个输出值表示图像为 10 个数字之一的可能性。最大输出数的索引就是答案。在下面的例子中（如图 16-4 所示），传入一张数字 5 的图像，神经网络在第五个槽中返回的值最大，所以它正确地识别了图像中的数字。

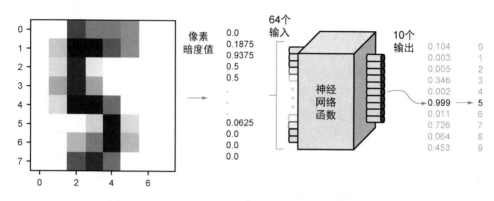

图 16-4　Python 神经网络函数如何对数字图像进行分类

图 16-4 中间的神经网络函数只是一个数学函数而已，不过它的结构将比到目前看到的那些数学函数更为复杂。事实上，定义它的公式长到无法写在纸上。评估神经网络更像是执行算法。我们很快会介绍如何做到这一点并用 Python 进行实现。

上一章测试了多个逻辑函数，本章也将尝试许多不同的神经网络，看看哪个神经网络具有最佳预测精度。测试的系统方法仍然是梯度下降法。线性函数是由公式 $f(x) = ax + b$ 中的两个常数 a 和 b 决定的，而一个给定形状的神经网络可以由数千个常数来决定其行为。所以需要求大量的偏导数！幸运的是，由于神经网络中连接神经元的函数形式，有一种获取梯度的快捷算法，称为**反向传播**（backpropagation）。

我们可以从头开始推导反向传播算法，并且只使用到目前为止所涉及的数学知识来实现它。但不幸的是，这个项目太大，并不适合放在本书中。本章会介绍如何使用一个著名的 Python 库来进行梯度下降，这个库名为 scikit-learn，会自动训练神经网络，使其尽可能准确地对我们的数据集进行预测。在本章最后，我将给你留一个反向传播背后的数学难题。希望这能成为你在机器学习领域职业生涯的起点。

16.2　手写数字图像分类

在开始实现神经网络之前，需要准备数据。本节使用的数字图像来自 scikit-learn 附带的大量免费测试数据。下载后，需要将它们转换为 64 维向量，并将向量值缩放到 0 和 1 之间。该数据集还提供了每个数字图像的正确答案，用从 0 到 9 的 Python 整数表示。

然后构建两个 Python 函数来训练分类器。第一个是假数字识别函数（称为 random_classifier），它接收 64 个数代表一张图像，并（随机）输出 10 个数表示图像代表 0 到 9 的每个数字的确定性。第二个是称为 test_digit_classify 的函数，它接收一个分类器并自动传入数据集中的每一张图像，然后返回正确分类图像所占的比值。因为 random_classifier 产生的结果是随机的，所以它应该只有 10% 的准确率。这为我们在用真正的神经网络替换它时划定了底线。

16.2.1 构建 64 维图像向量

如果你正在使用附录 A 中描述的 Anacondas Python 发行版，那么应该已经有了 scikit-learn 库 sklearn。如果没有，可以用 pip 安装它。要从 sklearn 库导入数字数据集，需要以下代码。

```
from sklearn import datasets
digits = datasets.load_digits()
```

每个数字项都是一个二维 NumPy 数组（一个矩阵），给出了一张图像的像素值。例如，digits.images[0] 给出了数据集中第一张图像的像素值，它是一个 8×8 的矩阵。

```
>>> digits.images[0]
array([[ 0.,  0.,  5., 13.,  9.,  1.,  0.,  0.],
       [ 0.,  0., 13., 15., 10., 15.,  5.,  0.],
       [ 0.,  3., 15.,  2.,  0., 11.,  8.,  0.],
       [ 0.,  4., 12.,  0.,  0.,  8.,  8.,  0.],
       [ 0.,  5.,  8.,  0.,  0.,  9.,  8.,  0.],
       [ 0.,  4., 11.,  0.,  1., 12.,  7.,  0.],
       [ 0.,  2., 14.,  5., 10., 12.,  0.,  0.],
       [ 0.,  0.,  6., 13., 10.,  0.,  0.,  0.]])
```

可以看到灰度值的范围是有限的。矩阵仅由 0 到 15 的整数组成。

Matplotlib 有一个很有用的内置函数 imshow，能将矩阵的条目显示为图像。使用正确的灰度规范，矩阵中的零将被显示为白色，较大的非零值则将被显示为较深的灰色。例如，图 16-5 显示了数据集中的第一张图像，它是由 imshow 生成的，看起来像 0。

```
import matplotlib.pyplot as plt
plt.imshow(digits.images[0], cmap=plt.cm.gray_r)
```

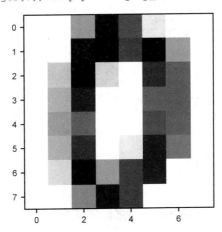

图 16-5　sklearn 数字数据集中的第一张图像，看起来像 0

16

为了再次强调如何将这张图像当作 64 维向量，图 16-6 显示了它的另一个版本，其中各个像素的亮度值分别被叠加在了相应的像素上（共 64 像素）。

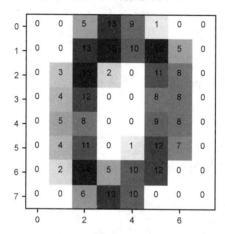

图 16-6　来自数字数据集的图像，亮度值叠加在了每个像素上

要将这个 8 × 8 的数字矩阵转换成一个有 64 个条目的向量，可以使用内置的 NumPy 函数 np.matrix.flatten。这个函数从矩阵的第一行开始构建一个向量，然后是第二行，以此类推，从而提供图像的向量表示，类似于我们在第 6 章中所使用的。将第一个图像矩阵扁平化，得到了一个有 64 个条目的向量。

```
>>> import numpy as np
>>> np.matrix.flatten(digits.images[0])
array([ 0.,  0.,  5., 13.,  9.,  1.,  0.,  0.,  0., 13., 15., 10.,
       15.,  5.,  0.,  0.,  3., 15.,  2.,  0., 11.,  8.,  0.,  0.,  4.,
       12.,  0.,  0.,  8.,  8.,  0.,  0.,  5.,  8.,  0.,  0.,  9.,  8.,
        0.,  0.,  4., 11.,  0.,  1., 12.,  7.,  0.,  0.,  2., 14.,  5.,
       10., 12.,  0.,  0.,  0.,  0.,  6., 13., 10.,  0.,  0.,  0.])
```

为了便于处理，我们还需缩放数据，使数值保持在 0 和 1 之间。因为这个数据集中每个条目的像素值都在 0 和 15 之间，可以将这些向量乘以标量 1/15 来获得缩小的版本。NumPy 重载了*和/运算符，使其自动作为向量的标量乘法（和除法），因此我们可以直接执行：

```
np.matrix.flatten(digits.images[0]) / 15
```

并得到一个缩小的结果。接下来介绍如何构造一个数字分类器。

16.2.2　构建随机数字分类器

数字分类器的输入是一个 64 维向量，输出是一个 10 维向量，其中每个条目的值在 0 和 1 之间。对于第一个分类器的例子，输出向量条目可以随机生成，我们将其解释为分类器对图像所代表 10 个数字中的每一个的确定性。

因为我们目前接受随机输出，所以这个分类器很容易实现。NumPy 有一个函数 np.random. rand，可以生成一个介于 0 和 1 之间且具有指定长度的随机数数组。例如，np.random.rand(10) 给出的 NumPy 数组包含 10 个取值在 0 和 1 之间的随机数。我们的 random_classifier 函数接收一个输入向量，忽略它，并返回一个随机向量。

```
def random_classifier(input_vector):
    return np.random.rand(10)
```

要对数据集中的第一张图像进行分类，我们可以运行以下命令。

```
>>> v = np.matrix.flatten(digits.images[0]) / 15.
>>> result = random_classifier(v)
>>> result
array([0.78426486, 0.42120868, 0.47890909, 0.53200335, 0.91508751,
       0.1227552 , 0.73501115, 0.71711834, 0.38744159, 0.73556909])
```

该输出向量的最大条目约为 0.915，索引值为 4。分类器返回的结果显示该图像可能代表任何一个数字，但最有可能是 4。要以编程方式获取最大值的索引，可以使用以下 Python 代码。

```
>>> list(result).index(max(result))
4
```

这里，max(result)查找数组的最大条目，list(result)把数组处理为 Python 列表。然后，我们可以使用内置的 list 索引函数来查找最大值的索引。返回值 4 是错误的，我们之前看到图片是 0，也可以检查数据集里的正式结果。

每张图像代表的正确数字都存储在 digits.target 数组的相应索引中。对于图像 digits.images[0]，正确的值是 digits.target[0]。正如我们所料，值是 0。

```
>>> digits.target[0]
0
```

随机分类器预测图像是 4，而图像实际上是 0。因为是随机猜测，所以应该有 90%的概率错误，我们可以通过大量的测试来证实这一点。

16.2.3 测试数字分类器的表现

现在我们要实现函数 test_digit_classify，它接收一个分类器函数，并测试它在大量数字图像上的表现。任意分类器函数都具有相同的形状：它接收一个 64 维的输入向量，并返回一个 10 维的输出向量。test_digit_classify 函数会遍历所有的测试图像和已知的正确答案，并查看分类器是否产生了正确答案。

正确分类的计数器从 0 开始

```
def test_digit_classify(classifier,test_count=1000):
    correct = 0
    for img, target in zip(digits.images[:test_count],
digits.target[:test_count]):
```

循环遍历测试集中的图像和对应的目标（正确答案）

16

```
                    ┌─→ v = np.matrix.flatten(img) / 15.
将图像矩阵          │    output = classifier(v)
扁平化为 64         │    answer = list(output).index(max(output))
维向量并适          │    if answer == target:
当缩放             │        correct += 1
                   return (correct/test_count)
```

将图像矩阵扁平化为 64 维向量并适当缩放

将图像向量传入分类器，得到 10 维向量结果

查找结果中最大条目的索引，这是分类器的最佳猜测

如果与答案一致，则计数器加 1

返回正确分类次数与总测试次数的比值

我们希望随机分类器能够得到大约 10% 的正确答案。因为它是随机的，所以在一些试验中可能比在其他试验中做得好，但是由于我们测试了这么多图像，最终结果应该接近 10%。让我们尝试一下。

```
>>> test_digit_classify(random_classifier)
0.107
```

在本次测试中，随机分类器的表现（10.7% 的正确率）略好于预期。这并不奇怪，现在我们已经组织好了数据，并且有一个作为底线的示例，因此可以开始构建神经网络了。

16.2.4　练习

练习 16.1：假设一个数字分类器函数输出以下 NumPy 数组。它的结果说明图像代表哪个数字？

```
array([5.00512567e-06, 3.94168539e-05, 5.57124430e-09, 9.31981207e-09,
       9.98060276e-01, 9.10328786e-07, 1.56262695e-03, 1.82976466e-04,
       1.48519455e-04, 2.54354113e-07])
```

解：这个数组中最大的数是 `9.98060276e-01`，约为 0.998，位于第五个位置上，即索引为 4。因此，这个输出说明图像被归类为 4。

练习 16.2（小项目）：用第 6 章中取图像平均值的方法，求数据集中所有代表 9 的图像的平均值。将得到的图像绘制出来，它会是什么样子的？

解：下面这段代码取一个整数 i 并对数据集中代表数字 i 的图像求平均值。因为数字图像是用 NumPy 数组表示的，而 NumPy 数组支持加法和标量乘法，所以可以使用普通的 Python `sum` 函数和除法运算符对它们求平均值。

```
def average_img(i):
    imgs = [img for img,target in zip(digits.images[1000:],
digits.target[1000:]) if target==i]
    return sum(imgs) / len(imgs)
```

通过这段代码，`average_img(9)` 计算出了一个 8×8 的矩阵，表示所有代表 9 的图像的平均值，如图 16-7 所示。

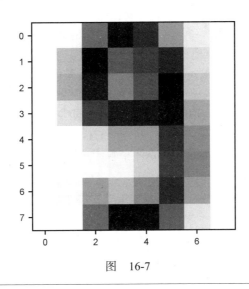

图　16-7

练习 16.3（小项目）：通过在测试数据集中找到每一个数字的平均图像，并将目标图像与所有平均图像进行比较，可以建立一个比随机分类器更好的分类器。具体来说，需要返回一个目标图像与每个平均数字图像的点积向量。

解：

```
avg_digits = [np.matrix.flatten(average_img(i)) for i in range(10)]
def compare_to_avg(v):
    return [np.dot(v,avg_digits[i]) for i in range(10)]
```

测试这个分类器，我们在测试数据集中得到正确数字的概率是 85%。结果不错！

```
>>> test_digit_classify(compare_to_avg)
0.853
```

16.3　设计神经网络

本节将介绍如何将神经网络看作数学函数，以及如何根据其结构来预测它的行为。这为下一节做好了准备。在下一节中，我们将以 Python 函数的形式实现第一个神经网络，以便对数字图像进行分类。

对于图像分类问题，我们的神经网络有 64 个输入值和 10 个输出值，并且需要数百次运算才能完成评估。因此，本节使用具有三个输入和两个输出的简单神经网络。这样就可以描绘出整个网络的样子，并贯穿评估的每个步骤。一旦了解了这一点，就可以很容易地用 Python 实现适用于任意规模神经网络的评估步骤。

16

16.3.1　组织神经元和连接

正如本章开头所述，神经网络模型是神经元的集合，其中一个给定神经元的激活值取决于其连接的其他神经元的激活值。在数学上，激活一个神经元是该神经元所连接的神经元激活值的函数。神经网络的行为取决于用到的神经元数量，连接到哪些神经元，以及连接神经元的函数。在本章中，我们聚焦于一种最简单有用的神经网络——**多层感知机**（multilayer perceptron，MLP）。

多层感知机由几列神经元组成，称为**层**，从左到右排列。每个神经元的激活值都是上一层（即贴近其左侧的层）激活值的函数。最左侧的层不依赖于其他神经元，它的激活值取决于训练数据。图 16-8 提供了一个四层 MLP 的示意图。

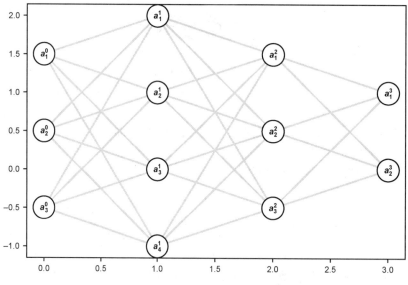

图 16-8　多层感知机的示意图，由多层神经元组成

在图 16-8 中，每个圆圈代表一个神经元，圆圈之间的线条表示神经元相连。一个神经元的激活值只取决于上一层神经元的激活值，它同时也影响下一层每个神经元的激活值。我随意设定了每一层中神经元的数量。在这个特定的示意图中，这些层分别由 3 个、4 个、3 个和 2 个神经元组成。

因为有 12 个神经元，所以有 12 个激活值。通常，神经元的数量可能会更多（我们将会用 90 个神经元进行数字分类），无法为每个神经元指定不同字母形式的变量名称。因此，我们用字母 a 来表示所有的激活值，并用上标和下标对它们进行索引。上标表示层，下标则用于定位层内的神经元。例如，a_2^2 代表第二层第二个神经元的激活值。

16.3.2　神经网络数据流

要将神经网络作为数学函数进行评估，有三个基本步骤，我将使用激活值来描述。本节先从概念上进行讲解，然后介绍公式。请记住，神经网络只是一个函数，它接收一个输入向量并产生一个输出向量。中间的步骤只是从给定的输入获取输出的方法。下面是流程的第 1 步。

1. 第 1 步：将输入层的激活值设置为输入向量的条目

输入层是第一层或最左侧一层的另一个叫法。图 16-8 中的网络输入层有三个神经元，所以这个神经网络可以将三维向量作为输入。如果输入向量是 (0.3, 0.9, 0.5)，那么可以通过设置 $a_1^0 = 0.3$、$a_2^0 = 0.9$ 和 $a_3^0 = 0.5$ 来执行第一步。这填充了网络中 12 个神经元中的 3 个（见图 16-9）。

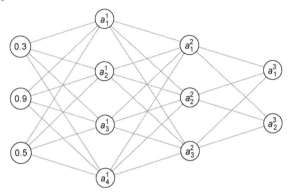

图 16-9　将输入层的激活值设置为输入向量的条目

第一层的每个激活值都是针对第零层激活值的函数。现在我们有足够的信息来计算它们了，这就是第 2 步。

2. 第 2-1 步：使用针对输入层中所有激活值的函数计算下一层中的每个激活值

这一步是计算的关键，等我把所有的步骤概念性地介绍完了，再回过头来讲。现在要知道的重要事情是，下一层中的每个激活值通常由上一层激活值的一个**不同函数**给出。假设我们要计算 a_1^1。这个激活值是 a_1^0、a_2^0 和 a_3^0 的某个函数，可简单写成 $a_1^1 = f\left(a_1^0, a_2^0, a_3^0\right)$。例如，假设我们计算 $f(0.3, 0.9, 0.5)$ 得到答案 0.6。那么在本次计算中，a_1^1 的值就变成了 0.6（见图 16-10）。

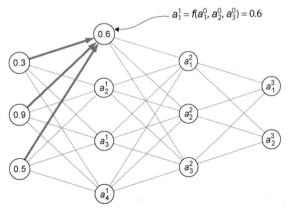

图 16-10　使用针对输入层激活值的函数计算第一层的一个激活值

下面计算第一层的下一个激活值 a_2^1，它也是针对输入层激活值 a_1^0、a_2^0 和 a_3^0 的函数，但在一般情况下是一个不同的函数，比如 $a_2^1 = g\left(a_1^0,\ a_2^0,\ a_3^0\right)$。即使具有相同的输入，但因为函数不同，我们很可能会得到一个不同的结果。比如，$g(0.3, 0.9, 0.5) = 0.1$，那么这就是 a_2^1 的值（见图 16-11）。

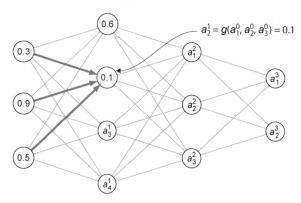

图 16-11　使用针对输入层激活值的另一个函数计算第一层的另一个激活值

之所以使用 f 和 g，是因为它们是简单的占位函数名称。就输入层而言，a_3^1 和 a_4^1 还有两个不同的函数。这里就不再继续命名这些函数了，因为我们很快就会用完所有字母。重要的一点是，每个激活值都有一个针对上一层激活值的专用函数。计算完第一层的所有激活值后，我们将填充好 12 个激活值中的 7 个。这些数仍然是虚构的，但结果可能如图 16-12 所示。

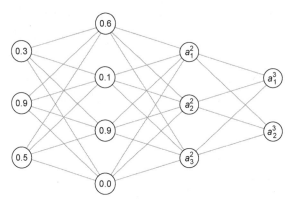

图 16-12　多层感知机计算后的两层激活值

从这里开始重复这个过程，直到计算出网络中每个神经元的激活值，这也属于第 2 步。

3. 第 2-2 步：重复此过程，根据上一层的激活值计算后续各层的激活值

首先使用针对第一层激活值（a_1^1、a_2^1、a_3^1 和 a_4^1）的函数计算 a_1^2。然后继续计算 a_2^2 和 a_3^2，这两个激活值由各自的函数给出。最后，我们用两个不同的第二层激活值函数分别计算 a_1^3 和 a_2^3。此时，网络中每个神经元都有一个激活值（见图 16-13）。

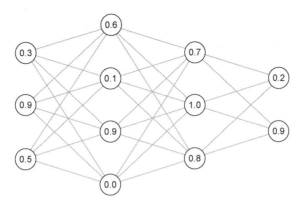

图 16-13 计算了所有激活值的 MLP 示例

至此，所有的计算就都完成了。我们计算了中间层（称为**隐藏层**）和最后一层（称为**输出层**）的激活值。现在需要做的就是读取输出层的激活值以获取结果，这就是第 3 步。

4. 第 3 步：返回一个向量，其条目是输出层的激活值

在本例中，向量是(0.2, 0.9)，因此将我们的神经网络当作输入向量为(0.3, 0.9, 0.5)、输出向量为(0.2, 0.9)的函数进行评估。

这就是全部的内容！我唯一没有讲到的是如何计算单个激活值，而这正是神经网络的独特之处。除了输入层的神经元，每个神经元都有自己的函数，而定义这些函数的参数就是我们将要调整的数，以使神经网络满足我们的需求。

16.3.3 计算激活值

好消息是，为了计算下一层的激活值，我们将为上一层的激活值使用一种形式熟悉的函数：logistic 函数。棘手的是，我们的神经网络除输入层之外有 9 个神经元，所以需要跟踪 9 个不同的函数。此外，还有几个常数用来决定每个 logistic 函数的行为。我们的大部分工作将是追踪这些常数。

在本节的 MLP 示例中，激活值依赖于输入层中的三个激活值：a_1^0、a_2^0 和 a_3^0。计算 a_1^1 的函数是具有这些输入（包括一个常数）并被传入 sigmoid 函数的线性函数。这里有四个自由参数，暂时把它们命名为 A、B、C 和 D（见图 16-14）。

我们需要调整变量 A、B、C 和 D，使 a_1^1 对输入做出适当的响应。在第 15 章中，我们认为 logistic 函数会接收几个数并对它们做出是或否的决定，即答案为"是"的确定性（取值在 0 和 1 之间）。从这个意义上说，可以把网络中间的神经元看作把整个分类问题分解成了更小的"是或否"分类器。

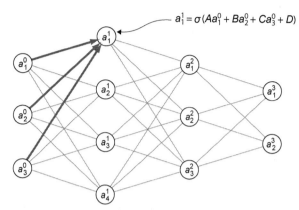

$$a_1^1 = \sigma(Aa_1^0 + Ba_2^0 + Ca_3^0 + D)$$

图 16-14　根据输入层激活值来计算 a_1^1 的函数的一般形式

对于网络中的每个连接，都有一个常数表示输入神经元激活值对输出神经元激活值的影响程度。在这种情况下，常数 A 表示 a_1^0 对 a_1^1 的影响程度，而 B 和 C 分别表示 a_2^0 和 a_3^0 对 a_1^1 的影响程度。这些常数称为神经网络的**权重**，在本章使用的神经网络通用图中，每条线段都有一个权重。

常数 D 的作用是增大或减小 a_1^1 的值，不会影响连接且与输入层的激活值无关。它被恰当地命名为神经元的**偏置**（bias），因为它衡量的是在没有任何输入的情况下做出决定的倾向性。**偏置**这个词有时会带有负面的含义，但它在任何决策过程中都是重要的组成部分，并且有助于避免做出异常的决定。

尽管看起来会很乱，但我们需要对这些权重和偏置建立索引，而不是将它们命名为 A、B、C 和 D。将权重写成 w_{ij}^l 的形式，其中 l 是连接右侧的层，i 是 l 层中目标神经元的索引，j 是 $l-1$ 层中前一个神经元的索引。例如，第零层第一个神经元对第一层第一个神经元的权重 A 表示为 w_{11}^1。连接第三层第二个神经元与上一层第一个神经元的权重为 w_{21}^3（见图 16-15）。

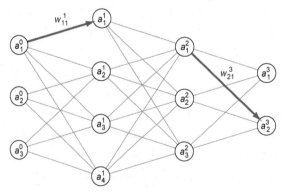

图 16-15　与权重 w_{11}^1 和 w_{21}^3 相对应的连接

偏置对应的是神经元，而不是神经元对，所以每个神经元有一个偏置：b_j^l 为第 l 层第 j 个神经元的偏置。根据这些命名约定，我们可以将 a_1^1 的公式写为：

$$a_1^1 = \sigma\left(w_{11}^1 a_1^0 + w_{12}^1 a_2^0 + w_{13}^1 a_3^0 + b_1^1\right)$$

或者将 a_3^2 的公式写为：

$$a_3^2 = \sigma\left(w_{31}^2 a_1^1 + w_{32}^2 a_2^1 + w_{33}^2 a_3^1 + w_{34}^2 a_4^1 + b_3^2\right)$$

如你所见，通过计算激活值来评估 MLP 并不困难，但如果变量的数量过多，则该过程将变得繁琐且容易出错。幸运的是，我们可以使用第 5 章介绍的矩阵表示法来简化这个过程，使其更容易实现。

16.3.4 用矩阵表示法计算激活值

虽然很麻烦，但是我们可以通过一个具体的例子推导出整个网络层激活值的公式，然后看看如何用矩阵表示法来简化它，并给出一个可复用的公式。第二层中的三个激活值公式如下所示。

$$a_1^2 = \sigma\left(w_{11}^2 a_1^1 + w_{12}^2 a_2^1 + w_{13}^2 a_3^1 + w_{14}^2 a_4^1 + b_1^2\right)$$
$$a_2^2 = \sigma\left(w_{21}^2 a_1^1 + w_{22}^2 a_2^1 + w_{23}^2 a_3^1 + w_{24}^2 a_4^1 + b_2^2\right)$$
$$a_3^2 = \sigma\left(w_{31}^2 a_1^1 + w_{32}^2 a_2^1 + w_{33}^2 a_3^1 + w_{34}^2 a_4^1 + b_3^2\right)$$

事实证明，给 sigmoid 函数接收到的这一长串表达式起个名字会很有用。让我们通过 z_1^2、z_2^2 和 z_3^2 来分别表示，简化为：

$$a_1^2 = \sigma\left(z_1^2\right)$$
$$a_2^2 = \sigma\left(z_2^2\right)$$

和

$$a_3^2 = \sigma\left(z_3^2\right)$$

这些 z 值的公式更好，因为它们都是上一层激活值的线性组合，再加上一个常数。这意味着我们可以把它们写成矩阵向量的形式。

$$z_1^2 = w_{11}^2 a_1^1 + w_{12}^2 a_2^1 + w_{13}^2 a_3^1 + w_{14}^2 a_4^1 + b_1^2$$
$$z_2^2 = w_{21}^2 a_1^1 + w_{22}^2 a_2^1 + w_{23}^2 a_3^1 + w_{24}^2 a_4^1 + b_2^2$$
$$z_3^2 = w_{31}^2 a_1^1 + w_{32}^2 a_2^1 + w_{33}^2 a_3^1 + w_{34}^2 a_4^1 + b_3^2$$

将这三个方程写为向量。

$$\begin{pmatrix} z_1^2 \\ z_2^2 \\ z_3^2 \end{pmatrix} = \begin{pmatrix} w_{11}^2 a_1^1 + w_{12}^2 a_2^1 + w_{13}^2 a_3^1 + w_{14}^2 a_4^1 + b_1^2 \\ w_{21}^2 a_1^1 + w_{22}^2 a_2^1 + w_{23}^2 a_3^1 + w_{24}^2 a_4^1 + b_2^2 \\ w_{31}^2 a_1^1 + w_{32}^2 a_2^1 + w_{33}^2 a_3^1 + w_{34}^2 a_4^1 + b_3^2 \end{pmatrix}$$

然后把偏置提出来形成一个向量和。

16

$$\begin{pmatrix} z_1^2 \\ z_2^2 \\ z_3^2 \end{pmatrix} = \begin{pmatrix} w_{11}^2 a_1^1 + w_{12}^2 a_2^1 + w_{13}^2 a_3^1 + w_{14}^2 a_4^1 \\ w_{21}^2 a_1^1 + w_{22}^2 a_2^1 + w_{23}^2 a_3^1 + w_{24}^2 a_4^1 \\ w_{31}^2 a_1^1 + w_{32}^2 a_2^1 + w_{33}^2 a_3^1 + w_{34}^2 a_4^1 \end{pmatrix} + \begin{pmatrix} b_1^2 \\ b_2^2 \\ b_3^2 \end{pmatrix}$$

这只是一个三维向量加法。尽管中间的大向量看起来像一个较大的矩阵，但它只是一个包含三个和值的列向量。然而，这个大向量可以展开成矩阵乘法，如下所示。

$$\begin{pmatrix} z_1^2 \\ z_2^2 \\ z_3^2 \end{pmatrix} = \begin{pmatrix} w_{11}^2 & w_{12}^2 & w_{13}^2 & w_{14}^2 \\ w_{21}^2 & w_{22}^2 & w_{23}^2 & w_{24}^2 \\ w_{31}^2 & w_{32}^2 & w_{33}^2 & w_{34}^2 \end{pmatrix} \begin{pmatrix} a_1^1 \\ a_2^1 \\ a_3^1 \\ a_4^1 \end{pmatrix} + \begin{pmatrix} b_1^2 \\ b_2^2 \\ b_3^2 \end{pmatrix}$$

将 σ 应用于所得向量的每一个条目，可以获得第二层的激活值。虽然这只是一种符号上的简化，但从心理学上讲，提取 w_{ij}^l 和 b_j^l 并置入各自的矩阵非常有用。这些数定义了神经网络本身，而不仅仅是评估过程中每一步的激活值 a_j^l。

为了深入理解，可以将评估神经网络与评估函数 $f(x) = ax + b$ 进行比较。x 是输入变量，a 和 b 是定义函数的常数；可能的线性函数空间是由 a 和 b 定义的。数值 ax，即使被重新命名为 q，也只是 $f(x)$ 计算中的一个增量步骤。以此类推，一旦你决定了 MLP 中每层的神经元数量，每层的权重矩阵和偏置向量其实就是定义神经网络的数据。记住这一点，我们就可以用 Python 实现 MLP 了。

16.3.5　练习

练习 16.4：激活值 a_2^3 代表哪一层的哪个神经元？请问这个激活值在图 16-16 中的值是多少？（神经元和层的索引与前面几节中的一样。）

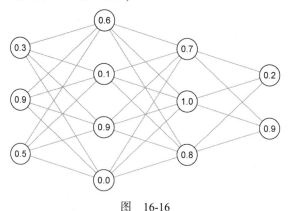

图　16-16

解：上标表示层，下标表示层内的神经元。所以，a_2^3 对应于第三层的第二个神经元。在图 16-16 中，它的激活值为 0.9。

练习 16.5：如果一个神经网络的第五层有 10 个神经元，第六层有 12 个神经元，那么第五层和第六层的神经元之间共有多少个连接？

解：第五层的 10 个神经元分别与第六层的 12 个神经元相连。总共有 120 个连接。

练习 16.6：假设一个 MLP 有 12 层。连接第四层的第三个神经元和第五层的第七个神经元的权重 w_{ij}^l 的索引 l、i 和 j 是多少？

解：l 是连接的目的层，所以在这种情况下，$l=5$。索引 i 和 j 分别指的是 l 层和 $l-1$ 层的神经元，所以 $i=7$，$j=3$。权重被标记为 w_{73}^5。

练习 16.7：本节使用的网络中的权重 w_{31}^3 在哪里？

解：没有这样的权重。这将连接到第三层（即输出层）的第三个神经元，但第三层只有两个神经元。

练习 16.8：在本节的神经网络示例中，从第二层的激活值、权重和偏置来看，a_1^3 的公式是什么？

解：上一层的激活值是 a_1^2、a_2^2 和 a_3^2，连接它们与 a_1^3 的权重是 w_{11}^3、w_{12}^3 和 w_{13}^3。激活值 a_1^3 的偏置表示为 b_1^3，公式如下所示。

$$a_1^3 = \sigma\left(w_{11}^3 a_1^2 + w_{12}^3 a_2^2 + w_{13}^3 a_3^2 + b_1^3\right)$$

练习 16.9（小项目）：编写 Python 函数 `sketch_mlp(*layer_sizes)`，它接收神经网络的层大小，并输出一个像本节所使用的图。用标签显示所有的神经元，用直线画出它们的连接。调用 `sketch_mlp(3,4,3,2)` 应该会生成我们在整个过程中用来表示神经网络的图。

解：请参考本书的源代码，查看相关实现。

16.4 用 Python 构建神经网络

本节将展示如何执行上一节介绍的 MLP 评估过程，并用 Python 来实现。具体来说，我们将实现一个名为 MLP 的 Python 类，它存储权重和偏置（一开始是随机生成的）并提供一个 `evaluate` 方法，该方法接收 64 维的输入向量，然后返回 10 维输出向量。这些代码在某种程度上直接用

16

Python 实现了上一节介绍的 MLP 设计，不过一旦完成实现，就可以在手写数字分类的任务中进行测试了。

只要权重和偏置是随机选择的，效果就可能不如我们一开始建立的随机分类器。但是一旦有了帮我们进行预测的神经网络结构，就可以通过调整权重和偏置来增强预测能力。下一节将讨论这个问题。

16.4.1　用 Python 实现 `MLP` 类

如果用一个类来表示 MLP，需要指定它有多少层以及每层有多少个神经元。要使用所需的结构初始化 MLP，可以让构造函数接收一个数字列表，代表每层的神经元数量。

评估 MLP 所需的数据是输入层之后每一层的权重和偏置。如上一节所述，可以将权重存储为矩阵（NumPy 数组），将偏置存储为向量（也是 NumPy 数组）。首先，我们可以对所有权重和偏置使用随机值，然后在训练网络时，逐渐将这些值替换为更有意义的值。

快速回顾一下权重矩阵和偏置向量的维数。如果我们选择一个有 m 个神经元的层，其上一层有 n 个神经元，那么该权重描述了从 n 维激活值向量到 m 维激活值向量的线性转换。可以用一个 $m \times n$ 矩阵表示，也就是一个具有 m 行和 n 列的矩阵。回到 16.3 节的例子可以看到，对于中间有四个神经元的层和有三个神经元的层，连接它们的权重组成了一个 3×4 矩阵，如图 16-17 所示。

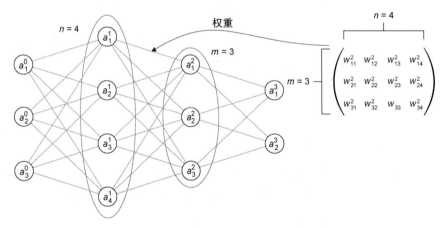

图 16-17　连接有四个神经元的层和有三个神经元的层的权重矩阵是一个 3×4 矩阵

一层中 m 个神经元的偏置构成一个有 m 个条目的向量，每个神经元偏置对应一个条目。至于如何得到每层的权重矩阵和偏置向量的大小，我们准备用类的构造函数来创建。请注意，我们使用 `layer_sizes[1:]` 来迭代，它跳过一开始的输入层并给出 MLP 中其他层的神经元数。

```
class MLP():
    def __init__(self,layer_sizes):
        self.layer_sizes = layer_sizes
        self.weights = [

            np.random.rand(n,m)
            for m,n in zip(layer_sizes[:-1],
                           layer_sizes[1:])
        ]
        self.biases = [np.random.rand(n)
                       for n in layer_sizes[1:]]
```

用一个包含各层神经元数的
列表来初始化 MLP，给出每
层的神经元数

权重矩阵是 $n \times m$ 的
随机矩阵

矩阵中的 m 和 n 为
神经网络中相邻层
的神经元数

每层（跳过第一层）的偏置是一个向量，
每个条目对应本层的一个神经元

实现了这一点，就可以仔细检查一个两层 MLP 是否只有一个权重矩阵和一个偏置向量，并且维数是否匹配。假设第一层有两个神经元，第二层有三个神经元。然后运行以下代码。

```
>>> nn = MLP([2,3])
>>> nn.weights
[array([[0.45390063, 0.02891635],
        [0.15418494, 0.70165829],
        [0.88135556, 0.50607624]])]
>>> nn.biases
[array([0.08668222, 0.35470513, 0.98076987])]
```

结果证实此 MLP 只有一个 3×2 权重矩阵和一个三维偏置向量，并且条目都是随机变量。

输入层和输出层的神经元数量应该与我们要传入和得到的向量维度相匹配。我们的图像分类问题需要一个 64 维的输入向量和一个 10 维的输出向量。本章使用 64 个神经元的输入层，10 个神经元的输出层，中间只有一个具有 16 个神经元的层。选择合适的层数和层大小可以使神经网络在给定的任务中表现良好，这是艺术和科学的结合，也是机器学习专家可以获得高额报酬的原因。就本章而言，这种结构足以为我们提供一个良好的预测模型。

将这个神经网络初始化为 MLP([64,16,10])，它比我们目前绘制的任何一个神经网络都要大得多，如图 16-18 所示。

16

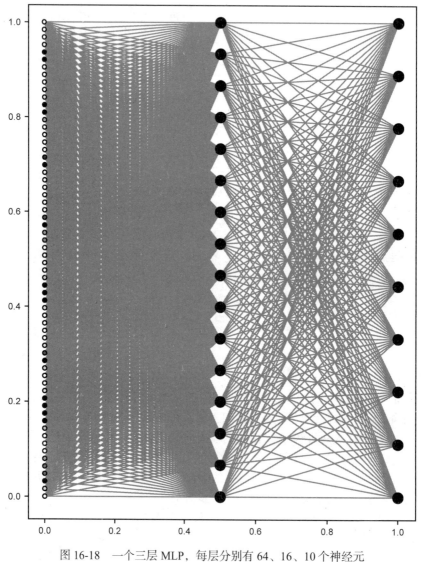

图 16-18   一个三层 MLP，每层分别有 64、16、10 个神经元

幸运的是，一旦我们实现了评估方法，评估大的神经网络并不比评估小的神经网络更难。这是因为 Python 会为我们完成所有的工作！

16.4.2   评估 MLP

MLP 类的评估方法应该接收一个 64 维向量作为输入，并返回一个 10 维向量作为输出。从输入求得输出的过程基于从输入层到输出层逐层计算激活值。当我们讨论反向传播时，你会看到，追踪所有的激活值是很有用的，即使对于网络中间的隐藏层也是如此。因此，分两步构建

evaluate 函数：首先构建一个方法来计算所有激活值，然后构建另一个方法来提取最后一层的激活值并生成结果。

第一种方法称为 feedforward，这是逐层计算激活值过程的常用名称。已知输入层的激活值，为了得到下一层，需要将这些激活值的向量乘以权重矩阵，再加上下一层的偏置，并将结果向量的条目逐个传入 sigmoid 函数。重复此过程，直到到达输出层。代码如下所示。

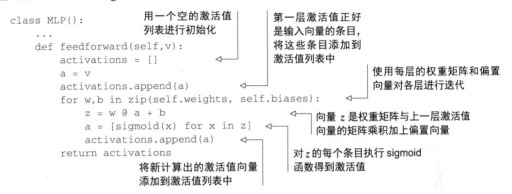

最后一层的激活值是我们想要的结果，所以神经网络的评估方法只需对输入向量运行 feedforward 方法，然后提取最后一个激活值向量，如下所示。

```
class MLP():
    ...
    def evaluate(self,v):
        return np.array(self.feedforward(v)[-1])
```

完成！由此可见，矩阵乘法让我们不用编写许多针对神经元的循环，就能计算激活值。

16.4.3　测试 MLP 的分类效果

有了合适的 MLP，它现在可以接收代表数字图像的向量并输出结果了。

```
>>> nn = MLP([64,16,10])
>>> v  = np.matrix.flatten(digits.images[0]) / 15.
>>> nn.evaluate(v)
array([0.99990572, 0.9987683 , 0.99994929, 0.99978464, 0.99989691,
       0.99983505, 0.99991699, 0.99931011, 0.99988506, 0.99939445])
```

传入一个代表图像的 64 维向量，并返回一个 10 维向量作为输出，因此我们的神经网络表现为一个形状正确的向量变换。因为权重和偏置是随机的，所以这些数不能很好地预测图像中可能是哪个数字。（顺便说一下，这些数都接近 1，因为我们所有的权重、偏置和输入都是正数，而 sigmoid 将大的正数转换为接近 1 的值。）即便如此，输出向量中仍有一个**最大**条目，恰好是索引 2 处的数。本例的 MLP（错误地）预测数据集中的图像 0 代表数字 2。

随机性表明我们的 MLP 正确猜测数字的概率是 10%，这可以通过 test_digit_classify 函数来确认。对于我们初始化的随机 MLP，它给出的答案正好是 10%。

16

```
>>> test_digit_classify(nn.evaluate)
0.1
```

看起来似乎进展不大，但值得肯定的是，我们让分类器真正开始工作了，即使分类器不能很好地完成任务。评估神经网络比评估简单的函数（如 $f(x) = ax + b$）更加复杂，但是当我们**训练**神经网络来更准确地分类图像时，就会看到回报。

16.4.4　练习

> **练习 16.10**（小项目）：重写 `feedforward` 方法，通过循环的方式来处理层和权重，不要使用 NumPy 矩阵乘法。确认结果与之前的实现完全匹配。

16.5　使用梯度下降法训练神经网络

训练神经网络也许听起来很抽象，但实际上就是找到最佳的权重和偏置，使神经网络尽可能好地完成任务。我们无法在此处介绍整个算法，但可以从概念上介绍其工作原理，以及如何使用第三方库来自动完成它。在本节的最后，我们将调整神经网络的权重和偏置，以高度准确地预测图像所代表的数字，并再次通过 `test_digit_classify` 测试它的效果。

16.5.1　将训练构造为最小化问题

在前面的章节中，我们为线性函数 $ax + b$ 或 logistic 函数 $\sigma(ax + by + c)$ 建立了代价函数，它会根据公式中的常数来评估线性函数或 logistic 函数是否与数据完全匹配。线性函数的常数是斜率 a 和 y 轴截距 b，因此其代价函数的形式是 $C(a, b)$。logistic 函数的常数是 a、b 和 c（待定），因此其代价函数的形式为 $C(a, b, c)$。这两个代价函数都依赖于**所有**的训练示例。为了找到最佳参数，我们将使用梯度下降法来最小化代价函数。

对于 MLP 来说，最大的区别在于，它的行为可能取决于数百或数千个常数：它的所有权重 w_{ij}^l、每一层（l）的偏置 b_j^l 以及有效的神经元索引 i 和 j。我们的神经网络有三层且每层的神经元数分别为 64、16 和 10，前两层之间有 $64 \cdot 16 = 1024$ 个权重，后两层之间有 $16 \cdot 10 = 160$ 个权重。隐藏层有 16 个偏置，输出层有 10 个偏置。总而言之，我们需要调整的常数有 1210 个。可以将代价函数想象成针对这 1210 个常数的函数，我们需要将其最小化。代价函数的形式如下所示。

$$C(w_{11}^1,\ w_{12}^1,\ \cdots,\ b_1^1,\ b_2^1,\ \cdots)$$

省略号代表没有列出来的 1000 多个权重和 24 个偏置。如何创建代价函数是一个值得思考的问题，你可以把它看作一个小项目并尝试实现。

我们的神经网络输出的是向量，但我们认为分类问题的答案应该是图像所代表的数字。为了解决这个问题，可以把正确的答案看作一个完美分类器输出的 10 维向量。例如，如果一个图像清晰地表示数字 5，我们希望图像是 5 的确定性为 100%，是其他数字的确定性为 0%。这意味着在索引 5 处为 1，其他索引处为 0（见图 16-19）。

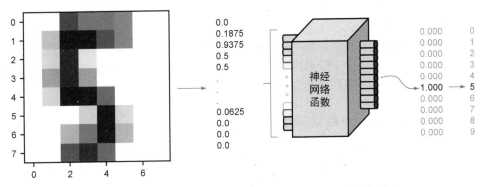

图 16-19　神经网络的理想输出：正确索引处为 1，其他位置为 0

就像以前在回归方面的尝试无法完全拟合数据一样，我们的神经网络也无法完全拟合。要测量从 10 维输出向量到理想输出向量的误差，我们使用 10 维向量间距离的平方。

假设理想输出写作 $y = (y_1, y_2, y_3, \cdots, y_{10})$。请注意，我遵循的是索引从 1 开始的数学惯例，而不是索引从 0 开始的 Python 惯例。对一层内的神经元也使用此惯例，所以输出层（第二层）的激活值索引为 $(a_1^2, a_2^2, a_3^2, \cdots, a_{10}^2)$。这些向量之间的距离平方和如下所示。

$$(y_1 - a_1^2)^2 + (y_2 - a_2^2)^2 + (y_3 - a_3^2)^2 + \cdots + (y_{10} - a_{10}^2)^2$$

另一个潜在的混淆之处是 a 的上标 2 表示输出层是网络中的第二层，而括号外的 2 表示对数值进行平方。要获得相对于数据集的总代价，可以评估所有样本图像的神经网络，并取距离平方的平均值。在本节的最后，你可以尝试用 Python 实现这个小项目。

16.5.2　使用反向传播计算梯度

用 Python 编码代价函数 $C(w_{11}^1, w_{12}^1, \cdots, b_1^1, b_2^1, \cdots)$，我们可以编写 1210 维版本的梯度下降。这意味着每一步都需要求 1210 个偏导数来获得梯度。梯度是该点的 1210 维偏导数向量，其形式为：

$$\nabla C(w_{11}^1, w_{12}^1, \cdots, b_1^1, b_2^1, \cdots) = \left(\frac{\partial C}{\partial w_{11}^1}, \frac{\partial C}{\partial w_{12}^1}, \cdots, \frac{\partial C}{\partial b_1^1}, \frac{\partial C}{\partial b_2^1}, \cdots \right)$$

如此多的偏导数计算成本昂贵，因为每一个偏导数都需要评估 C 两次以测试调整其中一个输入变量的效果。反过来，评估 C 又需要查看训练集中的每张图像并将其传入网络。虽然在理论上可行，但对于大多数现实问题（包括本例）来说，计算时间会非常长。

计算偏导数的最佳方法是使用类似于第 10 章中介绍的方法来找到它们的精确公式。本节不会具体介绍如何实现，而是会在 16.6 节给你一些提示。关键是，虽然有 1210 个偏导数，但是对

于索引 l、i 和 j 的某一种选择，它们都有以下形式。

$$\frac{\partial C}{w^l_{ij}} \quad \text{或} \quad \frac{\partial C}{b^l_j}$$

反向传播算法递归地计算所有偏导数，从输出层的权重和偏置反向计算，一直到第一层。

如果你有兴趣了解更多关于反向传播的知识，请继续关注 16.6 节。现在，我将使用 scikit-learn 库来计算代价、执行反向传播并自动完成梯度下降。

16.5.3　使用 scikit-learn 自动训练

我们不需要学习任何新的概念即可使用 scikit-learn 训练 MLP，只需要利用已有的信息来初始化问题并寻找答案即可。这里不会介绍 scikit-learn 库的所有功能，但是我将通过代码逐步引导你训练 MLP 进行数字分类。

首先，将所有的训练数据（在本例中，数字图像为 64 维向量）放入一个 NumPy 数组中。使用数据集中的前 1000 张图像可以得到一个 1000×64 矩阵。我们将前 1000 个答案放在一个输出列表中。

```
x = np.array([np.matrix.flatten(img) for img in digits.images[:1000]]) / 15.0
y = digits.target[:1000]
```

接下来，使用 scikit-learn 附带的 `MLP` 类来初始化 MLP。输入层和输出层的大小由数据决定，所以我们只需要指定网络中间的单个隐藏层的大小。此外，还要指定一些参数，告诉 MLP 我们希望它如何被训练。代码如下所示。

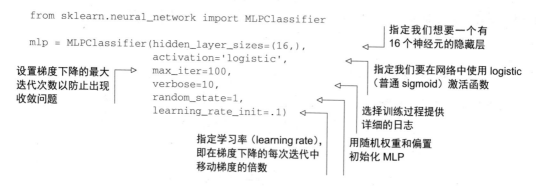

完成此操作后，我们传入输入数据 x 和相应的输出数据 y 即可训练神经网络。

```
mlp.fit(x,y)
```

当运行这行代码时，随着神经网络的训练，你将在终端窗口中看到一堆文本。该日志显示了梯度下降的迭代次数以及代价函数的值，scikit-learn 称其为损失（loss）而不是代价（cost）。

```
Iteration 1, loss = 2.21958598
Iteration 2, loss = 1.56912978
Iteration 3, loss = 0.98970277
...
Iteration 58, loss = 0.00336792
Iteration 59, loss = 0.00330330
Iteration 60, loss = 0.00321734
Training loss did not improve more than tol=0.000100 for two consecutive
epochs. Stopping.
```

此时，经过 60 次梯度下降迭代，找到最小值，MLP 训练完成。你可以使用 _predict 方法在图像向量上进行测试。这个方法接收一个输入数组，也就是一个 64 维向量的数组，并返回输出向量。例如，mlp._predict(x) 给出了存储在 x 中的所有 1000 个图像向量的 10 维输出向量。第零个训练示例的结果是结果的第零个条目。

```
>>> mlp._predict(x)[0]
array([9.99766643e-01, 8.43331208e-11, 3.47867059e-06, 1.49956270e-07,
       1.88677660e-06, 3.44652605e-05, 6.23829017e-06, 1.09043503e-04,
       1.11195821e-07, 7.79837557e-05])
```

用科学计数法表示的数看起来比较费劲，不过可以发现第一个数是 0.9998，其他数都小于 0.001。这正确地预测了第零个训练示例是数字 0 的图片。目前为止结果还不错！

我们可以写一个简单的包装器函数，使用这个 MLP 做**一次**预测，接收一个 64 维的图像向量并输出一个 10 维的结果。因为 scikit-learn 的 MLP 处理输入向量的集合并生成结果数组，所以我们只需要把输入向量放在一个列表中，然后传递给 mlp._predict。

```
def sklearn_trained_classify(v):
    return mlp._predict([v])[0]
```

此时，向量具有正确的形状，可以通过 test_digit_classify 函数对其效果进行测试。让我们看看它正确识别测试数字图像的百分比。

```
>>> test_digit_classify(sklearn_trained_classify)
1.0
```

惊人的 100%准确率！你可能对这个结果持怀疑态度，毕竟测试的数据集和神经网络用来训练的数据集是一样的。理论上，当存储 1210 个数时，神经网络可能只记住了训练集中的每个例子。如果你测试神经网络从未见过的图像，会发现情况并非如此：它仍然能将图像分类为正确的数字。我发现它对数据集中接下来的 500 张图片有 96.2%的预测准确率，你可以在练习中自己测试一下。

16.5.4 练习

练习 16.11：修改 test_digit_classify 函数，使其在测试集中自定义范围内的例子上工作。在 1000 个训练例子之后，它在接下来的 500 个例子上效果如何？

16

解: 在这里, 我增加了一个 start 关键字参数以指示要从哪个测试例子开始。test_count 关键字参数仍然表示要测试的例子数量。

```
def test_digit_classify(classifier,start=0,test_count=1000):
    correct = 0
    end = start + test_count
    for img, target in zip(digits.images[start:end],
digits.target[start:end]):
        v = np.matrix.flatten(img) / 15
        output = classifier(v)
        answer = list(output).index(max(output))
        if answer == target:
            correct += 1
    return (correct/test_count)
```

计算要测试数据的
结束索引

仅在开始和结束索引之间的
测试数据上循环

经过训练的 MLP 可以正确识别 96.2% 的新数字图像。

```
>>> test_digit_classify(sklearn_trained_classify,start=1000,test_count=500)
0.962
```

练习 16.12: 使用距离平方代价函数, 对于前 1000 个训练例子, 随机生成的 MLP 的代价是多少? scikit-learn MLP 的代价是多少?

解: 首先, 编写一个函数来给出给定数字的理想输出向量。例如, 对于数字 5, 我们希望输出向量 y 除了索引 5 处为 1 之外, 其他位置都是 0。

```
def y_vec(digit):
    return np.array([1 if i == digit else 0 for i in range(0,10)])
```

一个测试例子的代价是分类器输出的结果到理想结果的距离平方和, 也就是向量各个条目的误差平方和。

```
def cost_one(classifier,x,i):
    return sum([(classifier(x)[j] - y_vec(i)[j])**2 for j in range(10)])
```

分类器的总代价是 1000 个训练例子的平均代价。

```
def total_cost(classifier):
    return sum([cost_one(classifier,x[j],y[j]) for j in range(1000)])/1000.
```

正如我们所料, 跟 scikit-learn 产生的具有 100% 准确率的 MLP 相比, 随机初始化的 MLP 的代价要高得多, 准确率也只有 10%。

```
>>> total_cost(nn.evaluate)
8.995371023185067
>>> total_cost(sklearn_trained_classify)
5.670512721637246e-05
```

练习 16.13（小项目）：分别使用属性 `coefs_` 和属性 `intercepts_` 提取 `MLPClassifier` 的权重和偏置。将这些权重和偏置传入在本章前面从头开始构建的 `MLP` 类中，并证明所得 MLP 在数字分类上表现良好。

解：如果尝试这样做，会发现一个问题：我们期望权重矩阵是 16×64 和 10×16 的，而 `MLPClassifier` 的 `coefs_` 属性却给出了 64×16 和 16×10 的矩阵。看起来 scikit-learn 使用的是按列存储权重矩阵的约定，而我们的约定是按行存储。不过有一个快捷方法可以解决这个问题。

NumPy 数组有一个 `T` 属性，返回矩阵的**转置**（transpose，通过旋转矩阵使行和列对换）。有了这个技巧，我们就可以将权重和偏置插入神经网络中，并对其进行测试。

```
>>> nn = MLP([64,16,10])
>>> nn.weights = [w.T for w in mlp.coefs_]
>>> nn.biases = mlp.intercepts_
>>> test_digit_classify(nn.evaluate,
                         start=1000,
                         test_count=500) 0.962
```

将 scikit-learn MLP 中的权重矩阵转置为符合我们约定的权重矩阵后，将其设置为我们的权重矩阵

将神经网络的偏置设置为 scikit-learn MLP 的偏置

用新的权重和偏置测试我们的神经网络在分类任务中的效果

在训练数据集之后的 500 张图像上，准确率为 96.2%，与 scikit-learn 直接生成的 MLP 效果一样。

16.6 使用反向传播计算梯度

本节是可选的。坦率地说，因为你知道如何使用 scikit-learn 训练 MLP，所以已经做好解决实际问题的准备了。你可以在分类问题上测试不同形状和大小的神经网络，并对其设计进行实验，以优化分类效果。因为临近本书末尾，所以我想介绍一些深入、具有挑战性（但是可用）的数学知识——手动计算代价函数的偏导数。

计算 MLP 偏导数的过程称为**反向传播**（backpropagation），因为从最后一层的权重和偏置开始并反向推演是很有效的。反向传播分为四个步骤：计算与最后一层权重、最后一层偏置、隐藏层权重和隐藏层偏置有关的导数。我会介绍如何获得关于最后一层权重的偏导数，你可以尝试用这种方法来完成其余工作。

16.6.1 根据最后一层的权重计算代价

我们把 MLP 最后一层的索引称为 L。也就是说，最后一层的权重矩阵由权重 w_{ij}^l（其中 $l = L$）

16

组成，换句话说，就是权重 w_{ij}^L。这一层的偏置是 b_j^L，而激活值则标记为 a_j^L。

最后一层第 j 个神经元激活值 a_j^L 的公式是 $L-1$ 层中每个神经元的贡献之和，以 i 为索引。它表示的含义如下所示。

$$a_j^L = \sigma(b_j^L + 对于每个 \; i \; 值的 \left[w_{ij}^L a_i^{L-1} \right] 总和)$$

取总和时要针对 i 的所有数值，即从 1 到 $L-1$ 层的神经元数量。将层 L 中的神经元数量写作 n_L，那么在第 $L-1$ 层就有 n_{L-1} 个神经元。因此求和公式中的 i 在 $L-1$ 层的取值范围是 1 到 n_{L-1}。该求和公式用正式的数学求和符号表示为：

$$\sum_{i=1}^{n_L} w_{ij}^L a_i^{L-1}$$

这个公式的中文意思是"对于从 1 到 n_L 的每个 i，将表达式 $w_{ij}^L a_j^{L-1}$ 的值相加来确定 L 和 j 的值"。这无非是把矩阵乘法的公式写成求和的形式。在这种形式下，激活值如下：

$$a_j^L = \sigma \left(b_j^L + \sum_{i=1}^{n_{L-1}} w_{ij}^L a_i^{L-1} \right)$$

给定一个实际的训练例子，我们可以有一些理想的输出向量 y，其正确的输出槽位中为 1，其他槽位中为 0。代价就是激活值向量 a_j^L 和理想输出值 y_j 之间的距离平方：

$$C = \sum_{j=1}^{n_L} \left(a_j^L - y_j \right)^2$$

权重 w_{ij}^L 对 C 的影响是间接的。首先，它要乘以上一层的激活值，加上偏置，并传递给一个 sigmoid；然后，被传递给二次代价函数。幸运的是，我们在第 10 章介绍了如何求组合函数的导数。这个例子比较复杂，但你应该能认出它和我们之前看到的链式法则是一样的。

16.6.2 利用链式法则计算最后一层权重的偏导数

从 w_{ij}^L 得到 C 分成三个步骤。首先，我们可以计算要传入 sigmoid 的值，我们在本章前面称之为 z_j^L。

$$z_j^L = b_j^L + \sum_{i=1}^{n_{L-1}} w_{ij}^L a_i^{L-1}$$

然后，将 z_j^L 传入 sigmoid 函数中，得到激活值 a_j^L。

$$a_j^L = \sigma(z_j^L)$$

最后，我们可以计算代价。

$$C = \sum_{j=1}^{n_l} (a_j^L - y_j)^2$$

为了求 C 相对于 w_{ij}^L 的偏导数，我们将这三个 "组合" 表达式的导数相乘。z_j^L 相对于一个具体 w_{ij}^L 的导数就是它乘以具体的激活值 a_j^{L-1}。这类似于 $y(x) = ax$ 相对于 x 的导数，也就是常数 a。偏导数是：

$$\frac{\partial z_j^L}{\partial w_{ij}^L} = a_i^{L-1}$$

下一步是应用 sigmoid 函数，所以 a_j^L 相对于 z_j^L 的导数就是 σ 的导数。你可以通过练习来证实，$\sigma(x)$ 的导数是 $\sigma(x)(1 - \sigma(x))$。这个公式部分源于 e^x 是它自己的导数这一事实。所以得到：

$$\frac{\mathrm{d}a_j^L}{\mathrm{d}z_j^L} = \sigma'(z_j^L) = \sigma(z_j^L)(1 - \sigma(z_j^L))$$

这是一个普通导数，而不是偏导数，因为 a_j^L 是只有一个输入（z_j^L）的函数。最后，我们要得出 C 相对于 a_j^L 的导数。总和中只有一项取决于 w_{ij}^L，所以我们只需求 $(a_j^L - y_j)^2$ 相对于 a_j^L 的导数。在这种情况下，y_j 是一个常数，所以导数是 $2a_j^L$。这来自于幂求导法则，即如果 $f(x) = x^2$，那么 $f'(x) = 2x$。对于最后一个导数，其形式为：

$$\frac{\partial C}{\partial a_j^L} = 2(a_j^L - y_j)$$

链式法则的多变量版本如下所示。

$$\frac{\partial C}{\partial w_{ij}^L} = \frac{\partial C}{\partial a_j^L} \frac{\mathrm{d}a_j^L}{\mathrm{d}z_j^L} \frac{\partial z_j^L}{w_{ij}^L}$$

这与我们在第 10 章看到的版本有些不同，第 10 章只涉及一个变量的两个函数的组合。不过，原理是一样的：用 a_j^L 表示 C，用 z_j^L 表示 a_j^L，用 w_{ij}^L 表示 z_j^L，于是我们用 w_{ij}^L 表示 C。链式法则称，为了获得整个链的导数，要将每一步的导数相乘。用导数替换符号，结果为：

$$\frac{\partial C}{\partial w_{ij}^L} = 2(a_j^L - y_j) \cdot \sigma(z_j^L)(1 - \sigma(z_j^L)) \cdot a_i^{L-1}$$

这个公式是求 C 的完整梯度所需的四个公式之一。具体地说，这给了我们最后一层中任意权重的偏导数。最后一层有 16×10 个偏导数，所以我们已经覆盖了 1210 个总偏导数（我们需要得到的完整梯度）中的 160 个。

我只讲到这里，原因是其他权重的导数需要链式法则的更复杂应用。一个激活值会影响神经网络中后续的每一个激活值，所以每个权重都会影响后续的每一个激活值。这并没有超出你的能

16

力范围，在你深入研究之前，我本应该更好地向你解释一下多变量链式法则。如果你有兴趣深入了解，网上有很多很好的资源，详细地介绍了反向传播的所有步骤。你也可以继续关注本书的续作（希望会有）。感谢你的阅读！

16.6.3　练习

练习 16.14（小项目）：使用 SymPy 或第 10 章中你自己的代码来自动获得（如下）sigmoid 函数的导数。

$$\sigma(x) = \frac{1}{1+e^{-x}}$$

证明你的答案等于 $\sigma(x)(1 - \sigma(x))$。

解：在 SymPy 中，我们可以快速获得导数的公式。

```
>>> from sympy import *
>>> X = symbols('x')
>>> diff(1 / (1+exp(-X)),X)
exp(-x)/(1 + exp(-x))**2
```

用数学符号表示，就是：

$$\frac{e^{-x}}{(1+e^{-x})^2} = \frac{e^{-x}}{1+e^{-x}} \cdot \frac{1}{1+e^{-x}} == \frac{e^{-x}}{1+e^{-x}} \cdot \sigma(x)$$

计算表明，这个表达式等于 $\sigma(x)(1 - \sigma(x))$，虽然需要一点儿代数知识，但可以相信这个公式是有效的。将公式上下同时乘以 e^x，注意 $e^x \cdot e^{-x} = 1$，得到：

$$\frac{e^{-x}}{(1+e^{-x})^2} = \frac{1}{e^x+1} \cdot \sigma(x)$$

$$= \frac{e^{-x}}{e^{-x}} \cdot \frac{1}{e^x+1} \cdot \sigma(x)$$

$$= \frac{e^{-x}}{1+e^{-x}} \cdot \sigma(x)$$

$$= \left(\frac{1+e^{-x}}{1+e^{-x}} - \frac{1}{1+e^{-x}}\right) \cdot \sigma(x)$$

$$= \left(1 - \frac{1}{1+e^{-x}}\right) \cdot \sigma(x)$$

$$= (1 - \sigma(x)) \cdot \sigma(x)$$

16.7 小结

- 人工神经网络是一种数学函数，其计算反映了人脑中的信号流动。作为函数，它接收一个向量作为输入，并返回另一个向量作为输出。
- 神经网络可用于对向量数据进行分类，比如将图像转换为灰度像素值的向量数据。神经网络的输出是一个数字向量，表示输入向量应被归入任何可能类别的置信度。
- 多层感知机（MLP）是一种特殊的人工神经网络，由若干层有序的神经元组成，其中每一层的神经元都与上一层的神经元相连，并受到上一层神经元的影响。在评估神经网络的过程中，每个神经元都会得到一个数，这个数就是它的激活值。你可以把激活值看作解决分类问题途中的一个"是或否"的中间答案。
- 为了评估神经网络，第一层神经元的激活值被设置为输入向量的条目。随后的每一层激活值都被作为上一层的函数进行计算。最后一层的激活值被当作一个向量，并作为计算的结果向量返回。
- 神经元的激活值是基于上一层所有神经元激活值的线性组合。线性组合中的系数称为**权重**。每个神经元还有一个**偏置**（一个被加到线性组合中的数）。将这个线性组合的值传入 sigmoid 函数就能得到激活值函数。
- 训练神经网络意味着调整所有权重和偏置的值，使其以最佳方式执行任务。为此，你可以用代价函数测量神经网络的预测相对于训练数据集实际答案的误差。对于固定的训练数据集，代价函数只取决于权重和偏置。
- 梯度下降法使我们能够找到让代价函数最小化并产生最佳神经网络的权重和偏置值。
- 神经网络可以被高效地训练，因为代价函数相对于权重和偏置的偏导数有简单、精确的公式。这些公式是通过一种称为**反向传播**的算法找到的，而这种算法又利用了微积分中的链式法则。
- Python 的 scikit-learn 库有一个内置的 `MLPClassifer` 类，可以自动针对向量数据进行分类训练。

16

版 权 声 明

技术改变世界·阅读塑造人生

Python 深度学习

◆ Keras之父、谷歌人工智能研究员François Chollet执笔，深度学习领域力作
◆ 通俗易懂，帮助读者建立关于机器学习和深度学习核心思想的直觉
◆ 16开全彩印刷

作者: [美] 弗朗索瓦·肖莱 (Francçois Chollet)
书号: 978-7-115-48876-3

JavaScript 深度学习

◆ 深度学习扛鼎之作《Python深度学习》姊妹篇
◆ 谷歌大脑团队官方解读TensorFlow.js
◆ 前端工程师不可错过的AI入门书

作者: [中] 蔡善清 (Shanqing Cai)，[美] 斯坦利·比列斯奇 (Stanley Bileschi)，
[美] 埃里克·D. 尼尔森 (Eric D. Nielsen)，[美] 弗朗索瓦·肖莱 (François Chollet)
书号: 978-7-115-56114-5

父与子的编程之旅：与小卡特一起学 Python（第 3 版）

◆ Python编程启蒙畅销书全新升级
◆ 为希望尝试亲子编程的父母省去备课时间
◆ 问答式讲解，从孩子的视角展现逻辑思维过程
◆ 全彩印刷，插图生动活泼
◆ 随书附赠Hello World安装程序

作者: [美] 沃伦·桑德 (Warren Sande)，[美] 卡特·桑德 (Carter Sande)
书号: 978-7-115-54724-8